● 高等学校“十三五”规划教材

Dye Chemistry

染料化学

孙 戒 袁爱琳 郑春玲 主编

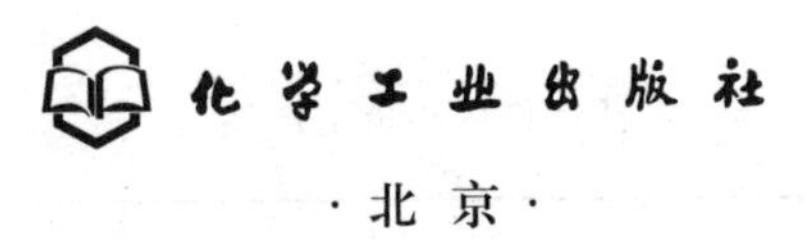

· 北 京 ·

内 容 简 介

《染料化学》力求反映轻化工程专业多学科交叉的特点和显著的行业应用特性，以符合节能减排、生态染整的时代要求。第一章介绍了功能环保染料及其应用领域。第二章介绍了染料中间体合成中主要采用的亲电取代、亲核取代等反应机理及其应用，并对磺化、硝化、卤化、氨化、羧基化、烷基化和芳基化（Friedel-Crafts）、考尔培（Kolbe-Schmitt）、氨基酰化、氧化、成环缩合等反应在中间体合成中的反应机理和合成方法作了介绍。随后的章节中按照染料应用分类，叙述了各类染料，包括荧光增白剂和有机颜料的基本结构特性、分类和应用范畴，并结合编者近年来的科研工作，着重阐述了功能环保染料的化学结构设计与生态友好合成技术。

《染料化学》适合作为高等院校轻化工程及化学、化工等相关专业本科生及研究生教材，对工程技术人员了解、应用和开发染料产品也有帮助。

图书在版编目（CIP）数据

染料化学/孙戒，袁爱琳，郑春玲主编．—北京：化学工业出版社，2022.6

高等学校“十三五”规划教材

ISBN 978-7-122-40866-2

Ⅰ.①染… Ⅱ.①孙…②袁…③郑… Ⅲ.①染料化学-高等学校-教材 Ⅳ.①TQ610.1

中国版本图书馆 CIP 数据核字（2022）第 034426 号

责任编辑：刘志茹　　装帧设计：韩　飞

责任校对：王　静

出版发行：化学工业出版社（北京市东城区青年湖南街 13 号　邮政编码 100011）

印　　装：三河市延风印装有限公司

787mm×1092mm　1/16　印张 16¼　字数 398 千字　2022 年 8 月北京第 1 版第 1 次印刷

购书咨询：010-64518888　　售后服务：010-64518899

网　　址：http://www.cip.com.cn

凡购买本书，如有缺损质量问题，本社销售中心负责调换。

定　　价：59.80 元

前　言

染料是指能使其他物质获得鲜明而牢固色泽的一类有机化合物。自 19 世纪 50 年代英国 Perkin 合成苯胺紫以来，染料的合成及其应用性能的研究随着现代有机化学、胶体与界面化学、物理化学和量子化学等学科的发展已历经 160 多年。现在使用的染料，大多数都是人工合成的，合成染料现已能满足各类天然纤维和合成纤维的印染要求，染料研究的重点已经从普通新染料的研发向生态友好合成技术、功能环保着色剂和染料商品化加工技术方向转移。

“染料化学”课程既是轻化工程专业的专业基础课程，也是应用化学和精细化工类专业的重要专业课程。从 20 世纪 80 年代起，国内的染料化学教材已有多个版本，近 20 年来，涌现出大量有关染料、颜料、中间体等的科研论文及专著，本教材在编写过程中借鉴了这些专著和相关的研究结论。

在本教材的编写过程中，编者力求保持“染料化学”固有的教学体系和基础理论，充分反映轻化工程专业多学科交叉的特点和显著的行业应用特性，以符合节能减排、生态染整的时代要求。教材编写遵循“基础、创新、发展”的主导思想，注重引入当今新知识、新概念和新方法、新技术，并提出相应的创新性观点、建议及今后的发展方向。力求在有限的课程教学中，让学生了解“染料化学”的精粹和发展趋势，熟悉染料化学的研究方向和研究方法，拓宽学生知识面。

根据轻化工程专业人才培养目标，编者对专业所需知识点进行了梳理，在反映专业发展前沿的同时，将有机化学、胶体与界面化学、物理化学、染料化学等相关学科协同融合，增加了实用性教学内容，并加强了与后续专业课程的衔接。教材的编写注重理论联系实际，把对学生应用能力的培养融入教材中，并贯通如一。本教材力求做到既能帮助学生对有机化学知识进行总结和回顾，又能引导学生体会有机化学在染料中的应用，并对有机化学、染料化学、胶体与界面化学进行展望。

编者还增加了相关领域的最新综述性研究内容，对功能环保染料各类产品的品种介绍和产量数据更新至 2019 年，内容丰富，在体现严谨求实的同时，注重引导学生扩展专业知识领域。本书适合普通高等学校本科生及研究生学习使用，对工程技术人员了解、应用和开发染料产品也有帮助。

本书第一、三、四、六章由郑春玲编写；第二、五、七、十二章由孙戒编写；第八、九、十、十一章由袁爱琳编写。特别感谢张震、傅柯文、徐艳等研究生对本书的资料收集和校正做出的贡献。

由于编者水平有限，不足之处在所难免，恳请读者批评指正。

编者

2021年12月于南京工业大学

目录

第一章　染料概述

第一节　有机染料、颜料的概念及发展史

一、有机染料与颜料的概念

着色剂（Colorant）主要分为染料（Dyestuff）和颜料（Pigment）两大类。

染料是能将纤维或其他基质染成一定颜色的有机有色化合物。染料主要用于纺织品的染色和印花，它们大多可溶于水，或通过一定的化学处理在染色时转变成可溶状态而对纤维上染，或者在水中分散成细小的颗粒而渗透进纤维。染料可直接或通过某些媒介物质与纤维发生物理的或化学的结合而染着在纤维上。

颜料是不溶于水和一般有机溶剂的有机或无机有色化合物。它们主要用于油墨、涂料、塑料、橡胶以及合成纤维原浆的着色，也可用于纺织品的染色和印花。颜料本身对纺织纤维没有固着能力，使用时必须通过高分子黏合剂，将颜料的微小颗粒机械地黏着在纤维的表面或内部。

染料和颜料的主要应用领域不同，而在某些领域又互相重叠。染料的主要应用领域是各种纺织纤维的着色，同时也广泛地应用于塑料、橡胶、油墨、皮革、食品、造纸等行业。颜料的主要应用领域是油墨，其次为涂料、塑料、橡胶等行业。同时，在合成纤维的原浆着色、织物的涂料印花及皮革着色中也有广泛的应用。

二、有机染料的发展史

人类很早就开始使用来自植物和动物体的天然染料对毛皮、织物和其他物品进行染色。我国是世界上最早使用天然染料的国家之一，靛蓝、茜素、五倍子、胭脂红、姜黄、紫胶等是我国最早应用的植物、动物染料。这些染料虽然历史悠久，但品种不多，染色牢度也较差。

19 世纪欧洲工业革命后，随着英国棉纺织轻工业的发展，天然染料在数量和质量上远不能满足需要，因此对合成染料提出了迫切的需求。1856 年，英国化学家 Perkin 研制出第一个合成染料——苯胺紫，发展至今已有 160 多年的历史。加上煤焦油中发现了有机芳香族化合物，为合成染料的发展提供了所需的各种原料，使人们能够通过染料分子的结构设计有目的地合成染料。正是由于上述契机，促成了现代染料工业的产生和发展。

在此之后，各种合成染料相继出现。如 1868 年 Graebe 和 Liebermann 阐明了茜素（1,2-二羟基蒽醌）的结构并合成出这一金属络合染料母体，1890 年人工合成出靛蓝，1901

年 Bohn 发明了还原蓝即阴丹士林蓝。20 世纪 20 年代出现了分散染料，30 年代诞生了酞菁染料，50 年代又产生了活性染料等。合成纤维的快速发展，更促进了各类染料的研究和开发，各国科学家先后合成出上万种染料，其中具有实际应用价值的染料已达千种以上，许多国家建立了本国的染料工业，染料已成为精细化工领域中的一个重要分支。

进入 20 世纪 70 年代染料工业的发展转向了寻找最佳的制备路线和最经济的应用方法，同时，染料和颜料在新的非染色领域（如功能染料）中的应用也变得越来越重要。近年来，染料和颜料的绿色制备技术和生态应用技术受到世界各国的广泛重视，为染料和印染工业的发展带来新的契机。

我国染料工业在过去的 60 年中取得了长足的进步，已形成了门类齐全，科研、生产和应用服务健全的工业链，可生产 2000 余种商品染料，常年生产的染料品种近 800 个，年产量近 80 万吨；品种超过 100 个的染料有分散染料、活性染料和酸性染料等。“十三五”期间，我国染料行业年产量保持在 77 万～93 万吨，约占世界总量的 70%；染料的年出口量保持在 21 万～28 万吨，占世界染料贸易量的 1/4 以上。但必须看到，尽管我国的染料工业在相当大程度上满足了国内市场的需要，而且染料的大量出口已成为我国染料工业的发展重点，但无论在染料品种上还是在产品质量上与发达国家相比仍有一定的差距，特别是一些高档染料仍需进口。当前，染料工业的发展重点为高品质染料商品化技术和生态友好的染料合成工艺。

我国有机颜料产品品种约 120 种，年产量近 15 万吨，是世界上重要的有机颜料生产国和出口国。今后的发展趋势是大力开发大分子、耐高温、易分散、无毒性的高档有机颜料新品种，提升我国的颜料商品化技术。

第二节　染料的分类、命名及性质

一、染料的分类

染料可按其化学结构和应用性能进行分类。根据染料的应用特性和应用方法来分类称为应用分类，根据染料共轭体系（发色体系）的结构特征进行分类称为结构分类。同一种结构类型的染料，某些结构的改变可以获得不同的应用性质，而成为不同应用类型的染料；同样，同一应用类型的染料，可以有不同的共轭体系（如偶氮、蒽醌等）结构特征，因此应用分类和结构分类常结合使用。为了方便染料的使用，一般商品染料的名称大多采用应用分类，而结构分类主要用在染料合成研究中。

1. 按化学结构分类

按照染料共轭体系结构的特点，染料的主要结构分类如下。

① 偶氮染料　含有偶氮基（—N═N—）的染料。

② 蒽醌染料　包括蒽醌和具有稠环芳环结构的醌类染料。

③ 芳甲烷染料　根据碳原子上连接的芳环数目的不同，可分为二芳甲烷和三芳甲烷两种类型。

④ 靛族染料　含有靛蓝和硫靛结构的染料。

⑤ 硫化染料　由某些芳胺、酚等有机化合物和硫、硫化钠加热制得的染料，需在硫化

钠溶液中还原染色。

⑥ 酞菁染料　含有酞菁金属络合结构的染料。

⑦ 硝基和亚硝基染料　含有硝基（—NO_2）的染料称为硝基染料，含有亚硝基（—NO）的染料称为亚硝基染料。

此外，还有其他结构类型的染料，如甲川和多甲川类染料、二苯乙烯类染料以及各种杂环染料等。

2. 按应用性能分类

用于纺织品染色的染料按应用性能主要分为以下几类。

（1）直接染料（Direct dyes）

直接染料是一类水溶性阴离子染料。染料分子中大多含有磺酸基，有的则含有羧基，染料分子与纤维素分子之间以范德华力和氢键相结合。直接染料主要用于纤维素纤维的染色，也可用于蚕丝、纸张、皮革的染色。

（2）酸性染料（Acid dyes）

酸性染料是一类水溶性阴离子染料。染料分子中含磺酸基、羧基等酸性基团，通常以钠盐的形式存在，在酸性染浴中可以与蛋白质纤维分子中的氨基以离子键结合，故称为酸性染料。常用于蚕丝、羊毛和聚酰胺纤维（锦纶）以及皮革的染色。也有一些染料，其染色条件和酸性染料相似，但需要通过某些金属盐的作用，在纤维上形成螯合物才能获得良好的耐洗性能，称为酸性媒染染料。还有一些酸性染料的分子中含有螯合金属离子，含有这种螯合结构的酸性染料叫作酸性含媒染料。适宜于中性或弱酸性染浴中染色的酸性含媒染料又称为中性染料，它们也可用于聚乙烯醇缩甲醛纤维（维纶）的染色。

（3）阳离子染料（Cationic dyes）

阳离子染料可溶于水，呈阳离子状态，故称阳离子染料，主要用于聚丙烯腈纤维（腈纶）的染色。因早期的染料分子中含有氨基等碱性基团，常以酸式盐形式存在，染色时能与蚕丝等蛋白质纤维分子中的羧基负离子以盐键形式相结合，故又称为碱性染料或盐基染料。

（4）活性染料（Reactive dyes）

活性染料又称为反应性染料。这类染料分子结构中含有活性基团，染色时能够与纤维分子中的羟基、氨基以共价键方式结合而牢固地染着在纤维上。活性染料主要用于纤维素纤维纺织品的染色和印花，也能用于羊毛和锦纶的染色。

（5）不溶性偶氮染料（Azo dyes）

这类染料染色过程中，由重氮组分（色基）和偶合组分（色酚）直接在纤维上反应，生成不溶性色淀而染着，这种染料称为不溶性偶氮染料。其中，重氮组分是一些芳伯胺的重氮盐，偶合组分主要是酚类化合物。这类染料主要用于纤维素纤维的染色和印花。由于染色时需在冰水浴（0～5℃）中进行，故又称为冰染染料。

（6）分散染料（Disperse dyes）

这类染料分子中不含水溶性基团，染色时染料以微小颗粒的稳定分散体对纤维进行染色，故称为分散染料。分散染料主要用于各种合成纤维的染色，如涤纶、锦纶、醋酯纤维等。

（7）还原染料（Vat dyes）

还原染料不溶于水。染色时，它们在含有如连二亚硫酸钠 $Na_2S_2O_4 \cdot 2H_2O$ 等还原剂的碱性溶液中被还原成水溶性的隐色体钠盐后上染纤维，再经氧化后重新成为不溶性染料而固着在纤维上。还原染料主要用于纤维素纤维的染色。

(8) 硫化染料 (Sulfur dyes)

硫化染料和还原染料相似，也是不溶于水的染料。染色时，它们在硫化碱溶液中被还原为可溶状态，上染纤维后，又经过氧化形成不溶状态固着在纤维上。硫化染料主要用于纤维素纤维的染色。

(9) 缩聚染料 (Polycondensation dyes)

缩聚染料可溶于水。它们在纤维上能脱去水溶性基团而发生分子间的缩聚反应，成为分子量较大的不溶性染料而固着在纤维上。目前，此类染料主要用于纤维素纤维的染色和印花，也可用于维纶的染色。

(10) 荧光增白剂 (Fluorescent whitening agents)

荧光增白剂可看作一类无色的染料，它们上染到纤维、纸张等基质后，能吸收紫外线，发射蓝光，从而抵消织物上因黄光反射量过多而造成的黄色感，在视觉上产生洁白、耀目的效果。荧光增白剂可用于各种纤维的增白处理。

此外，还有用于纺织品的氧化染料（如苯胺黑)、溶剂染料、丙纶染料以及用于食品的食品色素等。

二、染料的命名

染料通常是分子结构较复杂的有机芳香族化合物，若按有机化合物系统命名法来命名较复杂，而且商品染料中还会含有异构体以及其他添加物，同时，学名也不能反映出染料的颜色和应用性能，因此必须给予专用的染料名称。我国对染料采用统一命名法，按规定，染料名称由三部分组成：第一部分为冠称，表示染料的应用类别，又称属名；第二部分是色称，表示染料色泽的名称；第三部分是词尾，以拉丁字母或符号表示染料的色光、形态、特殊性能和用途。由于我国还使用部分进口染料，有些染料品种一直沿用国外的商品名称，本节也对国外染料厂商的命名作适当说明。

1. 冠称

冠称是根据染料的应用对象、染色方法以及性能来确定的。我国的冠称有 31 种，如直接、直接耐晒、直接铜盐、直接重组、酸性、弱酸性、酸性络合、酸性媒介、中性、阳离子、活性、毛用活性、还原、可溶性还原、分散、硫化、可溶性硫化、色基、色酚、色盐、快色素、氧化、缩聚、混纺等。

国外的染料冠称基本上与国内相同，但常根据各国厂商而异。

2. 色称

色称即色泽名称，表示染料的基本颜色。我国采用了 30 个色泽名称：嫩黄、黄、金黄、深黄、橙、大红、红、桃红、玫红、品红、红紫、枣红、紫、翠蓝、湖蓝、艳蓝、深蓝、绿、艳绿、深绿、黄棕、红棕、棕、深棕、橄榄绿、草绿、灰、黑等。颜色的名称一般可加适当的形容词，如“嫩”“艳”“深”三个字，而取消了过去习惯使用的“淡”“亮”“暗”“老”“浅”等形容词，但由于习惯，至今仍沿用。有时还以天然物的颜色来形容染料的颜色，如天蓝、果绿、玫瑰红等。

3. 词尾 (尾注)

有不少染料，其冠称与色称虽然都相同，但应用性能上有差别，故常用词尾来表示染料色光、牢度、性能上的差异，写在色称的后面。我国根据大多数国家的习惯，并结合我国使用情况，用符号代表染料的色光、强度（力份）、牢度、形态、染色条件、用途以及其他性能，而国外有些厂商的染料词尾是任意附加的，不一定具有确切的意义。我国使用词尾中的符号通常用一个或几个大写的拉丁字母来表示，常用符号代表的意义概述如下。

① 表示色光和颜色的常用符号　见表 1-1。

表 1-1　表示色光和颜色的常用符号

表示色光的符号	所代表的含义	表示色品质的符号	所代表的含义
B(Blue)	带蓝光或青光	F(Fine)	色光纯
G(Gelb,或 Grun,德语)	带黄光或绿光	D(Dark)	深色或色光稍暗
R(Red)	带红光	T(Talish)	表示深色

② 表示性质和用途的常用符号　见表 1-2。

表 1-2　表示性质和用途的常用符号

常用符号	所代表的含义	常用符号	所代表的含义
C(Chlorine,Cotton)	耐氯或棉用	M(Mixture)	混合物(国产染料中 M 表示含双活性基)
I(Indanthren)	相当于士林还原染料坚牢度	N(New,Normal)	新型或标准
K(Kalt,德语)	冷染(国产活性染料中 K 代表热染型)	P(Printing)	适用于印花
L(Light,Leveling)	耐光牢度或匀染性好	X(Extra)	高浓度(国产染料中 X 代表冷染型)

有时可用两个或多个字母来表明色光的强弱或性能差异的程度，如 BB、BBB（分别可写成 2B、3B），其中 2B 较 B 色光稍蓝，3B 较 2B 更蓝，以此类推。同样，LL 比 L 具有更高的耐光性能。但需注意，各国染料厂由于标准不同，所用的符号难以比较。

③ 表明染料形态、强度（力份）的常用符号

pdr（Powder)—(普）粉状；　gr（Grains)—粒状；　liq（Liquid)—液状；

paste（Paste)—浆状；　sf（Super fine)—超细粉

染料强度（力份）是按一定浓度的染料作标准，标准染料强度为 100%。若染料的强度比标准染料浓一倍，则其强度为 200%，以此类推，所以染料的强度通常是一个相对数值。

有时对同一类别的不同类型染料，常在词尾前用字母来区别，并用短线“-”分开，如活性艳红 X-3B、活性艳红 K-3B 等。

三、染料的商品化加工

原染料经过混合、研磨，并加以一定数量的填充剂和助剂加工处理成商品染料，使染料达到标准化的过程称为染料商品化加工。染料商品化加工对稳定染料成品的质量、提升染料的应用性能和产品质量至关重要。

染料可加工成粉状、超细粉状、浆状、液状和粒状商品。浆状不便于运输，长期储存易发生分层、浓度不匀现象。某些染料做成液状方便应用，节约能源，又可降低劳动强度。根据染料种类、品种不同而定出一定规格，粉状和粒状一般规定细度，用通过一定目数的筛网的质量分数来表示，同时说明外观的色泽。

在染料商品加工过程中，为了获得某些应用性能，往往选用各种助剂，这些助剂在染料应用时可以帮助染料或纤维润湿、渗透，促使染料在水中均匀分散或溶解，使染色或印花过程顺利进行。

对非水溶性染料如分散染料、还原染料要求能在水中迅速扩散，成为均匀稳定的胶体状

悬浮液，染料颗粒的平均粒径为1μm左右。因此，在商品化加工过程中加入扩散剂、分散剂和润湿剂等一起进行研磨，达到所要求的分散度后，加工成液状或粉状产品，最后进行标准化混合。

直接染料主要用硫酸钠作填充剂，溶解性能较差的直接染料常常再加入纯碱以提高其溶解性。若溶解度低，需再添加磷酸氢二钠。

酸性染料一般用硫酸钠作填充剂，不易溶解的品种，加纯碱以提高染料的溶解性能。阳离子染料可用白糊精作填充剂。国外活性染料商品用的填充剂种类很多，但国内在这方面的研究还有待加强。中性染料用于染维纶时一般加扩散剂。溶靛素本身是可溶性的，常加碱性稳定剂。

我国染料的合成技术及原染料质量与国外先进技术相比并不逊色，但由于商品化加工设备和技术问题，有些产品的应用性能与国外相比仍有差距。研究和完善染料商品化技术除需进一步提高硬件水平外，更重要的是需研究添加剂的品种、配方和加入方式，以及染料粒子的形状、晶型和粒径的控制等，以使染料获得优异的应用性能。

四、染料的基本性质——染色牢度

经过染色、印花的纺织品，在服用过程中要经受日晒、水洗、汗浸、摩擦等各种外界因素的作用。经染色、印花以后，有的纺织品还需另外进行一些后加工处理（如树脂整理等）。在服用或加工处理过程中，纺织品上的染料经受各种因素的作用而在不同程度上能保持其原来色泽的性能叫作染色牢度。

染料在纺织品上根据所受外界因素作用的性质不同，而具有相应的染色牢度，例如日晒、皂洗、气候、氯漂、摩擦、汗渍、耐光、熨烫牢度以及毛织物上的耐缩绒和分散染料的升华牢度等。纺织品的用途或加工过程不同，它们对染色牢度的要求也不一样。为了对产品进行质量检验，参照国际纺织品的测试标准，我国制订了一套染色牢度的测试方法。纺织品的实际服用情况比较复杂，这些试验方法只是一种近似的模拟。

① 耐日晒色牢度　分8级，1级为最低，8级为最高。每级有一个用规定的染料染成一定浓度的蓝色羊毛织物标样。它们在规定条件下日晒，发生褪色所需的暴晒时间大致逐级成倍地增加。这些标样称为蓝色标样。测定试样的耐日晒牢度时，将试样和8块蓝色标样在同一规定条件下进行暴晒，观察其褪色情况和哪一个标样相当而评定其耐日晒牢度。

蓝色标样是将羊毛织物用表1-3所列染料按规定浓度染色制成。

表1-3　蓝色标样所用染料及其结构类别

级别	染料(染料索引编号)	结构类别
1	酸性蓝104	三芳甲烷类
2	酸性蓝109	三芳甲烷类
3	酸性蓝83	三芳甲烷类
4	酸性蓝121	吖嗪类
5	酸性蓝47	蒽醌类
6	酸性蓝23	蒽醌类
7	暂溶性还原蓝5	靛类
8	暂溶性还原蓝8	靛类

② 耐皂洗色牢度　分5级。以5级为最高，在规定条件下皂洗后，肉眼看不出色泽有什么变化；1级最低，褪色最严重。测定试样皂洗牢度时，将试样按规定条件进行皂洗（根

据品种的不同，皂洗温度一般分为40℃、60℃、95℃三种），经淋洗、晾干后，和衡量褪色程度的灰色标准样卡（褪色样卡）对照进行评定。在试验时，还可以将试样和一块白布缝叠在一起，经过皂洗以后，根据白布沾色的程度和衡量沾色的灰色标样对照，评定沾色牢度级别。5级表示白布不沾色，1级沾色最严重。

③ 耐汗渍色牢度　其定级方法和皂洗牢度一样，也分为5级，也有褪色和沾色两种测试方法。

④ 耐摩擦色牢度　以白布沾色程度作为评价指标，共分5级，数值越大，表示摩擦牢度越好。摩擦有干、湿两种摩擦情况。试验时按规定条件将白布和试样摩擦，按原样褪色和白布沾色情况分别与褪色、沾色灰色样卡对照而评定级别。织物的摩擦褪色是在摩擦力的作用下使染料脱落而引起的，湿摩擦除了外力作用外，还有水的作用，因此湿摩擦一般比干摩擦劳度约降低一级。

⑤ 其他染色牢度　一般也分为5级。评定染料的染色牢度应将染料在纺织品上染成规定的色泽浓度才能进行比较。这是因为色泽浓度不同，测得的牢度是不一样的。例如浓色试样的耐日晒色牢度比淡色的高，耐摩擦色牢度的情况与此相反。为了便于比较，应将试样染成一定浓度的色泽。主要颜色各有一个规定的标准浓度参比标样。这个浓度写为“1/1”染色浓度。一般染料染色样卡中所载的染色牢度都注有“1/1”“1/3”等染色浓度。“1/3”的浓度为“1/1”标准浓度的1/3。

第三节　《染料索引》简介

除了少数天然染料外，现代纺织品加工中所用的染料和颜料都是化学合成产品。《染料索引》(Colour Index，缩写为C.I.）是一部国际性的染料、颜料品种汇编工具书。它将世界各主要染料生产企业的商品，分别按照它们的应用性能和化学结构归纳、分类、编号，逐一说明它们的应用特性，列出它们的结构式，有些还注明合成方法，并附有同类商品名称对照表。

《染料索引》1952年由英国染色工作者协会（The Society of Dyers and Colourists，SDC）首次出版发行，目前已经发行第四版（网络版）。《染料索引》共分5卷，增订本2卷，共收集染料品种近八千种，对每一种染料详细地列出了其应用分类类属、色调、应用性能、各项牢度等级、在纺织及其他方面的用途、化学结构式、制备途径、发明者、有关资料来源以及不同商品名称等，以下就其编排加以介绍。

第1～3卷，按染料应用分类分成20大类［如酸性、不溶性偶氮偶合组分、碱性染料(阳离子染料)、直接染料、分散染料、荧光增白剂、食品染料、媒染染料、颜料、活性染料、溶剂染料、硫化染料和还原染料等］，并在各类染料中按颜色划分为10类（黄、橙、红、紫、蓝、绿、棕、灰、黑、白），然后再在同一颜色下，对不同染料品种编排序号，称为“染料索引应用类同名称编号”。如卡普隆桃红BS（C. I. Acid Red 138）、分散藏青H-2GL（C. I. Disperse Blue 79）、还原蓝RSN（C. I. Vat Blue 4）。在这三卷中还以表格形式给出了应用方法、用途、较重要的牢度性质和其他基本数据。

第4卷对已明确化学结构的染料品种，按化学结构分类分别给予《染料索引》化学结构编号，结构未公布的染料无此编号。如卡普隆桃红BS（C. I. 18073）、分散藏青H-2GL（C. I. 11345）、还原蓝RSN（C. I. 69800）。在这卷中还列出了一些染料的结构式、制造方法概述和参考文献（包括专利）。第 1～3 卷和第 4 卷之间的内容可交错参考，相互补充。

第 5 卷为索引，包括各种牌号染料名称对照、制造厂缩写、牢度试验的详细说明、专利索引以及普通名词和商业名词的索引。

国外染料名称非常繁杂，通过《染料索引》的两种编号，便能查出某染料品种的结构、色泽、性能、来源、染色牢度以及其他可供参考的内容，各国的资料中也广泛采用染料索引号来表示某一特定染料。

目前，SDC 和 AATCC 共同开设了《染料索引》网络版，称为《染料索引》第四版。第四版网络版染料索引又称为第四版在线染料索引（Fourth Edition Online），按照染料的应用分类，将其分为以下 24 种：

（1）酸性染料 Acid Dyes
（2）冰染偶合组分 Azoic Coupling Component
（3）冰染重氮组分 Azoic Diazo Component
（4）碱性染料 Basic Dyes
（5）直接染料 Direct Dyes
（6）分散染料 Disperse Dyes
（7）荧光增白剂 Fluorescent Brighteners
（8）食品染料 Food Dyes
（9）活性染料 Reactive Dyes
（10）溶剂染料 Solvent Dyes
（11）硫化染料 Sulphur Dyes
（12）缩聚硫化染料 Condense Sulphur Dyes
（13）隐色硫化染料 Leuco Sulphur Dyes
（14）可溶性染料 Solubilised Sulphur Dyes
（15）还原染料 Vat Dyes
（16）媒介染料 Mordant Dyes
（17）显色剂 Developers
（18）氧化色基 Oxidation Dyes
（19）原地显色染料、暂溶性染料 Ingrain Dyes
（20）天然染料 Natural Dyes
（21）金属颜料 Metallic Pigment
（22）还原剂 Reducing Agent
（23）有机颜料 Organic Pigment
（24）皮革染料 Leather Dyes

使用者可以选择 C. I. 通用名、C. I. 结构号、厂商的名称或地址和产品等信息进行在线检索，以便找到自己所要的产品信息。

选择 C. I. 通用名进行检索时，可以看到对于每一个 C. I. 通用名，均列出相对应的商品名及制造商（或厂商名称），还可以看到染料的一般性能，包括 C. I. 结构号、化学类别、色调、发明者、第一个产品名称、CAS 编号及 EU 号。

第四节　禁用染料

禁用染料原本指的是因在生产制造过程中的劳动保护问题而被禁止生产的某些染料，如苯胺黑在生产过程中会产生有毒物质而被明令禁止生产。而现在指的是可以通过一个或多个偶氮基分解出有害芳香胺的染料。目前常用染料中涉及的禁用染料总共有 240 种（含涂料），这些禁用染料在整个染料品种中占有很大的比例，再加之配色的需要，纺织品上含有禁用染料的比例就更大。

一、偶氮染料

近些年来，有关芳香胺偶氮染料的致癌性备受关注。因为某些染料可能会从纺织品转移到人的皮肤上，特别是染色牢度不佳时，在细菌的生物催化作用下，皮肤上已沾有的染料可能发生还原反应，并释放出 22 种致癌芳香胺，这些致癌物透过皮肤扩散到人体内，经过人体的代谢作用使细胞的脱氧核糖核酸（DNA）发生结构与功能的变化，成为人体病变的诱发因素，从而诱发癌症或引起过敏。为此，德国政府在1994年7月15日颁布了一项禁止使用以22种中间体为原料制造偶氮染料的法令。2002年9月11日，欧盟发出第六十一号令，禁止使用在还原条件下会分解产生22种致癌芳香胺的偶氮染料之后，又增加了2,4-二甲基苯胺和2,6-二甲基苯胺两种芳胺，共24种（表1-4）。这些染料属于禁用染料，通过严格测试，规定织物上允许含有致癌芳香胺的最高浓度为30mg/kg。实际上，如果使用这些禁用染料进行印染加工，织物上的被分解芳香胺往往会超过这一指标。

表1-4 染料禁用的中间体

中文名	英文名	结构式
4-氨基联苯	4-aminodiphenyl	
联苯胺	4,4′-diaminodiphenyl	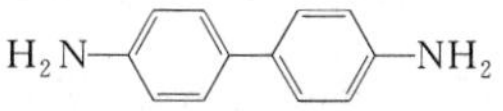
对氯邻甲苯胺	*p*-chloro-*o*-toluidine	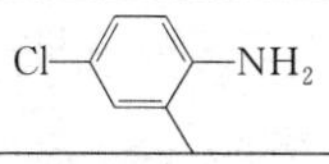
2-萘胺	2-naphthylamine	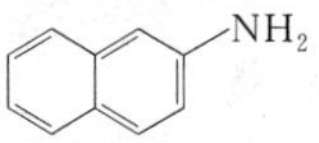
对氯苯胺	*p*-chloroaniline	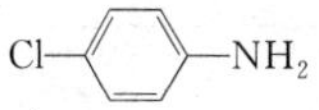
邻甲苯胺	*o*-toluidine	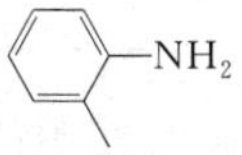
2,4-二氨基苯甲醚	2,4-diaminoanisole	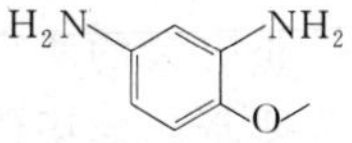
2,4-二氨基甲苯	2,4-diaminotoluene	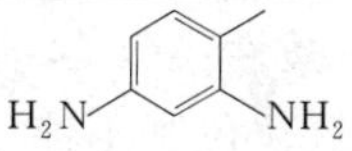
2-氨基-4-硝基甲苯	2-amino-4-nitrotoluene	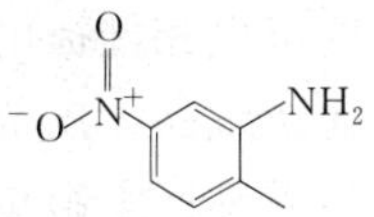
2-甲氧基-5-甲基苯胺	2-methoxyl-5-methylaniline	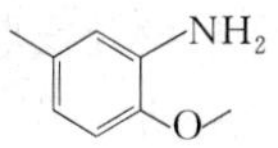
2,4,5-三甲基苯胺	2,4,5-trimethylaniline	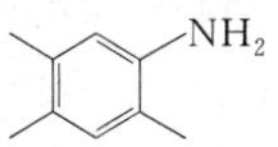
邻联甲苯胺	*o*-tolidine	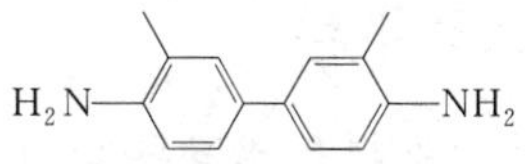
邻联茴香胺	*o*-dianisidine	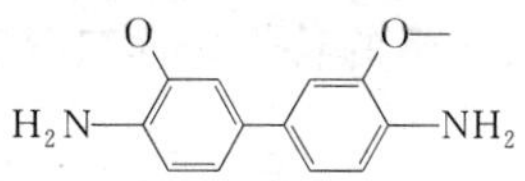
3,3′-二氯联苯胺	3,3′-dichlorobenzidine	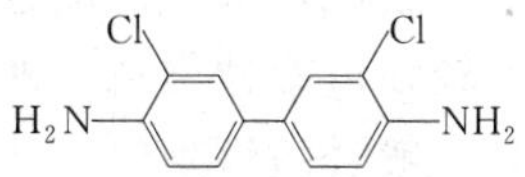

续表

中文名	英文名	结构式
4,4′-二氨基-3,3′-二甲基偶氮苯	*o*-aminoazotoluene	H_2N—$C_6H_3(CH_3)$—N═N—$C_6H_3(CH_3)$—NH_2
4,4′-二氨基二苯醚	4,4′-oxydianiline	H_2N—C_6H_4—O—C_6H_4—NH_2
4,4′-二氨基二苯硫醚	4,4′-thiodianiline	H_2N—C_6H_4—S—C_6H_4—NH_2
4,4′-二氨基二苯甲烷	4,4′-diaminodiphenylmethane	H_2N—C_6H_4—CH_2—C_6H_4—NH_2
3,3′-二甲基-4,4′-二氨基二苯甲烷	3,3′-dimethyl-4,4′-diaminodiphenylmethane	H_2N—$C_6H_3(CH_3)$—CH_2—$C_6H_3(CH_3)$—NH_2
3,3′-二氯-4,4′-二氨基二苯甲烷	4,4′-methylenebis-(2-chloroaniline)	H_2N—$C_6H_3(Cl)$—CH_2—$C_6H_3(Cl)$—NH_2
邻氨基苯甲醚	*o*-aminoanisole	$C_6H_4(NH_2)$—O—
对氨基偶氮苯	*p*-aminoazobenzene	H_2N—C_6H_4—N═N—C_6H_5

纺织行业所使用的大约70%染料为偶氮染料，约有2000种结构不同的偶氮染料。根据德国化学工业协会的研究和从1994年第三版《染料索引》中所登录的染料结构分析，这24种中间体所涉及的禁用偶氮染料有155种；若按染料的应用类别来区分，则禁用的直接染料有88种，酸性染料34种，分散染料9种，碱性（阳离子）染料7种，不溶性偶氮染料的色基5种，氧化色基1种，媒染染料2种和溶剂型染料9种。欧洲经济联盟、瑞士、美国以及亚洲许多国家也相继提出禁止生产和进口使用禁用偶氮染料染色纺织品、皮革制品和鞋类，并停止上述纺织品、皮革制品和鞋类的市场销售。这一举措对全世界的染料制造业以及人们的日常生活带来巨大影响。为此，国外许多公司都致力于禁用染料的代用品研究和产业化工作。一方面大量开发联苯胺类型的中间体的代用品（双胺类化合物）以及邻甲苯胺或邻氨基苯甲醚的代用品，另一方面寻找经济可行的工业化路线，生产出对人体无害的中间体及其性能优良的染料来满足市场要求。我国印染业对替代染料的开发研制进行了积极摸索，并取得了较好的成效。

二、致敏染料

致敏染料是指某些会引起人体或动物的皮肤、黏膜或呼吸道过敏的染料。染料的过敏性并非其必然的特性，而仅是其毒理学的一个内容。有专家按染料直接接触人体的过敏性分成六类：

① 强过敏性染料　即直接接触的病人发病率高，皮肤接触试验呈阳性的染料。

② 较强过敏性染料　即有多起过敏性病例或多起皮肤接触试验呈阳性的染料。

③ 一般过敏性染料　即发现过敏性病例较少的染料。

④ 轻微过敏性染料　即仅发现一起过敏性病例或较少皮肤接触试验呈阳性的染料。

⑤ 很轻微过敏性染料　即仅有一起皮肤接触试验呈阳性的染料。

⑥ 无过敏性染料　即与皮肤接触试验呈阴性的染料。

大量研究表明，目前市场上初步确认的过敏性染料有 28 种（但不包括部分对人体具有吸入过敏和接触过敏反应的活性染料），其中有 23 种分散染料，2 种直接染料，2 种阳离子染料和 1 种酸性染料。这类染料主要用于聚酯、聚酰胺和醋酯纤维的染色。在生态纺织品的监控项目中的分散染料，其中有 17 种早期用于醋酯纤维的染色。

三、致癌染料

致癌染料是指染料未经还原等化学变化即能诱发人体癌变的染料，其中品红（C. I. 碱性红 9）染料，早在一百多年前已被证实与男性膀胱癌的发生有关联。目前市场上已知的致癌染料有 14 种，其中分散染料 3 种，直接染料 3 种，碱性染料 3 种，酸性染料 2 种和溶剂型染料 3 种。

第二章　中间体及重要的单元反应

第一节　引　　言

染料工业是最早发展起来的有机合成工业。染料品种虽然非常多，但主要是由几种芳烃（苯、甲苯、二甲苯、萘等）作为基本原料而制备的。这些基本原料经过一系列化学反应制成各种芳烃衍生物，然后再进一步合成染料。人们通常将这些芳烃衍生物叫作染料中间体，简称中间体或中料。

随着化学工业的发展，中间体的应用范围日益广泛，现在不仅用于染料的制备，而且还用于合成纤维、塑料、农药、医药、炸药及其稳定剂、有机颜料、显示试剂、增塑剂、抗氧剂、紫外线吸收剂、橡胶的防老剂和硫化促进剂、香料和防腐剂等各种化学物质的制备。中间体工业在化学化工和材料领域是十分重要的。

染料中间体虽然品种繁多，但从分子结构看，它们大多数是在芳环上含有一个或多个取代基的芳烃衍生物。重要的取代基有：$—NH_2$、—OH、$—COCH_3$、—Cl、—Br、$—OCH_3$、$—NO_2$、$—SO_3Na$、—COOH、$—NR^1R^2$、$—\overset{+}{N}R^1R^2R^3$ 等。它们对染料的颜色、溶解度、化学性质和染色性能均具有显著的影响。

为了构成染料的共轭体系并在分子中引入或形成上述各种取代基团，苯、甲苯、萘、蒽醌、苊、苝、咔唑等有机原料要经过磺化、硝化、卤化、氨化（引入氨基）、羟基化、还原、氧化、烷基化、考尔培、傅-克、偶合等反应才能合成染料。

这些反应主要可归纳为三类反应：第一是通过亲电取代使芳环上的氢原子被—Cl、—Br、$—SO_3H$、$—NO_2$、—R、—COR 等基团取代的反应；第二是芳环上已有取代基转变成另一种取代基的反应，如氨化、羟基化等；第三是形成杂环或新的碳环反应，即成环缩合。上述三类反应之间有着密切的联系。第一类取代反应常为后两类反应准备条件，第一类反应引入的取代基的位置，常常是进行第二类反应时由其转化为新取代基的位置，而第三类反应常需要由芳环上的取代基来提供 C、N、S 或 O 原子等以形成杂环或新的碳环。通常，利用亲电取代只能在芳环上引入磺基、硝基、亚硝基、卤基、烷基、酰基、羰基和偶氮基等取代基，而在芳环上，氢原子的亲核取代反应相当困难，因此为了在芳环上引入$—NH_2$、—OH、—OR、$—NR^1R^2$、—CN、—SH 等取代基，常要用到这类芳环上已有取代基的亲核取代反应。前面已提到，当芳环上有吸电子基（—Cl、—Br、$—SO_3H$、$—NO_2$ 和 $—N^+\equiv N$）时，会使芳环上同它相连的碳原子上的电子云密度比其他碳原子降低得更多一些。因此亲核试剂容易进攻这个已有吸电子基的碳原子并发生已有取代基的亲核取代反应。

第二节 重要的单元反应

一、磺化反应

磺化是在有机化合物分子中引入磺酸基的反应。烷烃（除含叔碳原子者外）很难磺化，且收率很低。而芳香族化合物的磺化则为其特征反应之一。

1. 磺化的目的

① 通过引入磺酸基赋予染料水溶性。如磺酸钠或磺酰胺非常亲水，引入磺酸基可提高染料的水溶性。

② 染料分子中的磺酸基，能在水溶液中解离，形成的$—SO_3^-$，与蛋白质纤维上的$—NH_3^+$ 生成盐键结合，增加阴离子型染料对蛋白质纤维的亲和力。

③ 通过亲核取代，将引入的磺酸基置换成其他基团，如—OH、$—NH_2$、—Cl、$—NO_2$、—CN 等，从而制备酚、胺、卤化物、硝基化合物、腈等一系列中间体。在染料中间体合成中主要是磺酸钠经碱熔成酚钠（或醇钠）的反应。

2. 磺化试剂和主要磺化法

磺化过程中，磺酸基取代碳原子上的氢称为直接磺化；磺酸基取代碳原子上的卤素和硝基称为间接磺化。常用的磺化试剂有浓硫酸、发烟硫酸、三氧化硫和氯磺酸。

芳烃的磺化是一个可逆反应。磺化反应的难易主要取决于芳环上取代基的性质。

H_2SO_4 SO_3H SO_3H

NO_2 NO_2 $H_2SO_4 \cdot SO_3$ SO_3H

萘的磺化随磺化条件，特别是随温度的不同可以得到不同的磺化产物。低温（<60℃）磺化时，由于 α-位上的反应速率比 β-位高，主要产物为 α-取代物。随着温度的提高（165℃）和时间的延长，α-位上的磺酸基会发生转位生成 β-磺酸。萘在不同条件下磺化可以获得各种磺化产物，主要产物如下所示。

SO_3H $H_2SO_4 \cdot SO_3$ HO_3S SO_3H SO_3H SO_3H

$H_2SO_4 \cdot SO_3$ 55℃ SO_3H SO_3H

< 65℃ H_2SO_4 165℃ H_2SO_4 94% $H_2SO_4 \cdot SO_3$ $H_2SO_4 \cdot SO_3$

SO_3H 转位 180℃ SO_3H H_2SO_4 165℃ HO_3S SO_3H

从蒽醌的结构式可以看到，它的两个苯环是通过两个互为邻位的羰基连接而成的。由于两个相邻羰基的吸电子效应，蒽醌本身的磺化、硝化、卤化需用比较剧烈的反应条件，而且会在两个苯环上都发生取代，导致反应复杂化，影响产率及纯度。

为了避免因过高的温度而导致蒽醌的分解，蒽醌的磺化一般都用发烟硫酸。磺化时，往往会在两个苯环上同时发生磺化反应。为了制备单磺酸，一般以控制一定比例的蒽醌未被磺化为度；在没有汞盐存在的条件下，由于空间位阻效应，磺酸基进入 β-位。在少量汞盐的存在下，则进入 α-位。人们正在寻找比较满意的方法来克服因汞盐的使用而引起的环境污染问题。

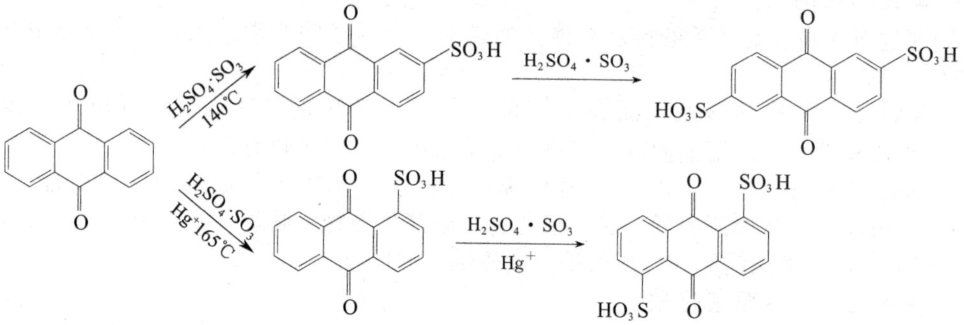

二、硝化反应

在芳环上引入硝基的反应称为硝化。

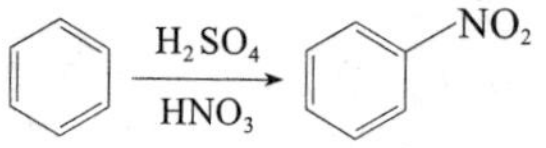

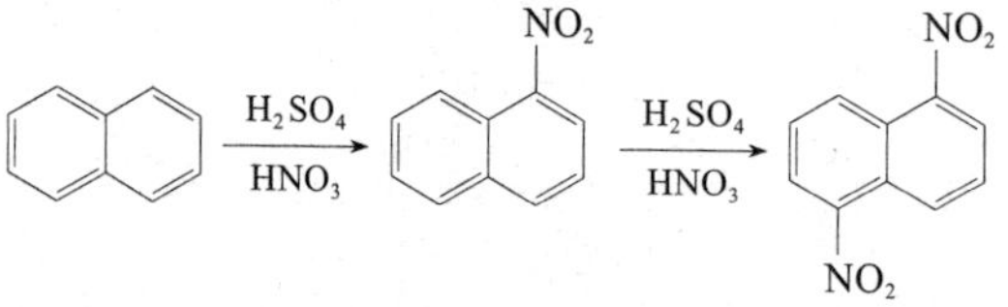

1. 硝化的目的

① 作为制取氨基化合物的一条重要途径。

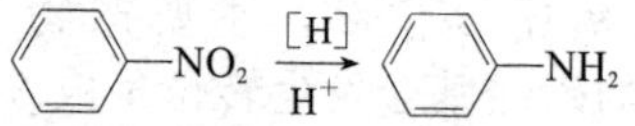

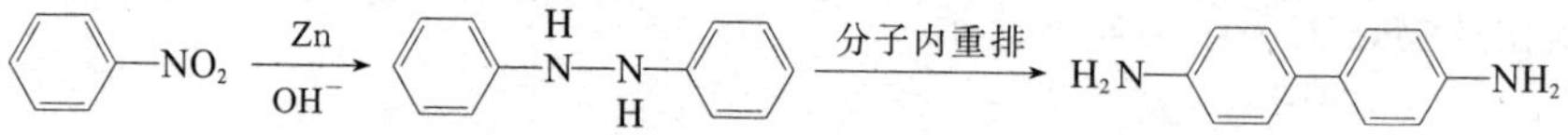

氢化偶氮苯　　联苯胺

② 硝基是一个重要的发色团，利用它的极性，可加深染料的颜色。

③ 利用硝基的吸电子性使芳环的其他取代基活化，易于发生亲核置换反应。

2. 硝化试剂和硝化反应

常用的硝化试剂有硝酸和混酸（硝酸和浓硫酸的混合物），硝化反应难易程度与被硝化物的性质有关，硝化条件亦随之而异。N-酰基芳胺、酚类和酚醚类等较活泼化合物的一硝化可在较温和条件下进行。除用于制备 1-硝基蒽醌等少数硝基化合物外，大多数芳烃化合物硝化时常用混酸作硝化试剂。混酸中的硝酸作为碱，从酸性更强的硫酸中接受一个质子形成质子化的硝酸后分解为硝酰正离子。硝酰正离子进攻苯环与苯环的 π 电子形成 σ 络合物后失去一个质子形成硝基苯。

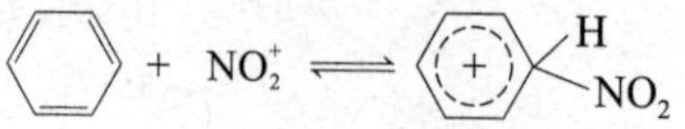

$$\text{C}_6\text{H}_6(\text{H})(\text{NO}_2)^+ + \text{HSO}_4^- \rightleftharpoons \text{C}_6\text{H}_5\text{NO}_2 + \text{H}_2\text{SO}_4$$

萘硝化时，硝基主要进入α-位，产物以1-硝基萘为主；二硝化时，主要产物为1,5-二硝基萘。蒽醌的硝化反应条件较剧烈，且产物异构体较多。

$$\text{萘} \xrightarrow[30\sim50℃]{H_2SO_4,HNO_3} \text{1-硝基萘}$$

三、卤化反应

在有机化合物分子中引入卤素的反应称为卤化。

1. 卤化的目的

① 改善染色性能，提高染料的染色牢度，如四溴靛蓝的牢度比靛蓝好，色调更加鲜艳。

② 通过卤基（主要是—Cl、—Br）水解、醇解和氨化引入其他基团，主要是—OH、—OR和—NH_2。

③ 通过卤基，进行成环缩合反应，进一步合成染料。

2. 卤化试剂和卤化反应

常用的卤化试剂有氯气、溴，有时也常用盐酸加氧化剂（如NaClO、$NaClO_3$）在反应中获得活性氯。在染料合成中通过已有的—Cl、—Br取代基置换可引入—F取代基。

$$\text{苯} \xrightarrow[FeCl_3]{Cl_2} \text{氯苯} \quad \text{亲电取代}$$

$$\text{1-硝基蒽醌} \xrightarrow{Cl_2} \text{1-氯蒽醌} \quad \text{已有取代基的置换}$$

$$\text{蒽醌-1-磺酸} \xrightarrow[NaClO_3]{HCl} \text{1-氯蒽醌}$$

苯和蒽醌中间体的卤化反应大都是在$FeCl_3$和$MgBr_2$催化作用下直接与氯气或溴气反应。萘系中间体为防止副产物过多，一般不常用直接卤化，萘环上的卤代基主要通过桑德迈尔（Sandmeyer）或希曼（Schiemann）反应获得。

$$\text{(HO}_3\text{S, NH}_2\text{)萘} \xrightarrow[HCl]{NaNO_2} \text{(HO}_3\text{S, N}_2\text{Cl)萘} \xrightarrow[HCl]{CuCl_2} \text{(HO}_3\text{S, Cl)萘}$$

染料生产中采用较多的氟化方法是经过侧链氯化，制成三氯甲基的衍生物，再由它来制备相应的三氟甲烷衍生物。

$$\text{3-Cl-C}_6\text{H}_4\text{CCl}_3 \xrightarrow{HF} \text{3-Cl-C}_6\text{H}_4\text{CF}_3$$

溴氨酸的制备：1-氨基-4-溴蒽醌-2-磺酸是制备深色蒽醌系染料的重要中间体，生产上简称溴氨酸，其制备方法如下：

$$\text{1-氨基蒽醌} \xrightarrow[130℃]{ClSO_3H} \text{1-氨基蒽醌-2-磺酸} \xrightarrow[FeBr_3]{Br_2} \text{1-氨基-4-溴蒽醌-2-磺酸}$$

四、氨化反应

在有机化合物分子中引入氨基的反应称为氨化。

1. 氨化的目的

① 氨基是供电子基，在染料分子的共轭体系中引入氨基，往往可使染料分子的颜色加深。

② 可以和纤维上的羟基、氨基、氰基等极性基团形成氢键，提高染料的亲和力（或直接性）。

③ 通过芳伯胺重氮化、偶合，可合成一系列的染料。

④ 通过氨基可以引入其他基团。

⑤ 生成杂环化合物。

2. 引入氨基的反应

在有机化合物分子中引入氨基的反应，主要是硝基还原和氨解反应。

（1）硝基还原反应

硝基还原反应是制备芳胺的主要途径。

$$Ar—NO_2 \xrightarrow{[H]} Ar—NH_2$$

硝基还原方法包括：催化加氢还原、在电解质中用铁粉还原、硫化碱还原和电解还原等。如：

$$O_2N\text{-}C_6H_4\text{-}SO_3H \xrightarrow[\text{或}Fe+HCl]{H_2/Pt} H_2N\text{-}C_6H_4\text{-}SO_3H$$

对于多硝基化合物，若只需还原一个硝基或对硝基偶氮化合物仅还原硝基而不破坏偶氮基，即进行选择性还原时，则可采用硫化碱还原。

$$\text{2,4,6-三硝基苯酚} \xrightarrow[OH^-]{Na_2S_x} \text{2-氨基-4,6-二硝基苯酚}$$

$$\text{4-硝基苯偶氮-5-氨基萘-1-磺酸} \xrightarrow[OH^-]{Na_2S_x} \text{4-氨基苯偶氮-5-氨基萘-1-磺酸}$$

硝基苯化合物在强碱性介质中还原，可依次生成氧化偶氮苯和氢化偶氮苯。氢化偶氮苯在酸性介质中进行分子内重排，可得到重要的联苯胺衍生物。

$$Ar—NO_2 \xrightarrow[NaOH]{[H]} Ar—\underset{\downarrow \atop O}{N}=N—Ar \xrightarrow[NaOH]{[H]} Ar—\overset{H}{N}—\overset{H}{N}—Ar \xrightarrow{H^+} H_2N—Ar—Ar—NH_2$$

（2）氨解反应

除了采用硝基还原法外，对那些用硝化还原法不能引入氨基的化合物还可以用氨解反应制得。在染料中间体合成中，主要应用的是—Cl、—SO_3H 和—OH 等基团的氨解反应，如 β-氨基蒽醌。

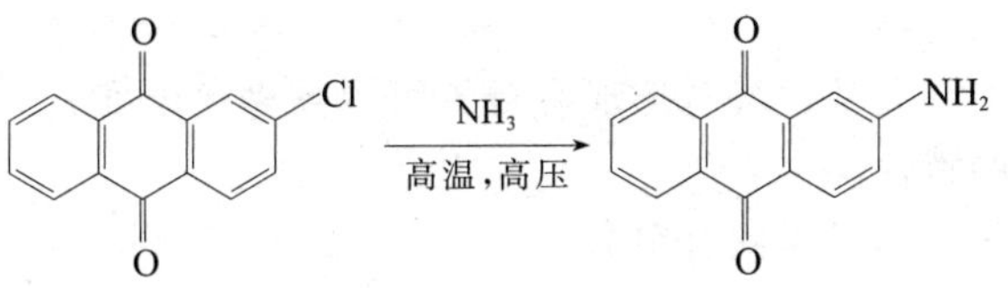

NH_3
高温，高压

β-萘胺一般采用 β-萘酚的氨解反应制得，该方法称为勃契勒（Bucherer）反应。这是一个可逆反应，可实现氨基和羟基间的相互转换，在苯系化合物中较少见，但萘系中间体的合成中具有重要的意义。

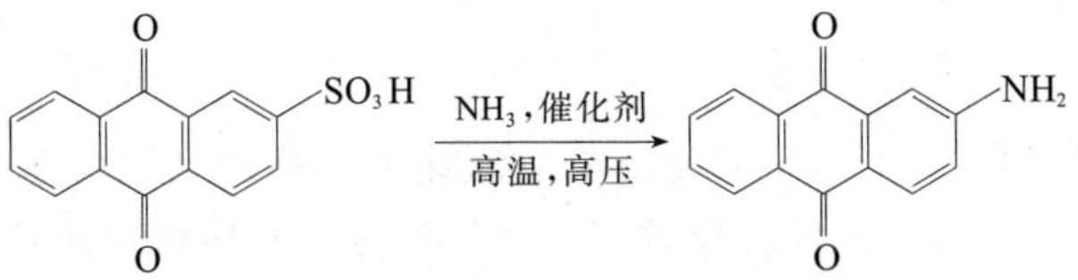

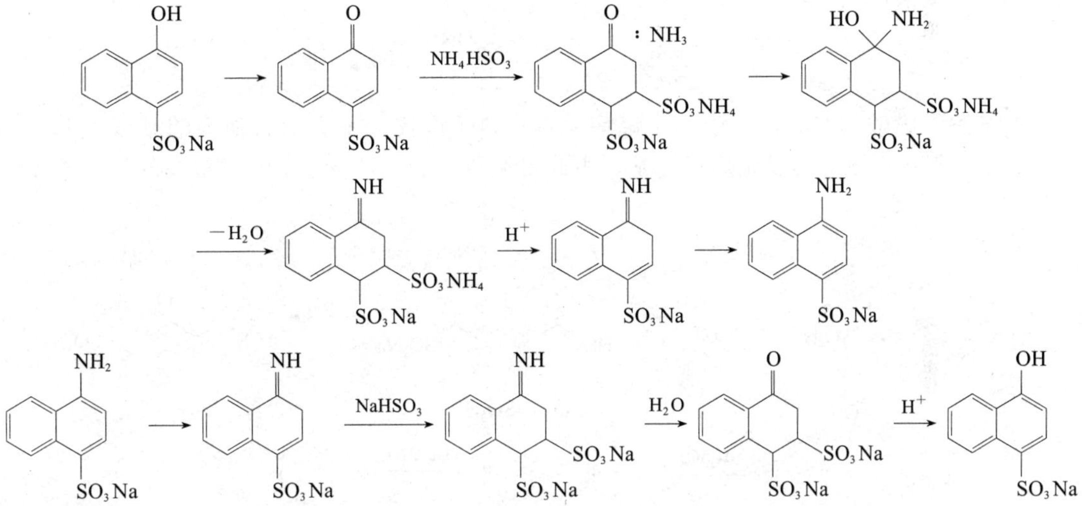

NH_3，催化剂
高温，高压

NH_4HSO_3

$-H_2O$

H^+

$NaHSO_3$

H_2O

H^+

1，4-二（N-烷基）蒽醌可经如下反应由 1，4-二羟基蒽醌制得：

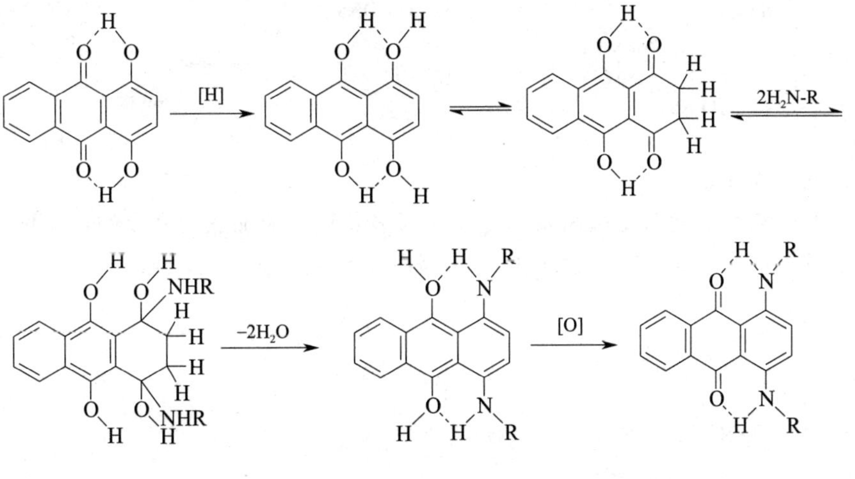

[H]

$2H_2N$-R

$-2H_2O$

[O]

五、羟基化反应

在有机化合物分子中引入羟基的反应称为羟基化反应。

1. 羟基化的目的

① 羟基本身是个助色团。

② 羟基能与纤维上的氨基、羟基形成氢键，可提高染色牢度。

③ 羟基具有媒染的特性。

④ 含羟基的酚类化合物可作偶合组分。

⑤ 通过羟基引入其他基团。如：

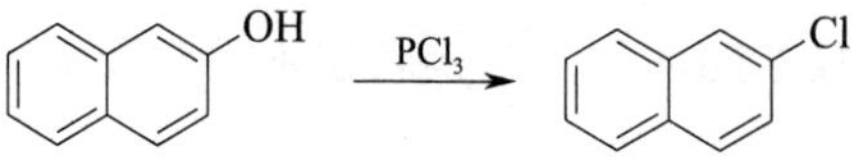

OH　$\xrightarrow{PCl_3}$　Cl

2. 引入羟基的反应

（1）磺酸基碱熔反应

芳磺酸在高温（300℃）下与氢氧化钠或氢氧化钾共熔时，磺酸基转变成羟基，生成酚类的过程称为碱熔。这是一个亲核置换过程。碱熔的方法有熔融碱的常压碱熔、浓碱液的常压碱熔和稀碱液的加压碱熔。如：

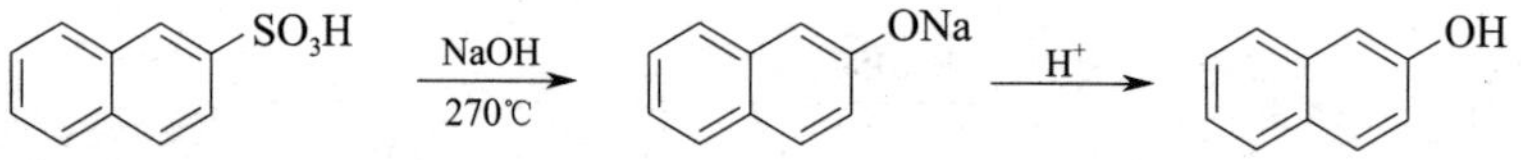

SO_3H　$\xrightarrow[270℃]{NaOH}$　ONa　$\xrightarrow{H^+}$　OH

氨基萘多磺酸碱熔时，其中一个磺酸基被—OH 取代而不影响其他磺酸基或氨基，其中，α-磺酸基较活泼，容易碱熔成羟基，由此可制得 J 酸、H 酸、γ 酸等重要的氨基萘磺酸中间体。

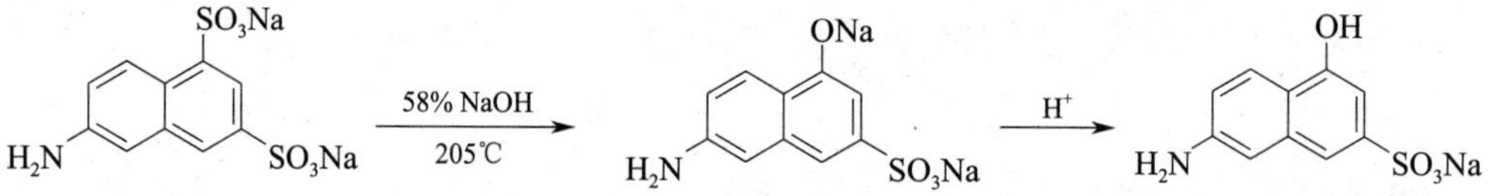

SO_3Na　H_2N　SO_3Na　$\xrightarrow[205℃]{58\%\ NaOH}$　ONa　H_2N　SO_3Na　$\xrightarrow{H^+}$　OH　H_2N　SO_3Na

J酸

O　O　$\xrightarrow{H_2SO_4}$　O　SO_3H　SO_3HO　$\xrightarrow{Ca(OH)_2}$　O　OH　OH　O

NH_2　SO_3Na　NaO_3S　SO_3Na　$\xrightarrow[180℃]{50\%\ NaOH}$　NH_2　ONa　NaO_3S　SO_3Na　$\xrightarrow{H^+}$　NH_2　OH　NaO_3S　SO_3Na

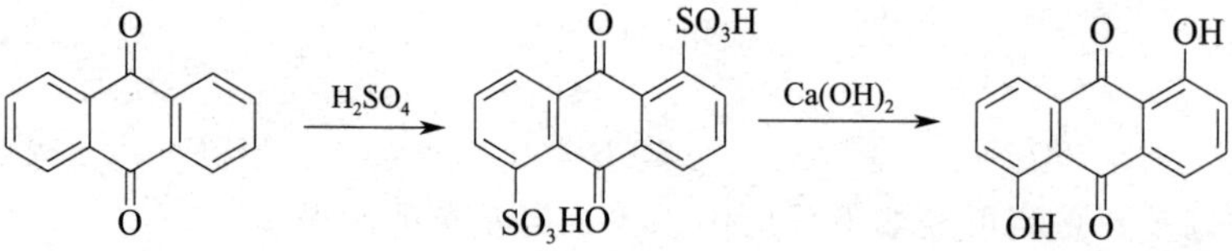

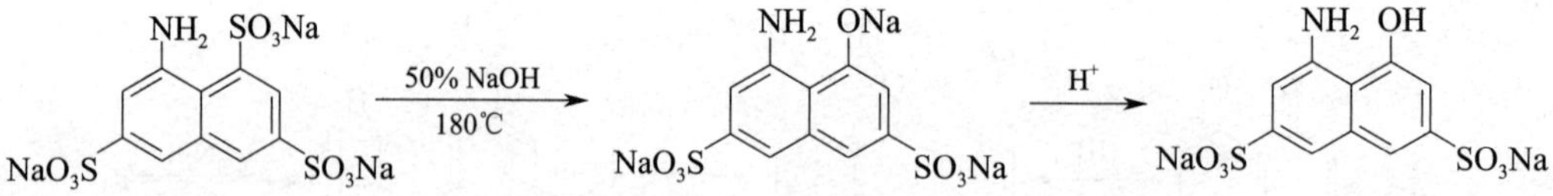

H酸

（2）羟基置换卤素

羟基置换卤素反应通常是由卤素衍生物与氢氧化钠溶液加热而完成的，简称“水解”。

$$Ar—Cl + 2NaOH \longrightarrow Ar—ONa + NaCl + H_2O$$

$$Ar—ONa \xrightarrow{H^+} Ar—OH$$

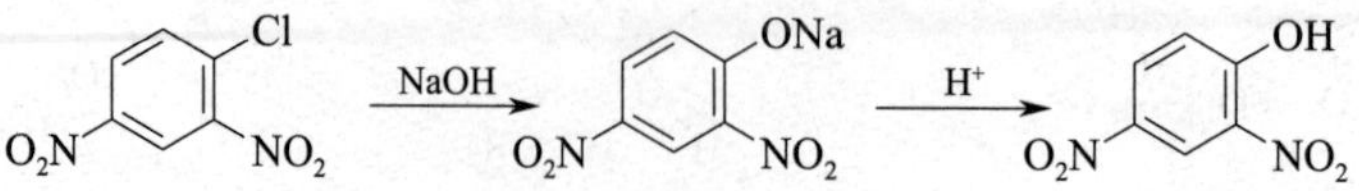

Cl　O_2N　NO_2　$\xrightarrow{NaOH}$　ONa　O_2N　NO_2　$\xrightarrow{H^+}$　OH　O_2N　NO_2

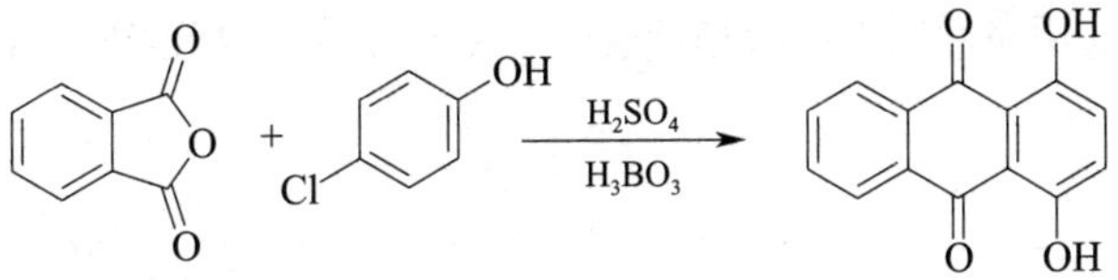

O O OH OH Cl H_2SO_4 H_3BO_3 O OH O OH

(3)羟基置换氨基

用硝基还原法先在芳环上引入氨基,然后将氨基转化成羟基。这是芳环上引入羟基的方法之一,主要用于α-萘酚及其衍生物的制备,常用方法分为酸性水解法、勃契勒反应、重氮盐水解法。酸性水解法如:

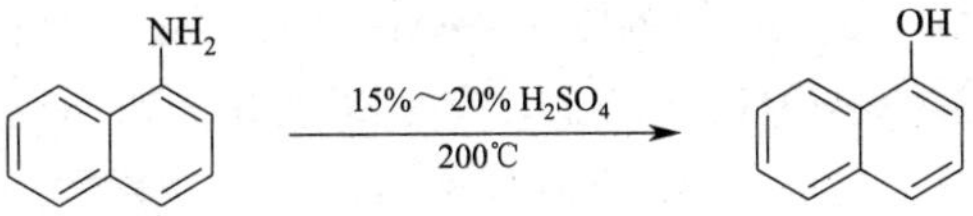

NH_2 15%～20% H_2SO_4 200℃ OH

重氮盐水解法如:

$$Ar—N_2^+HSO_4^- + H_2O \longrightarrow Ar—OH + H_2SO_4 + N_2\uparrow$$

(4) 异丙基芳烃的氧化-酸解

该方法主要用于生产苯酚,同时联产丙酮,具有不消耗大量的酸碱、三废污染少、连续生产和成本低等优点。若采用磺化-碱熔法,则杂质较多。

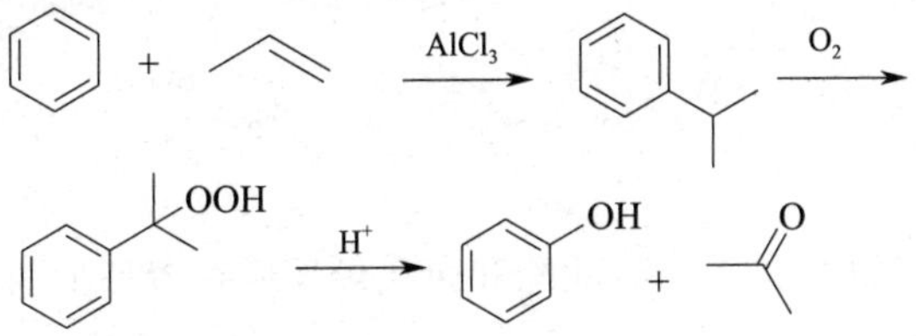

$AlCl_3$ O_2

OOH H^+ OH O

六、烷基化和芳基化反应(Friedel-Crafts 反应)

在染料分子中引入烷基的反应称为烷基化反应。同样,引入芳基则称为芳基化反应。

1. 烷基化和芳基化的目的

① 在染料分子中引入烷基和芳基后,可改善染料的各项坚牢度和在染浴及纤维中的溶解度。

② 在芳胺的氨基和酚羟基上引入烷基和芳基,可改变染料的颜色和色光。

③ 可克服某些含氨基、酚羟基染料遇酸、碱变色的缺点。

2. 烷基化和芳基化试剂

芳烃的烷基化主要常用卤代烃和烯烃作烷化剂,氨基的烷基化或芳基化试剂有醇、酚、环氧乙烷、卤代烃、硫酸酯和烯烃衍生物,酚类的烷氧基和芳氧基化试剂主要为卤代烃、醇和硫酸酯等。

3. 烷基和芳基化反应

在酸性卤化物(如 $AlCl_3$)或质子酸等的催化作用下,卤代烃和烯烃类烷化剂通过亲电取代反应在芳环上引入烷基。

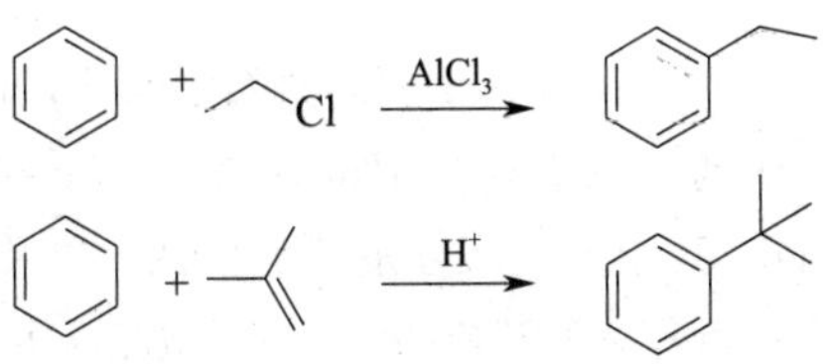

Cl $AlCl_3$

H^+

控制不同的烷化剂用量可分别得到芳胺的一取代物和二取代物，如：

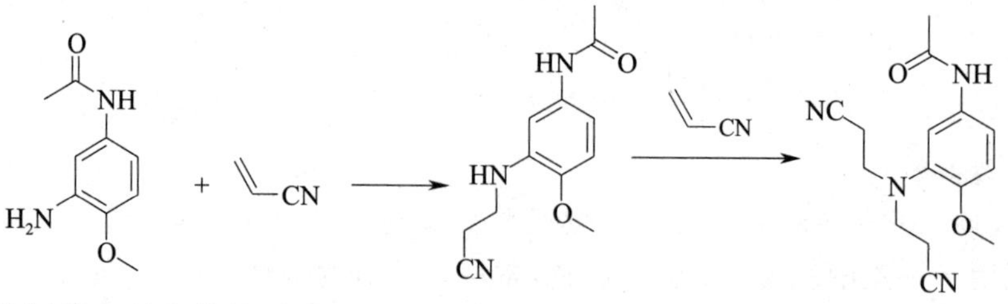

在芳胺的氨基上引入芳基可用下列通式表示：

$$Ar—Y + Ar'—NH_2 \longrightarrow Ar—NH—Ar' + HY$$

其中，Y 为—Cl、—Br、—OH、—NH_2 或—SO_3Na，如：

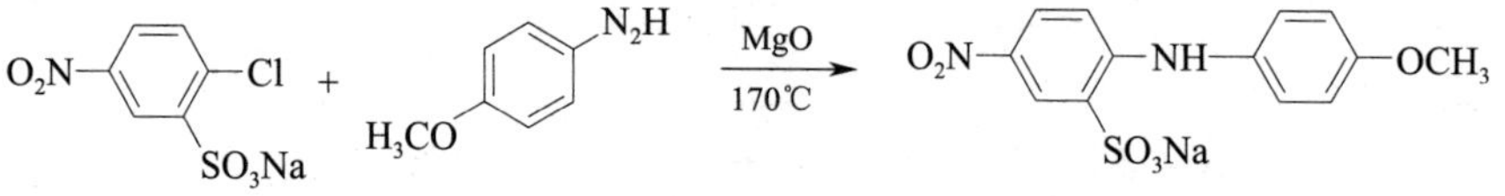

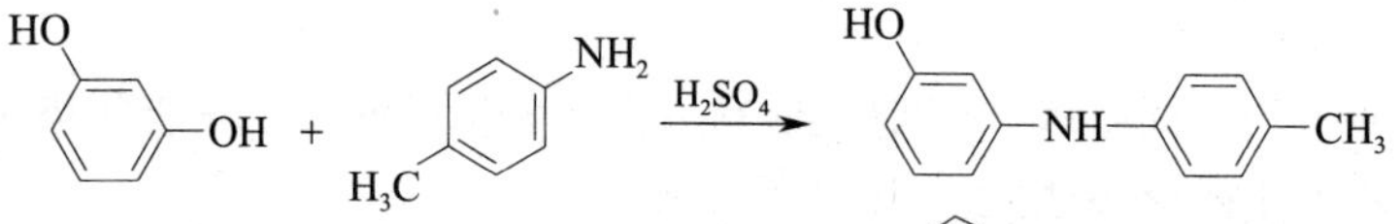

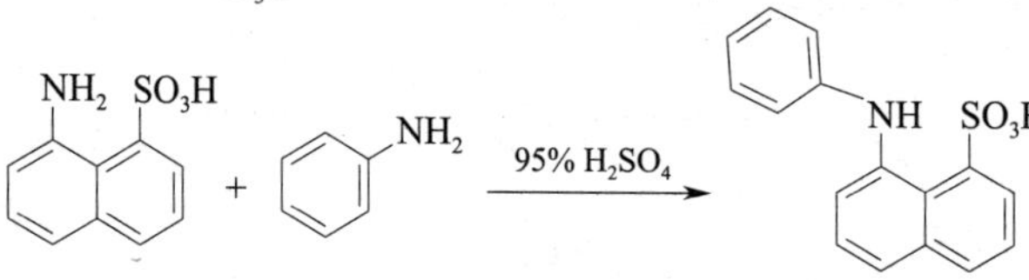

另外，酚类化合物可以与醇类、硫酸酯和卤代烃反应在芳环上引入烷氧基。

七、考尔培（Kolbe-Schmitt）反应

酚类化合物的钠盐与二氧化碳反应，在芳环上引入羧基的反应称为考尔培反应。

1. 反应目的

在芳香族酚类化合物上引入羧基，使染料具有水溶性和媒染性能。在工业上，羧基化反应主要用于从芳烃的羧基化合物制备羟基羧酸，它们除了可以直接用作偶氮染料的偶合组分外，其酰芳胺衍生物有些还被用作不溶性偶氮染料的色酚。因此羧基化对于中间体及染料工业具有重要的意义。

2. 考尔培反应

羟基羧酸主要是从无水酚碱金属盐在高温下（加压力）与二氧化碳作用而得。

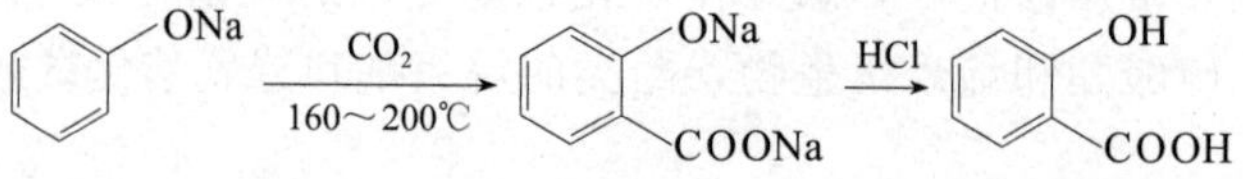

水杨酸

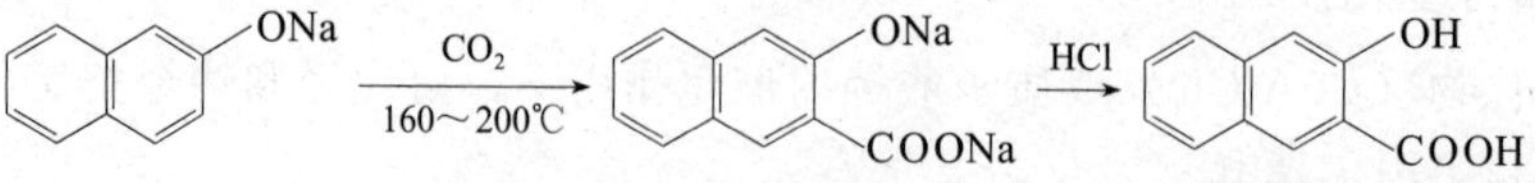

2-羟基-3-萘甲酸

2-羟基-3-萘甲酸（简称 2,3-酸）是染颜料重要的萘系中间体，近年来被应用在油漆和防水织物的防水剂中。除此之外，其在医药和感光材料中也有应用。2,3-酸是色酚 AS 及系列产品最重要的前端原料，有 34 种有机颜料（其中极大部分是红色品种）以及 16 种冰染色酚需要以它为原料。日本的 2,3-酸产量一直较大，近年来稳定在 5000～6000t/a，主要有上野制药公司的四日市工

场、三菱化成公司的黑崎工场及住友化学公司。我国2,3-酸年产量约为6万吨。

八、氨基酰化反应

在有机化合物的氨基上引入酰氨基的反应称为氨基酰化反应。

1. 氨基酰化的目的

① 提高染料的坚牢度，改变色光和染色性能。

② 作为进一步合成其他化合物的中间过程。

2. 酰化试剂和酰化反应

常用的酰化试剂有脂肪酸、酸酐、酰氯和酯类等。酰化反应属亲电取代反应，氮原子上的电子云密度越高越易被酰化；对酰化剂而言，酰基碳原子所带部分正电荷越多越易起酰化反应。常用酰化试剂的反应能力为：酰氯＞酸酐＞脂肪酸。

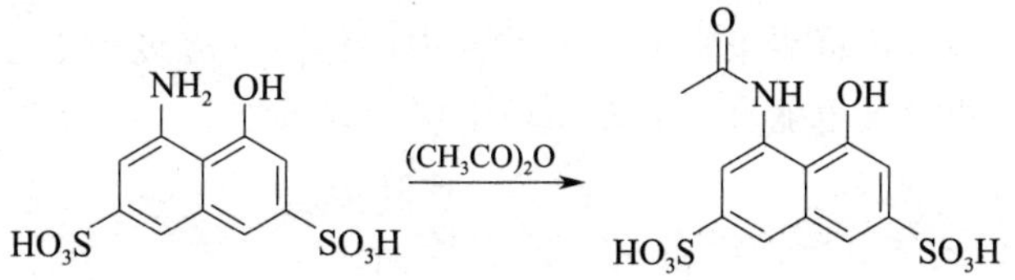

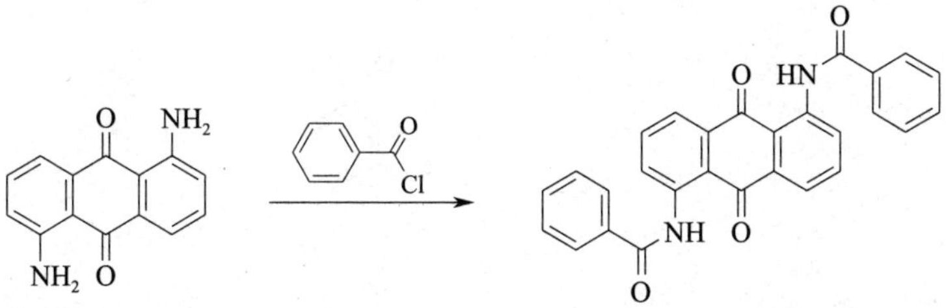

NH₂ OH HO₃S SO₃H —$(CH_3CO)_2O$→ O NH OH HO₃S SO₃H

O NH₂ NH₂ O —(苯甲酰氯 O Cl)→ O HN O O NH O

酰氯活性强，一般在常温下即可反应。由于生成的HCl会与胺反应成盐，故常采用过量胺，或加入有机碱（吡啶、三乙胺和季铵盐等）或无机碱（NaOH、Na_2CO_3等）。

九、氧化反应

在染料合成中主要有两种氧化反应：

① 在氧化剂存在下，在有机分子中引入氧原子，形成新的含氧基团。如：

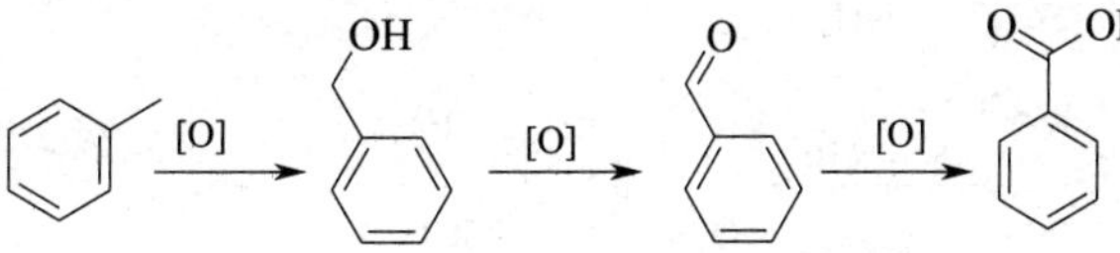

—[O]→ OH —[O]→ O —[O]→ O OH

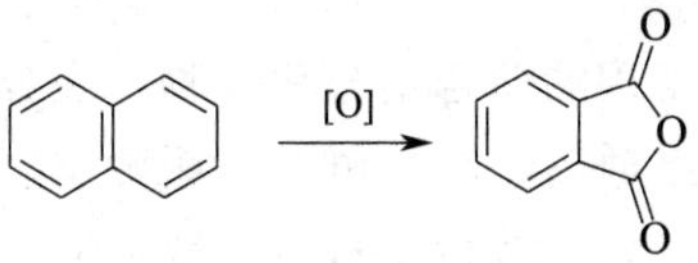

—[O]→ O O O

② 使有机分子失去部分氢的反应。用氧化法除去氢原子而同时形成新的碳键是制备二苯乙烯类中间体的常用方法。

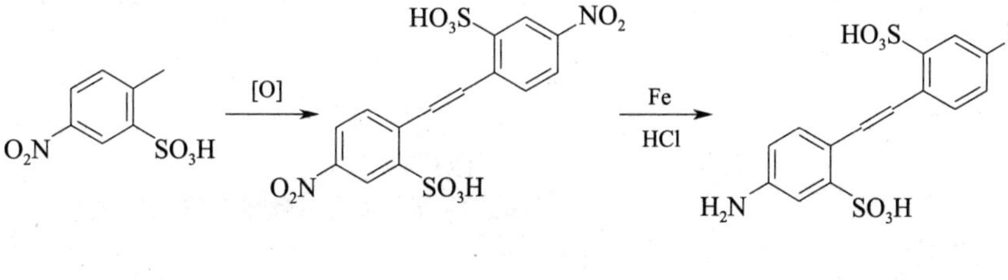

O_2N SO_3H —[O]→ HO_3S NO_2 O_2N SO_3H —Fe/HCl→ HO_3S NH_2 H_2N SO_3H DSD酸

十、成环缩合反应

成环缩合反应简称闭环或环化。成环缩合首先是两个反应分子缩合成一个分子，然后在这个分子内部的适当位置（一般有反应性基团）发生闭环反应形成新环或在具有两个芳环的邻位进行缩合。

1. 生成新的碳环

蒽醌可用蒽氧化制得，更重要的是可用邻苯二甲酸酐和苯及其衍生物合成蒽醌及其衍生物。

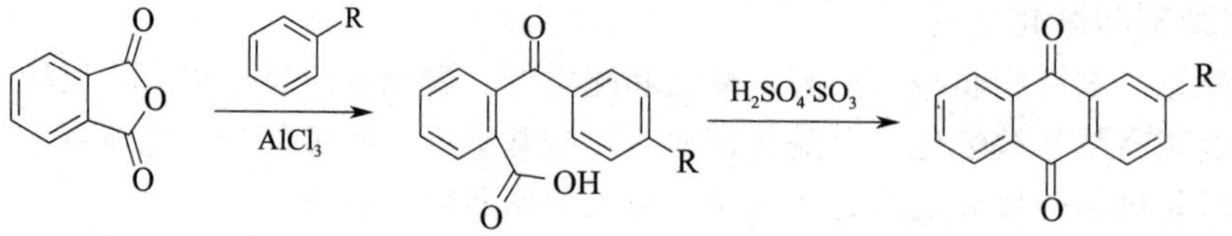

$AlCl_3$　$H_2SO_4 \cdot SO_3$

苯并蒽酮是合成许多稠环蒽醌染料的一个重要中间体。反应过程中蒽醌被还原成蒽酮，甘油脱水生成丙烯醛，两者发生缩合，继而闭环生成苯并蒽酮。

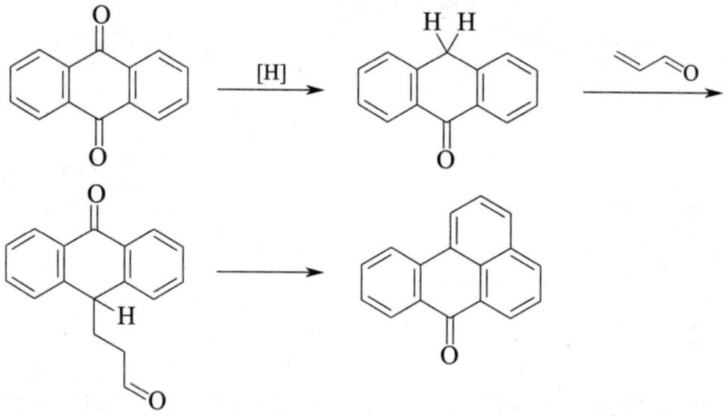

[H]

2. 生成杂环

含氮杂环常用胺类或肼类化合物合成。硫酚、硫脲、二硫化碳或硫氰酸盐等常用于合成含硫杂环。

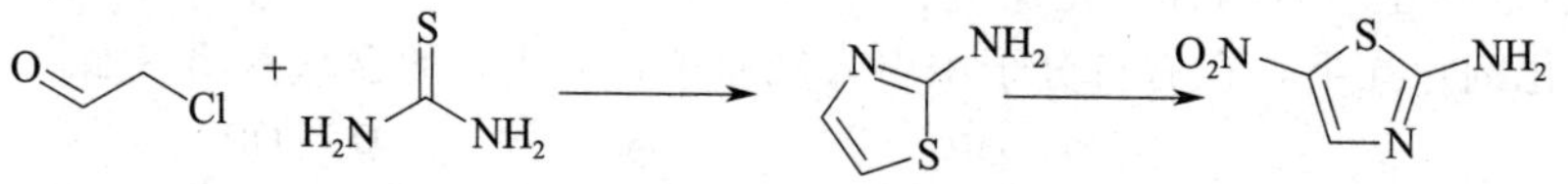

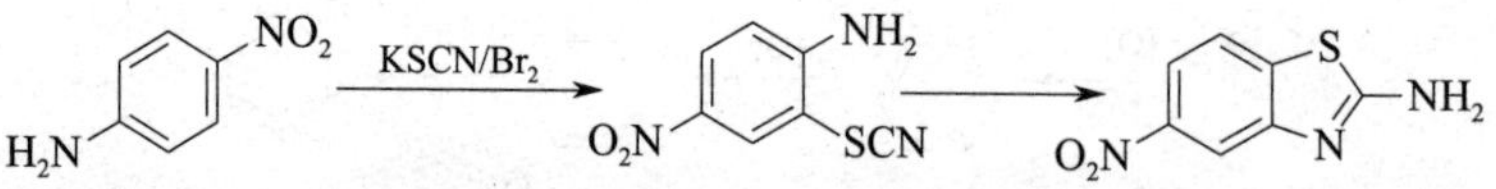

KSCN/Br_2

吡啶酮和喹啉酮结构中间体是常用的偶合组分化合物，在分散染料中经常被用到。吡啶酮衍生物合成的分散染料具有吸光系数高，颜色鲜艳，耐晒牢度优良，给色量高的特点。如生产吡啶酮结构的分散黄、橙、红，如分散黄 5-G、分散黄 G-FS 和分散橙 GG 等用的偶合组分 3-氰基-4-甲基-6-羟基吡啶-2-酮，是用乙酰乙酸乙酯和氰乙酰胺为原料，在乙醇中加氢氧化钾，经缩合、闭环反应得到。*N*-苯基-3-氰基-4-甲基-6-羟基吡啶-2-酮制法类似。

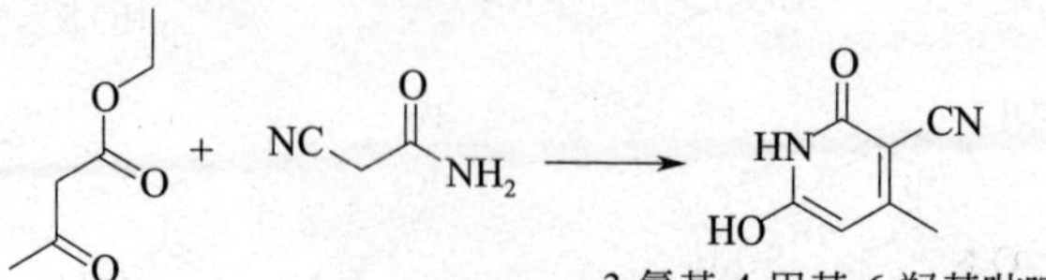

3-氰基-4-甲基-6-羟基吡啶-2-酮

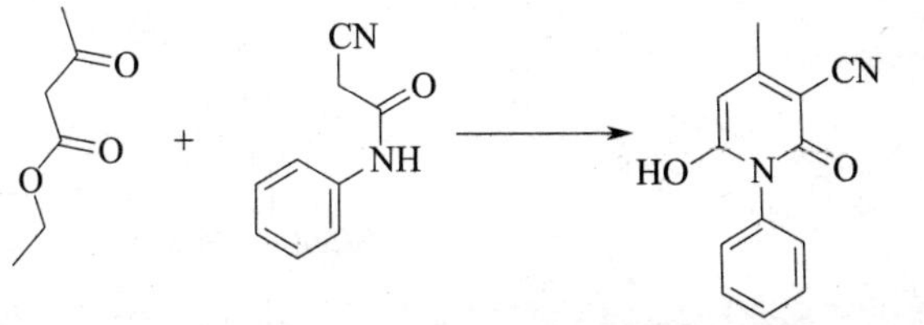

N-苯基-3-氰基-4-甲基-6-羟基吡啶-2-酮

甲基喹啉酮类偶合组分 N-甲基-4-羟基喹啉-2-酮，是用邻氨基苯甲酸为主要原料，先经硫酸二甲酯反应，得 N-甲基邻氨基苯甲酸，再和醋酸酐缩合，闭环后得到：

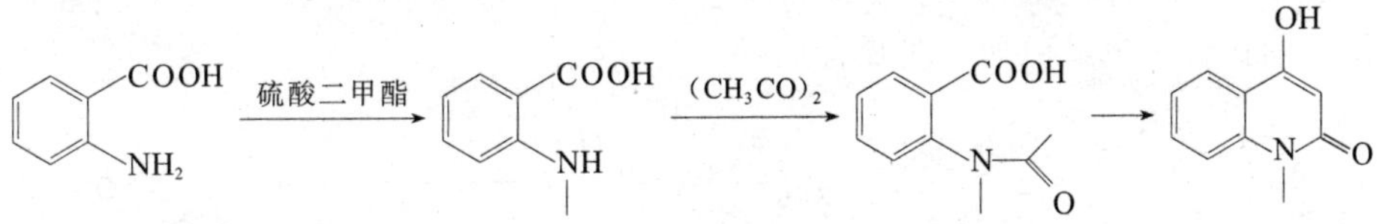

硫酸二甲酯　$(CH_3CO)_2$

吡唑啉酮化合物是重要的偶合组分。在分散染料、有机颜料以及酸性、活性染料中都有广泛应用。

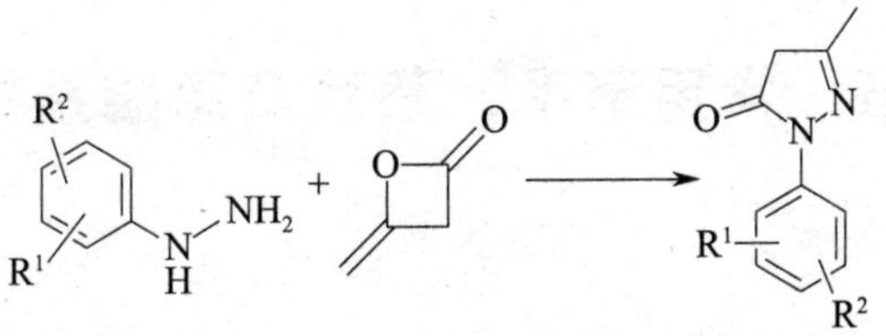

吡唑啉酮衍生物可以通过酮二羧酸与苯肼衍生物缩合，经闭环而得到如下含酯基和磺酸基的吡唑啉酮化合物：

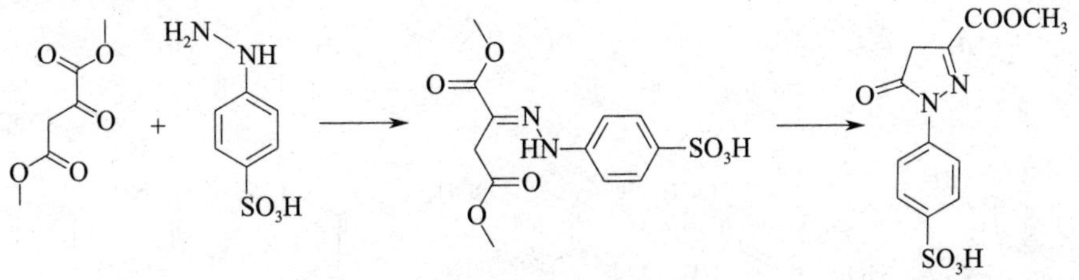

巴比妥酸（Barbituric acid），又称丙二酰脲（Malonylurea）、2,4,6-嘧啶三酮，其分子结构中含有一个活泼的亚甲基和两个二酰亚胺基，能发生酮式-烯醇式互变异构。巴比妥酸是重要的有机颜料中间体，可用来合成黄色、橙色、红色的高档有机颜料。它们分别属于异吲哚啉类、苯并咪唑酮类、金属络合类有机颜料。同时，其是制备卤代嘧啶的重要原料。

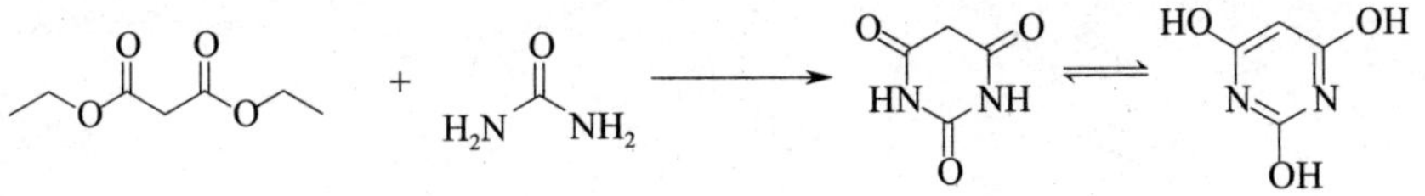

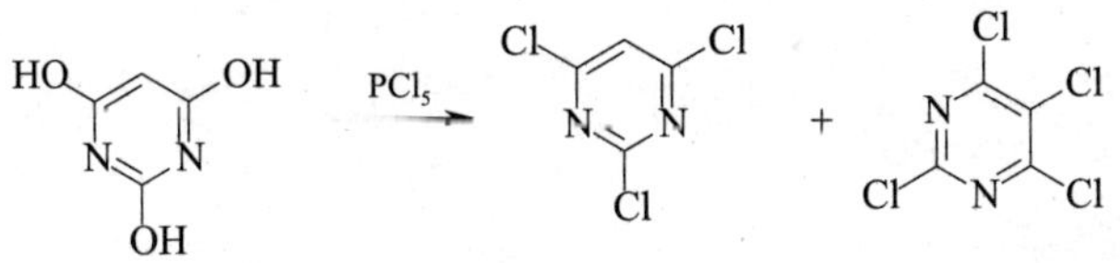

PCl_5

苯胺经水合氯醛、羟胺生成肟基乙酰苯胺，然后经浓硫酸关环得靛红。靛红可经黄鸣龙还原反应，制备吲哚-2-酮化合物，也可经 Pfitzinger 反应制得喹啉化合物。

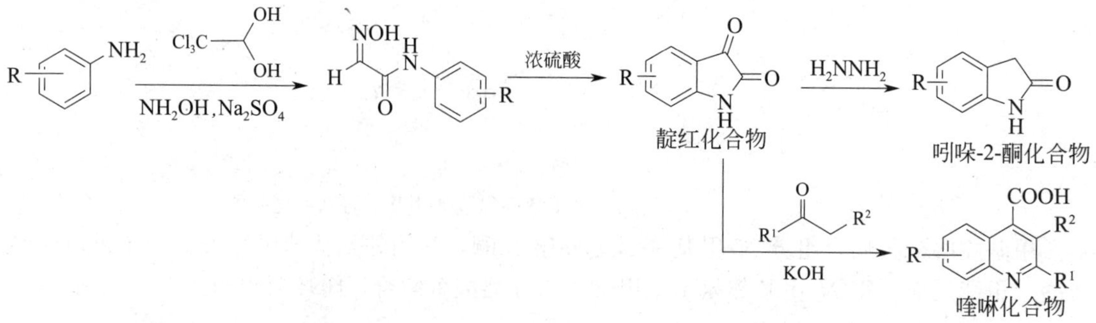

靛红化合物

吲哚-2-酮化合物

喹啉化合物

吲哚-2-酮化合物也可由如下路径合成：

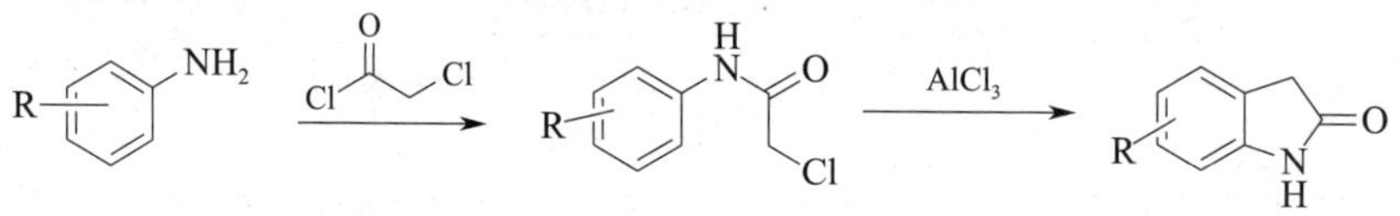

第三节　常用苯系、萘系及蒽醌系中间体

一、苯系中间体

由苯、甲苯、氯苯、硝基苯以及苯的其他衍生物为原料，可合成一系列常用的苯系中间体。常用的苯系中间体如下：

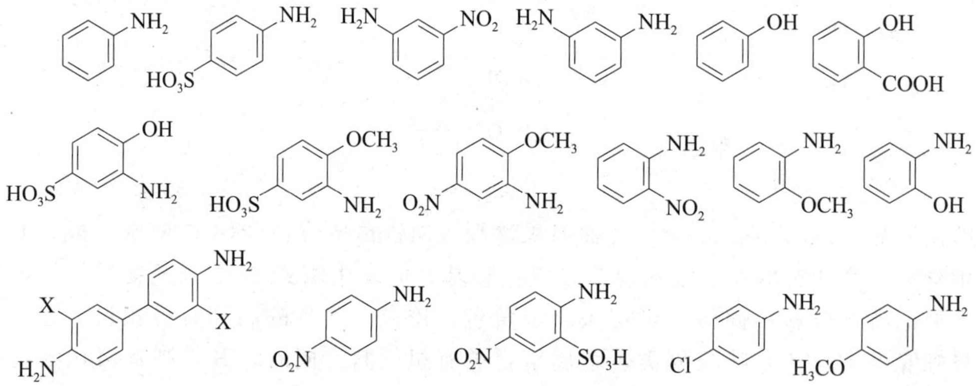

X=H,—Cl,—OCH_3,—CH_3

烷基芳胺

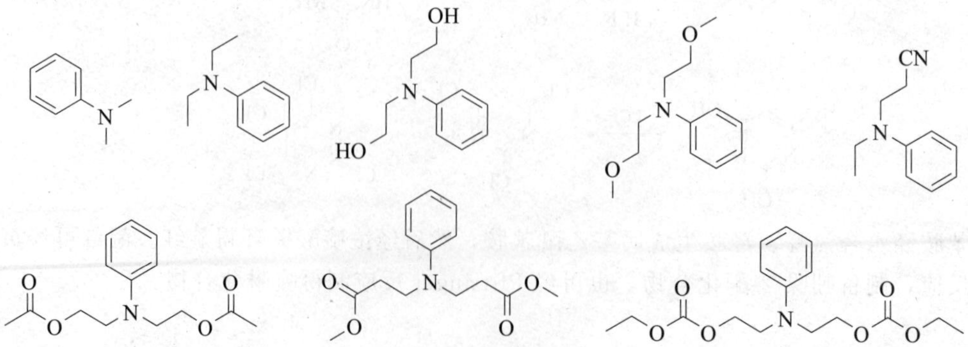

间-(N,N'-二乙基氨基)乙酰苯胺是分散蓝 183、224、165 的中间体，其氨基的烷基化有取代烷基化、缩合还原烷基化等，其中取代烷基化产物中含有单取代和双取代甚至多取代的混合物，也存在废液中含有缚酸剂难处理的问题。在缩合还原烷基化反应中，若直接用 Raney 镍和氢气还原，不仅可以还原席夫碱，也可以将酰胺还原。有人采用乙醛缩合，然后三乙酰氧基硼氢化钠（STAB）还原亚胺，这样能够避免酰胺基本还原的副反应发生。

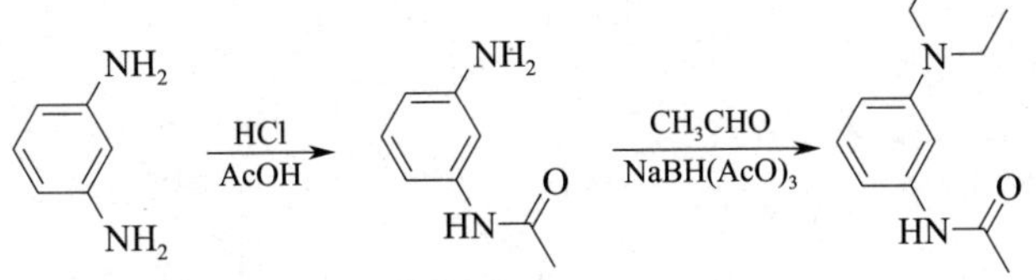

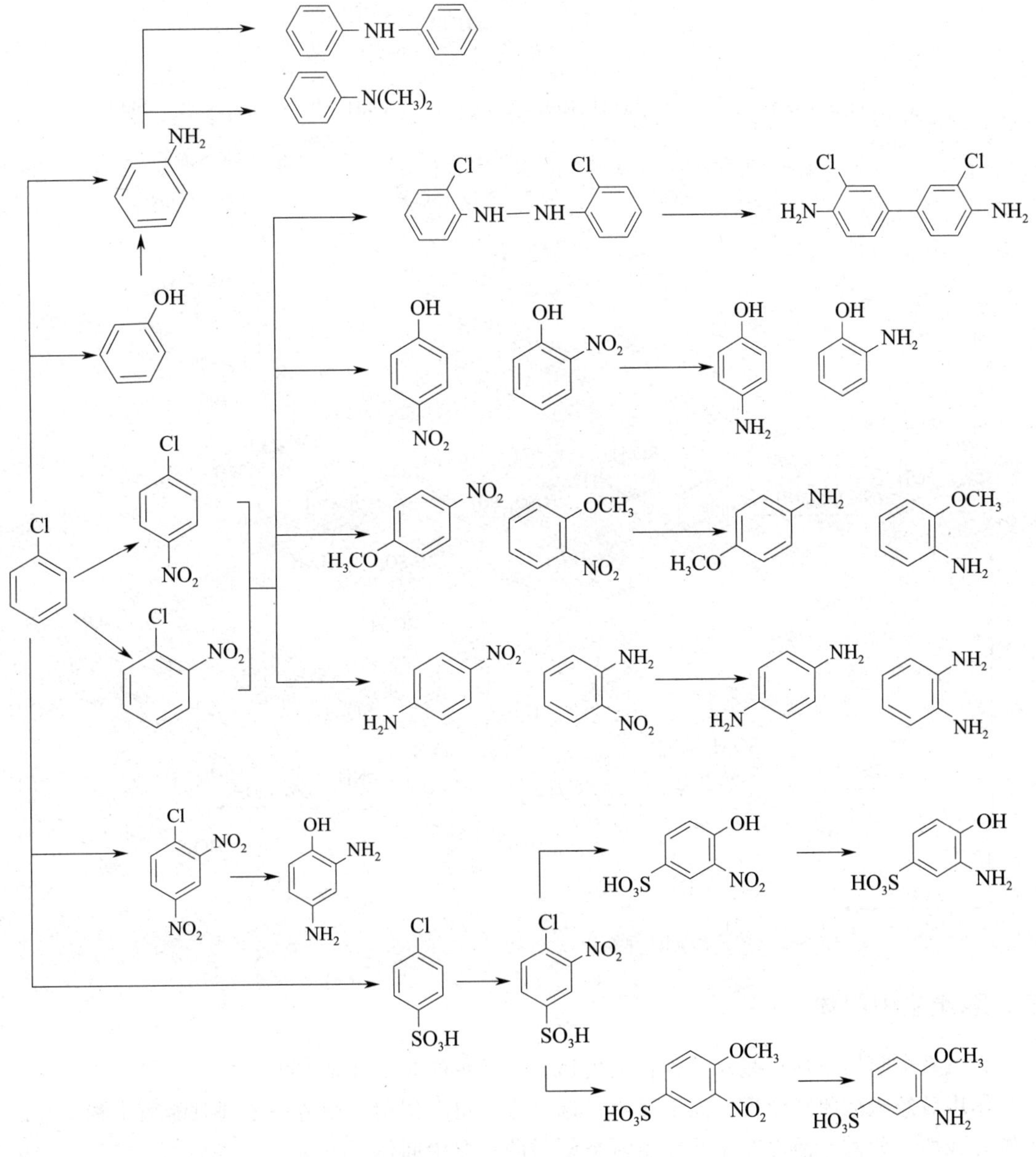

二、萘系中间体

萘系中间体是染料合成中十分重要的中间体。它品种繁多，其中萘酚、萘胺及其磺酸衍生物和各种氨基、羟基萘磺酸化合物是各种偶氮染料的重要中间体。一些常用的萘系中间体的合成途径如下所示：

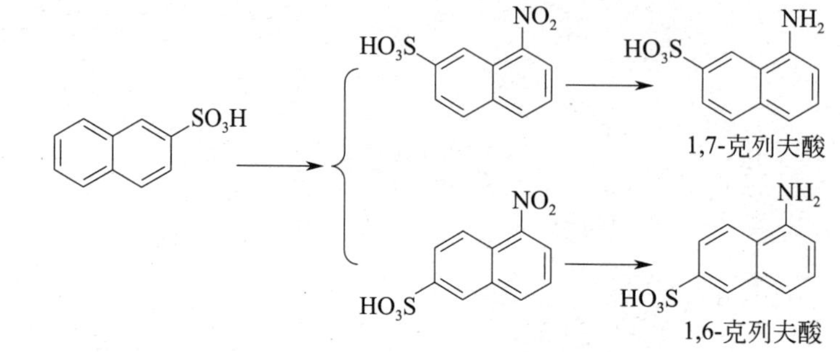

1,7-克列夫酸

1,6-克列夫酸

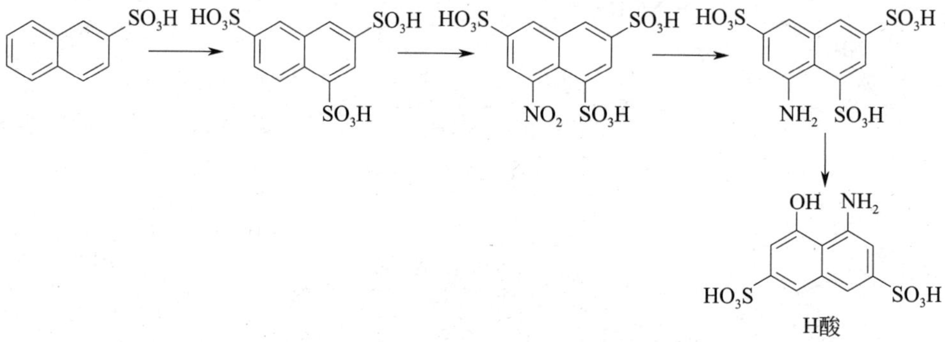

H酸

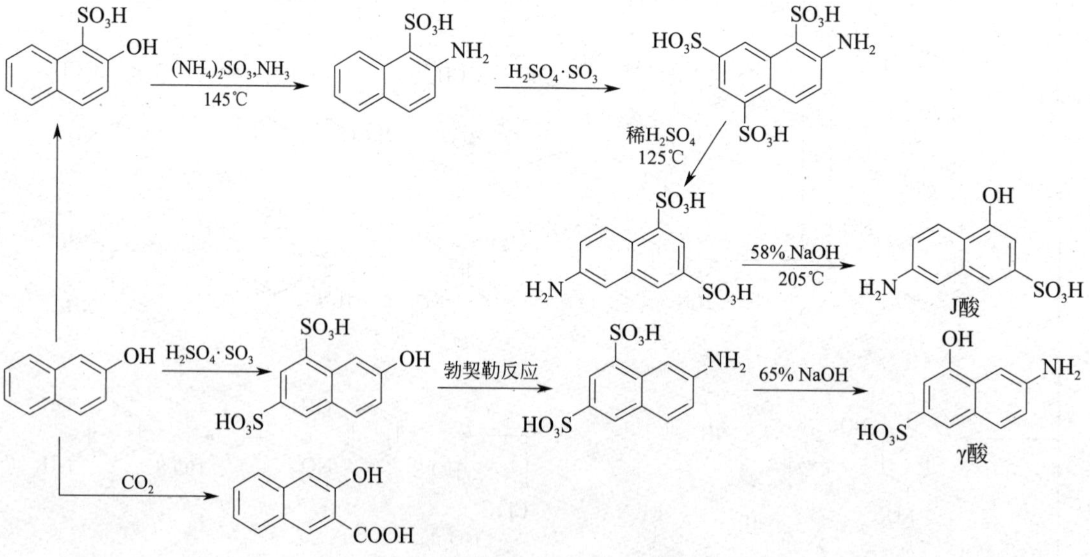

$(NH_4)_2SO_3, NH_3$ 145℃

$H_2SO_4 \cdot SO_3$

稀H_2SO_4 125℃

58% NaOH 205℃

J酸

$H_2SO_4 \cdot SO_3$

勃契勒反应

65% NaOH

γ酸

CO_2

三、蒽醌系中间体

蒽醌系中间体包括蒽醌及其各种衍生物。通常蒽醌是由邻苯二甲酸酐在三氯化铝存在下与苯作用后经硫酸闭环而得。如下所示，这个方法可广泛用于制造一系列蒽醌衍生物，它们常作为酸性、分散、活性、还原等蒽醌类染料的重要中间体。

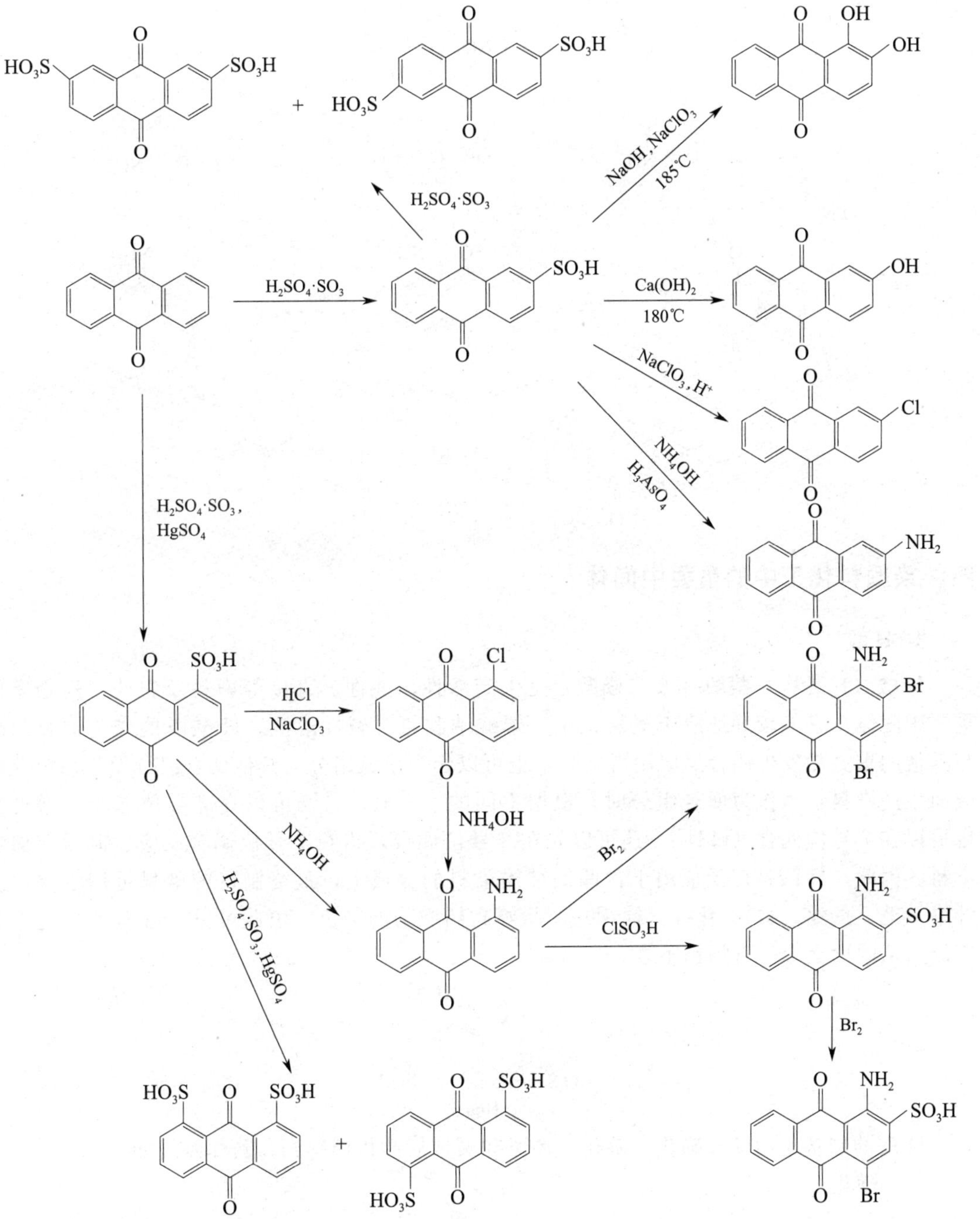

另有一些主要蒽醌衍生物，其制备举例如下：

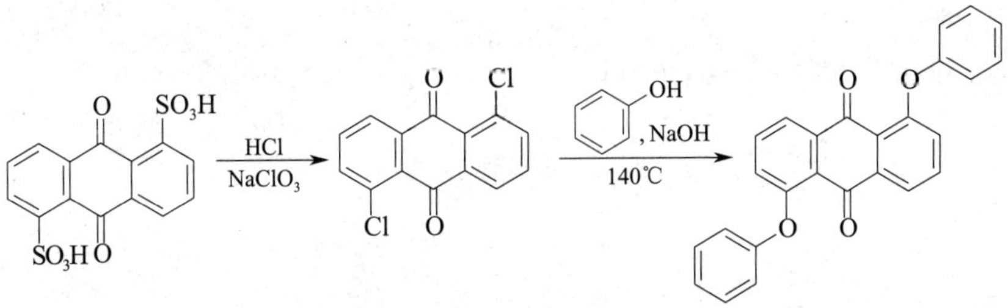

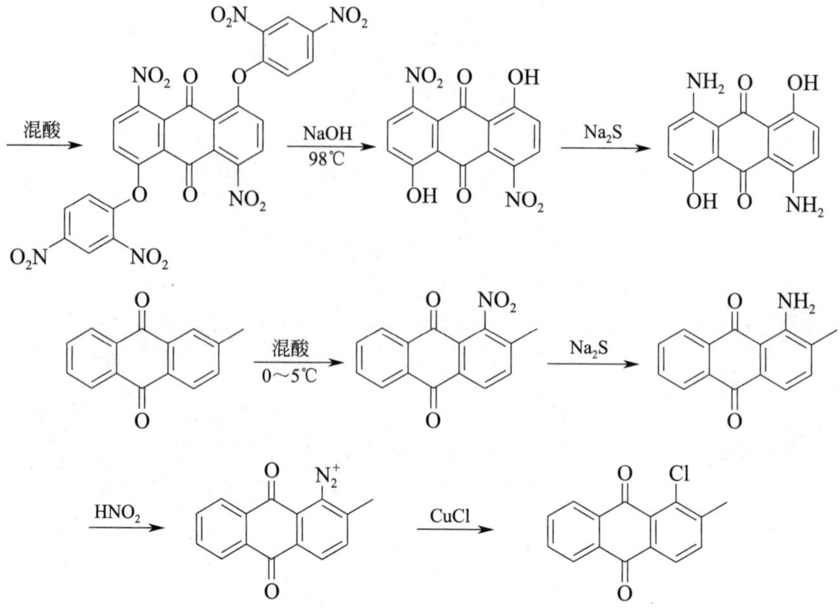

四、染颜料化工中的重要中间体

1. H 酸

H 酸（1-氨基-8-萘酚-3,6-二磺酸）是生产活性、酸性、直接等染料及农药、药物等的重要中间体，它能较好地溶于氢氧化钠、碳酸钠和氨等碱性溶液。H 酸既能作为偶合组分与其他的重氮盐发生偶合反应制得染料，也可以作为重氮组分与其他偶合组分发生重氮化反应而生产染料。当作为偶合组分时，根据不同的 pH 值，它既可以在 2 号位偶合（酸性），也可以在 7 号位偶合（碱性），还可以先在 2 号位偶合，再在 7 号位偶合反应，制得双偶氮染料。因此，H 酸被广泛应用于含偶氮结构染料的合成上，最终制得的染料可用于蛋白质纤维（毛、蚕丝、绒）、化纤（锦纶）产品等高档织物的染色。由此可见，H 酸的用途十分广泛，从问世至今一直畅销不衰。

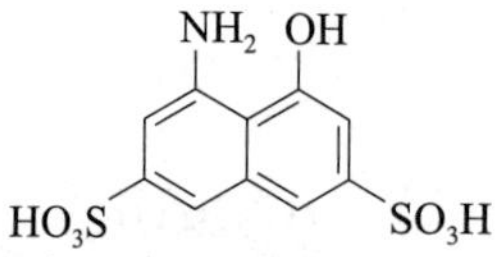

H酸

H 酸的制备是由萘经磺化、硝化、还原和碱熔后酸析而得到。具体路线如下：

（1）磺化

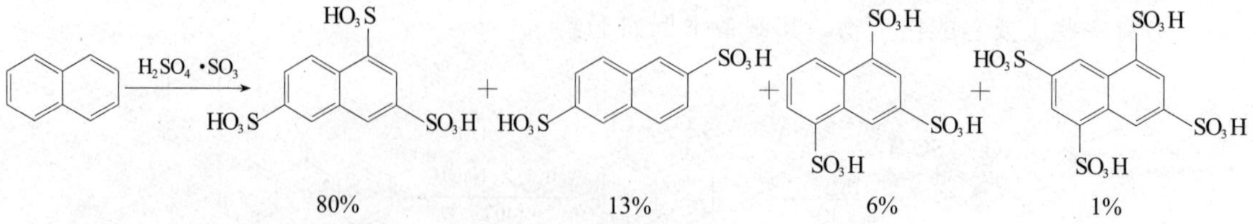

80%　13%　6%　1%

（2）硝化

HO_3S HO_3S SO_3H $+HNO_3$ $\xrightarrow{H_2SO_4}$ NO_2 SO_3H HO_3S SO_3H

99.5%

（3）还原

NO_2 SO_3H HO_3S SO_3H $\xrightarrow{[H]}$ NH_2 SO_3H HO_3S SO_3H

（4）碱熔-酸析

NH_2 SO_3H HO_3S SO_3H $+NaOH \longrightarrow$ NH_2 ONa HO_3S SO_3H $\xrightarrow{H^+}$ H_2N OH HO_3S SO_3H

H 酸作为偶合组分合成染料有活性红 1，3，15，24，31、活性艳红 X-6B 等。

Cl N N Cl N NH OH N=N SO_3Na HO_3S SO_3H

活性艳红X-6B

O S O OSO_3Na O S O NaO_3SO N=N OH NH_2 N=N HO_3S SO_3H

活性黑KB

NaO_3S Cl N N N H N H SO_3Na N=N NH_2 OH N=N NaO_3S HO_3S SO_3H HN Cl N N N H SO_3Na

活性蓝KE-R(活性蓝171)

H 酸作为重氮组分合成染料：

HO_3S OH N=N SO_3Na NHR HO_3S

染料颜色	R
紫色	$-C_2H_5$
蓝色	
天蓝色	$-CH_3$

2. J 酸

J 酸即 2-氨基-5-萘酚-7-磺酸，主要用于制造双 J 酸、苯基 J 酸、猩红酸以及直接、活性染料等。

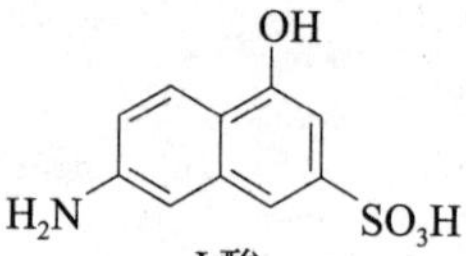

J 酸

用吐氏酸为原料来制取 J 酸。吐氏酸经过磺化、水解过程，得出 2-萘胺-5,7-二磺单钠盐（氨基 J 酸），然后通过中和、碱熔、酸化等一系列反应最终得到 J 酸。

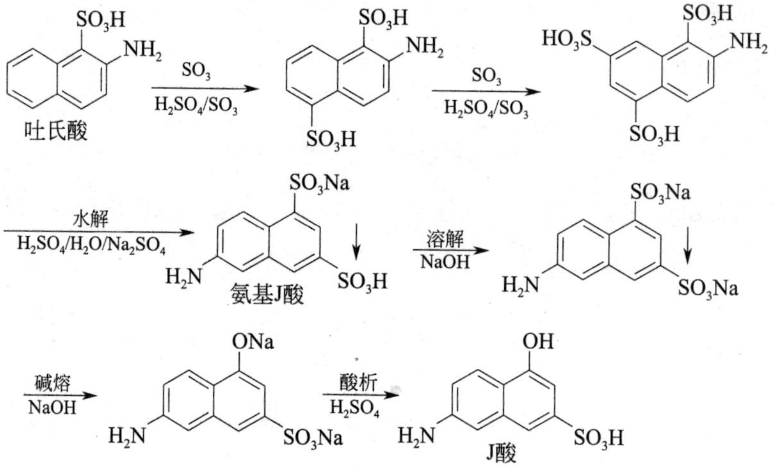

吐氏酸 $\xrightarrow[H_2SO_4/SO_3]{SO_3}$ $\xrightarrow[H_2SO_4/SO_3]{SO_3}$ $\xrightarrow[H_2SO_4/H_2O/Na_2SO_4]{水解}$ 氨基J酸 $\xrightarrow[NaOH]{溶解}$ $\xrightarrow[NaOH]{碱熔}$ $\xrightarrow[H_2SO_4]{酸析}$ J酸

由 J 酸上的氨基经取代或酰化衍生出的 J 酸衍生物大约有 20 余种，均可作为染料中间体使用。现举例如下：

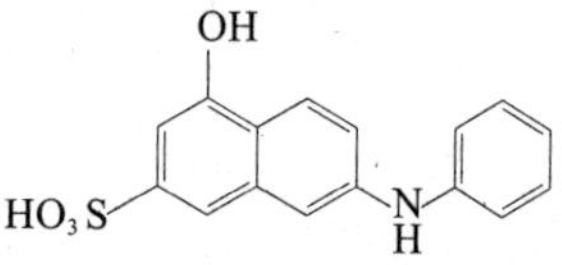

苯基 J 酸 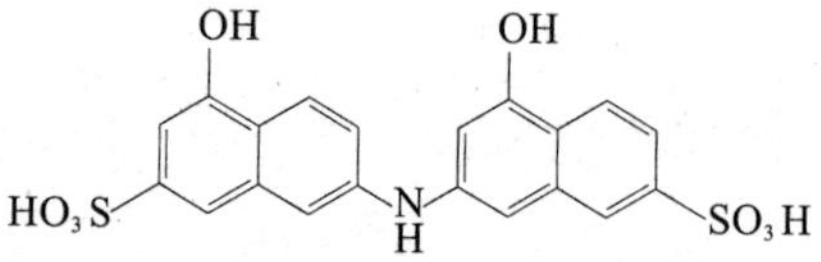　　双 J 酸 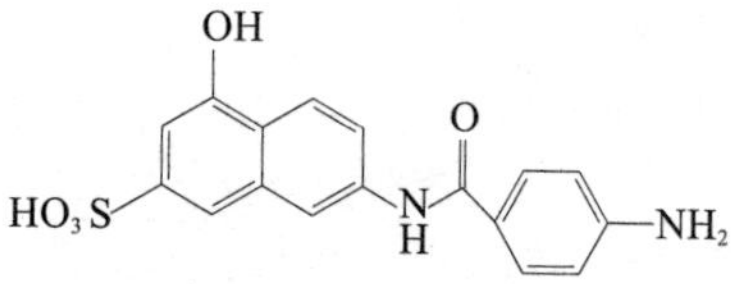　　N-对氨基苯甲酰基 J 酸

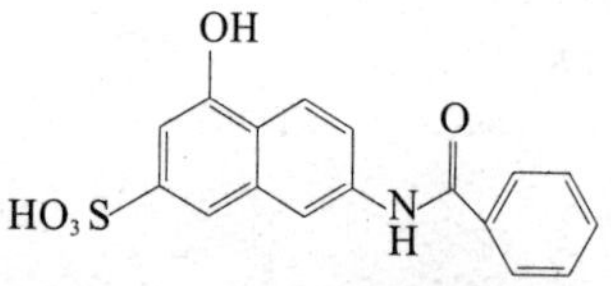

N-苯甲酰基 J 酸 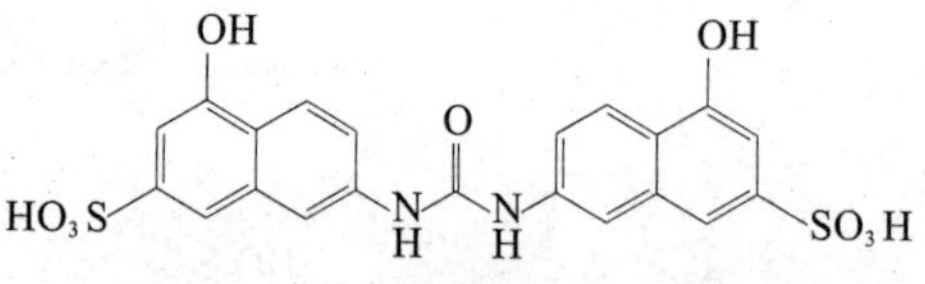　　猩红酸

3. γ 酸

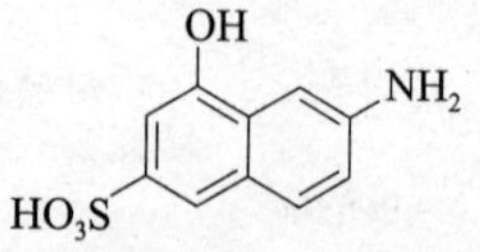

γ 酸即 2-氨基-8-萘酚-6-磺酸。将 β-萘酚经发烟硫酸二次磺化后，得到 2-萘酚-6,8-二磺酸，将磺化物溶解于氯化钾溶液中，在 85℃下进行保温，得到 2-萘酚-6,8-二磺酸双钾盐（G 盐）。将 G 盐粗品用氢氧化钠进行碱熔，得到 2,8-二羟基-6-萘磺酸钠盐。经酸化、氨化得 γ 酸铵盐后，用硫酸酸析即得 γ 酸成品。

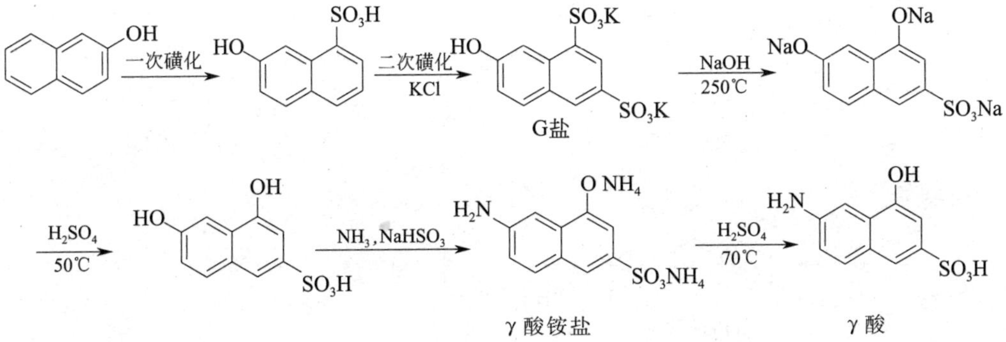

4. 劳伦酸

劳伦酸，即1-萘胺-5-磺酸。可由1-萘胺经发烟硫酸磺化得到，或者萘-1-磺酸经硝化、还原得到。

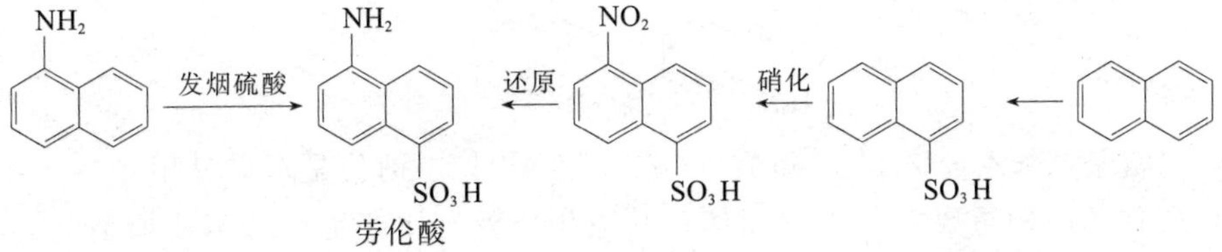

劳伦酸

5. 周位酸

周位酸即8-氨基萘磺酸。将萘用硫酸低温磺化，所得萘磺酸用混酸硝化（常加入少量硫酸铜以提高1-硝基-8-萘磺酸收率），再经白云石（$MgCO_3$）中和、铁粉还原、酸析、过滤而得（滤液中含有劳伦酸，二者为联产品）。

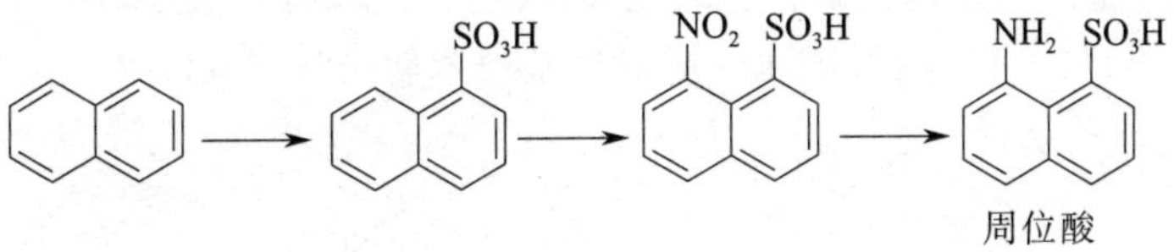

周位酸

6. 吐氏酸

吐氏酸即2-萘胺-1-磺酸。将2-萘酚溶于邻硝基乙苯，以氯磺酸为磺化剂，经磺化生成2-萘酚-1-磺酸。加入纯碱成盐，再加入液氨、亚硫酸铵，反应完后再经精制而得到。

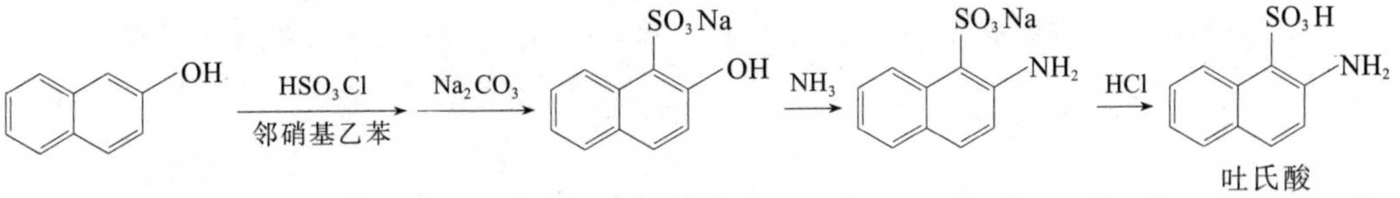

吐氏酸

7. C酸

C酸即2-萘胺4,8-二磺酸。其由萘经磺化、硝化，再用镁盐分离异构体而得到2-硝基-4,8-萘二磺酸镁盐，加氢氧化钠得到钠盐，然后在酸性介质中用铁粉还原，即得成品：

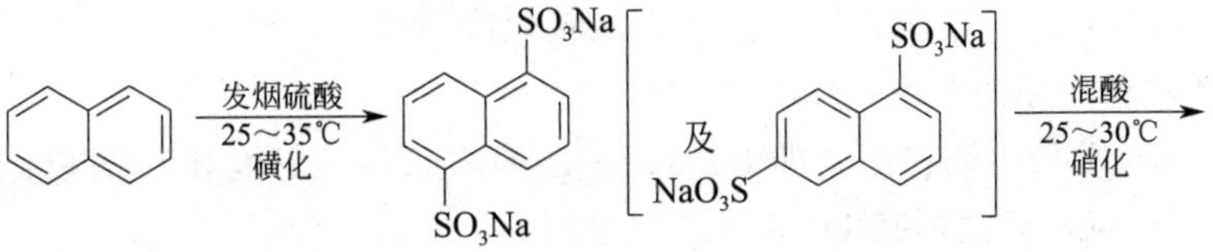

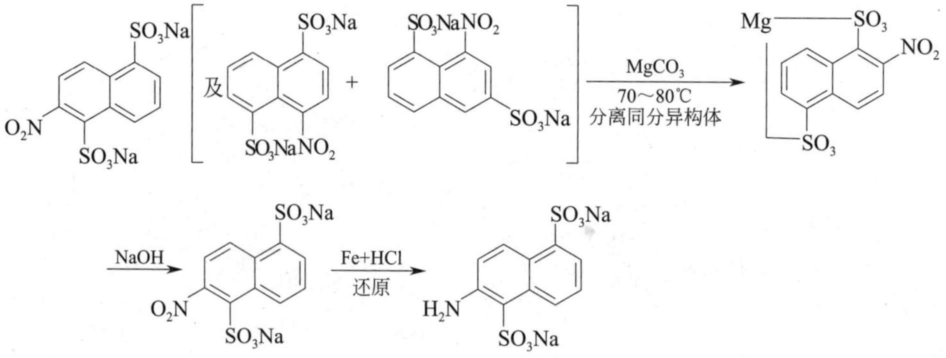

MgCO₃ 70～80℃ 分离同分异构体; NaOH; Fe+HCl 还原

C 酸

8. DSD 酸

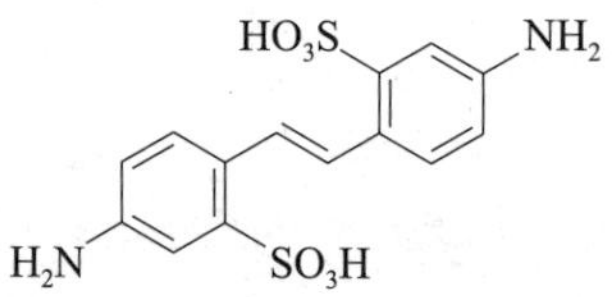

4,4′-二氨基二苯乙烯-2,2′-二磺酸（DSD 酸）及其二钠盐是对硝基甲苯的重要下游产品，DSD 酸作为一种重要的化工中间体，其应用广泛，比如生产二苯乙烯型荧光增白剂、芪氏酸类染料与活性染料等重要精细化工产品。

用 DSD 酸为原料合成的活性染料主要品种有：活性嫩黄 KE-3G、活性黄 KD-3G、活性嫩黄 KM-3G、活性黄 KE-4RN、活性黄 KE-4G、活性黄 ME-3G、活性黄 KE-RN、活性金黄 KE-RN、活性嫩黄 KE-RN、活性橙 KE-2G、活性红 KD-8G、反应艳红 KD-6B 等。

DSD 酸的传统生产工艺包括磺化、氧化和还原三大步骤：

① 对硝基甲苯（PNT）通过磺化生成对硝基甲苯邻磺酸（NTS）。

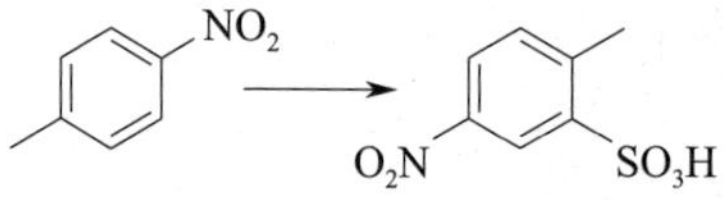

PTN　　NTS

PNT 磺化的方法是发烟硫酸磺化法，即在 110℃的条件下，向熔融的对硝基甲苯中滴加 20%的发烟硫酸，滴加完毕于 110℃保温至反应完全，冷却至 NTS 结晶充分析出，过滤，得到 NTS 产品。

② NTS 在碱性介质中氧化缩合得到 4,4′-二硝基二苯乙烯-2,2′-二磺酸（DNS）。

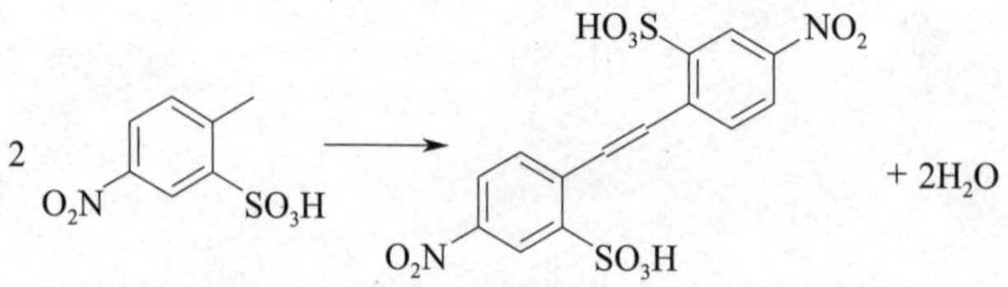

$+ 2H_2O$

NTS　　DNS

氧化工艺常用的有碱水介质空气氧化法，此外还有碱水介质次氯酸钠氧化法、有机溶剂氧化法、水-有机溶剂混合溶剂氧化法及电化学氧化法等。

③ DNS 经铁粉还原法制得最终产品 DSD 酸。

DNS 的还原通常采用铁粉法，即 Bechamp 还原法。该法具有操作简单、成本低廉、副反应少、收率高优点，广泛用在 DNS 的还原过程。

9. 2,3-酸

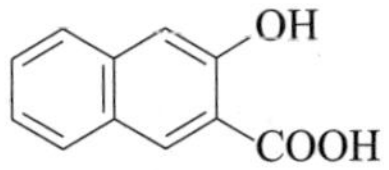

2,3-酸即 2-羟基-3-萘甲酸，呈黄色，对皮肤和黏膜具有刺激性，熔点约为 223℃。2,3-酸是染料（特别是冰染染料）、有机颜料和医药的一种重要中间体，其用途十分广泛，现在可以用作 34 种有机颜料和 16 种冰染色酚的原料。2,3-酸生产原料是 2-萘酚。由 2,3-酸衍生的常见色基有色酚 AS、色酚 AS-D、色酚 AS-OL、色酚 AS-RL、色酚 AS-BO、色酚 AS-PH 等。

10. 间苯二胺

苯经混酸硝化成间、邻、对二硝基苯的混合物，再经亚硫酸钠和液碱精制得间二硝基苯，然后用铁粉还原或加氢还原制得间苯二胺。

间苯二胺主要用于合成分散染料、硫化染料、媒染染料、直接染料、毛皮染料和重要的染料中间体氨基乙酰苯胺，以及农药、芳纶和间苯二酚等，其中染料和间苯二酚约占七成。如：酸性黑 242 染料是一种环保型且用途较为广泛的黑色弱酸性偶氮类染料，是由 4,4′-二氨基苯磺酰苯胺、H 酸、对硝基苯胺、间苯二胺为原料合成的。该染料主要适用于皮革的着色，也可用于羊毛、丝绸、锦纶和黏胶纤维的染色与印花，并作为环保型直接染料取代致癌芳香胺结构的直接黑 38。

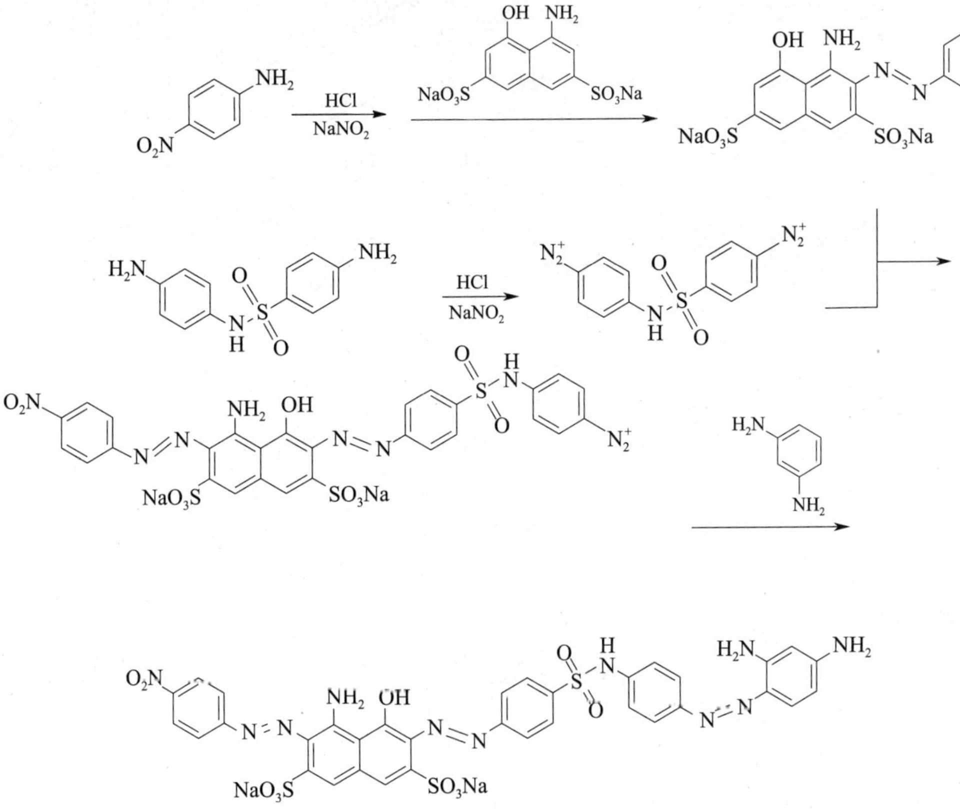

HCl, $NaNO_2$

HCl, $NaNO_2$

酸性黑242

11. 间苯二酚

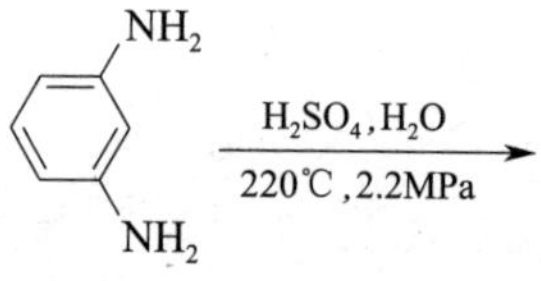

H_2SO_4, H_2O

220℃, 2.2MPa

间苯二酚俗称雷锁辛（Resorcin），是一种重要的化学合成中间体和精细化工原料，应用于医药、农药、染料、橡胶和黏合剂等多个领域。2017 年全球间苯二酚需求量在 6 万～7 万吨，近一半集中在轮胎领域。

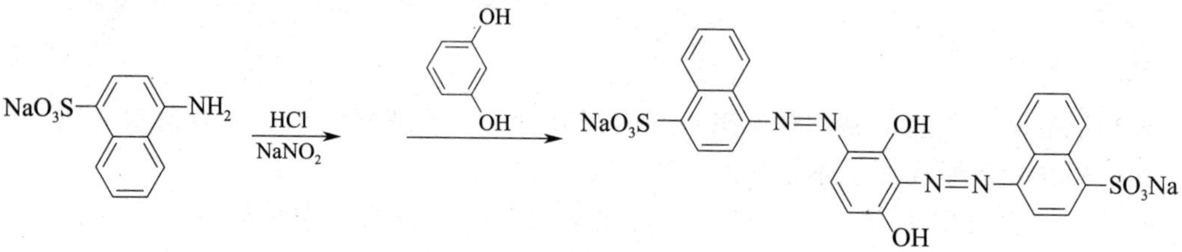

酸性棕14

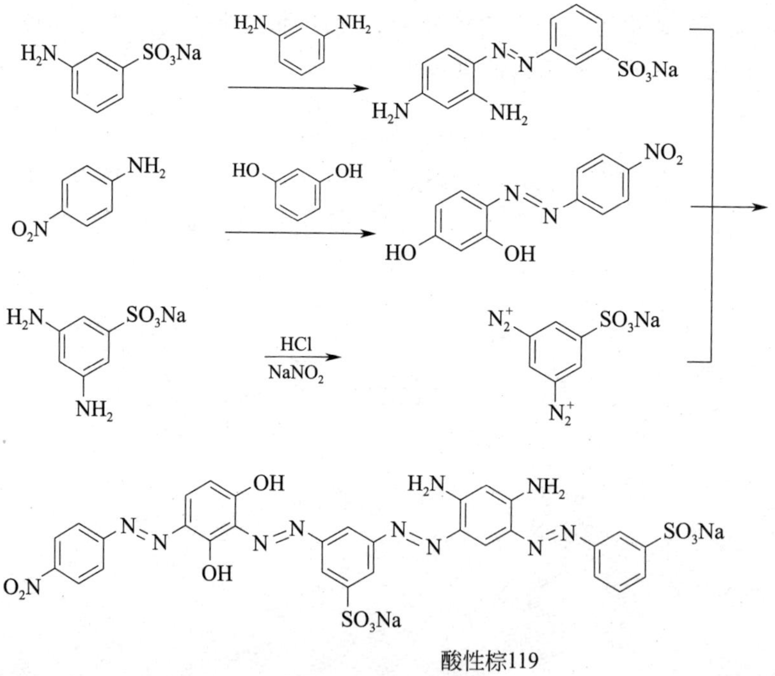

酸性棕119

12. 还原物

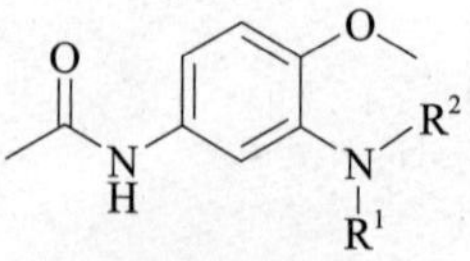

还原物是国内染料制造商对 2-氨基-4-乙酰氨基苯甲醚的通俗称法，它是生成蓝色色调分散染料最重要的原材料。还原物可以合成的分散染料有分散蓝 79：1、分散蓝 301、分散蓝 291、分散蓝 79。

生产还原物的方法较多，比较流行的方法是用对氨基苯甲醚为原料，混入硝酸和铁粉后乙酰化得到还原物。反应的具体步骤如下：

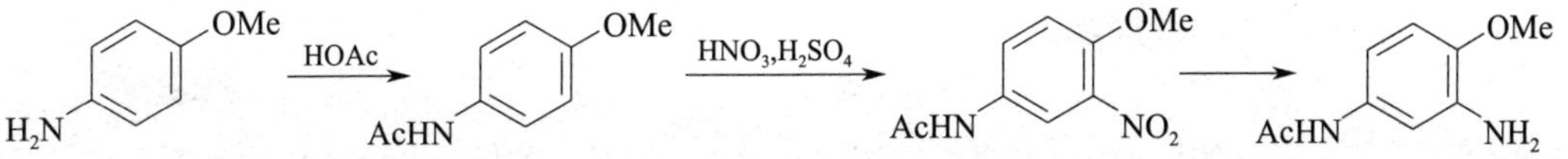

但是该工艺缺点也很明显。具体生产过程中需要大量高温洗涤水，也需要大量的铁粉来反应，能源消耗大的同时也造成大量的工业污染。还原物的另一种合成方法是由2,4-二硝基氯苯（Ⅰ）经过醚化反应制得2,4-二硝基苯甲醚，然后经催化剂（Raney-Ni）的作用下与氢气还原、乙酸酐酰化反应制得。其中2,4-二硝基氯苯（Ⅰ）的制备路线如下：

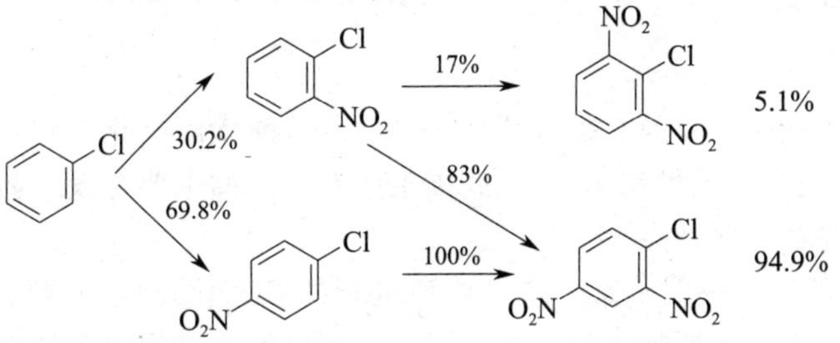

（Ⅰ）

13. 三聚氯氰

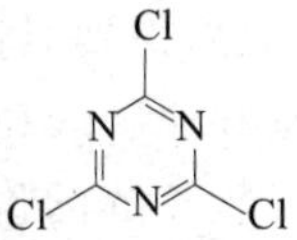

三聚氯氰（Cyanuric chloride），又名三聚氰氯、三聚氰酰氯、氰脲酰氯，是一种精细化工中间体，主要用于生产除草剂（三嗪类农药）、活性染料、荧光增白剂、杀菌剂、固色剂、织物防缩水剂、抗静电剂、防火剂、防蛀剂等。

目前，世界范围内工业化生产三聚氯氰的工艺路线分为氰化钠法（两步法）和氢氰酸法（一步法）两种。

① 氰化钠法（两步法） 先由氢氰酸与液碱反应制成氰化钠，氰化钠再和氯反应得到氯化氰，氯化氰聚合得到产品三聚氯氰。该生产工艺成熟，产品质量较好且稳定，处理后的废弃物较容易达到排放标准，生产过程比较安全，适合大批量生产。但是不足之处是生产路线较长、成本较高。目前国内主要采用这种方法生产三聚氯氰。

② 氢氰酸法（一步法） 由氢氰酸直接和氯气进行氯化反应生产氯氰单体。这种方法的优势：生产原料只有氢氰酸和氯气，不需要液碱，所需原材料较少，降低了生产成本；仅有一步主反应，减少了碱吸收反应过程，也因此减少了相应的副反应，生产的产品质量相对于氰化钠法更具有优势。德国营创工业集团和瑞士龙沙集团主要采用这种方法生产三聚氯氰。

14. 对位酯/间位酯

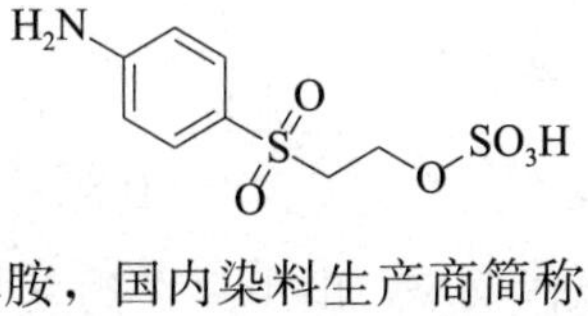

对位酯，即4-硫酸乙酯砜基苯胺，国内染料生产商简称为“591”。白色晶体，溶于水，不

溶于乙醇、乙醚和苯，能溶于碱（氢氧化钠、碳酸钠）溶液。对位酯是活性染料的重要中间体，用于合成 EF 型、KN 型、M/KM 型、ME 型等含乙烯砜基型活性染料。制备方法如下：

（1）乙酰苯胺-氯乙醇路线

O NH $\xrightarrow[SOCl_2]{ClSO_3H}$ O NH SO_2Cl $\xrightarrow[NaOH]{Na_2SO_3}$ O NH SO_2Na $\xrightarrow{ClCH_2CH_2OH}$

HN O S O O OH $\xrightarrow{H_2SO_4}$ H_2N S O O OSO_3H

乙酰苯胺经过氯磺化、还原、缩合反应，最后用硫酸水解酯化得到对位酯。氯乙醇法的合成路线比较成熟，它是 20 世纪 70 年代我国生产对位酯的主要合成工艺。

但是这种工艺存在一些缺点：

① 氯磺化反应的收率偏低。第一步氯磺酸进行的氯磺化反应一定要是平衡反应。如果使该反应速率提高，则必须要加大氯磺酸的用量，所以反应过程中会产生硫酸废液，而且浓度很高，不仅难以回收利用造成污染，而且容易腐蚀设备。

② 第三步的氯乙醇缩合剂缩合反应，在反应温度达到 80℃时，反应过程中容易产生较多的副产物，缩合物纯度低（≤95%），最后得到对位酯的收率偏低（≤94%）。氯乙醇极易水解，在偏酸性或偏碱性介质中，乙酰基和亚磺酸在较高的温度下也不稳定，缩合产物浓度低，且易产生副产物，导致利用率很低。氯乙醇的价格在市场上持续走高，生产成本较高，导致生产利润下降。

③ 第四步是过量的硫酸水解，用干炒法取得对位酯的工艺。因为用火直接加热导致温度在不停的变化，产品各个部位的受热也不均匀，所以大大影响了产品的外观质量，杂质含量高。

由于存在以上缺点，在该工艺的基础上进行了改进。

在新工艺中用环氧乙烷缩合剂取代氯乙醇缩合剂，最后得到的对位酯外观质量更好。缺点是环氧乙烷易燃易爆。反应过程如下：

O NH $\xrightarrow[SOCl_2]{ClSO_3H}$ O NH SO_2Cl $\xrightarrow[NaOH]{Na_2SO_3}$ O NH SO_2Na $\xrightarrow{O}$ O NH $SO_2CH_2CH_2OH$ $\xrightarrow{H_2SO_4}$ O NH $SO_2CH_2CH_2OSO_3H$

（2）巯基乙醇法

NO_2 Cl $\xrightarrow[DMF]{HSCH_2CH_2OH}$ SCH_2CH_2OH O_2N $\xrightarrow{H_2O_2}$ $SO_2CH_2CH_2OH$ O_2N

$\xrightarrow{H_2}$ NH_2 $HOH_2CH_2CO_2S$ $\xrightarrow{H_2SO_4}$ $SO_2CH_2CH_2OSO_3H$ H_2N

该工艺的反应原理：反应为取代反应，由于存在硝基（吸电子基团），反应速率大大提高。氧化还原的收率最高可以达到95%，步骤也方便。而且在反应过程中，各步反应得到的副产物较少，废水量较少，更符合绿色环保的理念，环境压力大大降低。但是该工艺虽然各步的收率较高，但是原料巯基乙醇的合成不易得到，并且使用DMF溶剂时损耗较多，操作步骤复杂繁琐。而且该工艺的氧化反应不够稳定，加氢还原的投资消耗巨大，不利于经济成本。

（3）对硝基氯苯-硫醚氧化法

该工艺的反应原理：对硝基氯苯与硫化钠发生取代反应，再经过还原、缩合、氧化和酯化等最终得到对位酯。缺点是取代和还原所需时间较长。

反应的全过程是在强碱性环境下进行的，但是由于反应中pH值过高，氯乙醇容易发生水解，对下一步的缩合反应很不利。经相关调查，这种工艺生产方法已经有厂家开始生产，但最后得到的对位酯颜色发黑，合成的外观质量较差。

间位酯的制备原理与对位酯相似。硝基苯在氯磺化还原反应后（间位）生成间硝基苯基亚磺酸钠，与氯乙醇进行缩合反应，再经过二次还原反应生成β-羟乙基砜苯胺，最后酯化合成间位酯。可是该工艺的收率不是很高，工艺路线不够成熟，有待改进。

15. 溴氨酸

溴氨酸

溴氨酸即1-氨基-4-溴蒽醌-2-磺酸。用于制造酸性和活性蒽醌型染料，如弱酸性艳蓝GAW、弱酸性艳蓝R、活性艳蓝M-BR、活性艳蓝KN-R、活性艳蓝K3R、活性艳蓝KGR等。

16. 三贝司

三贝司即1,3,3-三甲基-2-亚甲基吲哚啉，又名三贝斯（Tribase）、费舍尔碱（Fischer's base），三贝司是生产阳离子染料极为重要的中间体，利用它制备的阳离子染料有十几个品种。目前三贝司的生产方法有三种，都是先以苯胺为原料制取苯肼，再用苯肼与甲乙酮（或丙酮、异丙基甲酮）反应制取 2,3-二甲基吲哚（或 2-甲基吲哚、2,3,3-三甲基吲哚），然后用吲哚与硫酸二甲酯反应引入甲基，最后经中和即得。上述三种生产方法在国内生产技术较成熟，缺点是生产工艺路线较长，甲基化采用毒性较大的硫酸二甲酯。

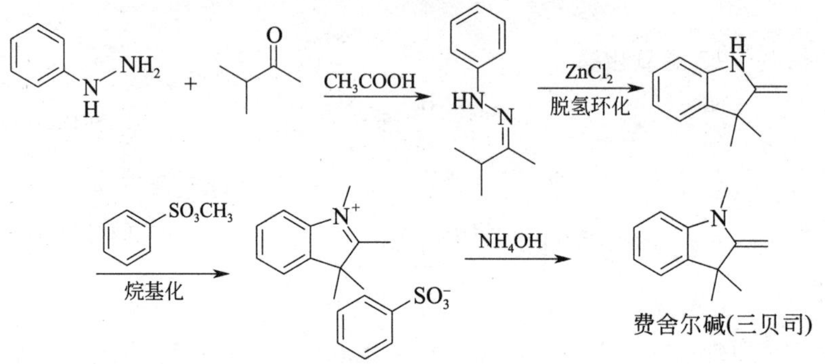
NH2
H
CH3COOH
HN
N
ZnCl2
脱氢环化
SO3CH3
烷基化
N+
SO3-
NH4OH
N
费舍尔碱(三贝司)

反应历程：

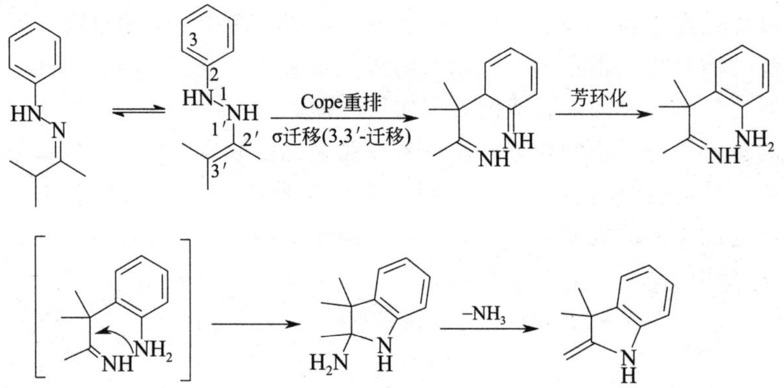
HN
N
3
2
HN 1
NH
1′
2′
3′
Cope重排
σ迁移(3,3′-迁移)
NH
NH
芳环化
NH2
NH
NH2
NH
H2N
N
H
-NH3
N
H

17. ω醛（费舍尔醛）

ω醛又名费舍尔醛，化学名为：1,3,3-三甲基-2-亚甲基吲哚啉乙醛。

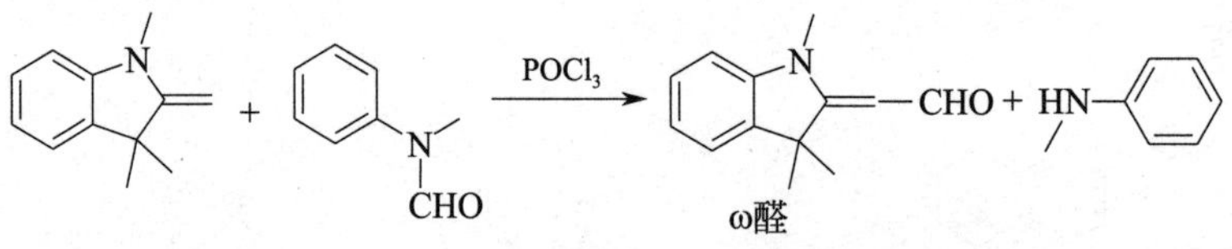
N
+
N
CHO
POCl3
N
CHO + HN
ω醛

阳离子桃红 FF 即是由三贝司和 ω 醛缩合反应制得的阳离子染料。

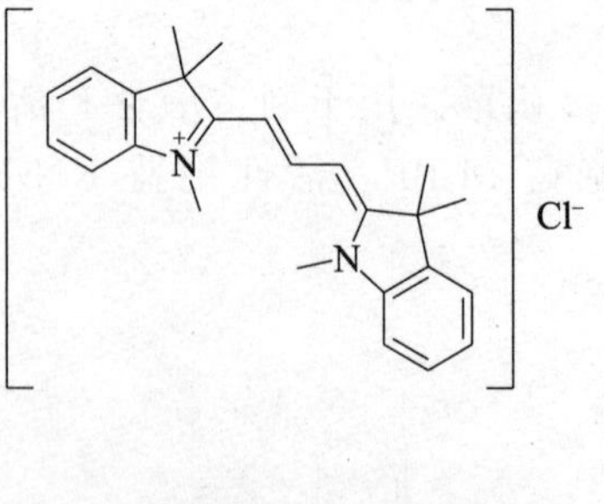
N+
N
Cl-

18. 联苯胺

1862 年，Hofmann 在还原偶氮苯时得到了联苯胺产物，即 4,4′-二氨基联苯（对联苯胺），发现了联苯胺重排反应。在联苯胺重排反应中，不仅可以生成主产物对联苯胺，在某些条件下还可以得到邻对联苯胺、邻联苯胺、邻半联胺和对半联胺。在 Stille 和 Suzuki 偶联反应报道以前，联苯胺重排和 Ullmann 反应是合成联苯类化合物的重要方法，在合成上得到广泛应用。

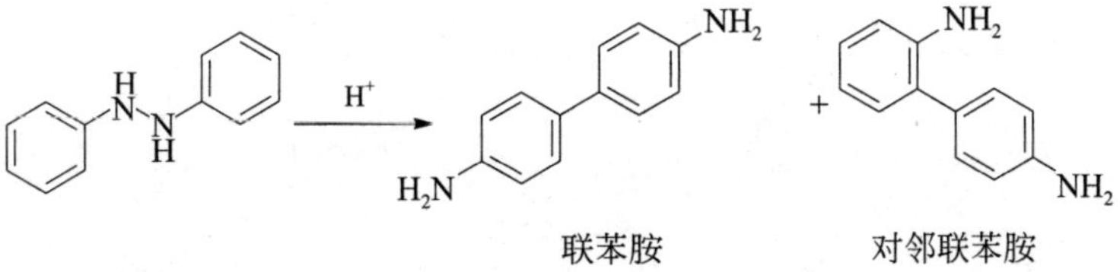

联苯胺　对邻联苯胺

直至 20 世纪 80 年代，Shine 等通过同位素标记动力学实验才证实了邻联苯胺和对联苯胺的形成是通过［3,3］和［5,5］σ 迁移反应实现的。由于生成对联苯胺的位阻小，联苯胺重排通常有利于发生［5,5］σ 迁移重排生成对联苯胺，只有当对位存在不易离去的取代基时，才会以［3,3］σ 迁移为主，主要得到邻联苯胺。

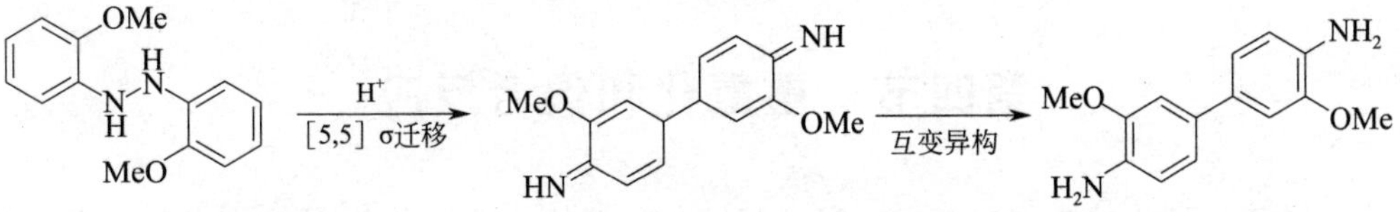

2,2′-二甲基联苯胺是一个重要的染料中间体，很多酸性红色、橙色和黄色染料品种都是以它为原料来合成的，又如 C. I. 酸性红 99、C. I. 酸性红 111、C. I. 酸性红 164、C. I. 酸性橙 49 等。目前联苯胺染料逐渐被禁用，但其在有机颜料中仍有较大的应用。

联苯胺的合成方法如下：

（1）还原缩合

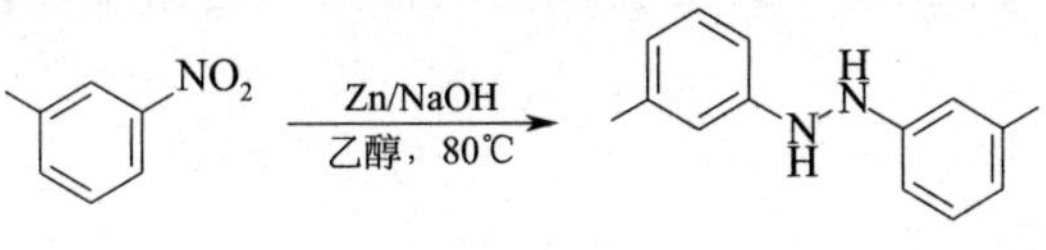

（2）酸化转位

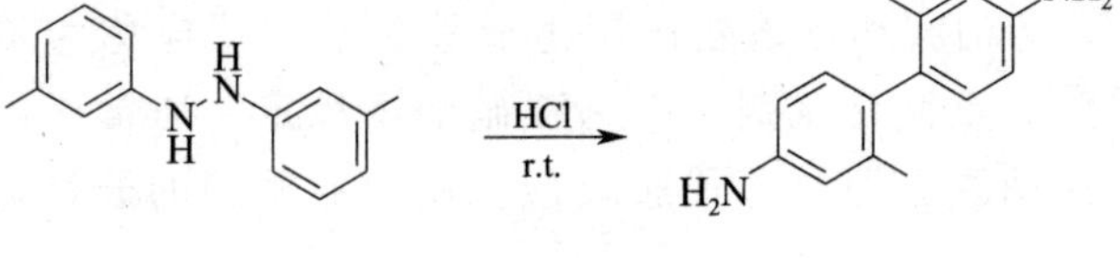

19. 咔唑

咔唑染料（Carbazole dye）是分子内含有咔唑（氮杂芴）主要结构的染料。主要类型有还原染料和硫化染料。

萘酚和苯肼在硫酸氢钠促进下可生成咔唑。

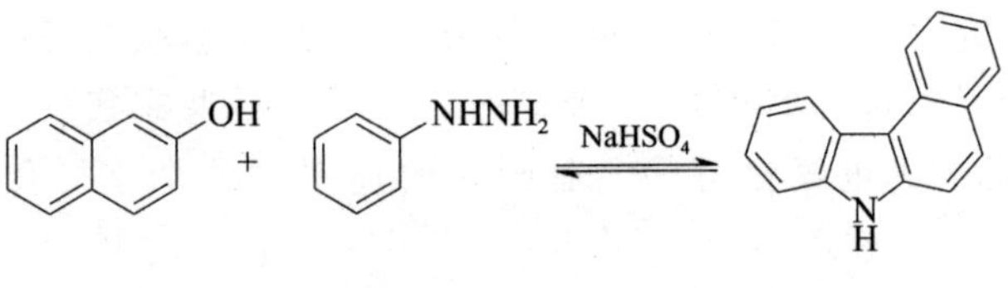

其反应历程如下：

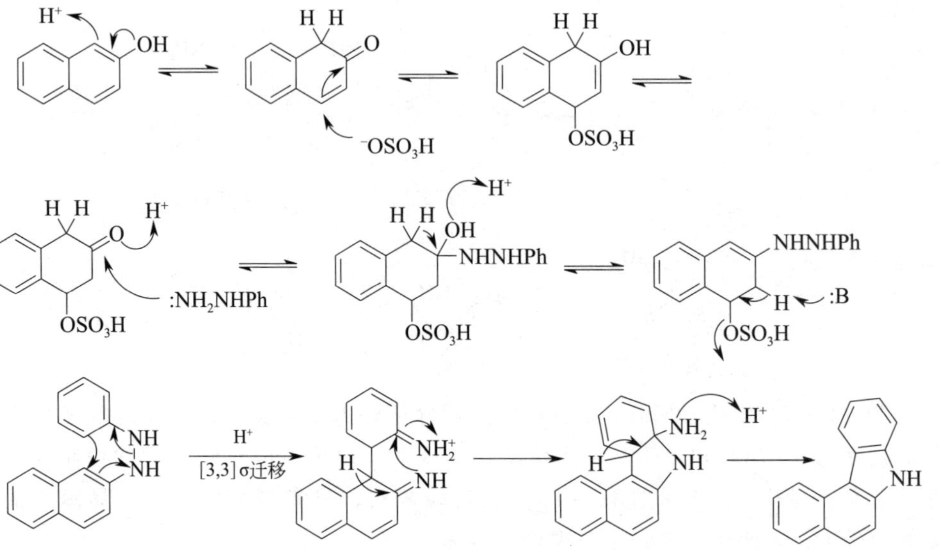

第四节　重氮化和偶合反应

两个烃基分别连接在偶氮基（—N═N—）两端的化合物称为偶氮化合物。凡染料分子中含有偶氮基的统称为偶氮染料。在合成染料中，偶氮染料是品种最多的一类染料，占合成染料品种的50%以上。在应用上包括酸性、冰染、直接、分散、活性、阳离子染料等类型。在偶氮染料的生产中，重氮化与偶合是两个主要工序及基本反应。也有少量偶氮染料是通过氧化缩合的方法合成的，而不是通过重氮盐的偶合反应。对染整工作者来说，重氮化和偶合是两个很重要的反应，人们常采用这两个反应进行不溶性偶氮染料的染色和印花。

一、重氮化反应

如果偶氮基只有一个氮原子与烃基相连，而另一个氮原子连接其他基团，这样的化合物称为重氮化合物。芳伯胺和亚硝酸作用生成重氮盐的反应称为重氮化反应，芳伯胺常称重氮组分，亚硝酸为重氮化试剂。因为亚硝酸不稳定，通常使用亚硝酸钠和盐酸或硫酸，使反应生成的亚硝酸立即与芳伯胺反应，避免亚硝酸的分解，重氮化反应后生成重氮盐。

$$ArNH_2 + 2HX + NaNO_2 \longrightarrow Ar—N{\equiv}N^+\ X^- + NaX + 2H_2O$$

1. 重氮化反应机理和反应动力学

重氮化反应时，溶液中必须要有一定浓度的质子。在稀酸（$[H^+]=0.002\sim0.05mol/L$）中对反应动力学的研究发现，苯胺的重氮化反应和 N-甲基苯胺的亚硝化反应的动力学规律是一致的。重氮化是通过游离胺的 N-亚硝化，生成亚硝胺来实现的。后者一经生成便立即发生质子转移而生成重氮化合物。亚硝化的速率对整个重氮化过程起着决定性的作用。

$$Ar{-}NH_2 \xrightarrow{N\text{-亚硝化}} Ar{-}\overset{+}{N}H_2(NO) \xrightarrow[\text{快}]{-H^+} (Ar{-}N(H){-}NO) \xrightarrow[\text{快}]{} (Ar{-}N{=}NOH) \xrightarrow[-H_2O,\text{快}]{+H^+} Ar{-}N{\equiv}N^+$$

在一定的质子浓度下，亚硝酸钠生成亚硝酸。亚硝酸本身的反应活性很弱，它接受质子成为 H_2O^+-NO 后迅速和亚硝酸根阴离子（NO_2^-）作用，生成亚硝酸酐 N_2O_3。亚硝酸酐与游离芳伯胺发生亚硝化反应，反应式如下：

$$HONO \rightleftharpoons H^+ + ONO^-$$

$$HONO + H^+ \rightleftharpoons H_2O^+\text{-}NO$$

$$H_2O^+\text{-}NO + ONO^- \rightleftharpoons N_2O_3 + H_2O$$

$$2HONO \rightleftharpoons N_2O_3 + H_2O$$

$$K_{N_2O_3} = \frac{[N_2O_3]}{[HNO_2]^2}$$

式中，$K_{N_2O_3}$ 为反应平衡常数。

重氮化速率 $\frac{d[ArN_2^+]}{dt}$ 为：

$$\frac{d[ArN_2^+]}{dt} = k\,[ArNH_2][N_2O_3] = kk'\,[ArNH_2][HNO_2]^2$$

式中，k、k' 为反应速率常数。

在稀盐酸中，亚硝酸与盐酸作用生成亚硝酰氯 Cl—NO，其反应活性比亚硝酸酐高，它对芳伯胺的反应速率受胺的碱性强弱影响也不大。反应过程如下：

$$HONO + H^+ \rightleftharpoons H_2O^+\text{-}NO$$

$$H_2O^+\text{-}NO + Cl^- \rightleftharpoons Cl\text{-}NO + H_2O$$

$$HONO + H^+ + Cl^- \rightleftharpoons Cl\text{-}NO + H_2O$$

$$K_{ClNO} = \frac{[ClNO]}{[HNO_2][H^+][Cl^-]}$$

重氮化速率 $\frac{d[ArN_2^+]}{dt}$ 为：

$$\frac{d[ArN_2^+]}{dt} = k_2\,[ArNH_2]\,[ClNO] = k_2'[ArNH_2][HNO_2][H^+][Cl^-]$$

式中，k_2、k_2' 为反应速率常数。

与亚硝酸酐比较，亚硝酰氯对芳伯胺的重氮化速率也较高。以苯胺的重氮化为例，25℃时亚硝酰氯和苯胺的反应速率常数 k_2 为 2.6×10^9L/(mol·s)，而亚硝酸酐和苯胺的反应速率常数 k 为 10^7L/(mol·s)。对于碱性较弱的芳伯胺来说，差距更大。在稀盐酸中进行重氮化的过程中，亚硝酰氯浓度对重氮化反应的总速率具有决定性的意义。

在浓硫酸中进行重氮化，反应情况更为复杂。亚硝酸钠和冷的浓硫酸作用，生成亚硝基阳离子（—NO^+），它的亲电反应性更强。

在稀酸（$[H^+]<0.5$mol/L）条件下，重氮化反应的各种反应历程，按现有的研究成果，可归纳如下式：

$$HNO_2 \overset{H^+}{\rightleftharpoons} H_2O^+\text{-}NO \begin{cases} \rightarrow X\text{—}NO \xrightarrow{Ar\text{—}NH_2} \\ \xrightarrow{Ar\text{—}NH_2} \\ \rightarrow N_2O_3 \xrightarrow{Ar\text{—}NH_2} \end{cases} Ar\text{—}\overset{+}{N}H_2\text{—}NO \xrightarrow[\text{快}]{-H^+}$$

$$(Ar\text{—}\overset{H}{N}\text{—}NO \rightleftharpoons Ar\text{—}N\text{═}NOH) \xrightarrow[-H_2O,\text{快}]{+H^+} Ar\text{—}N\text{═}\overset{+}{N}$$

X=Cl、Br

2. 影响重氮化反应的因素

(1) 酸的用量和浓度

在重氮化反应中，无机酸的作用首先是使芳胺溶解，其次是和亚硝酸钠生成亚硝酸，最后与芳胺作用生成重氮盐。重氮盐一般是容易分解的，只有在过量的酸液中才比较稳定。所以要使反应得以顺利进行，酸量必须适当过量。酸过量的多少取决于芳伯胺的碱性。碱性越弱，*N*-亚硝化反应越难进行，需酸量越多，一般是过量25%～100%。有的过量更多，甚至需在浓硫酸中进行。

重氮化反应时若酸用量不足，生成的重氮盐容易和未反应的芳胺偶合，生成重氮氨基化合物。

$$Ar\text{—}N\text{═}N^+ + Ar\text{—}NH_2 \longrightarrow Ar\text{—}N\text{═}N\text{—}\overset{H}{N}\text{—}Ar + H^+$$

这是一种不可逆的自偶合反应，它使重氮盐的质量变差，影响偶合反应的正常进行并降低偶合收率。在酸量不足的情况下，重氮盐容易分解，且温度越高分解越快。一般重氮化反应完毕时，溶液仍应呈强酸性，能使刚果红试纸变色。

无机酸的浓度对重氮化反应的影响可以从不溶性芳胺的溶解生成铵盐，铵盐水解生成溶解的游离胺及亚硝酸的电离等几个方面进行考虑。

$$Ar\text{—}NH_2 + H_3^+O \rightleftharpoons Ar\text{—}\overset{+}{N}H_3 + H_2O$$

$$HNO_2 + H_2O \rightleftharpoons H_3^+O + NO_2^-$$

酸可使原来不溶性的芳胺变成季铵盐而溶解。由于铵盐是弱碱强酸生成的盐，在溶液中水解生成游离胺。当无机酸浓度升高时，平衡向铵盐生成的方向移动，从而降低游离胺浓度，使重氮化速率变慢。对亚硝酸的电离平衡而言，无机酸浓度增加，可抑制亚硝酸的电离而加速重氮化。若无机酸为盐酸，则酸浓度增加，还有利于亚硝酰氯的生成。无机酸浓度较低时，后一影响是主要的。酸浓度升高时，反应速率加快。但随着酸浓度的进一步增加，前一影响逐渐显现，成为主要影响因素。酸浓度的增加会降低参与重氮化反应的游离胺的浓度，从而降低重氮化反应速率。

(2) 亚硝酸的用量

按重氮化反应方程式，1mol氨基重氮化需要1mol的亚硝酸钠。重氮化反应进行时，自始至终必须保持亚硝酸稍过量，否则也会引起自偶合反应。这可由加入亚硝酸钠溶液的速度来控制。加料速度过慢，未重氮化的芳胺会和重氮盐作用发生自偶合反应。加料速度过快，溶液中产生的大量亚硝酸会分解或发生其他副反应。反应时，测试亚硝酸过量的方法是用淀粉-碘化钾试纸试验，1滴过量亚硝酸的存在，可使淀粉-碘化钾试纸变为蓝色。由于在酸性条件下空气中的氧气可使淀粉-碘化钾试纸氧化而变色，试验的时间以0.5～2s显色为准。亚硝酸稍过量时，淀粉-碘化钾试纸显微蓝色；过量时显暗蓝色；若亚硝酸大大过量时，则显棕色。

过量的亚硝酸对下一步偶合反应不利，会使偶合组分亚硝化、氧化或发生其他反应。所以，反应结束后，常加入尿素或氨基磺酸来分解过量的亚硝酸。

$$(NH_2)_2CO + 2HNO_2 \longrightarrow CO_2 + 2N_2 + 3H_2O$$

$$H_2NSO_3H + HNO_2 \longrightarrow H_2SO_4 + N_2 + H_2O$$

（3）反应温度

重氮化反应一般在0～5℃时进行，这是因为大部分重氮盐在低温下较稳定，在较高温度下重氮盐分解速率加快。亚硝酸在较高温度下也容易分解，重氮化反应温度常取决于重氮盐的稳定性。如对氨基苯磺酸重氮盐的稳定性高，可在10～15℃进行重氮化反应。1-氨基萘-4-磺酸重氮盐的稳定性更高，可在35℃下进行重氮化反应。

（4）芳胺的碱性

从反应机理看，芳胺的碱性越强，越有利于*N*-亚硝化反应（亲电反应），从而提高重氮化反应速率。但强碱性的胺类能与酸生成铵盐而降低了游离胺的浓度。因此，这也抑制了重氮化反应速率。当酸的浓度很低时，芳胺的碱性对*N*-亚硝化的影响是主要的，这时芳胺的碱性越强，反应速率越快。在酸的浓度较高时，铵盐的水解难易（游离胺的浓度）是主要影响因素，这时碱性较弱的芳伯胺的重氮化速率快。

3. 重氮化合物的结构和化学特性

重氮盐在水溶液中以离子状态存在，可用 $[Ar—N^+\equiv\ddot{N}]X^-$ 表示。受共轭效应影响，正电荷并不完全定域在连接芳烃的氮原子上，故重氮盐结构由电子结构A和B的叠加表示，两种结构均可采用。

$$\left[\underset{A}{Ar—\overset{+}{N}\equiv\ddot{N}} \longleftrightarrow \underset{B}{Ar—\ddot{N}=\overset{+}{N}} \right]X^-$$

重氮盐在水溶液中和低温时是比较稳定的。重氮盐的热稳定性还受芳环上取代基的影响，含吸电子基团的重氮盐热稳定性较好；而含供电子基团，如$—CH_3$、—OH和$—OCH_3$等会降低重氮盐的稳定性。固态和高浓度的重氮盐很不稳定，容易受光和热作用分解，温度升高，分解速率加快。干燥时，重氮盐受热或振动会剧烈分解，甚至引起爆炸。在酸性介质中，金属铜、铁等或它们的金属盐会加速重氮化合物的分解。

重氮化合物结构和性质随着介质pH的不同而变化。重氮盐在介质pH<3时才较稳定。随着介质pH的升高，重氮盐变成重氮酸，最后变成无偶合能力的反式重氮酸盐。

$$[Ar—\overset{+}{N}\equiv\ddot{N}]X^- \xrightarrow{k_1} [Ar—N=NOH] \xrightarrow{k_2} Ar—N=N—O^-\ Na^+$$

式中，k_1、k_2为反应速率常数，且$k_2 \geqslant k_1$。

重氮酸的浓度极低，几乎为零。重氮酸盐有顺反异构现象存在，高温下有利于生成反式重氮酸盐。

4. 各种芳伯胺的重氮化方法

根据芳伯胺的不同性质，可以确定它们的重氮化条件，如重氮化试剂（即选用的无机酸）、反应温度、酸的浓度和用量以及反应时的加料顺序。

（1）碱性较强的一元胺与二元胺

如苯胺、苯甲胺、甲氧基苯胺、二甲苯胺及α-萘胺、联甲氧基苯胺等，这些芳胺的特征是碱性较强，分子中不含有吸电子基，容易和无机酸生成稳定的铵盐。铵盐较难水解，重氮化时，酸量不宜过量过多，否则溶液中游离芳胺存在量太少，影响反应速率。重氮化时，一般先将芳胺溶于稀酸中，然后在冷却的条件下，加入亚硝酸钠溶液（即顺法）。

（2）碱性较弱的芳胺

如硝基甲苯胺、硝基苯胺、多氯苯胺等，这些芳胺分子中含有吸电子取代基，碱性较弱，难以和稀酸生成铵盐。在水中也很容易水解生成游离芳胺。因此它们的重氮化反应速率比碱性较强的芳胺快，所以必须用浓度较高的酸加热使芳胺溶解，然后冷却析出芳胺沉淀，并且要迅速加入亚硝酸溶液以保持亚硝酸在反应中过量，否则，偶合活性很高的对硝基苯胺重氮液容易和溶液中游离的对硝基苯胺自偶合生成黄色的重氮氨基化合物沉淀。

（3）弱碱性芳胺

若芳胺的碱性降低到即使用很浓的酸也不能溶解时，它们的重氮化就要用亚硝酸钠和浓硫酸为重氮化试剂。在浓硫酸或冰醋酸中，这些芳胺的铵盐很不稳定，并且很容易水解，在浓硫酸中仍有游离胺存在，故可重氮化。对于铵盐溶解度极小的芳胺，也可采用反式重氮化。即等物质的量的芳胺和亚硝酸钠混合后，加入到盐酸（或硫酸）和冰的混合物中，进行重氮化。

（4）氨基偶氮化合物

氨基偶氮化合物如

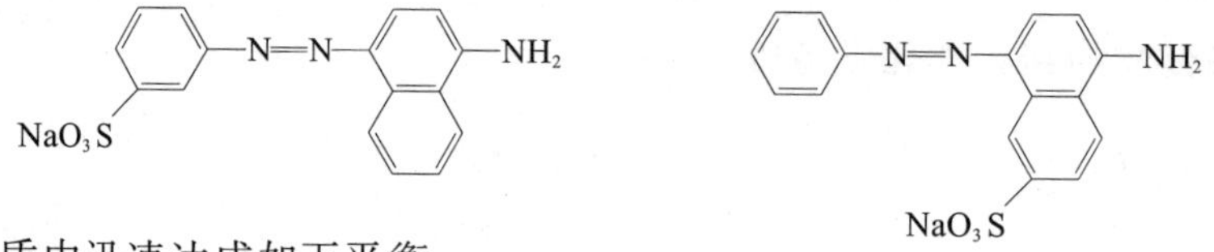

NaO_3S —N=N— —NH_2　　　—N=N— —NH_2 NaO_3S

在酸性介质中迅速达成如下平衡：

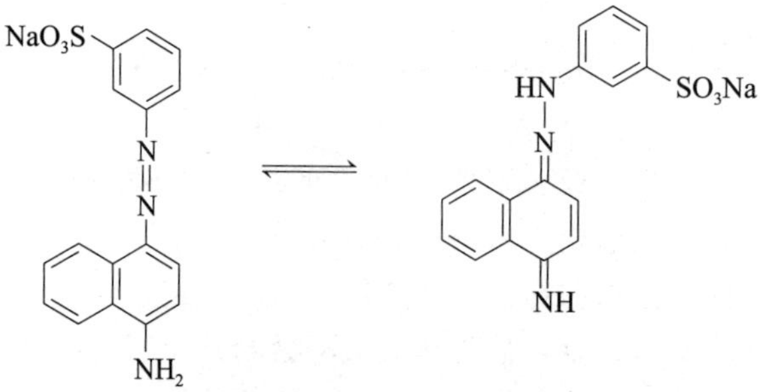

NaO_3S N=N NH_2 ⇌ HN SO_3Na N NH

生成的醌腙体难溶于水，不能进行重氮化反应。为了防止醌腙体的盐生成，当偶氮染料生成后，加碱，使之全部成为偶氮体的钠盐析出，析出沉淀过滤。加入亚硝酸钠溶液，迅速倒入盐酸和冰水的混合物中，可使重氮化反应进行到底。

（5）邻氨基苯酚类

在普通的条件下重氮化时，邻氨基苯酚类化合物很容易被亚硝酸所氧化，因此它的重氮化是在乙酸中进行的。乙酸是弱酸，与亚硝酸钠作用缓慢放出亚硝酸，并立即与此类化合物作用，可避免发生氧化作用。

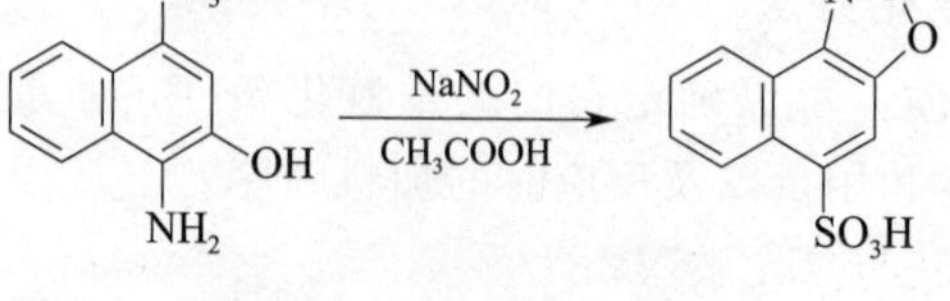

SO_3H OH NH_2 $\xrightarrow[CH_3COOH]{NaNO_2}$ N=N O SO_3H

5. 芳基重氮盐及其应用

芳胺的重氮化反应除了用于偶合反应外，在官能团转换、消除、芳基取代反应定位、C—C 偶联中应用较多。较著名的重氮盐人名反应有 Japp-Klingemann 反应、Gomberg-

Bachmann 反应、Meerwein 芳基化反应、Sandmeyer 反应和 Gattermann 反应，尤其是 Sandmeyer 反应和 Gattermann 反应应用最多。Gattermann 反应可以指芳香重氮盐中的重氮基，在新制铜粉和盐酸或氢溴酸作用下，被其他基团置换的反应。当应用氯化亚铜/溴化亚铜反应时称为 Sandmeyer 反应。Gattermann 反应和 Sandmeyer 反应官能团转换示意图如下：

$$C_6H_5N^+\equiv N \xrightarrow{CuI,KI} C_6H_5I$$
$$C_6H_5N^+\equiv N \xrightarrow{CuBr,HBr} C_6H_5Br$$
$$C_6H_5N^+\equiv N \xrightarrow{CuCN\text{-}KCN} C_6H_5CN \longrightarrow C_6H_5CH_2NH_2,\ C_6H_5COOH$$
$$C_6H_5N^+\equiv N \xrightarrow{HBF_4} C_6H_5F$$
$$C_6H_5N^+\equiv N \xrightarrow{CuCl,HCl} C_6H_5Cl$$
$$C_6H_5N^+\equiv N \xrightarrow{Cu+NaNO_2} C_6H_5NO_2$$
$$C_6H_5N^+\equiv N \xrightarrow{H_3PO_2} C_6H_6$$
$$C_6H_5N^+\equiv N \xrightarrow{NaHSO_3} H_2NHN\text{-}C_6H_5$$
$$C_6H_5N^+\equiv N \xrightarrow{Cu+Na_2SO_3} C_6H_5SO_3H$$
$$C_6H_5N^+\equiv N \xrightarrow{H_2O,\ H^+} C_6H_5OH$$

在肼类化合物中，使用最为广泛的是芳肼。芳肼是由相应的重氮盐还原制得。最常见的还原剂为亚硫酸盐。将重氮盐溶液加到稍过量的亚硫酸钠和亚硫酸氢钠的混合溶液中，重氮盐即被还原成芳肼的硫酸盐溶液，再加碱中和就得到游离的芳肼。

$$Ar\text{-}N{=}N^+Cl^- \xrightarrow[40\sim80℃,pH6\sim7]{Na_2SO_3} Ar\text{-}N{=}N\text{-}SO_3Na \xrightarrow[40\sim80℃,pH6\sim7]{NaHSO_3} Ar\text{-}N(SO_3Na)\text{-}NH\text{-}SO_3Na$$

$$\xrightarrow[85\sim95℃,\text{酸性水解}]{H_2O} Ar\text{-}HN\text{-}NH\text{-}SO_3Na \xrightarrow[85\sim95℃,\text{酸性水解}]{H_2O,H_2SO_4} Ar\text{-}NH\text{-}NH_2\cdot H_2SO_4 \xrightarrow{\text{中和}} Ar\text{-}NH\text{-}NH_2$$

二、偶合反应

芳香族重氮盐与酚类和芳胺作用，生成偶氮化合物的反应称为偶合反应。酚类和芳胺称为偶合组分。

重要的偶合组分如下。酚类：苯酚、萘酚及其衍生物，如 2,3-酸及其衍生物；芳胺类：苯胺、萘胺及其衍生物，如“还原物”等；氨基萘酚磺酸类，如 H 酸、J 酸、γ 酸等；活泼的亚甲基化合物：如乙酰乙酰苯胺、吡唑啉酮、吲哚-2-酮、巴比妥酸、三贝司、丙二酰胺衍生物、1-甲基-3-氰基-6-羟基-2-吡啶酮衍生物等。

1. 偶合反应机理

偶合反应是一个芳环亲电取代反应。在反应过程中，第一步是重氮盐阳离子和偶合组分结合形成一种中间产物；第二步是这种中间产物释放质子给质子接受体，生成偶氮化合物。

$$Ar\text{-}N{=}N^+ + C_6H_5NH_2 \rightleftharpoons Ar\text{-}N{=}N\text{-}C_6H_5(H){=}\overset{+}{N}H_2$$

$$Ar\text{-}N{=}N\text{-}C_6H_5(H\cdots B){=}\overset{+}{N}H_2 \longrightarrow Ar\text{-}N{=}N\text{-}C_6H_4\text{-}NH_2 + HB$$

2. 影响偶合反应的因素

（1）重氮盐的偶合活性顺序

重氮盐芳环上有吸电子取代基存在时，加强了重氮盐的亲电性，偶合活性高；反之，芳环上有供电子取代基存在时，减弱了重氮盐的亲电性，偶合活性低。不同的对位取代苯胺重氮盐和酚类偶合时的相对活性如下所示：

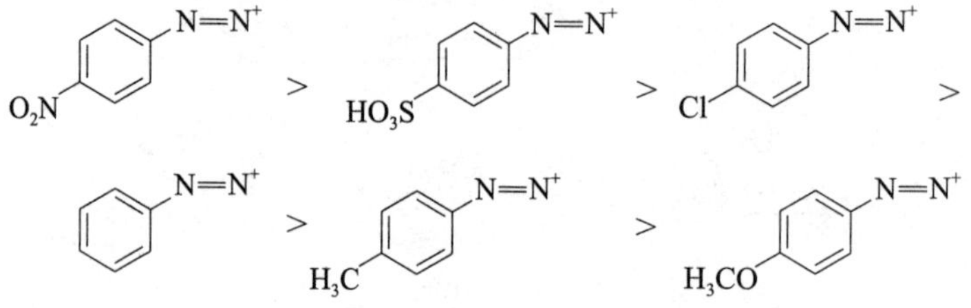

$O_2N-C_6H_4-N{=}N^+ > HO_3S-C_6H_4-N{=}N^+ > Cl-C_6H_4-N{=}N^+ >$

$C_6H_5-N{=}N^+ > H_3C-C_6H_4-N{=}N^+ > H_3CO-C_6H_4-N{=}N^+$

（2）偶合组分的性质

偶合组分芳环上取代基的性质，对偶合活性具有显著的影响。在芳环上引入供电子取代基，增加芳环上的电子云密度，可使偶合反应容易进行，如酚、芳胺上的羟基、氨基是供电子取代基。重氮盐常向电子云密度较高的取代基的邻对位碳原子上进攻，当酚及芳环上有吸电子取代基—Cl、—COOH 和—SO_3H 等存在时，偶合反应不易进行，一般需用偶合活性较强的重氮盐进行偶合。

苯酚、苯胺发生偶合时，主要生成对位偶合产物；若对位有其他取代基，则生成邻位偶合产物。1-萘酚、1-萘胺的 3 位或 5 位如有磺酸基，由于空间位阻效应，除非重氮盐的偶合能力很强或使用吡唑作催化剂，一般在邻位偶合。2-萘酚、2-萘胺的偶合只发生在 1 位，3 位是不发生偶合反应的。若 8 位有磺酸基，空间位阻将大大降低偶合速率。如下式中，箭头表示偶合组分的偶合位置。

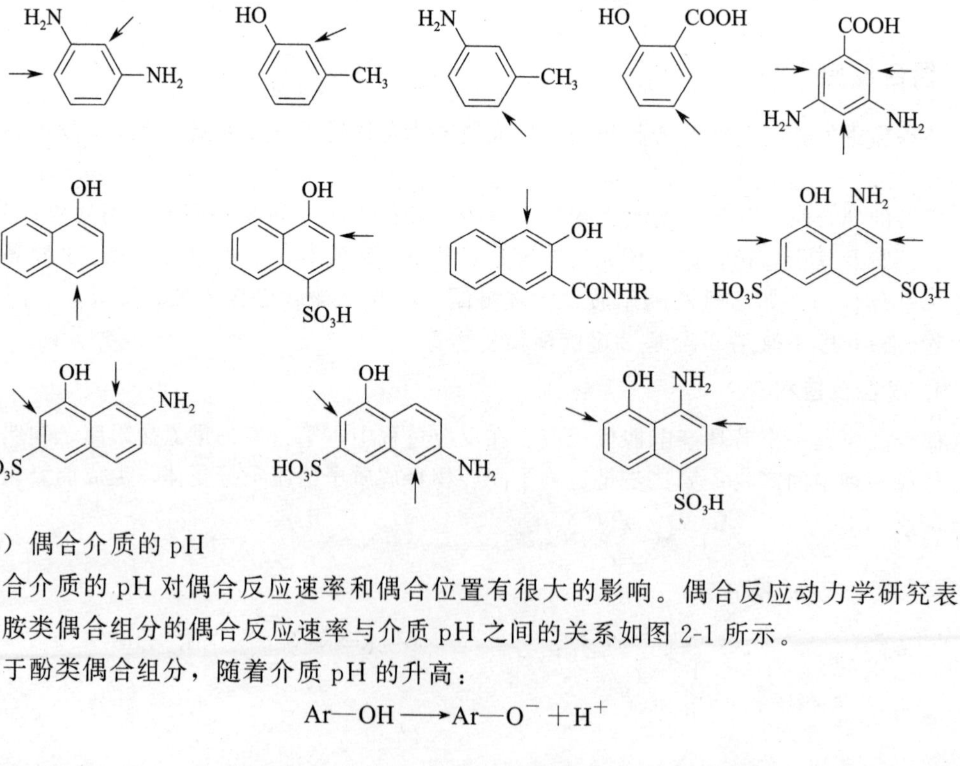

H_2N NH_2 HO CH_3 H_2N CH_3 HO COOH COOH H_2N NH_2

OH OH SO_3H OH CONHR OH NH_2 HO_3S SO_3H

OH NH_2 HO_3S OH HO_3S NH_2 OH NH_2 SO_3H

（3）偶合介质的 pH

偶合介质的 pH 对偶合反应速率和偶合位置有很大的影响。偶合反应动力学研究表明，酚和芳胺类偶合组分的偶合反应速率与介质 pH 之间的关系如图 2-1 所示。

对于酚类偶合组分，随着介质 pH 的升高：

$$Ar—OH \longrightarrow Ar—O^- + H^+$$

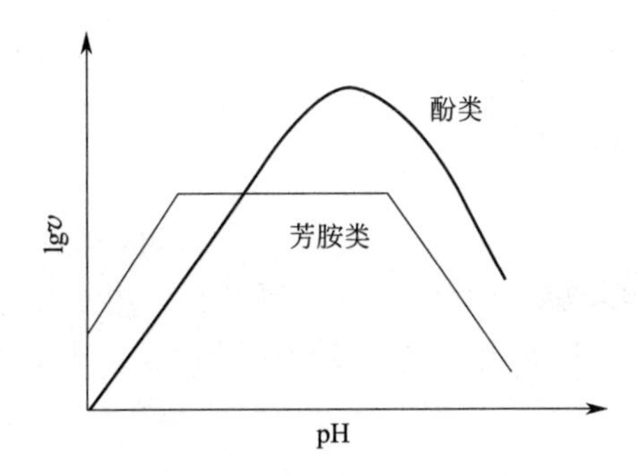

图 2-1 芳胺类和酚类偶合组分的偶合反应速率与介质 pH 之间的关系

有利于生成偶合组分的活泼形式（酚负氧离子），偶合速率迅速增大。当 pH 增至 9 左右时，偶合速率达到最大值。当 pH 大于 10 后，继续增加 pH，重氮盐会转变成无偶合能力的反式重氮酸钠盐。因此，降低了偶合反应速率。因此，重氮盐与酚类的偶合反应通常在弱碱性介质（pH 为 9～10）中进行。

对于芳胺类偶合组分，芳胺在强酸性介质中，氨基变成—$\overset{+}{N}H_3$，降低了芳环上的电子云密度而不利于重氮盐的进攻。

随着介质 pH 的升高，增加了游离胺浓度，偶合速率增大。当 pH 为 5 左右时，介质中已有足够的游离胺浓度与重氮盐进行偶合。这时偶合速率和 pH 关系不大，出现一平坦区域。待 pH 为 9 以上时，偶合速率降低，是由于活泼的重氮盐转变为不活泼的反式重氮酸盐的缘故。所以芳胺的偶合在弱酸性介质（pH 为 4～7）中进行。

吡唑啉酮在碱性溶液中存在着如下平衡：

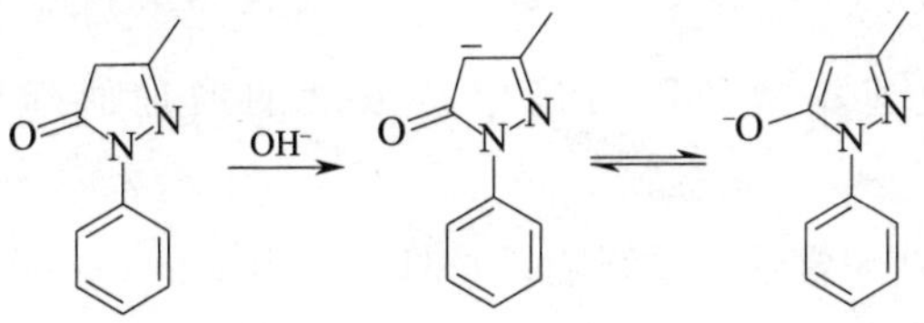

生成的吡唑啉酮负离子是参加偶合反应的活泼形式，所以它们的偶合反应也是在弱碱性介质（pH 为 7～9）中进行的。

氨基萘酚磺酸在弱酸性介质中偶合，氨基起定位作用；在碱性介质中偶合，则羟基起定位作用。在羟基负离子邻、对位的偶合速率比在氨基邻位的偶合速率快得多。H 酸在不同 pH 介质中的偶合位置如下：

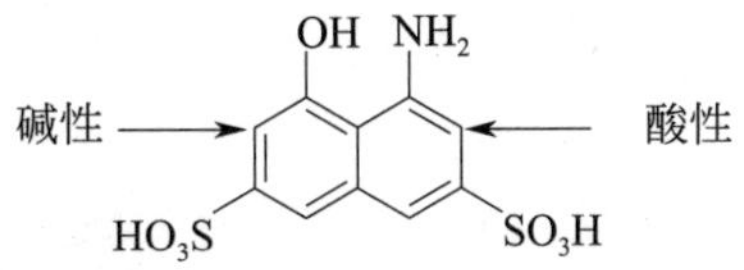

如果 2,7 两个位置上都要进行偶合，那么必须先在酸性介质中偶合，然后再在碱性介质中进行第二次偶合，生成双偶氮染料。但是若 H 酸先在碱性介质中偶合，则不能进行第二次偶合。这是因为—NH_2 的给电子性能远比—O^- 小，而且偶氮基也是一个弱的吸电子基，因此难以在氨基一侧进行第二次偶合。但也有下列氨基萘酚磺酸，依介质 pH 的不同，只能在氨基邻（对）位或羟基邻位发生一次偶合反应，不能进行第二次偶合。

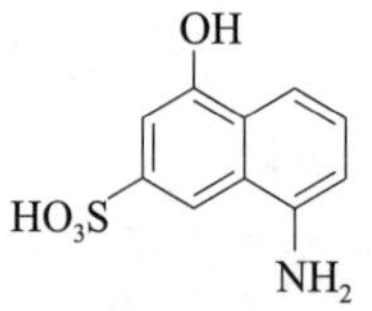

M酸 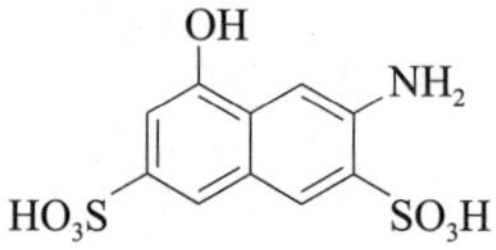　　RR酸

γ 酸在酸性条件下偶合形成如下结构的单偶氮染料，由于羟基和迫位上的偶氮基生成氢键，形成稳定的六元环，难以释放出氢质子变成酚负离子，因而失去了第二次偶合的能力。

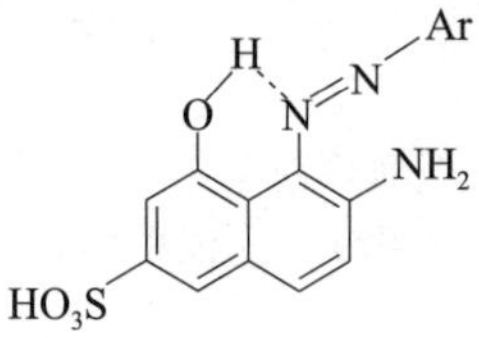

（4）偶合反应温度

在进行偶合反应的同时，也发生重氮盐分解等副反应，且反应温度的提高对分解速率的影响比偶合速率要大得多。为了减少和防止重氮盐的分解，生成焦油状物质，偶合反应一般在较低的温度下进行。另外，当 pH 大于 9 时，温度升高，也有利于反式重氮酸盐的生成，而不利于偶合反应的进行。

（5）盐效应

溶液中两个离子 A、B 间的反应速率常数和它们的活度系数、过渡态活度系数有关。而活度系数则为溶液的离子强度 I 的函数。电荷符号相同的离子间的反应速率常数可以通过加盐、增加溶液离子强度、减小反应离子间的斥力、增加碰撞而获得提高。反之，电荷符号相反的离子间的反应速率常数会由于溶液离子强度的增加而下降。中性分子则没有这种影响。

偶合反应的情况也是如此。例如，6-氨基-2-萘磺酸和重氮盐 $H_3C-C_6H_4-N_2^+$ 偶合，两者所带电荷相反，反应速率常数随溶液中盐浓度的增加而降低；与电中性的重氮盐 $^-O_3S-C_6H_4-N_2^+$ 偶合，速率常数不受影响；与具有负电荷的 $(^-O_3S)_2C_6H_3-N_2^+$ 进行偶合，则反应速率常数随盐浓度的增加而增加。

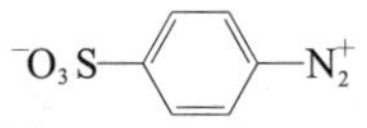

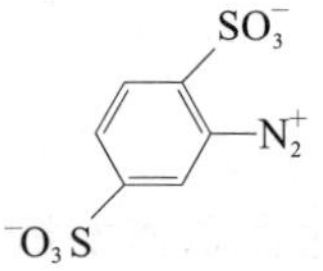

第三章 直接染料

第一节 引 言

一、直接染料简介

直接染料是一个很重要的染料类别，广泛用于棉、黏胶、丝绸、麻的染色与印花，也大量用于涤/黏、涤/棉、毛/黏、锦/黏等混纺织物的染色与印花。就纺织行业而言，其用途遍及棉纺行业、毛纺行业、丝绸行业、针织行业、麻行业、巾被行业和线带行业等。直接染料同时也是非纺织行业用的重要染料类别，大量用于造纸、皮革和木材等的着色，以及书写墨水和喷墨打印墨水等，有的直接染料品种还可进一步加工成为色淀颜料，作为有机颜料用于涂料、油墨、塑料、橡胶等的着色，所以直接染料的发展在整个染料工业中占有举足轻重的地位，与国民经济众多部门和人们生活息息相关。

直接染料是具有水溶性基团的染料，在染纤维素纤维时，不需媒染剂的帮助即可直接染色，所以人们称之为直接染料（Direct dyes）。在此之前，纤维素纤维是用天然染料或其他合成染料染色的，往往要经过媒染或打底工序。自从1884年保帝格（Bottiger）发现第一个直接染料刚果红（Congo red）以后，各种直接染料相继出现，并发展成为一类较为重要的染料。

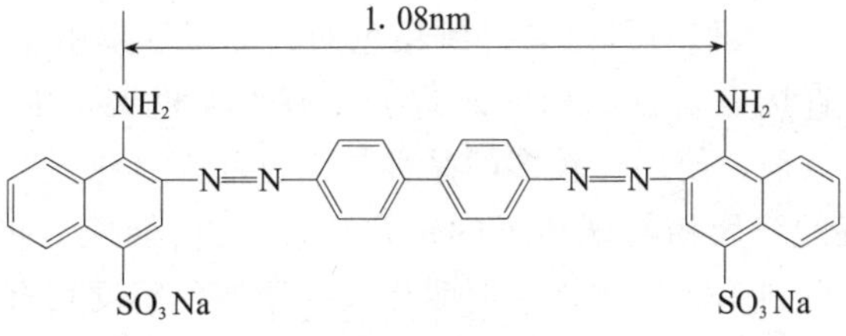

刚果红

直接染料染色时染料会从染浴中转移至纤维，将棉布放在染浴中染色取出后加水洗淋，大部分染料不会被冲洗下来。染料这种舍溶液而上染纤维的性质称为直接性（Substantivity）。

直接性是染料分子和纤维分子间吸引力所致。分子间的吸引力有两种：一种为极性引力，即染料分子和纤维分子间产生的氢键；另一种为非极性引力，即范德华力。作为直接性染料，染料分子与纤维分子间应有较大的作用力。构成直接染料需要的条件如下：

① 染料分子具有线型结构，使其能按长轴方向水平地吸附在纤维轴上，最大限度地使范德华力发生作用。

② 染料分子中共平面结构部分范围要大，若染料分子具有延伸的共轭体系，共轭体系部分即呈平面性。若平面性分子吸附在纤维表面上的面积大而紧密，则两者间的范德华力也大。

③ 染料分子中具有可以形成氢键的基团，如氨基、羟基能与纤维素纤维分子的羟基形成氢键。在纤维素纤维分子中，两个伯醇羟基相隔约 1.03nm，染料分子中两个羟基、氨基或羟基与氨基间相隔 1.08nm 时，染料与纤维生成氢键的机会也最大。

染料与纤维分子间的引力越大，直接性越强，则染料的水洗牢度和耐日晒牢度越好。

直接染料具有染色简便、价格便宜、色谱齐全等优点，曾被广泛用于棉织物的染色。直接染料的染色牢度，尤其是湿处理牢度较低，可以通过固色后处理来提高染色牢度。随着科学技术的发展，尤其是染料化学的发展，直接染料的研究者不断改进染料的应用性能，以满足印染行业对直接染料提出的更高要求。

二、直接染料的发展

自从 1884 年保帝格（Bottiger）用化学合成的方法获得第一只直接染料——刚果红以来，直接染料已历经了一百多年漫长的岁月。在此期间，直接染料不断地发展变化，其染色理论也在不断深化和完善。

早期的直接染料在化学结构上多为联苯胺类偶氮染料，尤以双偶氮类结构为主，如刚果红即为对称联苯胺双偶氮染料。刚果红的发现，使得以芳二胺为中间体，通过重氮化反应和偶合反应来制备直接染料成为当时用化学合成方法得到直接染料的唯一途径。这一时期，主要通过制造和采用不同种类的偶合组分（各种氨基萘酚磺酸）来获得不同颜色品种的直接染料，因而具有较大的市场占有量。

联苯胺属于强烈致癌物质，已为世界公认。过去以联苯胺为原料的直接染料品种占直接染料的一半。20 世纪 70 年代，国外和我国相继宣布停止联苯胺类染料的生产。随着染料合成技术的发展，出现了酰替联苯胺、二苯乙烯、二芳基脲、三聚氰胺等偶氮类直接染料以及二噁嗪和酞菁系的非偶氮类结构的杂环类直接染料。目前以联苯胺发展起来的品种已被淘汰。

20 世纪 30～70 年代，人们对纤维素纤维染色的兴趣似乎集中于还原、不溶性偶氮及活性染料上。在这期间，直接染料在结构的改进上没有重大进展，主要是利用有机化学的发展，开发了阳离子型固色剂，使用比较多的品种是固色剂 Y（双氰胺与甲醛的缩聚物）和固色剂 M（双氰胺与甲醛的缩聚物与铜离子的络合物）。它们能使直接染料在耐水浸、耐洗、耐汗渍等染色牢度方面得到一定的改善，但耐光及耐摩擦色牢度均有不同程度的下降。

为适应棉/涤混纺织物同浴染色要求，染料研究者进行了新型直接染料的研究开发。这些新型染料有不同于以往直接染料的特点：130℃以上的高温条件下稳定，不降解，能够耐酸性染色条件；在高温酸性条件下，仍然有较高的直接性和上染率；有明显高于以往直接染料的染色牢度，尤其是湿处理牢度。为了达到这些要求，在染料的分子设计上，采用了如下两种方法：

① 染料分子中引入金属原子，形成螯合结构，提高分子抗弯能力；引入含有相当活泼氢原子的亲核基团。同时设计了特殊的固色剂，染色后经固色处理，在染料和纤维间形成多维结构的交联状态，达到较高的染色牢度。

② 在染料分子中引入具有强氢键形成能力的隔离基——三聚氰酰基。染料分子中不含

金属离子，而是设计一个阳离子多胺聚合体与特殊金属盐的混合物作为固色剂来提高色牢度。

20世纪80年代，瑞士山德士（Sandoz）公司［现科莱恩（Clariant）公司］采用的是前一种方法，研究并生产了一套新型直接交联染料：商品牌号为Indosol SF，中文名称是直接坚牢素染料。这套染料是含铜络合结构及一些特殊配位基团与多官能团螯合结构阳离子型固色剂组成的一个染色体系，具有直接染料上染纤维素纤维的直接性和还原染料上染纤维素纤维的染色牢度。这套染料于同时期进入我国，引起了科技工作者们对染料应用、研究和生产三个方面的兴趣，并经多年努力，开发生产了国产同类品种，即直接交联染料。这套染料同样具备新型直接染料的优点，适合于涤/棉混纺织物同浴染色。生产实践中人们发现这套染料与分散染料同浴染色往往引起分散染料的变色。后经研究发现，原因是染料中游离的铜使得某些分散染料的结构被破坏。为了解决这个问题，人们又研制了高分子的新型金属络合剂，从而弥补了这类染料的缺陷。

20世纪90年代，Clariant公司在原来生产Indosol SF染料的基础上，又推出了新型环保直接交联染料Optisal，配套多官能团化合物——固色交联剂Optifix F，可获得50℃坚牢洗涤结果，共有9个品种，全部适于成衣和婴儿服装，不存在含甲醛和金属铜的问题。近年来，Clariant公司还在补充品种，如不含金属离子的Optisal Red 7B和Optisal Royal Blue 3RL，它们均具有优异的着色率和高温稳定性，尤其适于涤/棉混纺一浴法染色，染色后用Optiflx F进行固色可进一步提高湿处理牢度。

日本的化药公司采用了第二种方法，推出了Kayacelon C型的新型直接染料，共包括12个品种（含4个C-K型染料）。为了进一步提高湿处理牢度，一般C型染料采用聚胺固色剂Kayafix D进行后处理，C-K型染料采用含铜多胺固色剂Kayafix CDK处理。Kayafix C部分品种属于三嗪型高级直接染料。

我国直接染料发展较晚，直到1946年才有第一个直接染料工业化大规模生产。经多年研究，开发并生产了一套D型的直接混纺染料。该直接染料有10个品种，三原色品种为黄D-RL、红玉D-BLL和蓝D-RGL。D型染料部分也属于三嗪型高级直接染料。这类染料同样具有前述新型直接染料的优点。因染料分子中引入的是三聚氰酰基，不含有金属原子，在染色时不会对分散染料造成影响，尤其适合涤/棉混纺织物的染色。之所以称为混纺染料，是因为该染料互混性好，能与各种分散染料同浴染色，而非这套染料中含有分散染料。

新型直接染料的诞生，重新为直接染料注入了活力，为纤维素纤维的染色提供了新的手段，进一步扩展了其应用范围。

第二节 直接染料的结构分类

直接染料可分为传统直接染料、直接耐晒染料、直接铜盐染料、直接重氮染料、直接交联染料和直接混纺染料。

一、传统直接染料

传统直接染料是指具有磺酸基（$—SO_3H$）或羧基（—COOH）等水溶性基团的染料，对纤维素纤维具有较好的亲和力，在中性介质中能直接染色，且能染丝、毛、维纶等纤维，染法简便。但直接染料色牢度较差，部分染料在染色后，需经固色处理，以提高湿处理牢度。这类染料结构以双偶氮及多偶氮染料为主，并以联苯胺及其衍生物占多数。

1. 联苯胺偶氮直接染料

联苯胺偶氮直接染料曾经在直接染料中占有重要地位。其品种多、色谱齐全，包括红、蓝、绿、黑、灰、棕等色。其中黑色染料直接黑（元青）BN不仅能染棉，还能用于羊毛、绢丝、皮革等的染色。但联苯胺现已被确认能诱发环境性膀胱癌，已经先后停止生产。因此，联苯胺染料的代用是染料工业中目前亟待解决的重大问题之一，现已逐步改用酞替联苯胺或其他代用中间体。

联苯胺偶氮直接染料的通式为：

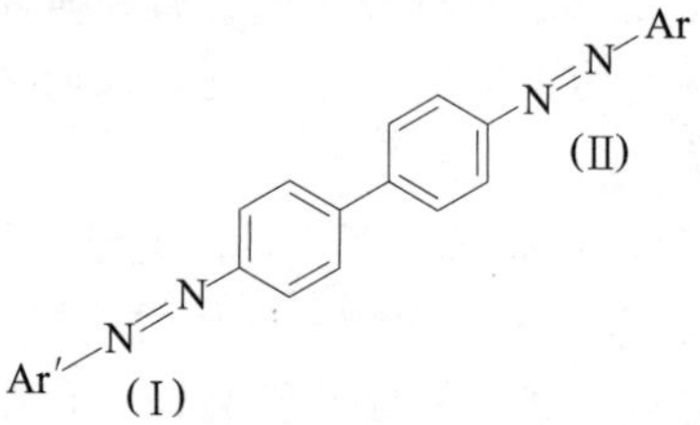

联苯氨基具有保持平面性的倾向，两个苯环相连的C—C键较正常的C—C键的键长缩短约0.01nm，故基本上是单键，两个苯环可以绕C—C键旋转，故联苯胺染料是线型、平面型分子，具有直接性，但其发色可以看作是单偶氮染料（Ⅰ）和（Ⅱ）的混合。

联苯胺染料的颜色随偶合组分不同而变化。一般以邻羟基苯甲酸为偶合组分的染料是黄色，以1-萘胺-4-磺酸及其衍生物为偶合组分的染料是红色，以氨基萘酚磺酸为偶合组分的染料是紫色或蓝色。分别举例如下：

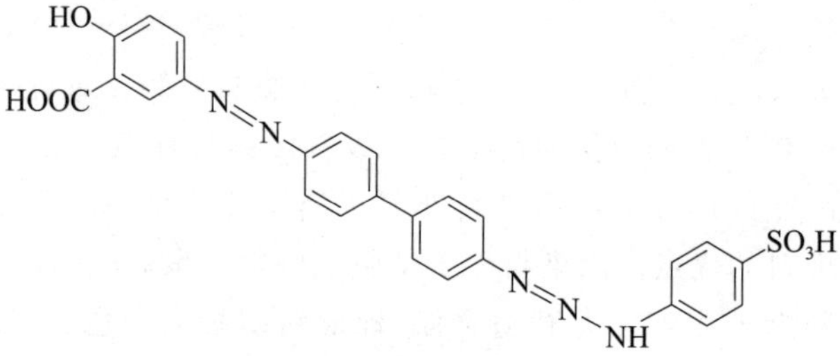

直接黄GR(直接黄24)

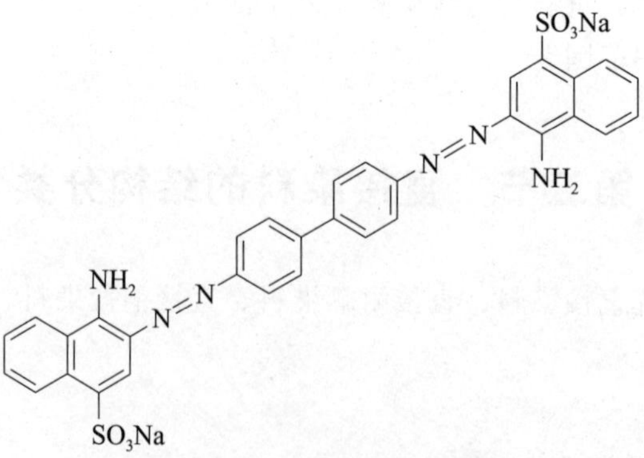

直接大红4B(直接红28)

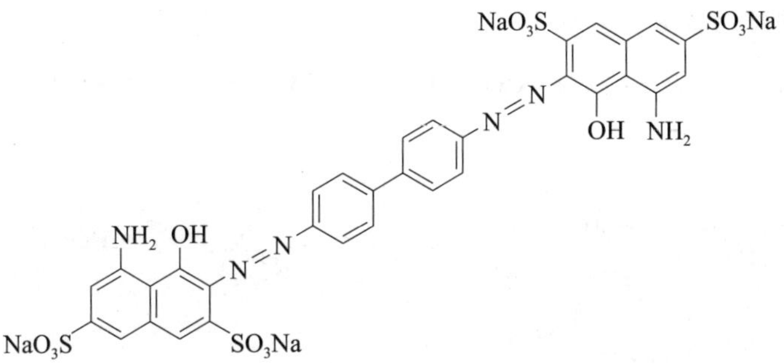

直接蓝2B

联苯胺衍生物3,3′-二甲基联苯胺和3,3′-二甲氧基联苯胺也常作为重氮组分合成直接染料，如直接湖蓝6B。此外，还有以联苯胺制成的多偶氮染料，大都是绿色、褐色、黑色等深色品种。如：

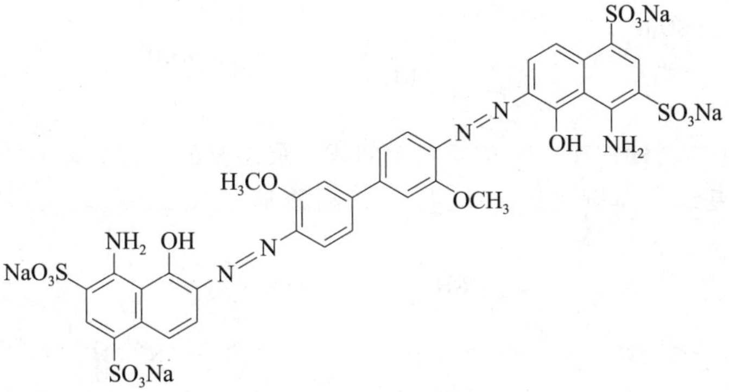

直接湖蓝6B

2. 二苯乙烯偶氮直接染料

二苯乙烯偶氮直接染料的通式为：

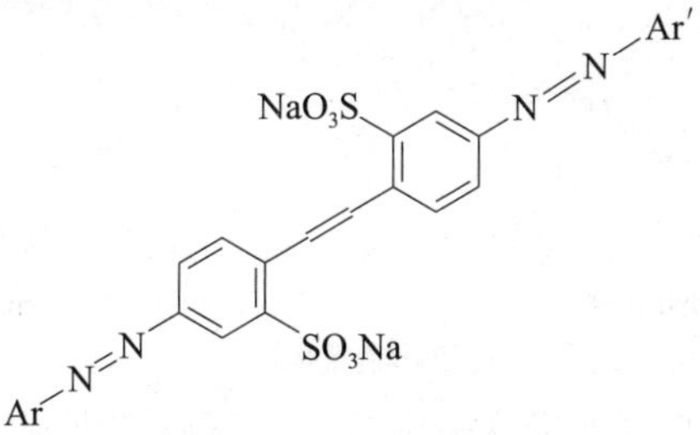

二苯乙烯为一平面型分子，染料具有线型、平面型分子特点。染料以黄、橙色为主。如直接冻黄G，该染料具有良好的染色性能，但湿处理牢度稍差。

二、直接耐晒染料

直接耐晒染料的日晒牢度大于4级，较一般直接染料高。这类染料的化学结构主要是偶氮、噻唑、二芳基脲、三聚氰胺、二噁嗪、酞菁及部分含络合金属的偶氮染料。

1. 二芳基脲偶氮直接染料

二芳基脲（⟨苯环⟩—NH—CO—NH—⟨苯环⟩）分子中的C—N键具有部分双键的特性，整个染料分子也倾向于保持平面性。但取代脲基团又为一隔离基团，将整个分子分隔成两个独立的

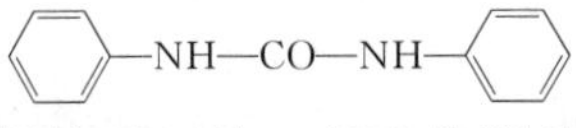

发色体系。二芳基脲的合成步骤如下：

$$2Ar—NH_2 + 1/3Cl_3C—O—CO—OCCl_3 \longrightarrow Ar—NH—CO—NH—Ar + 2HCl$$

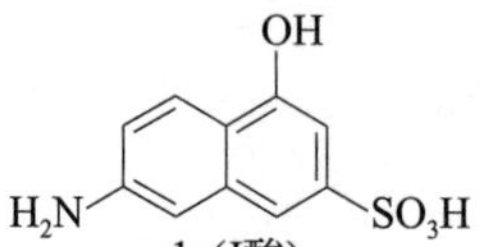

1　　2　　3

1a(J酸) 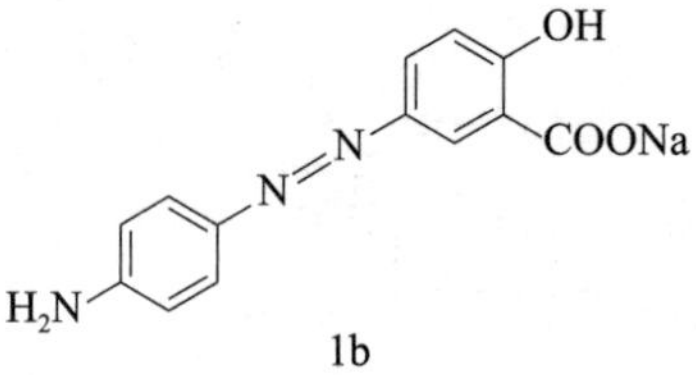　　1b

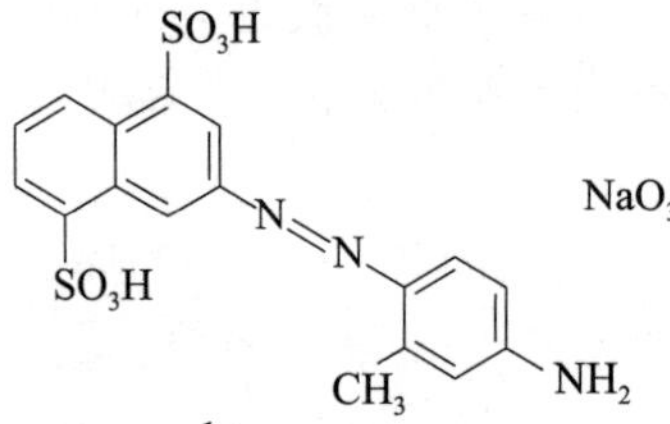

1c 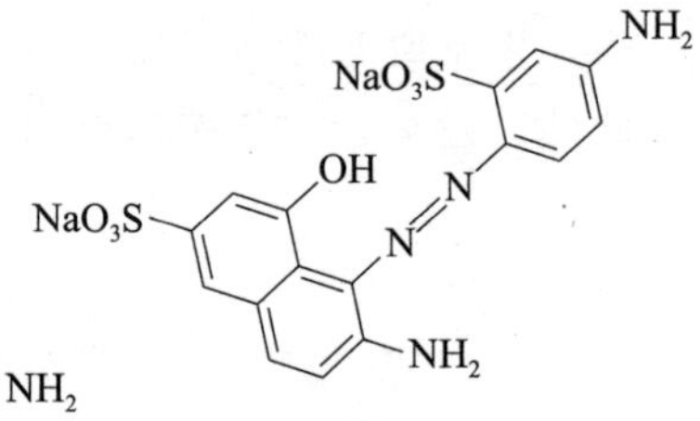　　1d

其中 1 为上面 1a、1b、1c、1d 的染料中间体。最主要的二芳基脲染料中间体是 3,3′-二磺酸基-4,4′-二氨基二芳基脲（PS）和 4,4′-二磺酸基-3,3′-二氨基二芳基脲（MS）。结构如下：

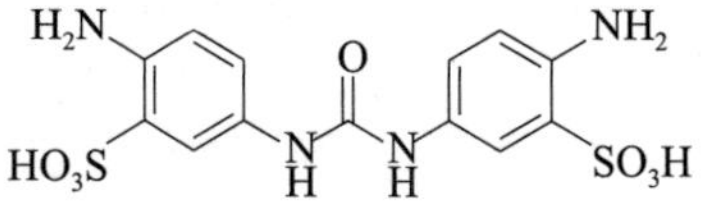

PS 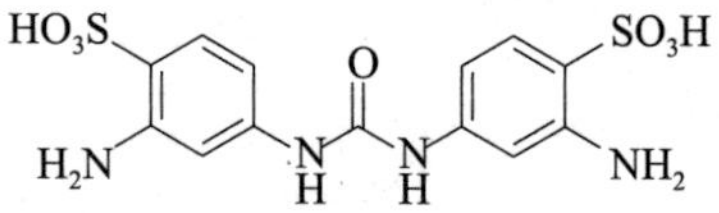　　MS

二芳基脲偶氮染料的耐光性能优良，一般具有较好的耐日晒牢度。其色泽以黄、橙、红、蓝等色为主。如：

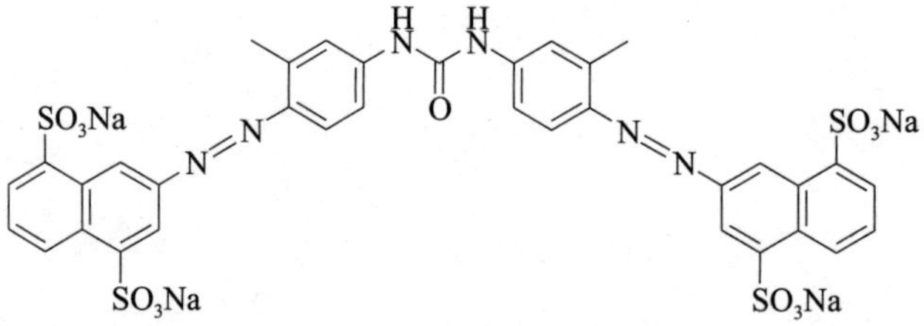

直接耐晒黄RS

直接耐晒红青莲 RLL 是具有铜络合结构的二芳基脲类偶氮染料，其耐日晒牢度可高达 7 级，能与还原染料相媲美，但色泽较暗，在沸浴中易于发生水解。

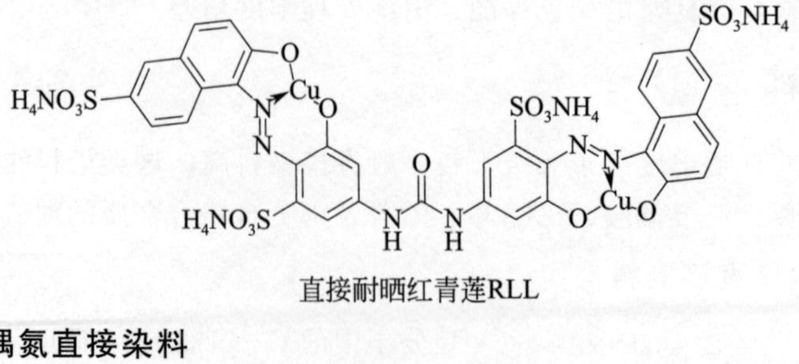

直接耐晒红青莲RLL

2. 三聚氰胺偶氮直接染料

三聚氰胺偶氮直接染料的分子结构中含有三聚氰胺结构，对纤维素纤维具有很好的亲和力，耐日晒牢度也较好，但是品种不多，一般只有绿、红和蓝三种颜色。它们是由三聚氯氰与具有氨基的染料或芳香胺缩合而成。绿色染料可通过隔离基连接黄和蓝两种染料而合成，且应用简便。

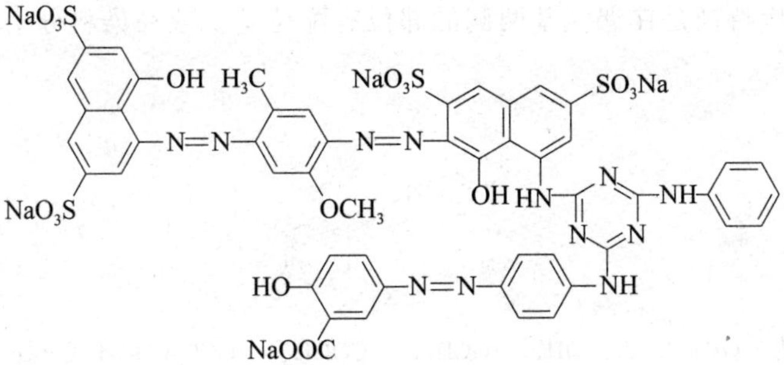

直接耐晒绿BLL

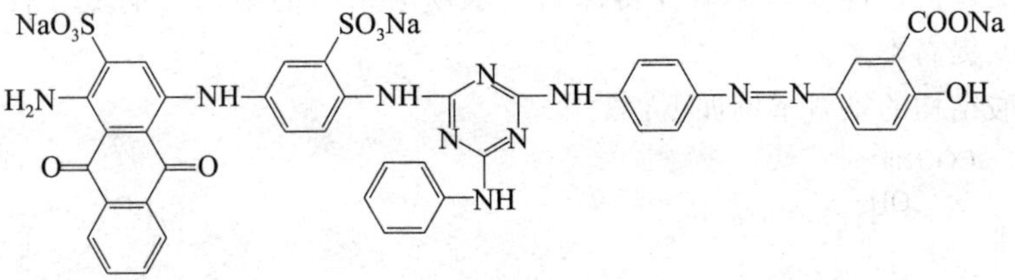

直接耐晒绿5GLL

3. 二嗯嗪直接染料

二嗯嗪直接染料有比较鲜艳的蓝色。染料具有很好的耐光牢度，并且不为保险粉（连二亚硫酸钠）和吊白粉（次硫酸氢钠甲醛）所破坏，但水洗牢度较差。结构举例如下：

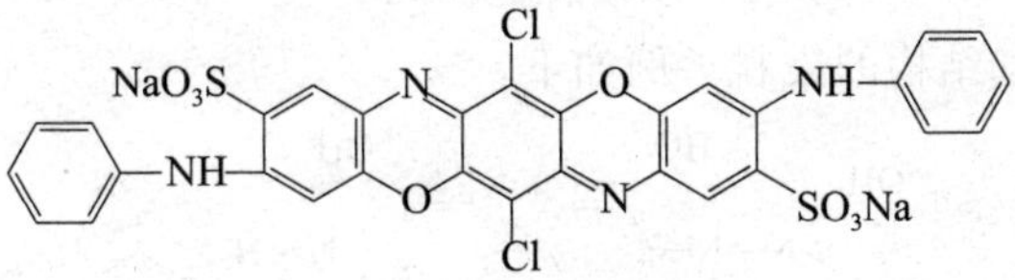

直接耐晒艳蓝FF2G

4. 酞菁系直接染料

酞菁系直接染料主要是铜酞菁的衍生物，颜色鲜艳纯正，耐晒牢度优异。由于染料结构属非线型共平面构型，对纤维的直接性低，上染速率和上染率也较低，颜色单一。如直接耐晒翠蓝 GL（直接蓝 86）：

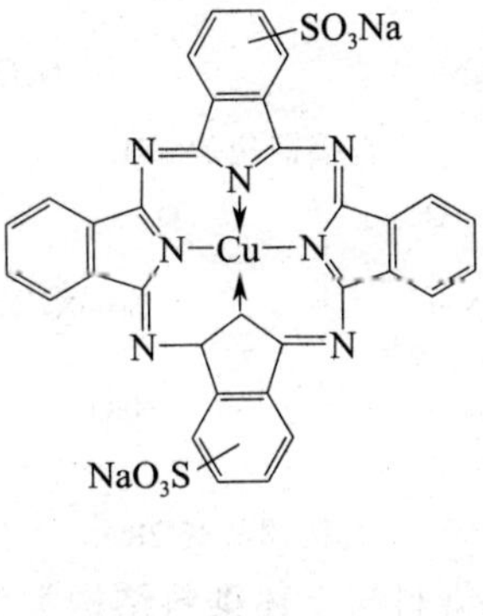

三、直接铜盐染料

直接铜盐染料是指必须进行铜盐后处理，才能得到真实色光和最佳色牢度的一类直接染料。这类染料的结构特征是在偶氮基两侧的邻位有配位基，或在染料分子的末端有水杨酸结构，结构如下：

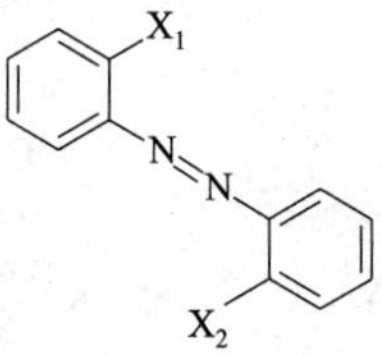

X_1 为—OH；X_2 为—OH、—OCH_3、—COOH、—OCH_2COOH 或—OC_2H_5

铜盐处理时，染料与 Cu^{2+} 形成络合结构，降低了染料的水溶性，改善了染料的水洗牢度和耐日晒牢度，但色泽同时显著变得深暗。水杨酸结构的染料与铜络合后，色泽变化较少，耐日晒牢度提高不多。

含有水杨酸结构的染料举例如下：

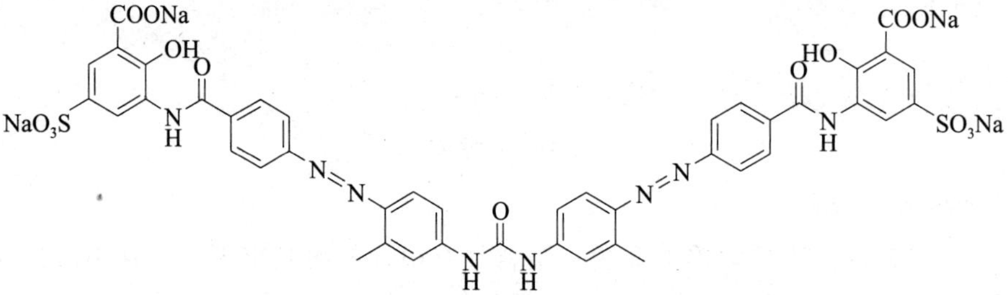

直接铜盐黄FRRL

偶氮基两侧有配位基结构的染料举例如下：

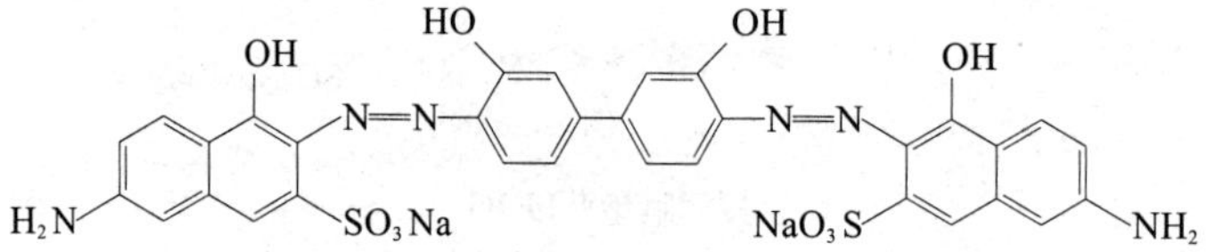

直接铜盐蓝 2RL

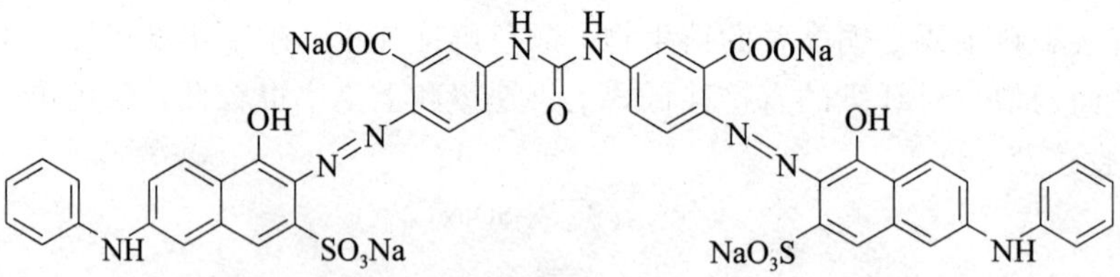

直接铜盐紫 3RL

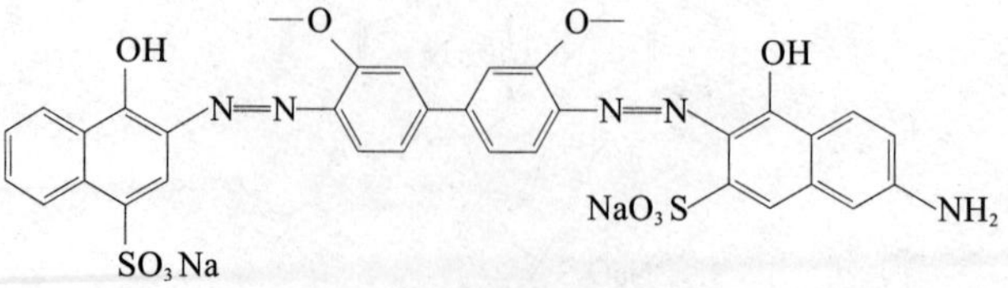

直接铜盐蓝 2R

需要指出的是，有些直接耐晒染料与上述染料结构类似，所不同的是铜络合反应已在染料合成中完成，染色时就不需再进行铜盐后处理。如：

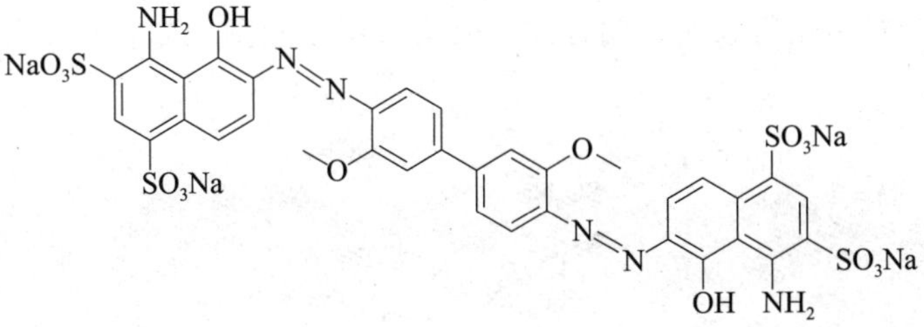

直接蓝1

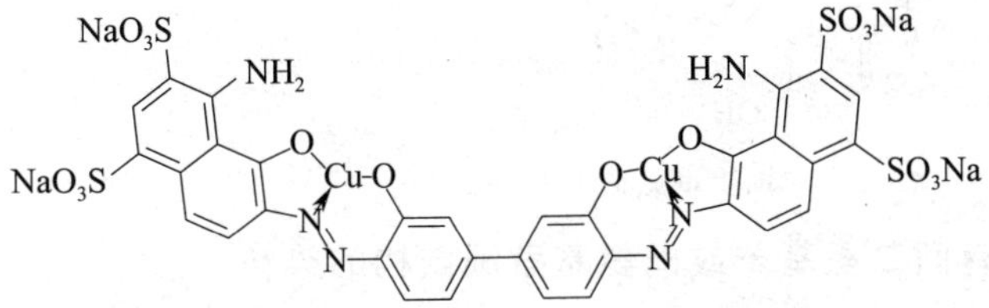

直接蓝76

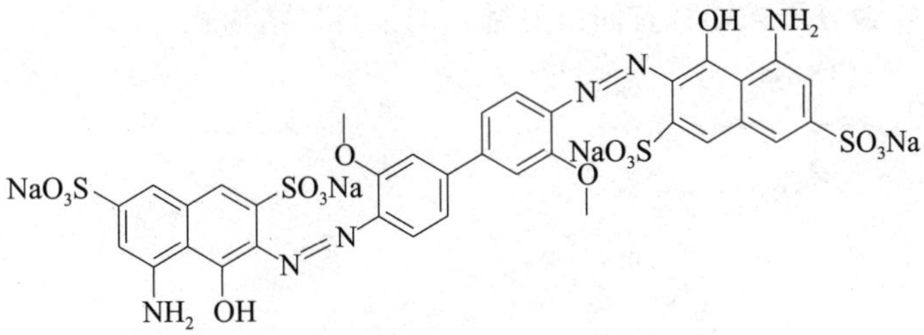

直接蓝15

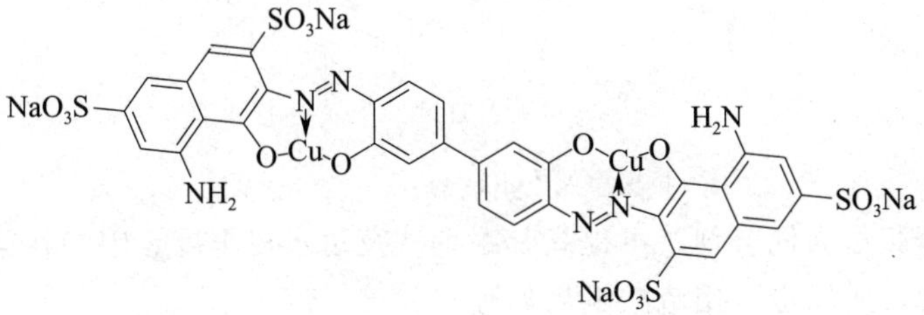

直接蓝218

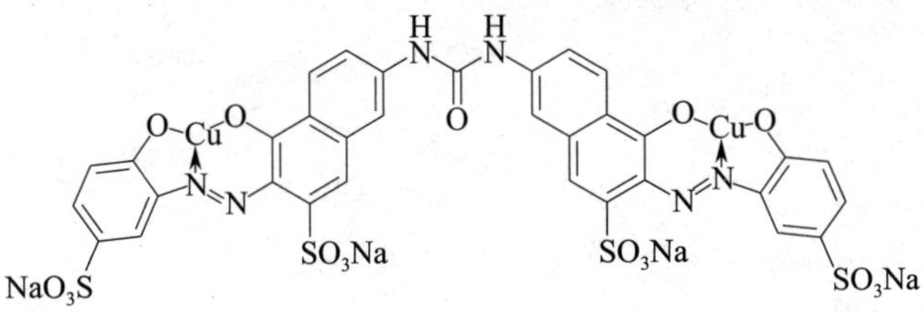

直接耐晒紫2RLL

四、直接重氮染料

直接重氮染料的分子结构中具有可重氮化的氨基。应用时按常规方法染色后，再使染料在纤维上进行重氮化，最后再用偶合剂进行偶合，形成较深的色泽，并能提高其湿处理牢度。

直接重氮染料分子结构中可以重氮化的氨基，主要是在偶氮基对位上。此外，染料分子的末端具有间位二氨基苯或间位氨基萘酚等结构，也均可选择适当的偶合剂与之偶合。分别举例如下。

1. 在偶氮基对位上具有氨基的染料

这些染料在直接重氮染料中用得较多。偶合剂一般均采用 2-萘酚。如直接重氮蓝 BBLS 的结构式为：

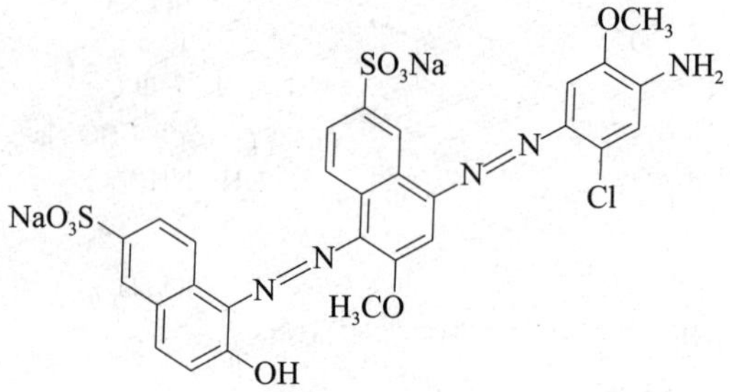

直接重氮蓝 BBLS

2. 在染料分子末端具有间二氨基苯或间氨基萘酚结构的染料

这些染料所用的偶合剂比前一种要广泛得多，一般可采用 2-萘酚、对硝基苯胺、间甲苯胺等。如直接重氮橙 GG 为分子末端具有间二氨基苯的染料，结构式为：

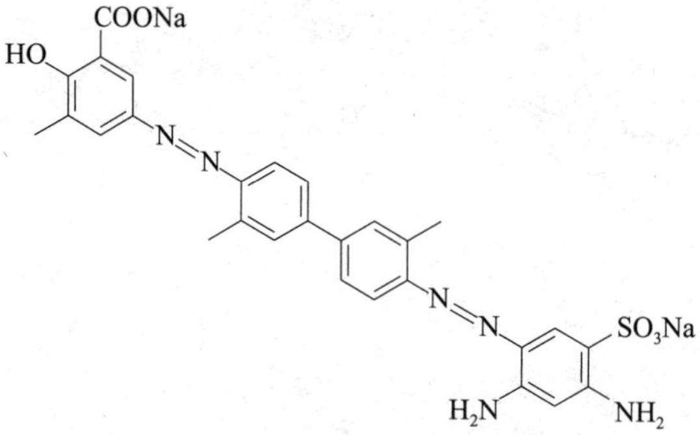

直接重氮橙GG

这染料采用对硝基苯胺作为偶合剂，可提高其耐皂洗及耐水浸牢度。因为在染料分子的另一末端具有水杨酸基团，所以也可用硫酸铜后处理。

直接重氮黑 BH 为分子末端具有间氨基萘酚的染料，结构式为：

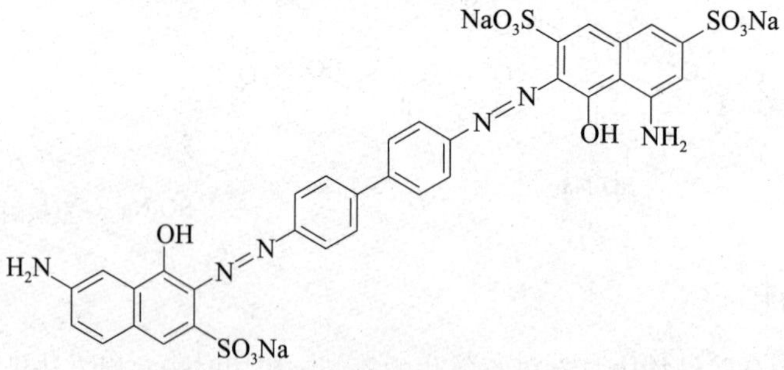

直接重氮黑BH

这类染料染在纤维素纤维上为暗蓝色。经 2-萘酚偶合后得蓝光黑色，经间甲苯二胺偶合后得黑色。

总之，直接重氮染料的偶合剂很多，可视其重氮氨基位置的不同，选择适当的偶合剂进行偶合。但必须注意某些偶合剂，如对硝基苯胺对人体和环境有害，必须采取相应的措施才能应用。

五、直接交联染料

直接交联染料是由含有铜络合结构及一些特殊配位基团的染料与多官能团螯合结构阳离子型固色剂组成的染色体系。国产直接交联染料品种全部为铜络合直接染料，都是双偶氮型染料，国外个别直接交联染料就是普通直接染料或直接耐晒染料。

染料对纤维素纤维具有直接性，还含有能与固色交联剂起反应的活泼氢原子。染料与纤维之间既有离子键合，又有化学共价键合。固色交联剂为多官能团反应固色剂，是由多乙烯多胺与双氰胺缩聚成多胺树脂，再在亚氨基上引入酰氨羟甲基成盐而成。

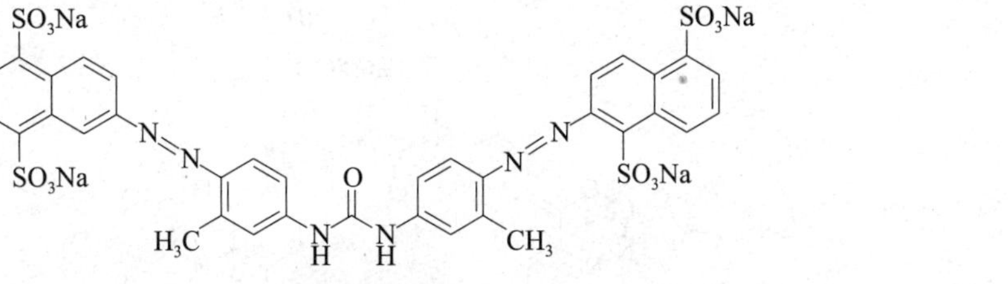

直接交联黄SF-R

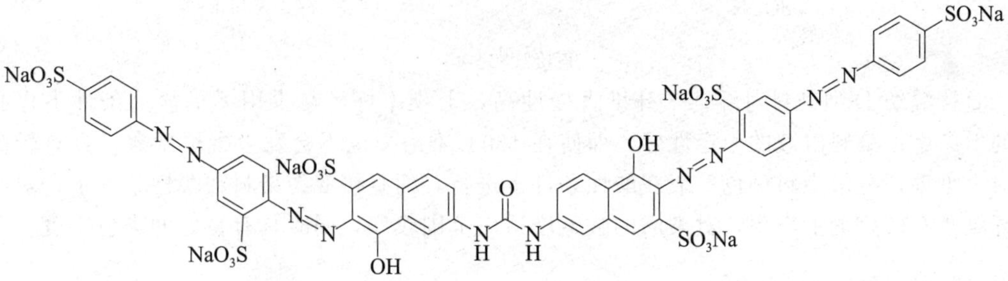

直接交联艳红SF-F3B

六、直接混纺染料

大部分直接混纺染料品种既可当作直接混纺染料使用，也可当作直接耐晒染料使用。这里应该指出，实际上有的直接混纺染料品种本身也是直接耐晒染料，部分品种对应关系如表 3-1 所示。

表 3-1 部分直接混纺染料品名与直接耐晒染料品名对应关系

直接混纺染料品名	C. I. 编号	直接耐晒染料品名
直接混纺黄 D-2RL/D-RL	直接黄 86	直接耐晒黄 D-RL/D-RLG
直接混纺黄 D-3RLL	直接黄 106	直接耐晒黄 3RLL/ARL
直接混纺黄 D -3RNL	直接黄 161	直接耐晒黄 3RNL
直接混纺红玉 D-BLL	直接红 83	直接耐晒红玉 BLL
直接混纺红玉 D-BL	直接红 83：1	直接耐晒红玉 BL
直接混纺大红 D-F2G	直接红 224	直接耐晒大红 F2G/玫红 F2G
直接混纺艳红 D-FR	直接红 227	直接耐晒红 FR/玫红 FR
直接混纺紫 D-5BL	直接紫 66	直接耐晒紫 4BL/5BL
直接混纺蓝 D-RGL	直接蓝 70	直接耐晒蓝 RGL
直接混纺黑 D-ANBN	直接黑 166	直接耐晒黑 ANBN

在直接混纺染料中，个别品种属于禁用染料，如直接混纺棕 D-NBR。该染料是用联苯胺合成的三偶氮铜络合染料。

表3-1中，除直接蓝70、直接黑166为三偶氮型结构外，只有直接黄106为单偶氮对称型结构，其余7个品种皆为双偶氮型对称结构，它们分别是通过三嗪环、猩红酸、二苯乙烯或双J酸将两个相同的单偶氮化合物连接起来，形成左右对称的双偶氮染料。该结构染料的色谱主要为浅到中色。

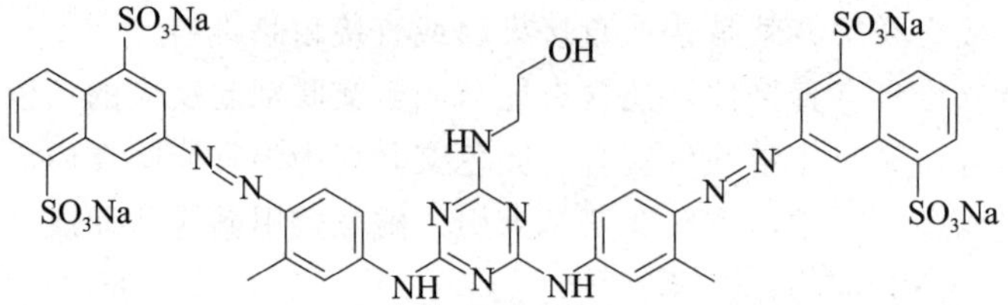

直接黄86

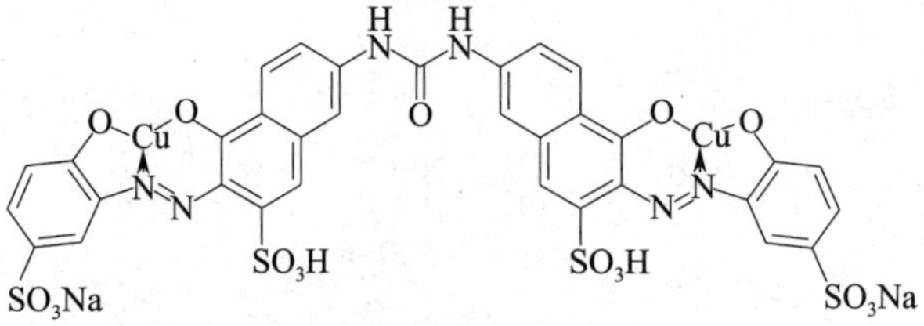

直接红83

直接混纺D型染料对纤维素纤维直接性高，上染率好，在少用无机盐的条件下也有较高的上染率；染料溶液的稳定性好，即使在130℃染浴中也不会发生凝聚现象，具有较高的相对上染率；分散染料染色一般在酸性条件下进行，而直接混纺染料在酸性条件下，对纤维素纤维具有较好的上染率，对染浴的酸碱度适应范围较广，同时具有良好的染色牢度。

第三节　直接染料的染色性能

直接染料都含有亲水性基团（—SO_3Na或—COONa），它们的溶解度主要取决于染料分子中亲水性基团的多少。另外，染料的溶解度也和温度有关，通常提高温度，染料的溶解度便随之增大。大部分染料能与钙盐或镁盐结合生成不溶性的沉淀，因此染色时必须采用软水。染色用水如果硬度较高，应加纯碱或六偏磷酸钠，既有利于染料溶解，又有软化水的作用。无机的中性盐类，如食盐、元明粉等，在水溶液中会发生电离。无机的阳离子（Na^+、K^+）体积较小，因此在水溶液中活性较大，容易吸附在纤维分子的周围，从而降低纤维分子表面的负电荷，相对地增加了染料阴离子与纤维素分子间的吸附量，达到促染的效果。因此中性盐类可作为促染剂，但当盐类增加过多时，又会因染料溶解度降低而析出沉淀。对于不同的直接染料，盐的促染效果是不同的。

根据直接染料对温度、上染率及盐效应的不同，大致可以分为以下三类。

（1）A类

这类染料的分子结构比较简单，一般为单偶氮或双偶氮结构，在染液中聚集倾向较小，对纤维的亲和力低，在纤维内的扩散速率较高，移染性好，容易染得均匀的色泽。食盐的促染作用不十分显著，在常规的染色时间内，它们的平衡上染率往往随着染色温度的升高而降低。因此染色温度不宜太高，一般在70～80℃染色即可。这类染料的湿处理牢度较低，一般仅适宜于染浅色。

A类染料习惯上也称为匀染性染料，如直接冻黄G便属此类。

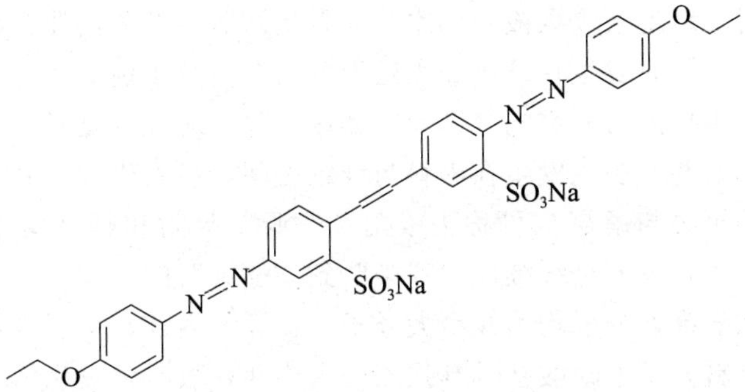

直接冻黄G

（2）B类

这类染料的分子结构比较复杂，常为双偶氮或三偶氮结构，对纤维的亲和力高，分子中有较多水溶性基团，染料在纤维内的扩散速率低，移染性能较差，如果上染不匀，难以通过移染加以纠正。而食盐等中性电解质对这类染料的促染效果显著，故必须注意控制促染剂的用量和加入时间，以获得匀染效果和提高上染率。如使用不当，则因初染率太高，容易造成染花。这类染料的湿处理牢度较高。

B类染料又称为盐效应染料，如直接耐晒绿BB便属此类。

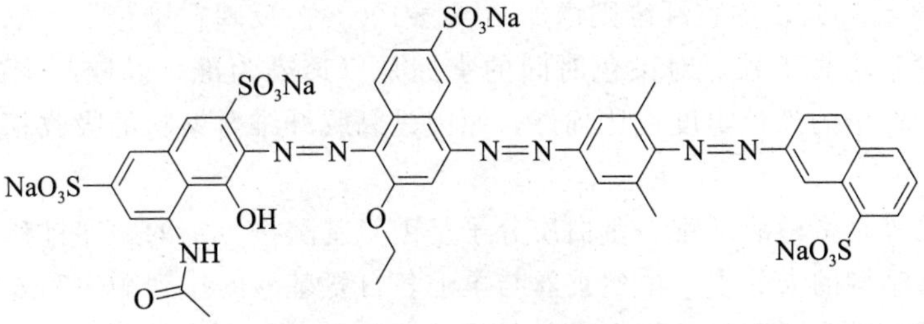

直接耐晒绿BB

（3）C类

这类染料的分子结构比较复杂，常为多偶氮结构，对纤维的亲和力高，扩散速率低，移染及匀染性较差。染料分子中含有水溶性基团较少，在含有少量的中性电解质染浴中上染也能达到较高的上染率。染色时要用较高的温度，以提高染料在纤维内的扩散速率，提高移染性和匀染性。在实际的染色条件下，上染率一般随着染色温度的升高而增加，但始染温度不能太高，升温不能太快，要很好地控制始染温度和升温速率，否则容易造成染色不匀。

C类染料又称为温度效应染料，如直接黄棕D3G便属此类。

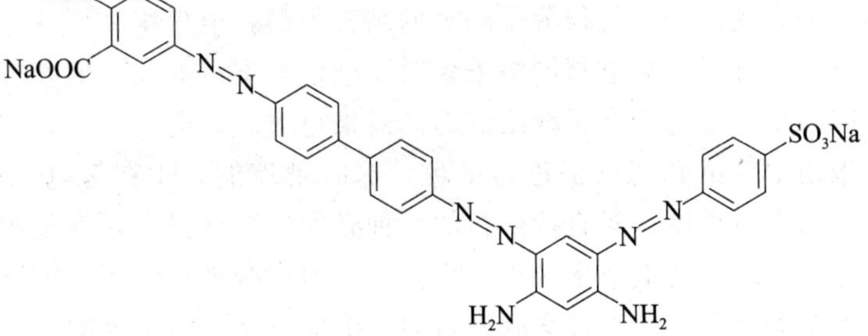

直接黄棕D3G

在拼色时，要注意选用性能相近的同类染料为宜。

直接染料染色时，纤维吸收染液中的水分而发生溶胀，这种溶胀是沿着纤维的表面，由表及里逐渐发生的，而且只发生在纤维的无定形区。染料分子随着水分子的运动与纤维发生吸附作用，并由外向内扩散至纤维的全部无定形区。随着时间的延长，吸附作用加剧，出现了聚集和解吸作用，这些作用既发生在染料与纤维之间，也发生在染料分子之间。发生在染料分子与纤维之间的聚集与解聚也可称为吸附和解吸。吸附和解吸两作用最终达到动态平衡，这一过程即结束。其表象是纤维由“环染”到“透染”的过程。

直接染料分子和纤维素分子均为线型大分子。在纤维内部，染料与纤维主要以分子间作用力进行结合。因染料分子上磺酸基具有强烈的水溶性，故时常发生解吸，使染料回到溶液中，尤其是在服用过程中的洗涤时，水中无染料，由于动态平衡作用，织物上的染料易回到水中，再重新吸附在织物上，导致发生沾污、串色，这也是直接染料水洗色牢度差的原因。选择阳离子表面活性剂作为固色剂，利用阳离子基团与直接染料分子中的磺酸基（阴离子性的水溶性基团）发生离子键合反应，降低其水溶性，使其无法解吸从而达到固色的目的。但这种结合是不完全的，且结合的能量较低，效果往往不尽人意。

棉和黏胶纤维的形态结构和超分子结构不同，使得它们的物理性质存在差异：如天然棉纤维结晶区高达70%，无张力丝光棉为50%，黏胶纤维为30%～40%。因为溶胀主要发生在结晶区以外的部分即无定形区，所以它们的溶胀程度就不同。在最大溶胀时，棉纤维的横截面积增加40%～50%，黏胶纤维则增加70%～100%。反映在染色上，黏胶纤维的得色率及对染料的吸收率均高于棉。对染色时间的掌握是以透染为准，黏胶纤维的染色时间比棉短。同样，黏胶纤维的染色牢度也比棉好，原因是黏胶纤维对染料的吸收相对于棉而言更充分和深入。

蚕丝和羊毛等是蛋白质纤维，蛋白质分子是由氨基酸按一定的顺序排列，用酰氨键连接在一起，呈螺旋结构的大分子。虽然蚕丝与羊毛各自氨基酸的排列顺序和方式并不相同，但它们同属蛋白质纤维，因而具有蛋白质分子的一些特性：如蛋白质的两性性质和膜平衡性。这些特性在染色时表现为：蛋白质纤维为两性高分子电解质，调节溶液的pH，它们表现出不同的离子性及等电点。羊毛和桑蚕丝的等电点分别为pH 4.2～4.8和pH 3.5～5.2。

直接染料的部分品种可以用于蛋白质纤维的染色，尤其是蚕丝深色产品的染色，这是因为这些品种的染料分子结构与弱酸性或酸性染料分子结构相近，它们的染色过程与前述相似。对纤维的结合主要是染料分子中的水溶性基团磺酸基与蛋白质纤维在等电点以下解离出的阳离子氨基发生离子键合，其染色牢度高于纤维素纤维，所以丝绸行业一直将直接染料作为染色的基本品种。但是在等电点以上（即蛋白质纤维的碱性条件下）进行染色，蛋白质纤维呈阴离子，直接染料也为阴离子性，因此不发生离子键合反应；又因蛋白质分子的螺旋结构，直接染料分子的直线结构，使得分子间力的结合很弱，染色牢度更低。

当羊毛与纤维素纤维混纺后进行同浴染色时，染色牢度一般比它们各自染色时所得到的牢度低。究其原因，是羊毛与纤维素纤维混纺同浴染色时，为避免酸、碱对纤维素纤维和羊毛的损伤，一般采用中性浴和弱酸浴进行染色，这时染液的pH在等电点以上出现上述情况。这时，若要提高染色牢度，对直接染料的品种必须进行选择。标准是在所需的染色条件下，直接染料对蛋白质纤维的上染率最小。换言之，即直接染料对蛋白质纤维的沾污最少甚至没有，这一点是至关重要的。直接交联染料的一个优点就是对羊毛的沾污明显低于其他直接染料。

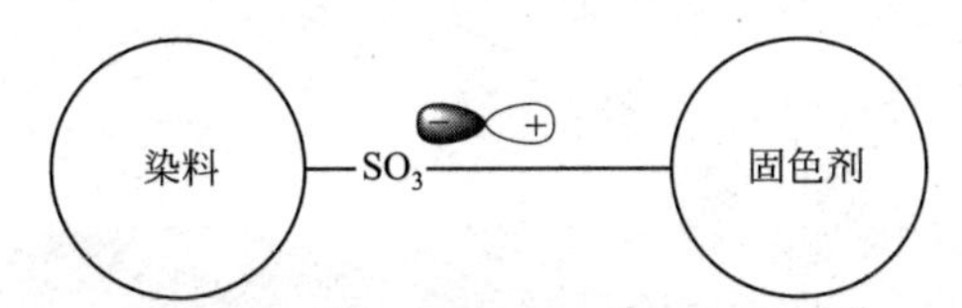

直接染料常用的阳离子固色剂有固色剂 Y 和固色剂 M。固色剂 Y 是双氰胺与甲醛缩合物的醋酸盐或氯化铵溶液，可提高直接染料染色织物的湿处理牢度。固色剂 M 是由固色剂 Y 和铜盐作用而得到的，可同时提高湿处理牢度和耐日晒牢度，但固色后上染物的色光常会发生变化，故常用于深色染色产品的固色。固色剂 Y 和固色剂 M 为含醛固色剂，被固色处理后的染色织物会残留超标的甲醛，且固色剂 M 还存在较多的铜离子，现已逐渐被无甲醛固色剂所取代。无甲醛阳离子固色剂主要是聚季铵盐化合物，这类固色剂对人体的危害性小，固色时被染颜色基本不变，对耐晒牢度和耐氯牢度的影响较小。

直接染料反应型固色剂也称为固色交联剂，其活性官能团主要为羟甲基和环氧基。固色交联剂可与纤维和染料发生反应，形成网状结构，从而提高染色产品的湿处理牢度。有时固色交联剂为阳离子型，同时具有阳离子固色剂的固色作用和固色交联剂的交联作用。近年来，在新型染色固色剂的研制方面，国内外均取得了较大的进展。这些固色剂能提升直接染料的各项染色牢度，进一步拓展了直接染料的应用范围。

第四章　酸性染料

第一节　引　　言

传统的酸性染料是指含有酸性基团的水溶性染料，而且所含酸性基团绝大多数是以磺酸钠盐形式存在于染料分子中，仅有个别品种是以羧酸钠盐形式存在。早期的这类染料是在酸性条件下染色，故通称为酸性染料（Acid dyes）。

能在水溶液中解离生成阴离子色素，需在中性至酸性染浴中进行染色的染料叫作酸性染料。分子结构中一般含有磺酸基（$—SO_3H$）、羧基（—COOH）、羟基（—OH）等基团。应用酸性染料染色的纤维有聚酰胺纤维、羊毛、蚕丝、改性腈纶、丙纶以及它们和棉、人造丝、涤纶、常规腈纶等纤维的混纺织物。

酸性染料大都是有机磺酸类化合物，少数是羧酸类化合物。商品酸性染料大多是其钠盐，具有良好的水溶性。

酸性染料的化学结构有偶氮、蒽醌、三芳甲烷、吡唑酮、二嗪、硝基等类别。偶氮是最大也是最重要的类别，其次是蒽醌和三芳甲烷。其他类别中有实用价值的品种不多。

1876 年合成了第一个偶氮型酸性染料，酸性橙Ⅱ（C.I. 酸性橙 7，15510），1877 年合成了用于羊毛的第一个红色染料酸性红 A（C.I. 酸性红 88，15620），1891 年合成了双偶氮染料酸性黑 10B（C.I. 酸性黑 1，20470）。

酸性染料具有色谱齐全、色泽鲜艳的特点，主要用于羊毛、真丝等蛋白质纤维和锦纶的染色和印花，也可用于皮革、纸张、化妆品和墨水的着色，少数用于制造食用色素和色淀颜料。由于酸性染料对纤维素纤维的直接性很低，所以一般不用酸性染料染纤维素纤维。

酸性染料在结构上大多是芳香族的磺酸基钠盐，其发色体结构中偶氮和蒽醌占有很大比重，另外还有三芳甲烷、吖嗪、呫吨、靛蓝、喹啉、酞菁及硝基亚胺等各类发色体。各种结构中偶氮类酸性染料在品种和产量上都占首位，尤其是单偶氮和双偶氮的最多，包括黄、橙、红、藏青以及黑色等各色品种。蒽醌类酸性染料耐日晒牢度较好，色泽也鲜艳，主要是一些紫、蓝、绿色染料，尤其以蓝色最为重要，某些蒽醌结构的酸性染料可在酸性媒介染料的染色中起增艳作用。三芳甲烷类以红、紫、蓝、绿色为主，一般耐日晒牢度较差，有些艳蓝品种不耐氧漂，但色泽浓艳，湿处理牢度较好。氧杂蒽类酸性染料的色泽和应用性能与三芳甲烷类相似，一般不单独使用，主要用于酸性媒染染料的拼色增艳。

酸性染料的匀染性和湿处理牢度随染料结构变化而不同。按染料对羊毛的染色性能，酸性染料可分为强酸浴、弱酸浴和中性浴染色的三类酸性染料。

（1）强酸浴染色的酸性染料

这类染料分子结构较简单，分子中磺酸基所占的比例高，一般为 2～5 个。在水中溶解度较高，在常温染浴中基本上以离子状态分散，对羊毛纤维的亲和力较低，染色需在强酸浴中进行（pH＝2.5～4）。湿处理牢度较差，耐日晒牢度较好，色泽鲜艳，匀染性良好。

（2）弱酸浴染色的酸性染料

这类染料分子结构稍复杂，分子中磺酸基所占比例相对较低，溶解度稍差，在常温染浴中基本上以胶体分散状态存在，对羊毛纤维的亲和力较高，染色在弱酸浴中进行（pH＝4～5）。湿处理牢度较好，匀染性稍差。

（3）中性浴染色的酸性染料

这类染料分子结构更复杂，磺酸基所占比例更低，疏水性部分增加，溶解度更差些，在常温染浴中主要以胶体状态存在，对羊毛纤维的亲和力更高，染色需在中性浴中进行（pH＝6～7）。匀染性较差，色泽不够鲜艳，但湿处理牢度好。

习惯上又将强酸性浴染色的酸性染料称为匀染性酸性染料，将弱酸性浴染色的酸性染料和中性浴染色的酸性染料统称为弱酸性染料，又称耐缩绒酸性染料。

酸性染料在羊毛、蚕丝、锦纶上的染色匀染性和湿处理牢度并非一致。通常情况下，染锦纶的匀染性差，而湿处理牢度较好；染蚕丝的匀染性比较好，但湿处理牢度逊于羊毛染色牢度。在生产中，强酸性浴染色的酸性染料主要用来染羊毛，而弱酸性浴和中性浴染色的酸性染料，除了染羊毛，还可用于蚕丝和锦纶的染色。这是由于蚕丝的氨基（$—NH_2$）较羊毛少，无须太多的 H^+ 将其离子化形成染座（$—NH_3^+$），而锦纶结构中除了含有氨基，还含有酰氨基，若酸性太强，酰氨基成为第二染座而发生超当量吸附。

第二节 酸性染料的化学结构分类

酸性染料具有各种不同的化学结构，按其化学结构特征可分为偶氮类、蒽醌类、三芳甲烷类、氧杂蒽类、亚硝基类等。

一、偶氮类酸性染料

这类染料大多为单偶氮和双偶氮结构的染料，虽然三偶氮结构的湿处理牢度较好，但色泽比较灰暗，匀染性差，应用不多。

1. 单偶氮类酸性染料

这类染料包括黄、橙、红及蓝等各色品种。早期的偶氮类酸性染料属于单偶氮类，湿处理牢度较差，后来通过采用 H 酸、γ 酸等氨基萘酚磺酸为偶合组分，尤其是通过在分子中引入脂肪链、环烷基、芳基等疏水性基团的方法，湿处理牢度有了很大的提高。

用于染羊毛的第一个红色酸性染料是 1877 年制成的酸性红 A，它是由 1-氨基萘-4-磺酸重氮化后与 β-萘酚偶合制得的：

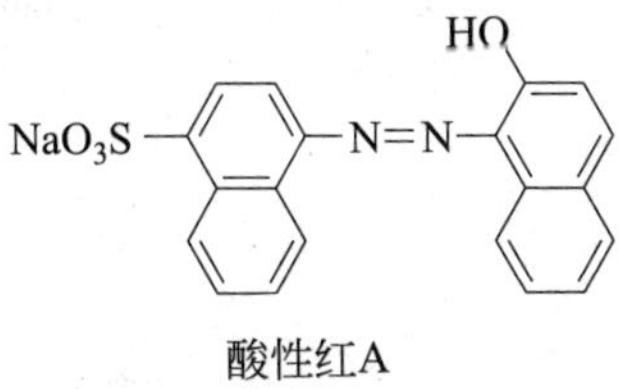

HO

NaO_3S—N=N—

酸性红A

酸性红 A 染料应用性能一般，耐晒牢度仅为 2 级。

如果以苯胺衍生物为 A 组分，以萘系衍生物为 E 组分，则可制得橙、红一系列染料。如酸性橙Ⅱ，它是由对氨基苯磺酸重氮化后，在弱碱性介质中与 β-萘酚偶合，其反应式如下：

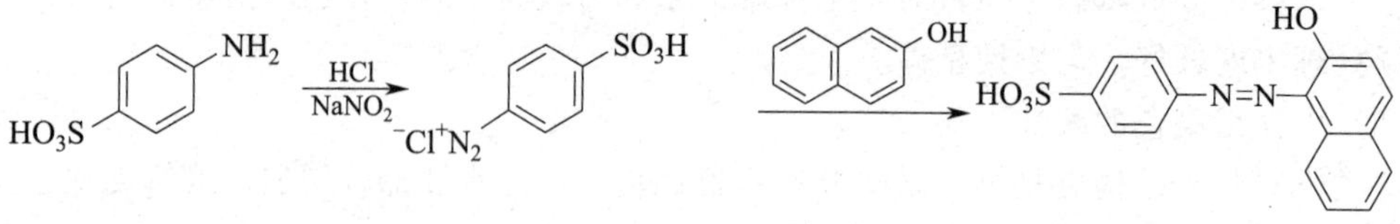

酸性橙Ⅱ

以萘胺衍生物为 A 组分，将其重氮化后与萘酚类偶合组分偶合可制得一系列红色染料，如酸性红 B、酸性红 BG 等。酸性红 B 可在强酸性浴中染羊毛，其耐晒牢度为 3～4 级。用重铬酸盐后处理则可得到红光藏青，并可提高其染色牢度。其结构如下：

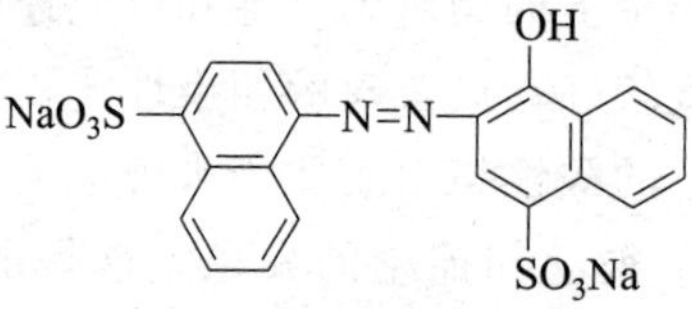

酸性红B

酸性红 BG 具有优良的耐晒牢度，可在酸性浴（pH＝2～4）中染羊毛、蚕丝，色光鲜艳，匀染性好，其制备过程如下：

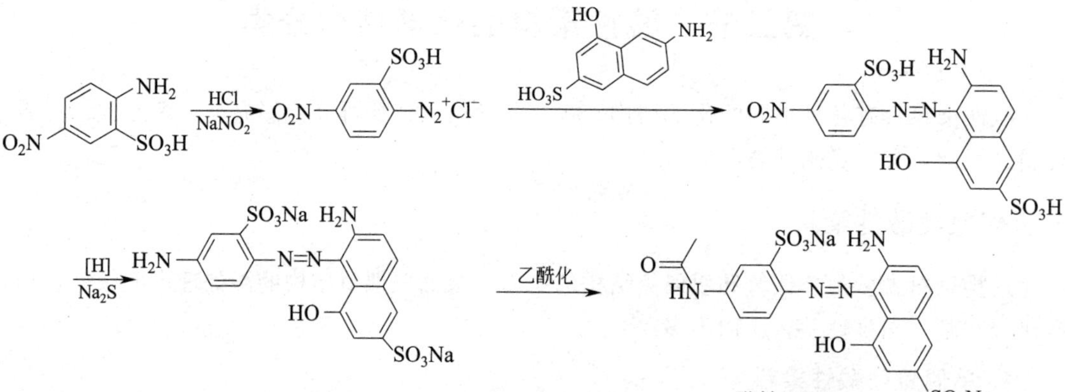

酸性红BG

改变不同的重氮组分、偶氮组分，可以制得不同色光的红色染料。

在常用的由各种氨基羟基萘磺酸所衍生的偶氮类酸性染料中，不论是重氮组分还是偶氮组分，当改变取代基的性质时，均可明显地影响染料颜色，如以变色酸为偶合组分，在重氮组分引入给电子基团，则可发生深色效应，由红色变为天蓝色：

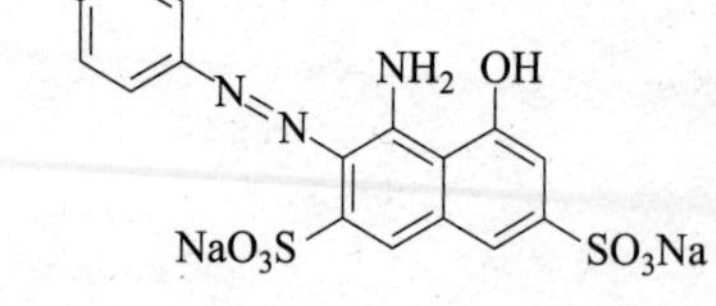

X	λ_{max}/nm	颜色
H	529.5	红色
$-NH_2$	579.5	紫色
$-N(CH_3)_2$	584.0	天蓝色

又如以H酸为重氮组分与不同取代的同位酸偶合时，其取代基的性质也可导致染料颜色的变化：

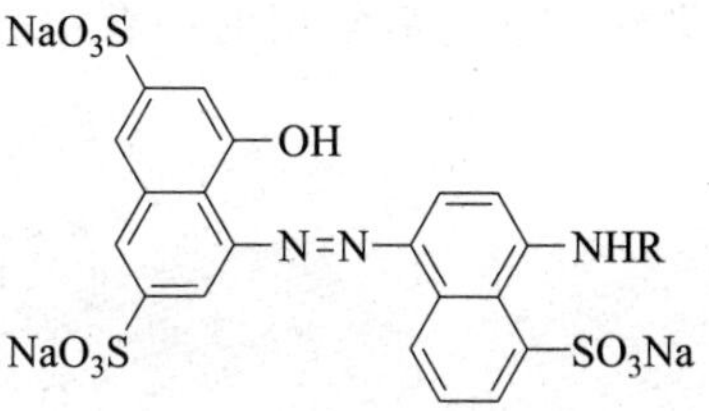

R	颜色
$-C_2H_5$	紫色
$-C_6H_5$	蓝色
$-C_6H_4CH_3$	天蓝色

以H酸为A组分和*N*-苯基-1-萘胺-8-磺酸偶合可得蓝色的酸性染料酸性蓝R。

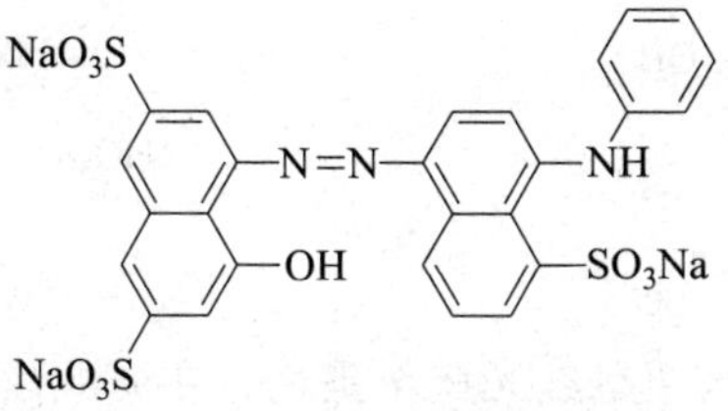

酸性蓝R

咪唑酮也是合成黄色偶氮酸性染料最重要的偶合组分，所得染料的色泽鲜艳，耐日晒牢度和匀染性都较好，如酸性嫩黄2G，它由对氨基苯磺酸（组分A）的重氮盐与吡唑酮（组分E）偶合而成。其反应式如下：

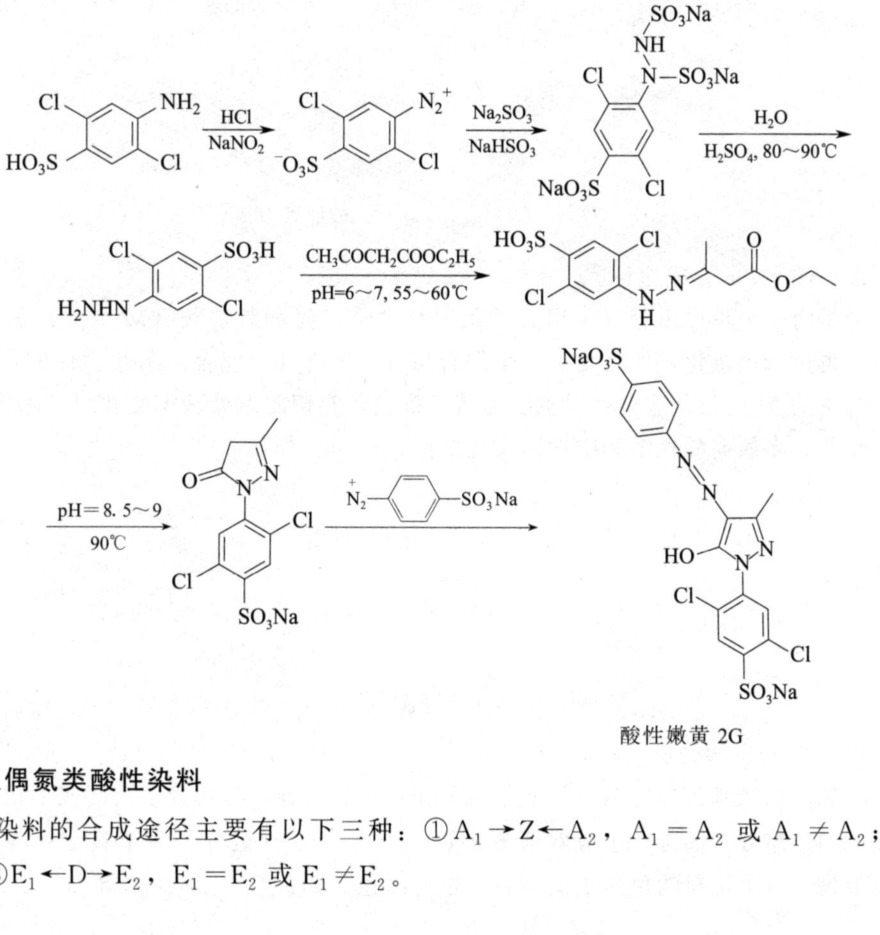

酸性嫩黄2G

2. 双偶氮类酸性染料

这类染料的合成途径主要有以下三种：①$A_1 \rightarrow Z \leftarrow A_2$，$A_1 = A_2$ 或 $A_1 \neq A_2$；②$A \rightarrow M \rightarrow E$；③$E_1 \leftarrow D \rightarrow E_2$，$E_1 = E_2$ 或 $E_1 \neq E_2$。

（1）$A_1 \rightarrow Z \leftarrow A_2$ 的合成途径

该途径是由具有两个偶合位置的偶合组分（Z 组分）和两个相同或不同的重氮组分（组分 A_1 及 A_2 的重氮化合物）偶合，制成双偶氮染料。它们最常用的偶合组分是间苯二酚、间苯二胺和 H 酸。如：

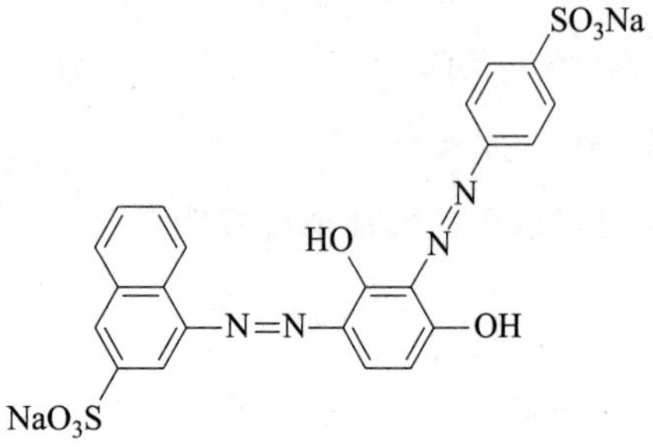

酸性棕 SRN 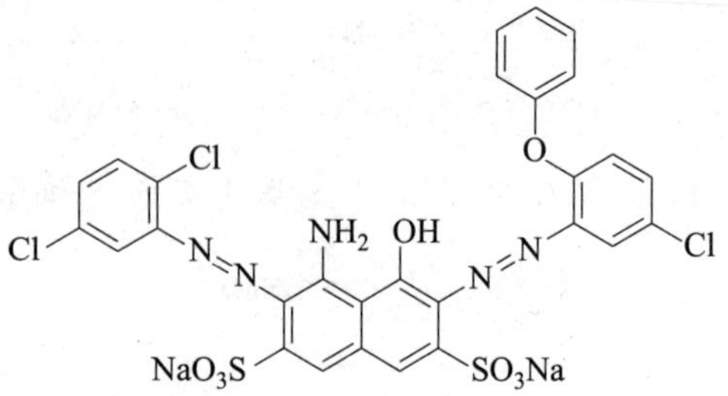　　　　酸性坚牢 BBL

酸性黑为灰黑色粉末，在水中呈红光蓝至黑色，在弱酸性或中性浴中染羊毛、蚕丝与锦纶；也可在中性浴中与直接耐晒染料同浴染羊/黏、锦/黏织物。具有良好的湿处理牢度，耐晒牢度 6～7 级，应用广泛。酸性黑 10B 的合成方法如下：

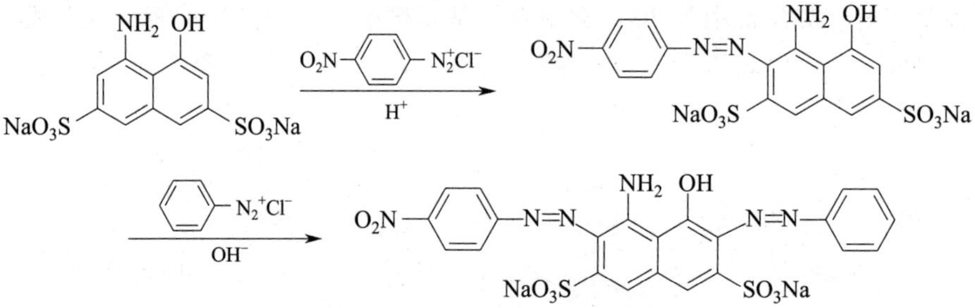

酸性黑 10B

（2）$A \rightarrow M \rightarrow E$ 的合成途径

该途径是将一个重氮组分（A 组分的重氮化合物）先和芳伯胺（M 组分）偶合制成单偶氮染料，再进行重氮化，使之与另一个偶合组分（E 组分）偶合。苯胺、1-萘胺及其磺酸衍生物是常用的 M 组分。这类染料主要为蓝、黑色，它们的湿处理牢度和耐日晒牢度较好，但匀染性较差，多属弱酸性浴和中性浴染色的酸性染料。如：

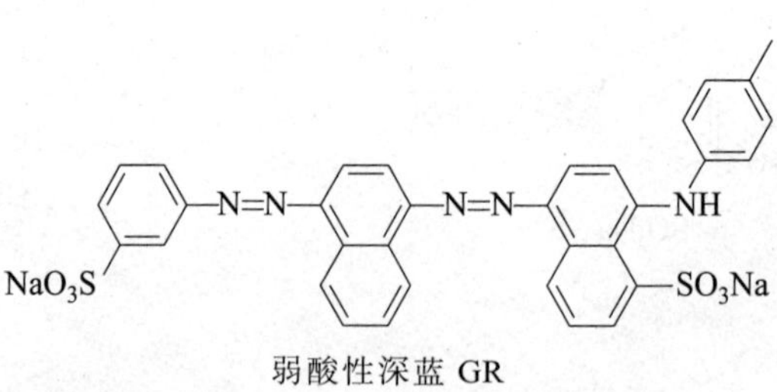

弱酸性深蓝 GR

（3）$E_1 \leftarrow D \rightarrow E_2$ 的合成途径

该途径是内二氨基芳烃的两个伯氨基重氮化后（D 组分）与两分子相同或不相同的偶合组分（E_1 及 E_2 组分）偶合，生成双偶氮染料。最常用的 D 组分是联苯胺、邻联甲苯胺及其磺酸衍生物。这类染料的色泽主要为黄、橙及红色。如：

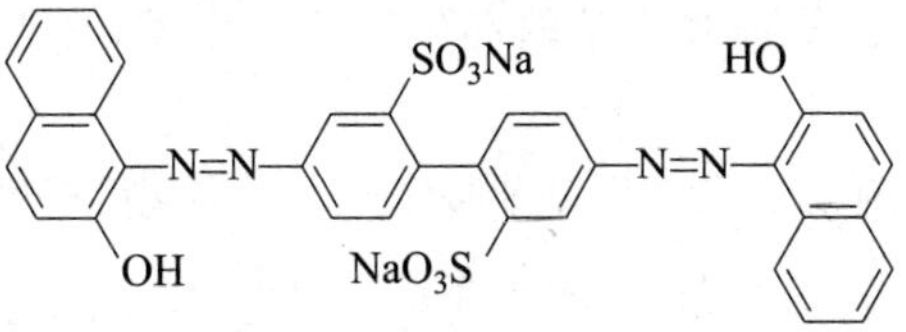

酸性大红 G

用4,4′-二氨基二苯硫醚-2,2′-二磺酸双重氮盐，与苯酚偶合，然后在一定压力下用氯乙烷使羟基乙基化，得到C.I.酸性黄38，其结构如下：

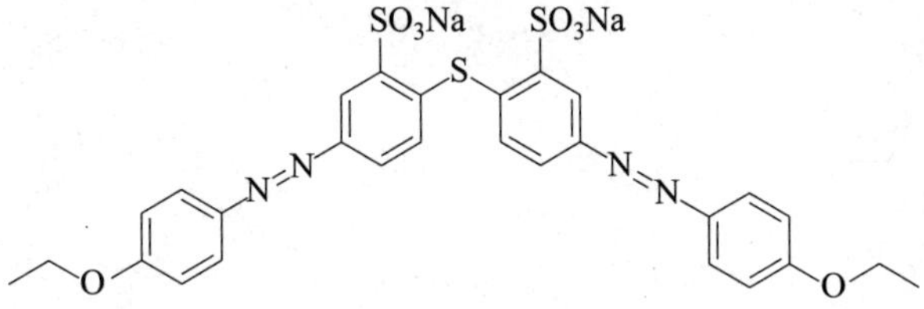

二、蒽醌类酸性染料

蒽醌类酸性染料在19世纪90年代就已经发展起来。这类染料具有良好的耐日晒牢度，主要有红、紫、蓝、绿、黑等色品种，其中以蓝色最为重要。

蒽醌类酸性染料分子中具有磺酸基。按结构主要有1,4-二氨基蒽醌、氨基羟基蒽醌、杂环蒽醌衍生物等几类。

1. 1,4-二氨基蒽醌衍生物类酸性染料

这类染料主要有紫色、蓝色、绿色和黑色品种。它们大多是由1,4-二氨基蒽醌、1-氨基-4-溴蒽醌和溴氨酸等中间体合成的。溴氨酸是合成蒽醌酸性染料的重要中间体。它和苯胺及其衍生物、环己胺等胺类在铜盐催化剂的存在下发生缩合，可以制得一系列的1-氨基-4-取代氨基蒽醌-2-磺酸酸性染料。如溴氨酸和苯胺缩合可得酸性蓝R，其反应式如下：

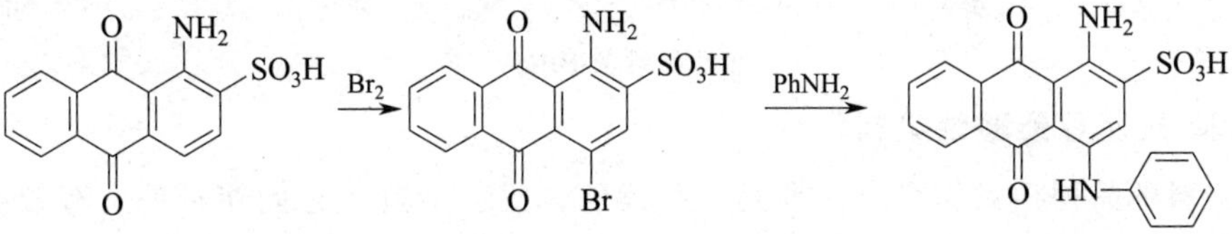

溴氨酸　　酸性蓝 R

酸性蓝R染羊毛只有中等的湿处理牢度。如果在苯环上引入一定的脂肪链，能显著改善湿处理牢度，颜色更为鲜艳。如酸性蓝N-GL的湿处理牢度就比上述染料好。

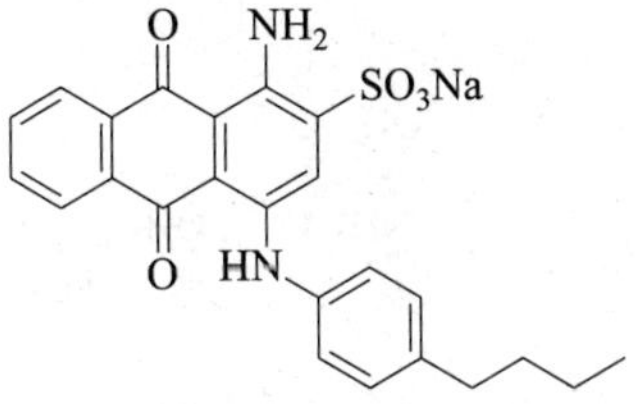

酸性蓝 N-GL 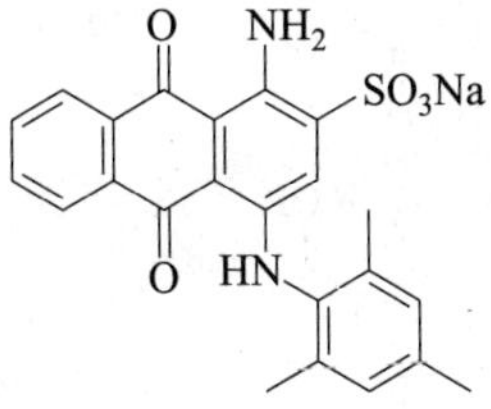　　酸性艳天蓝 BS

溴氨酸和2,4,6-三甲基苯胺缩合可制得酸性艳天蓝BS，其结构式见上。酸性艳天蓝BS

具有较好的耐日晒牢度。由于苯胺取代基的邻位有两个甲基，阻碍了苯环和蒽醌环的共平面排列，深色效应比较弱。

再如，将1,4-二羟基蒽醌还原，和对甲基苯胺作用，再磺化可得到酸性蓝绿G。其反应式如下：

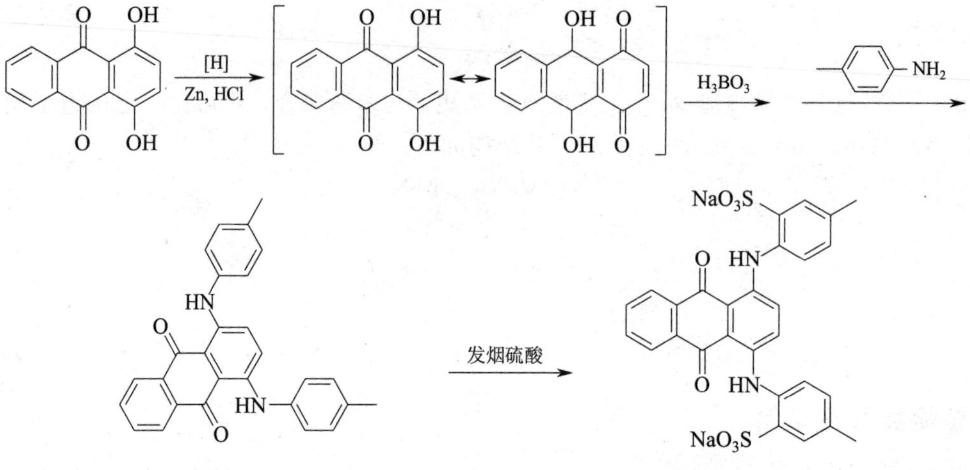

[H]
Zn, HCl
H_3BO_3
NH_2
发烟硫酸
NaO_3S
HN
HN
NaO_3S

酸性蓝绿G

酸性蓝绿G在羊毛上有很高的耐日晒牢度、优异的湿处理牢度和耐缩绒牢度。

将1,4-二氨基蒽醌和1-氨基-4-溴蒽醌缩合再磺化，可得酸性耐晒灰BBLW（C. I. 酸性黑48），它是一种耐日晒牢度很高的耐缩绒酸性染料。其结构如下：

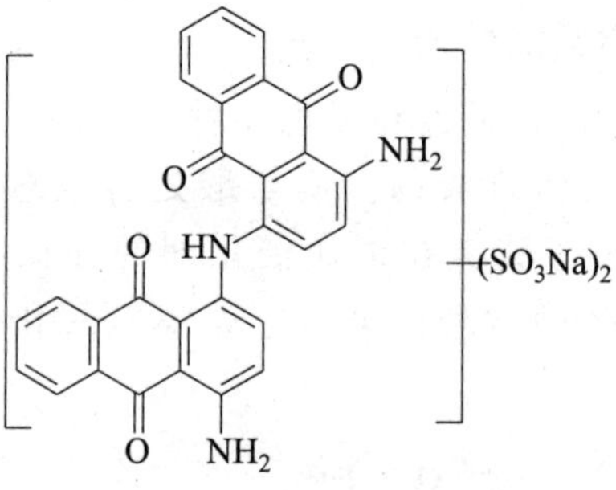

NH_2
HN
$(SO_3Na)_2$
NH_2

酸性耐晒灰BBLW

2. 氨基-羟基蒽醌酸性染料

这类染料的品种相对较少，主要是一些紫色、蓝色染料。它们在羊毛上有较好的匀染性，耐日晒牢度也较好，如酸性宝蓝B，它由1,5-二羟基蒽醌经磺化、硝化、还原制得。其反应式如下：

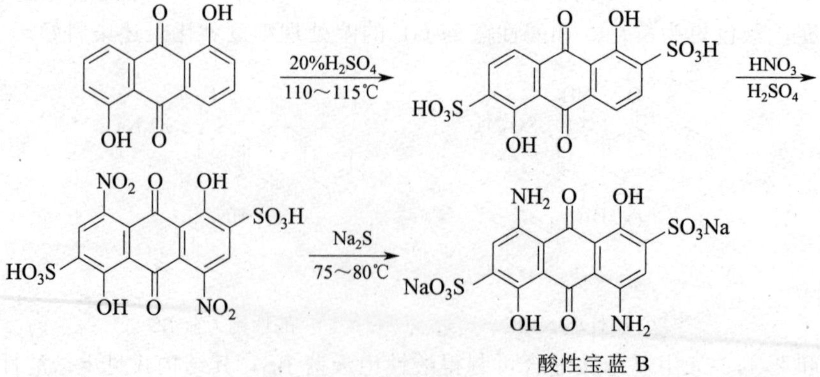

$20\%H_2SO_4$
110～115℃
HNO_3
H_2SO_4
Na_2S
75～80℃
SO_3H
HO_3S
NO_2
NH_2
SO_3Na
NaO_3S

酸性宝蓝B

弱酸性蓝绿 5G 也属于这类染料，它的合成过程如下：

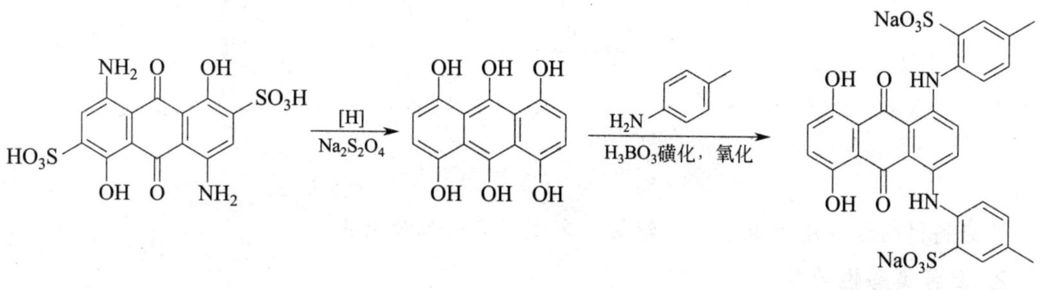

弱酸性蓝绿 5G

该染料在 pH＝3.5～4.5 可染羊毛，亦可在羊毛、蚕丝或锦纶织物上直接印花。

3. 杂环蒽醌类酸性染料

1-氨基蒽醌衍生物可以在蒽醌的 1 位和 9 位或 1 位和 2 位上并构氮杂环，如 1-乙酰甲氨基-4-溴蒽醌的乙酰基和 9 位羰基发生缩合、闭环，再和对甲苯胺缩合可制得酸性红 3B。

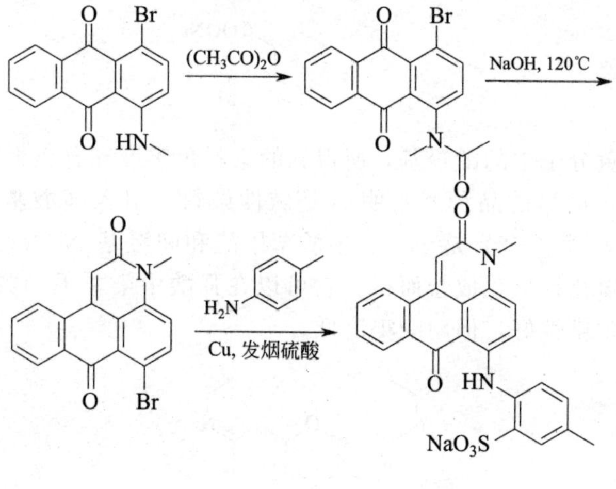

酸性红 3B

三、其他酸性染料

除了偶氮和蒽醌类酸性染料以外，还有一些其他结构的酸性染料，如三芳甲烷类、氧蒽类、氮蒽类及硝基酸性染料等。

1. 三芳甲烷类酸性染料

三芳甲烷类酸性染料在 19 世纪 60 年代便已出现在市场上，包括紫、蓝、绿色的品种。它们色泽鲜艳，具有很强的染色能力，但不耐晒、不耐洗，对酸、碱不稳定，所以只有少数品种应用于纺织纤维染色。近年来，人们通过在分子中引入特定的基团以及杂环，使其耐晒牢度有明显改进，如 β-羟乙基、对甲氧基苯氨基、对甲苯氨基及吲哚等。而为了使染料具有满意的溶解能力，可以引入若干个 N-取代的 β-羟乙基。

酸性绿 2G 便属于这类染料。利用苯甲醛与两分子 N-间磺酸基苄基-N-乙基苯胺缩合、氧化可制得：

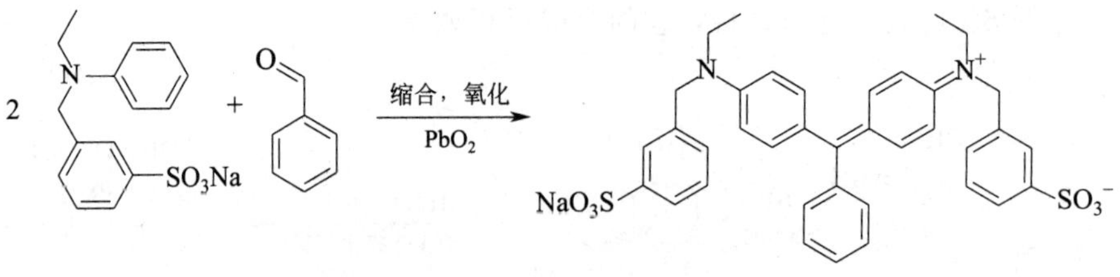

酸性绿 2G

该染料目前较少用于染羊毛、丝等，多用于染皮革及纸张。

2. 氧蒽类酸性染料

氧蒽（又叫呫吨，Xanthene）类酸性染料是在染料分子中含有氧蒽（二苯并吡喃）结构的一类酸性染料。此类染料的染色性能和三芳甲烷类染料相似，多为碱性染料，引入羧基等基团以后成为酸性染料。最早的氧蒽染料是荧光黄（C.I. 酸性黄 73），是由邻苯二甲酸酐与间苯二酚混合后，于 200℃熔融而得。染丝为艳黄色，且有荧光。

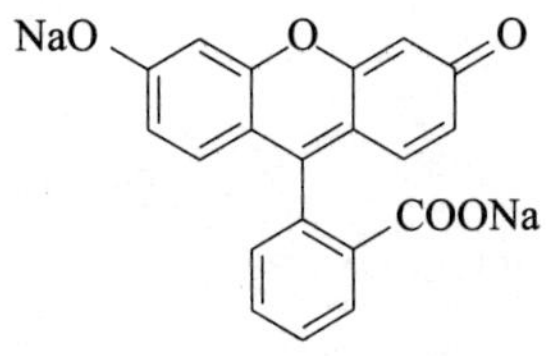

以氨基取代荧光黄分子中的酚羟基，所得到的染料色牢度和着色力都比荧光黄为佳。例如，罗丹明系列染料，最早的品种罗丹明 B 是碱性染料，引入磺酸基后就成为酸性染料。磺化罗丹明 B（C.I. 酸性红 52）是 2,4-二磺酸苯甲醛和间羟基-*N*,*N*-二乙基苯胺在硫酸中脱水缩合，然后用三氯化铁氧化成盐而得。它可以在强酸中染羊毛，弱酸中染蚕丝、锦纶。它是鲜艳的蓝光红，匀染性好，但耐晒牢度低。

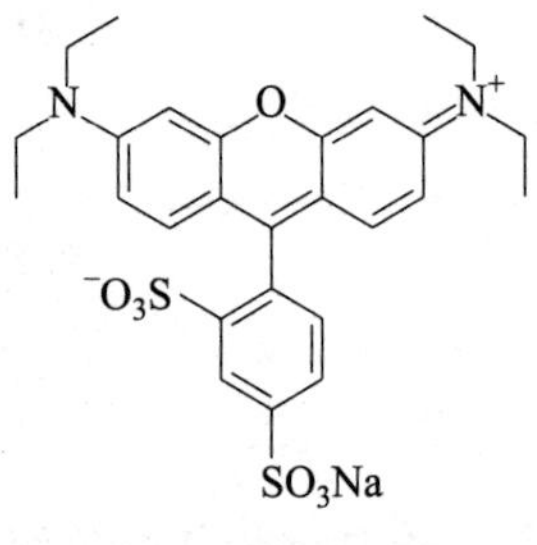

酸性红 52

荧光黄氯化后再和邻甲基苯胺缩合、磺化，可制得酸性紫 R（C.I. 酸性紫 9）。

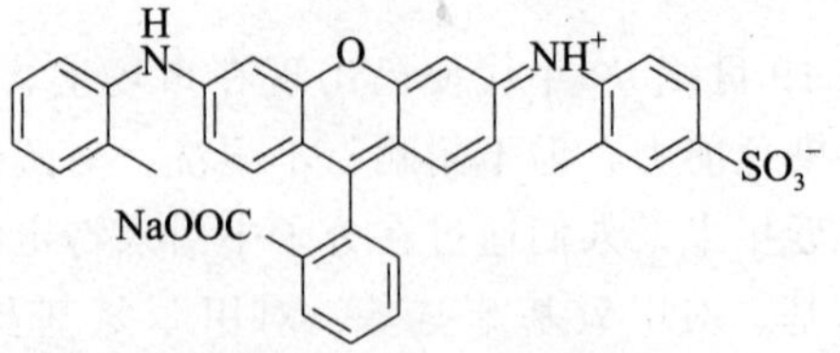

酸性紫 R (C.I. 酸性紫 9)

3. 对氮蒽类酸性染料

对氮蒽类酸性染料的母体化合物是吖嗪类（Azines），或称为二苯并吡嗪或吩嗪。这类染料的品种不多，以紫色、蓝色为主。历史上最早生产的染料品种苯胺紫就是*N*-苯基对氮蒽类衍生物，其结构式如下：

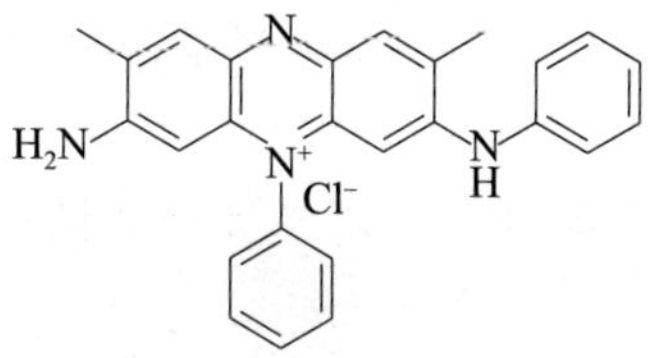

苯胺紫

蓝色的对氮蒽酸性染料应用相当广泛，可染羊毛、蚕丝、锦纶，有中等耐光牢度。例如羊毛坚牢蓝 BL（C. I. 酸性蓝 59），它是由 1-萘胺-3，8-二磺酸与苯胺生成 6，8-二苯胺-1-萘磺酸，再和 4-氨基二苯胺-2-磺酸以硫酸铜为催化剂空气氧化而得。

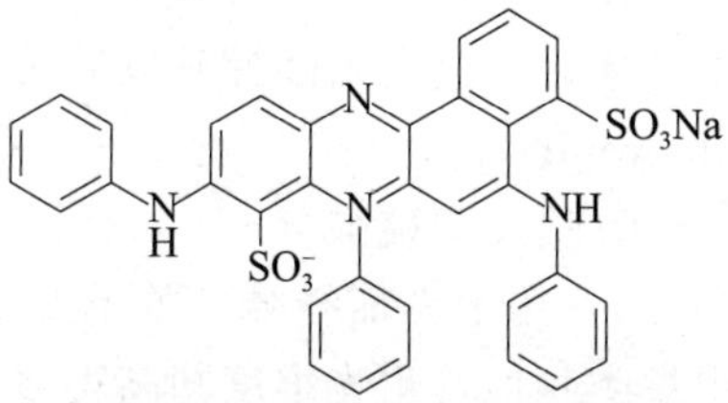

坚牢蓝BL (C.I. 酸性蓝59)

另一个应用广泛的对氮蒽类染料是碱性藏红 T（Safranine T，C. I. 碱性红 2，50240），亦称碱性藏花红，其结构式如下：

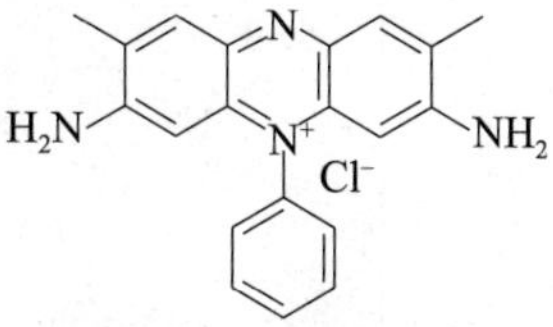

碱性藏红T (C.I. 碱性红2，50240)

如果在对氮蒽染料分子中引入磺酸基，可以转变成为酸性染料，如：

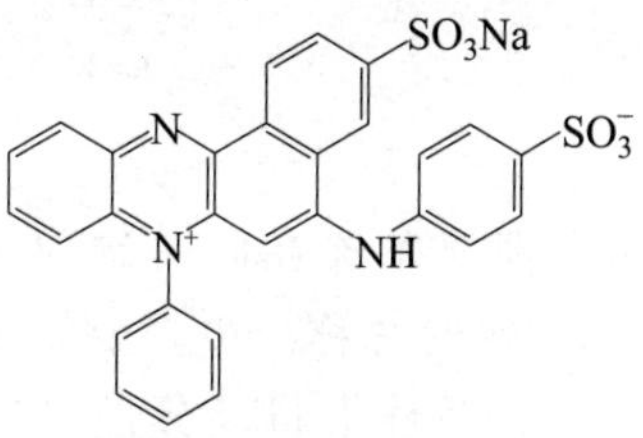

酸性红

而且对氮蒽类蓝色酸性染料应用相当广泛，适用于染羊毛、蚕丝以及锦纶，具有中等耐光牢度。

水溶性尼格罗辛（C. I. 酸性黑 2）由醇溶性尼格罗辛磺化而得。它是对氧蒽染料，主要用于皮革、木材、纸张、肥皂、电解铝及羊毛、蚕丝的染色。还可以用于制造墨水。

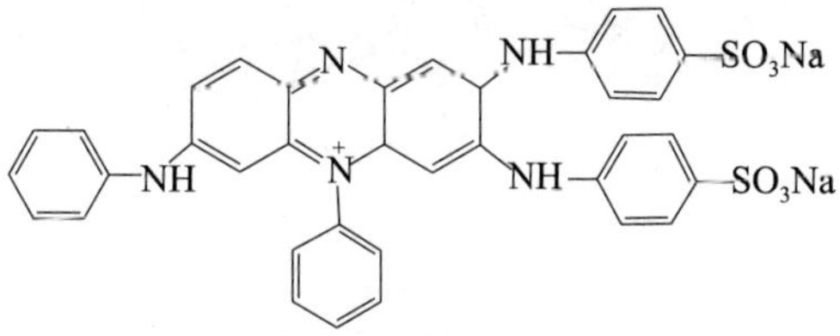

酸性黑2

4. 硝基酸性染料

硝基酸性染料具有比较简单的化学结构，通常也只有 1～3 个芳环，染料色谱范围主要是黄色、橙色和棕色。作为商品的第一个硝基染料是苦味酸（Picric acid），其结构为 2,4,6-三硝基苯酚。

由于这类染料色牢度很低，所以只有少数品种还在使用。其中酸性橙 E 耐日晒牢度较好，其结构式为：

酸性橙 E

5. 酞菁类酸性染料

铜酞菁制备方法简单，成本低廉。将其引入磺酸基以后可获得具有满意的湿处理牢度和染色亲和力的酞菁染料（Phthalocyanine dyes）。

60℃下，将铜酞菁颜料用 8～10 倍发烟硫酸（SO_3，25%）磺化可引入 2 个磺酸基制得 C. I. 直接蓝 86（直接耐晒翠蓝 GS），用于染棉纤维、羊毛及锦纶。引入 3 个磺酸基可制得 C. I. 酸性蓝 185。色光与三苯甲烷类相似，耐光牢度却高得多，磺酸基主要进入 3 位。

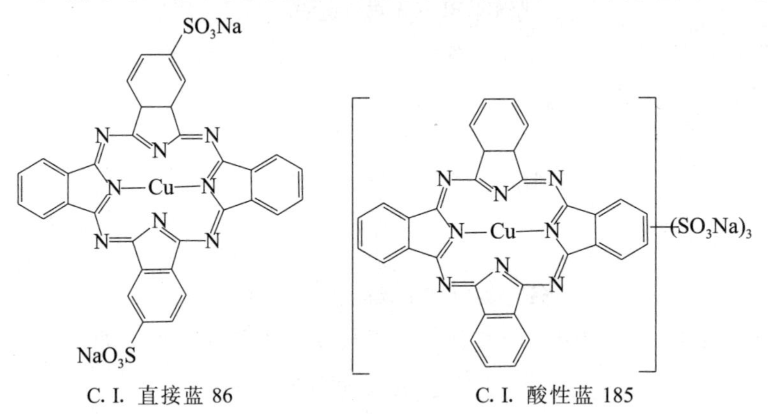

C. I. 直接蓝 86　　　　C. I. 酸性蓝 185

6. 甲臜类酸性染料

甲臜染料（Formazan）是指两个偶氮基连在同一碳原子上（含有—N ═N—CH ═N—NH—特征链）的一类特殊的双偶氮染料的总称。甲臜金属络合染料涉及的范围比较广，主要有酸性染料、直接染料、中性染料、活性染料及分散染料等。甲臜金属络合染料颜色鲜艳，除可用于羊毛、聚酰胺纤维染色外，还可接上活性基团用于纤维素染色。由于其快速明显的显色反应，甲臜金属络合染料还可用于分析试剂。甲臜染料可以作为双配位体与 Cu、Ni、Co、Pd 和 Zn 等二价金属形成络合物，结构如下：

如某专利提出的甲臜中性染料，其结构如下：

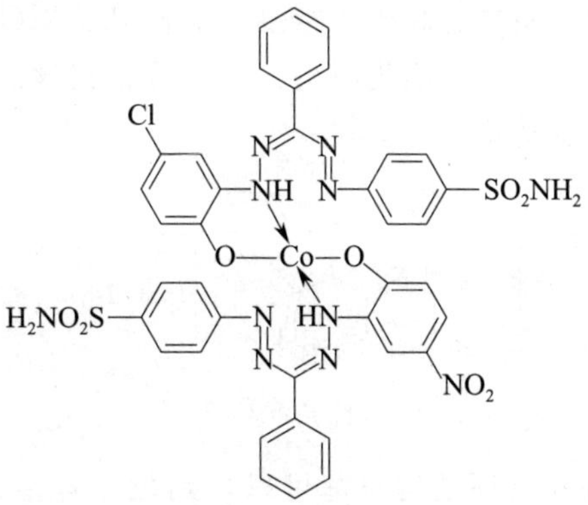

该染料可在中性或弱酸性染浴中染色，其颜色为灰色，当结构中硝基换成氯基时，颜色变为蓝灰色。

芳腙与相应的偶氮化合物存在醌腙体和偶氮体的互变异构已为人所熟知。由相应的邻氨基苯酚或邻氨基苯甲酸衍生物的重氮盐，经亚硫酸钠还原成肼，再和相应的醛类缩合制得芳腙；芳腙再和第二重氮组分在铜盐存在下，偶合与铜络一次完成。反应式如下：

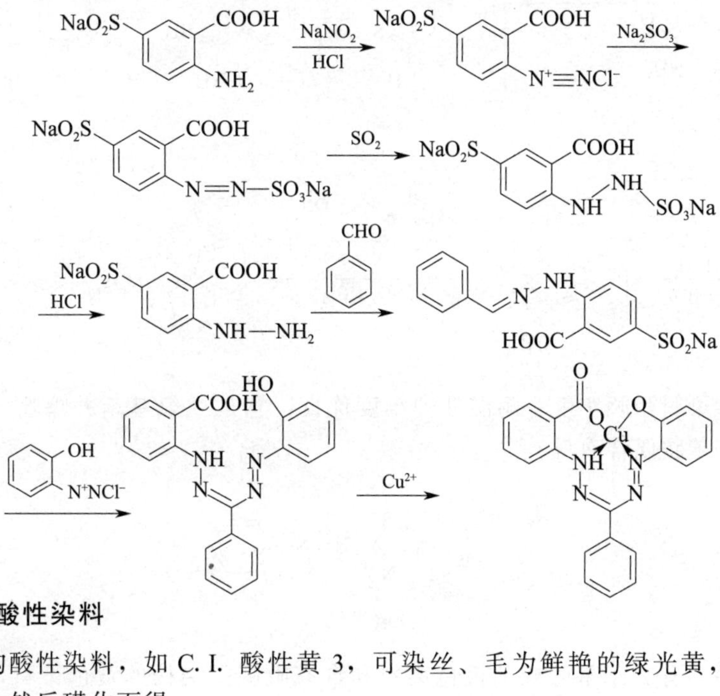

7. 其他类酸性染料

喹酞酮结构酸性染料，如 C. I. 酸性黄 3，可染丝、毛为鲜艳的绿光黄，它是苯酐和 2-甲基喹啉缩合，然后磺化而得。

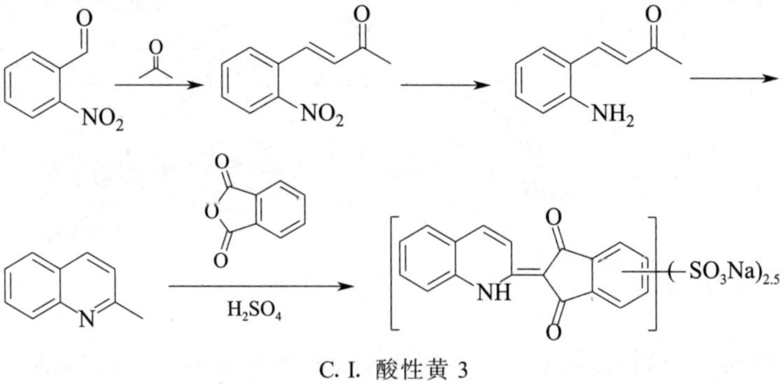

C. I. 酸性黄 3

若在 3 位引入羟基，则可明显提高耐光牢度。酸性亮黄 GGL（C. I. 47020）是 3-羟基-2-甲基喹啉-4-羧酸和苯酐缩合后，经磺化而得，染羊毛、蚕丝。耐光牢度 7～8 级，溶解度及匀染性良好，耐湿处理牢度稍差。

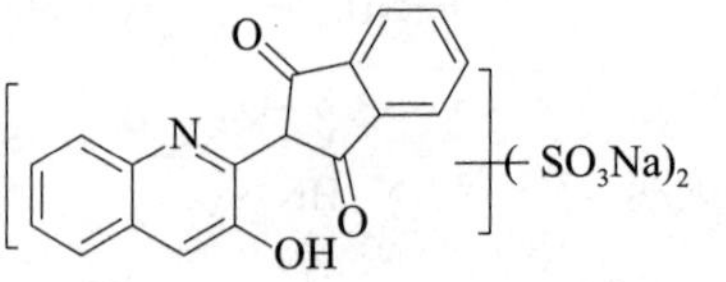

$(SO_3Na)_2$

酸性亮黄 GGL

在偶氮型酸性染料中引入杂环结构砜基可以得到色泽鲜艳、强度高、应用性能优良的品种。

下面的染料染锦纶为蓝色。重氮组分由 3-氨基-2,4-苯并异噻唑磺化而得，偶合组分则由 2,2,4,7-四甲基四氢喹啉进行 *N*-羟乙基化反应得到。

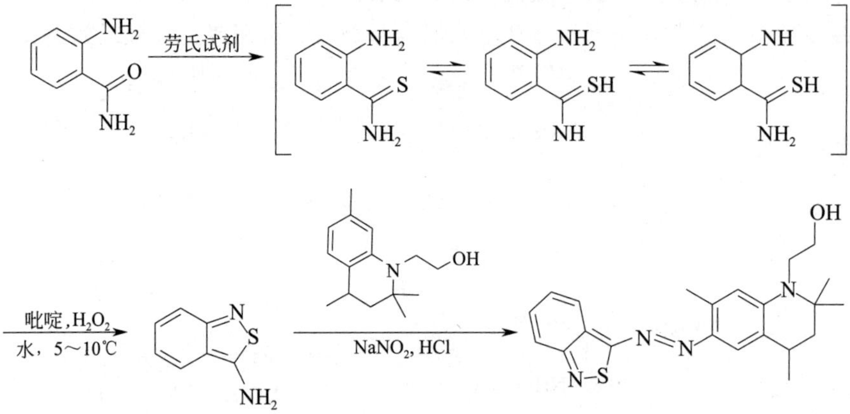

劳氏试剂

吡啶，H_2O_2，水，5～10℃

$NaNO_2$, HCl

蓝光红酸性染料耐晒牢度、耐湿处理牢度优良，它是 2-氨基苯并噻唑-5-磺酸重氮化后和 *N*,*N*-二乙基苯胺偶合而得。

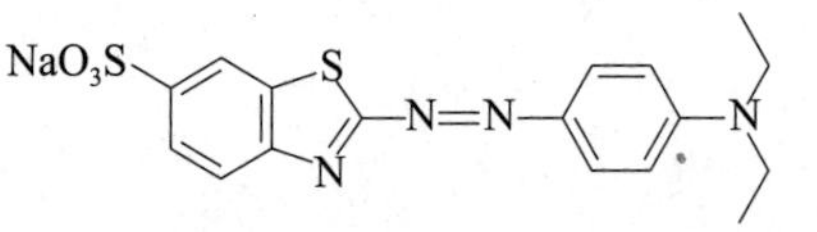

蓝光红

下图分别是含有 2-苯基吲哚的橙色染料和含有吡啶酮结构的黄色染料，可染羊毛、锦纶。染色过程很稳定，不会有颜色变化。

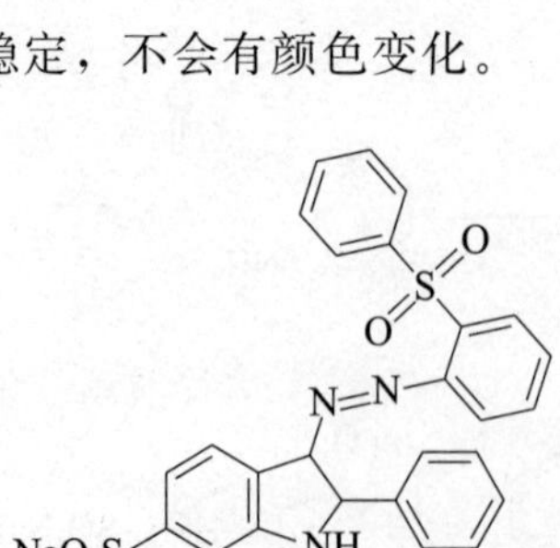

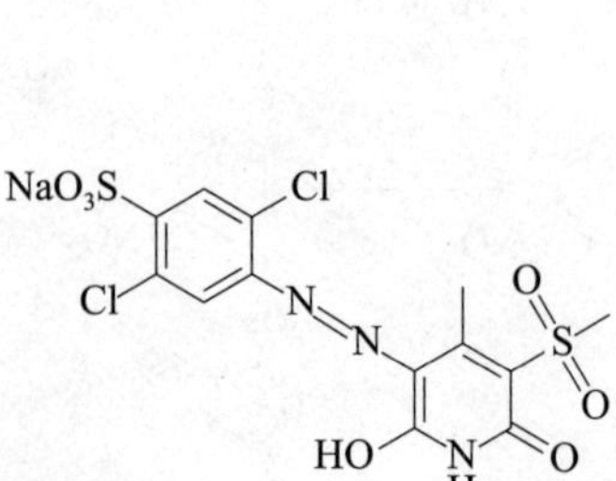

含有香豆素结构的染料带绿色荧光，例如弱酸性黄 E-8G，可以染锦纶、羊毛、蚕丝。

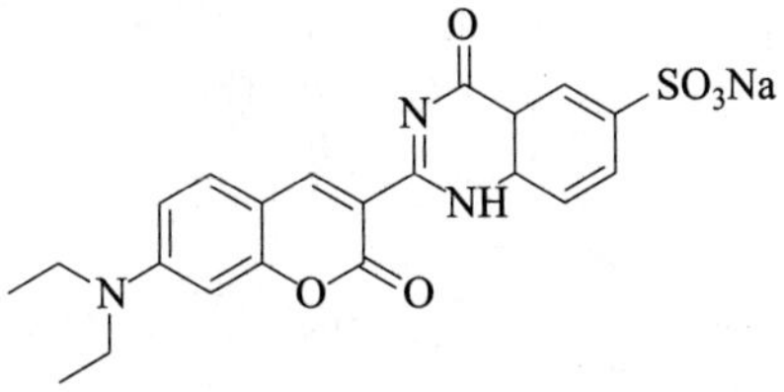

弱酸性黄 E-8G

含有砜基或磺酰氨基的染料，耐晒、耐湿处理牢度都很优良。例如红色酸性染料：

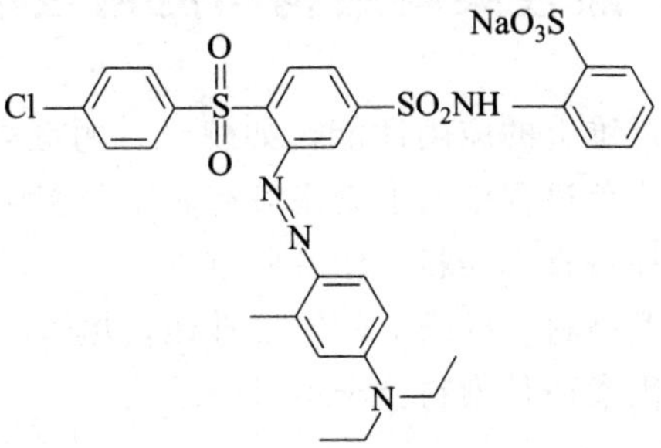

C. I. 酸性橙 160 和 C. I. 酸性红 301 性能也很优良。

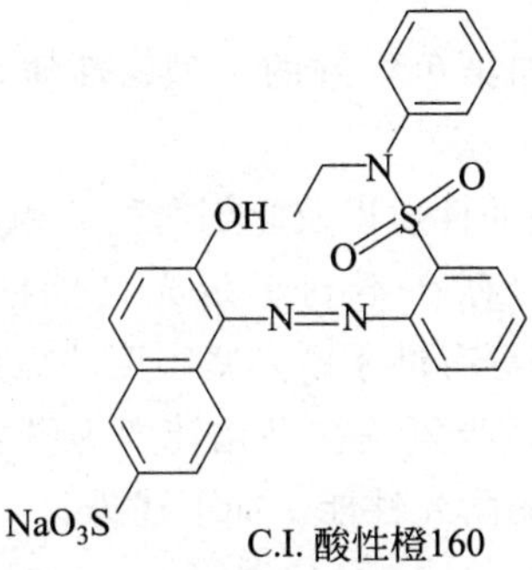

C.I. 酸性橙160

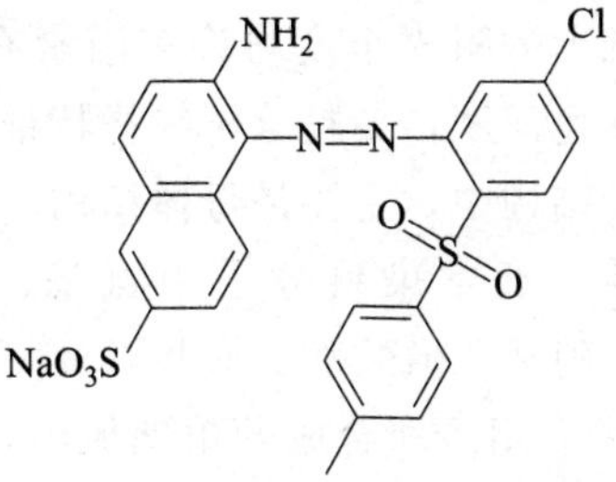

C.I. 酸性红301

引入—CF_3 基可提高耐光牢度，如弱酸性红 2BS（C. I. 酸性红 266）。

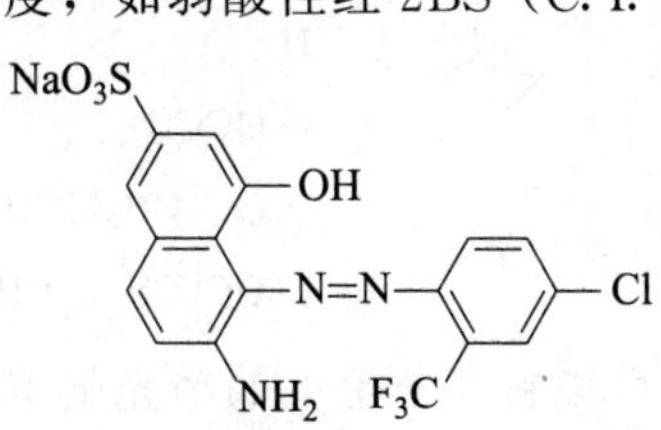

C. I. 酸性红 266

蒽醌型酸性染料中引入吡啶酮及咔唑等杂环也可以明显改善色光及色牢度，但由于合成过程繁复，在经济上的重要性逊于同类型的偶氮染料。例如下图染料具有吡啶酮结构，是一个鲜艳色光的红色染料，染羊毛、锦纶有良好的牢度。

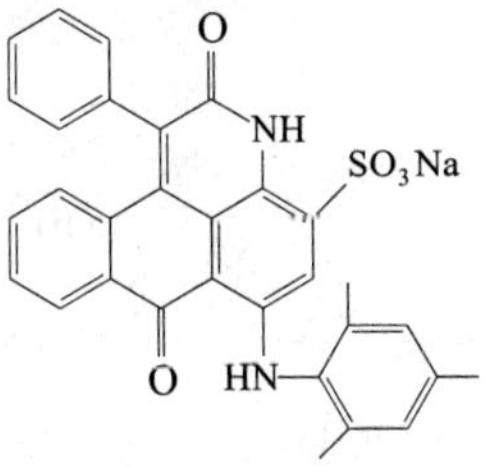

具有咔唑结构，大部分为棕色染料，耐光牢度优越，如下染料：

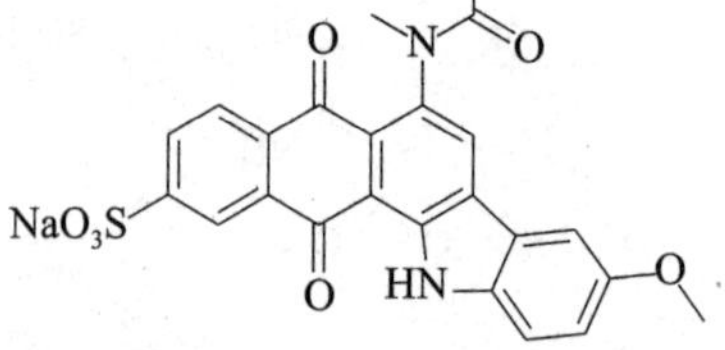

第三节　酸性染料结构与应用性能的关系

染料分子结构与染料在纤维上的应用性能，如耐光、耐湿处理（水洗、皂洗）、耐缩绒性能、匀染性能以及染料在染色过程中的上染率等有着十分密切的关系。所以，染料分子结构与应用性能之间的某些规律一直为染料工作者所重视。

酸性染料的染色性能以及染料在纤维上的牢度性能，尽管与染色纤维的类别、性质有一定的关系，但最主要的影响因素还是染料分子本身的结构。

一、染料分子结构与耐光性能的关系

染料在纤维上的耐光牢度与许多因素有关，如染色纤维的类型、性质，光源特性，温度，湿度以及染色深度，染料分子结构特征等。

在染料分子结构中，主要是母体结构、取代基的性质以及它们所处的相对位置对其耐光牢度有直接影响。通常染料分子中氨基、羟基的存在不利于耐光性能的提高，而卤素（—Cl、—Br）、硝基、磺酸基、氰基以及三氟甲基等有助于耐光坚牢度的提高。

以 H 酸为偶合组分所合成的单偶氮酸性染料，当氨基被酰化转变为酰氨基时，降低了氨基的碱性（或给电子性），可改进染料在纤维上的耐光性能。如下述染料类：

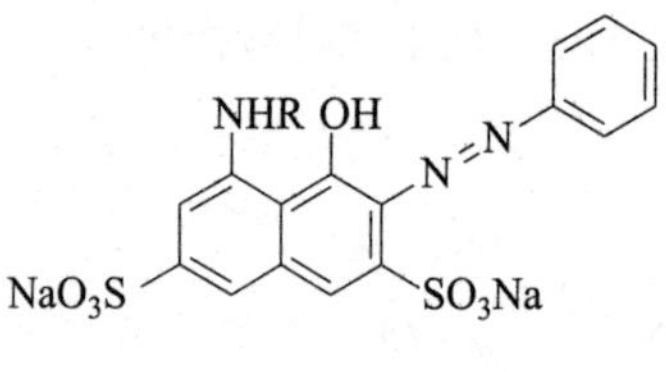

R	耐光牢度(级)
H	2～3
$—OCCH_3$	5
$—OC(CH_2)_6CH_3$	6
$—OC(CH_2)_{14}CH_3$	3～4

分子中氨基酰化均能提高酸性染料在羊毛上的耐光坚牢度，但是，当脂肪链过长时，将导致耐光牢度的降低。

又如由 R 酸(2-萘酚-3,6-二磺酸) 作为偶合组分与苯胺取代衍生物的重氮盐偶合得到的酸性染料类，其耐光牢度以偶氮基邻位具有取代基的染料最佳。

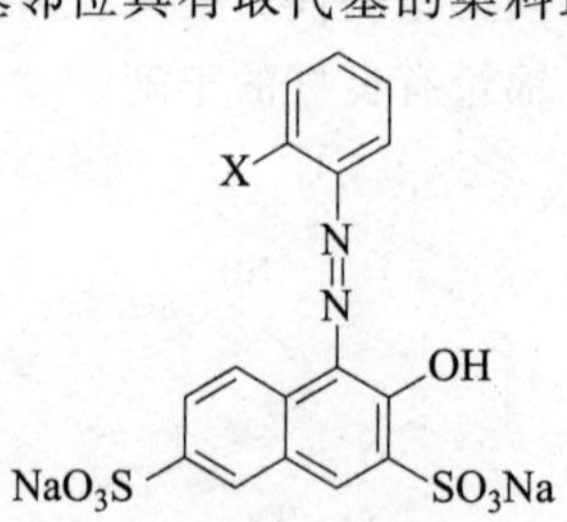

上述结构中的 X 可以为—OH、$—OCH_3$、$—SO_3H$ 及—Cl 等。

提高酸性染料耐光牢度的另一个比较有效的方法，是在染料分子中引入某些特殊基团，使染料分子结构的稳定性提高，或者是影响染料分子在染色纤维中的物理状态，进而提高其耐光牢度。典型的取代基团是不同的磺酰氨基，如—SO_2NR_2、—$NHSO_2Ph$、—SO_2NHCH_3 等，它们可以引入酸性染料以及金属络合染料分子中。

在实际应用中，更多的是把脂肪族碳链引入酸性染料分子中，不仅对染料的耐光牢度有所提高，而且也可改进湿处理性能。测定结果表明，随着引入脂肪碳链长度的增加，其耐光牢度提高，通常 C_4～C_8 为佳，如果引入更长的脂肪链如 C_{16}，则耐光牢度降低。

分子中含有脂肪族碳链的长度对染色织物耐光牢度的影响，可以认为与染料分子在纤维中的物理状态有关。具有中等长度碳链的染料比较容易形成聚集状态或胶束，这样可以比较容易地在染料分子光化学分解之前消除或分解掉染料激发状态的能量，或降低激发状态染料分子存在的时间，或者是使得受到 O_2、自由基、H_2O_2 等反应质点进攻的面积减小，从而提高染料的耐光牢度。而含有更长的脂肪族碳链，可以增加这些染料分子的表面活性，降低染料聚集体的稳定性，使染料在纤维内部以单分子存在。因此必须依据应用要求，选择适当长度的脂肪链。

由氨基蒽醌磺酸衍生的酸性及弱酸性染料染羊毛的耐光牢度均较好，这是由蒽醌母体结构所决定的。与氨基蒽醌分散染料相似，当在氨基的邻位引入磺酸基、甲基或其他取代基团时，降低了蒽醌 1 位的氨基对光氧化作用的活性，提高了其耐光稳定性。如以下染料均具有较好的耐光牢度：

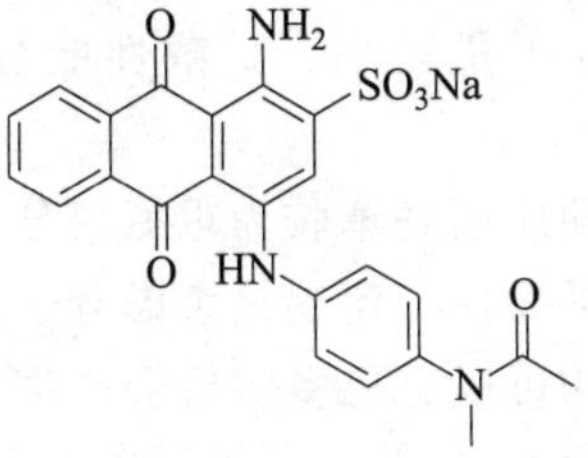

酸性蓝 BR，耐光牢度 5～6 级 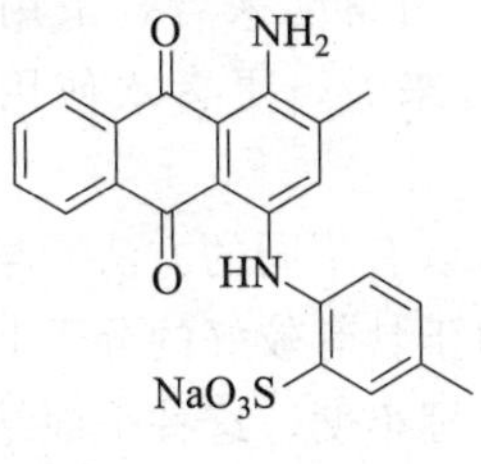　酸性蓝 2R，耐光牢度 5～6 级

同时，如果在蒽醌类酸性染料分子中引入脂肪族碳链时，则以 C_8～C_{12} 为宜，否则耐光牢度也会降低。三芳甲烷类染料具有强度高、色光鲜艳等优点，但通常在天然纤维上，如羊毛、丝或棉纤维上耐光牢度可有 1 级至 4～5 级，平均为 2 级。

有效改进三芳甲烷类酸性染料的途径，除了在分子中引入适当数目的磺酸基外，还可以通过在三芳甲烷分子结构中心碳原子的邻位引入某些特定的取代基团，如—Cl、—CH_3 及—SO_3H。由于这些基团的存在，产生了空间位阻效应，使三个苯环不处于同一个平面，降低了中心碳原子的反应活性，增加了染料分子的光化学稳定性，提高了染料在纤维上的耐光牢度。典型的品种如酸性紫 4BNS 的耐光牢度只有 1 级，而引入取代基的染料酸性艳绿 B 耐光牢度可提高至 2～3 级：

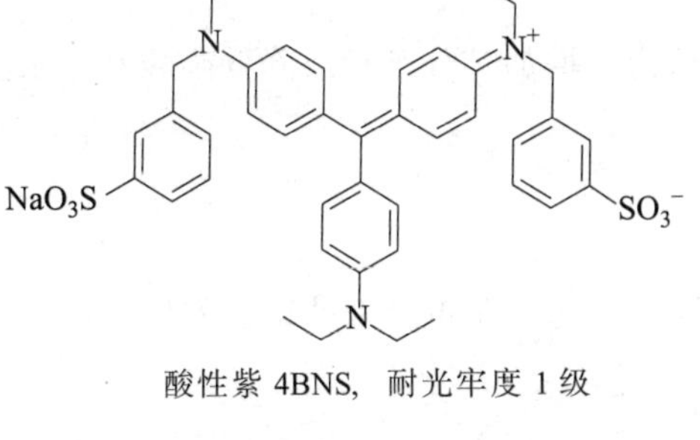

酸性紫 4BNS，耐光牢度 1 级 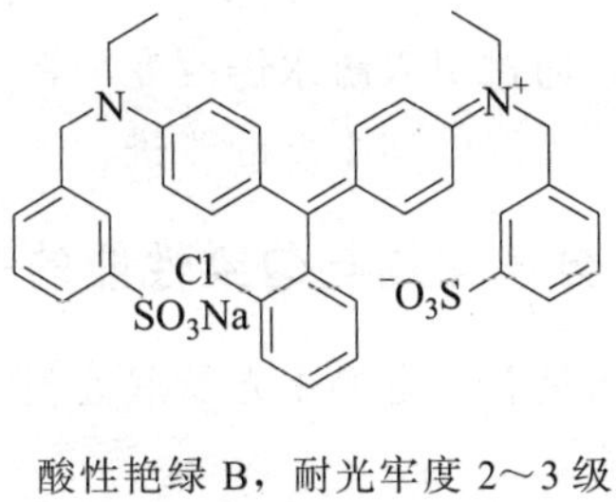　　酸性艳绿 B，耐光牢度 2～3 级

二、染料分子结构与湿处理坚牢度的关系

染料必须具有一定的湿处理坚牢度，包括耐水洗、皂洗、湿摩擦、碱煮以及耐缩绒牢度等。湿处理牢度与染着在纤维上的染料分子的扩散性能、分子量、分子构型以及染料与纤维之间的结合力有直接关系。

染料分子结构决定了其对染色纤维结合力的大小，结合力越大，亲水性越弱，染着在纤维内部的染料分子保留在纤维之中，不易向外扩散，则湿处理牢度越高。某些酸性染料从羊毛纤维向碱性缓冲溶液中解吸附的速率随着“染料-纤维”结合力的增长而降低，同时染料的解吸附的速率也随溶液的碱性降低而下降。

酸性染料分子中含有一定数量的亲水性基团，如—SO_3H、—COOH、—NH_2、—OH等，因此具有较强的亲水性。当分子中含有较多的—SO_3H时，染色纤维在碱性水溶液中，由于解离的—SO_3^-与纤维内带负电荷区域之间的静电排斥力，更容易造成染料向碱性水溶液中解吸。因此，尽管酸性染料染着羊毛、丝及锦纶时可以与纤维之间形成离子键，但其结合强度仍比较低，所以染料在纤维上的湿处理牢度不是十分理想。

改进酸性染料湿处理牢度的途径之一是增加染料的分子量。可以预期，具有相同磺化程度，即含有相同磺酸基数的染料分子，其湿处理牢度将随着染料分子量或分子体积的加大而到改善。从实用角度来看，采用分子量比较大的染料，可以防止染料从染色纤维中解吸。但从使用者来看，更喜欢使用分子量较小、扩散性能良好的染料，以达到满意的匀染效果。

增加染料分子量可以有不同的方法，早期应用联苯胺为重氮组分合成的偶氮染料，包括某些酸性染料品种，由于具有较好的分子共平面性。比起只考虑分子量大小的影响因素，更能改进酸性染料的湿处理牢度，这种平面结构可以有更多的机会产生染料分子与纤维之间的范德华力与氢键作用。

更具有实际意义的增加分子量的方法，是在染料分子中引入脂肪族烷基、环烷基及芳基等憎水性基团。这些基团的引入，不仅可以降低酸性染料在水中的溶解度和亲水性能，而且还能增加染料分子与蛋白质纤维分子间的引力，明显地提高染料湿处理牢度。如用不同碳链的对烷基苯胺作重氮组分，与H酸酰化产物合成的酸性染料，当碳链长度、分子量增加时，耐皂洗牢度也随之提高。

R　OH　$NHCOC_3H_7$　NaO_3S　SO_3Na

R	耐光牢度（级） 40℃	100℃
H	1	1
—CH_3	4	1
—C_4H_9	5	2
—$C_{12}H_{25}$	5	3

可见，通过引入疏水链改变染料分子结构、增加其分子量或降低磺酸基等水溶性基团的比例，有助于湿处理牢度的改进。

三、染料分子结构与匀染性能的关系

染料除具有一定的耐光及湿处理坚牢度外，为了获得良好的染色效果，还应该具备必要的匀染性能。

在染料分子中引入较多的水溶性基团，如磺酸基、羧基，以提高染料在水中的溶解度，加大染料分子的亲水性，降低染料对纤维的亲和力，可有效地增加染料的匀染性能。酸性染料由于分子较小，在水中多以分子状态存在，因此在染色过程中，染着在纤维上的分子仍可能发生迁移作用，离开染着的位置而在纤维的其他位置重新固着，即在纤维内部存在一个染料不断运动的过程，以致最终达到均匀分布。

对于酸性染料而言，增加分子量，引入特殊的基团如脂肪族碳链等，可以降低染料的亲水性，增加染料对纤维的亲和力，提高其湿处理牢度，但会影响染料的匀染性。其中含长碳链的弱酸性染料尤为明显，由于染料与纤维之间的范德华力较大，影响染料分子在纤维上的移染性能，因此匀染性差。如下列染料：

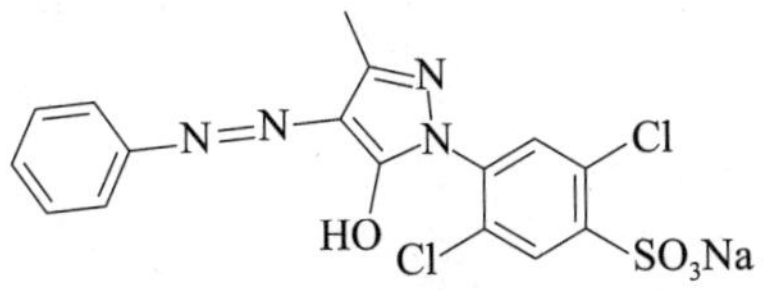

酸性嫩黄 2G，匀染性 4～5 级，耐洗牢度 4 级，耐缩绒牢度 1 级

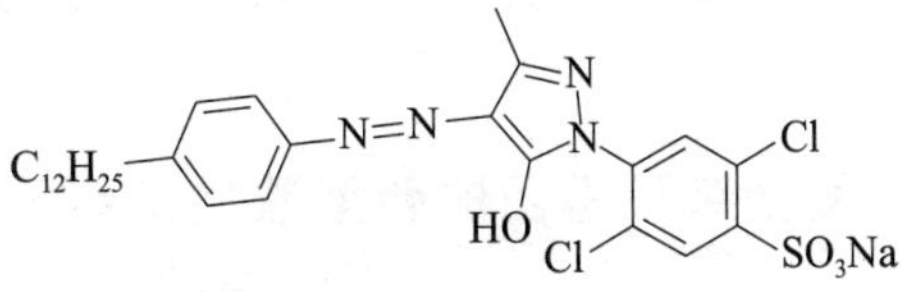

弱酸性黄 3GS，匀染性 2 级，耐洗牢度 4 级，耐缩绒牢度 4～5 级

为解决上述矛盾，通常是使分子量增加到一定程度，可用芳环或环烷烃代替脂肪链，同时引入极性较强的基团，如取代的磺酰氨基、酯基，以赋予染料一定的亲水性能，在增加与纤维结合能力的同时，还可以具有较好的匀染性。如染料弱酸性黄 5G（C. I. 酸性黄 40）：

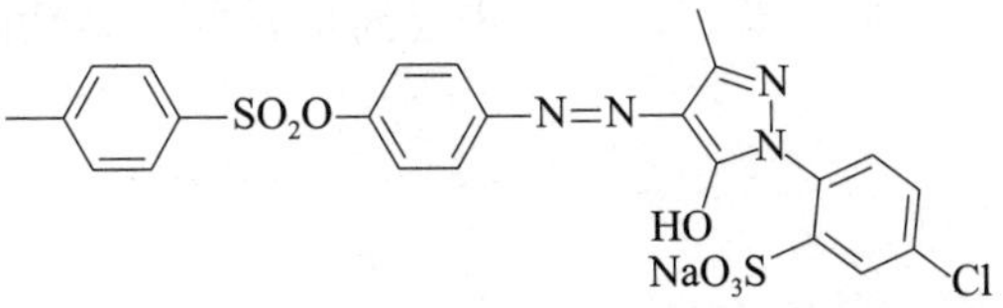

弱酸性黄 5G，匀染性 4～5 级，耐洗牢度 4～5 级，耐缩绒牢度 2～3 级

第四节 酸性染料的发展趋势

近年来，国内外对酸性染料的研究和开发工作很活跃，仅次于分散染料，其品种增加很快。由于对羊毛、蚕丝和锦纶等纺织品的需求量日益增多，酸性染料的使用量也相应增大。强酸性染料，由于湿处理牢度较差，其使用量逐渐降低；弱酸性染料是需求量较大的品种，也是今后发展的重点，从品种到数量均应有所增长。

当前，酸性染料的主要研究方向是提高产品的染色牢度，减少纤维损伤，降低能耗，提高生产率和减少环境污染。近年来，发展了匀染性能和染色牢度兼优的毛用酸性染料新品种以及染羊毛、锦纶用的含杂环结构的酸性染料，开发了锦纶专用系列酸性染料，并在改进现有产品的生产工艺、开发新用途以及发展现有染料的新剂型等方面进行了研究。

我国对酸性染料的研究开发不断深入，其生产有较大增长，相继投产了一些性能优良的强酸性和弱酸性染料品种，并在助剂配备上取得了进展。酸性染料的研究与开发主要集中在以下几个方面。

一、发展现有染料的新剂型

染料新剂型包括液态，低粉尘、易溶于水、对溶液稳定及高浓度的粒状和粉状等。

液态染料可降低粉尘对印染工人的危害，并可给计算机控制的染色设备提供使用方便和精确性较高的染液。如由计算机控制的地毯用喷射印花设备，不仅需要储存稳定、质量高、强度均匀的酸性染料溶液，而且还要求这些染料具有相应的上染率和耐日晒、湿处理、耐臭氧牢度，在各种光照条件下还应具有令人满意的光泽、色调以及合理的价格。

将微溶型的单偶氮和双偶氮酸性染料在带有分散剂（如木质素磺酸铵）的条件下制成冷水可溶的制剂，由于其很易溶解于冷的硬水中，在制备制剂或染浴时可节省大量时间和能源。

二、开发含杂环基团的新型酸性染料

分子中含氮、硫等杂环结构的染料，具有相当高的摩尔吸光系数、高的染色强度、更鲜艳的颜色及优良的染色性能。近年来研究和开发了许多含有杂环基团或发色体系的强酸性染料和弱酸性染料，这些基团主要包括噻唑、异噻唑、噻吩、苯并噻吩、四氢喹啉、苯并吲哚及吡啶酮等衍生物。它们既可作为重氮组分，也可作为偶合组分，合成各种结构不同的偶氮类强酸性染料和弱酸性染料。

另一发展趋势是在染料分子中引入砜基或磺酰氨基等基团，如$—SO_2^-$、$—SO_2CH_3$、$—SO_2C_6H_4X$、$—SO_2NHR(Ar)$ 等，以进一步提高染料的匀染性能，改进耐日晒、气候与湿处理牢度。

三、开发新型染色匀染剂

酸性染料品种较多，但以往各种染料都有特定的匀染剂以解决匀染问题，工厂使用时比较复杂。近年来各化工厂开发出通用型毛用匀染剂，可以适应各种毛用酸性染料。这种匀染剂大部分属于非离子/弱阳离子（或两性）表面活性剂的混合体，它要求有合适的环氧乙烷数量，以便使染料与助剂的络合物具有足够的溶解度，不至于凝聚过多，且有利于缓染，不影响上染率。毛用匀染剂 WE 以及匀染剂 Eganol GES，Albegal A、B，Lyogen UL 等均有优良的匀染效果，通用性很强。

随着 ISO14000 的颁布与实施以及国内外市场对生态纺织品和环境保护的要求越来越高，环保型助剂成为国内外纺织助剂厂商竞相开发的产品。常用匀染剂中有些品种因含有烷基酚聚氧乙烯醚类和可吸附的有机卤化物，已经被禁用。而环糊精、烷醇酰氨磺基琥珀酸单酯盐和膨润土匀染剂等都是新开发的环保型匀染剂。

利用表面活性剂的协同复配增效作用，将两种或两种以上具有不同性能的助剂复配制成的新品种具有比单组分更优异的性能，这是开发新型匀染剂的重要方式。酸性染料用匀染剂中大量使用的都是此类，并获得了优良的使用效果。

四、开发锦纶专用酸性染料

目前，弱酸性染料的需求量在增加，除了衣用织物的染色需要外，其中相当大的部分是用于锦纶地毯和室内装饰物的染色。酸性染料根据应用的需要向专用方向发展，如卜内门公司的 Nylomine 染料有 A、B、C 和 P 组之分。A 组染料中，所有的深度都具有良好的耐日晒牢度、相容性和条花盖染性，适用于地毯、家具用装饰物以及浅、中色妇幼锦纶织物的染色。B 组染料具有良好的匀染性和相容性，适用于变形锦纶和针织物的染色。C 组染料具有优良的湿处理牢度，可用于鲜艳的游泳衣和妇幼衣物的染色。P 组染料适用于印花。近年来又补充了许多新品种，其中 Nylomine 红 A-4B 成本低，性能好，具有高度的匀染性和重现性。Nylomine 红 B-B 和蓝 B-2R 可以在锦纶织物上产生高对比的效果，且具有优异的重现性能，与黄 B-2G、橙 B-C 配合使用具有突出的应用性能，用途相当广泛。

在新开发的锦纶专用酸性染料中，比较典型的是美国 C&K 公司的 Nylonthrene 和 Multinyl 染料。Nylonthrene 染料具有良好的耐日晒、湿处理牢度和匀染性能，还有较高的耐臭氧牢度，染色条件容易控制，染浅、中色不需要添加助染剂，染深色也仅需加少量助染剂。Nylonthrene B 染料主要用于卷染。Multinyl 染料用于地毯、室内装饰品和针织物的染色，其染浴容易调制，染色时间短，各项牢度及匀染性、重现性良好，适用于快速连续染色。

此外，美国大西洋公司开发了 Atanyl Floxine 染料，可染锦纶和羊毛，具有很好的匀染性、耐日晒牢度和拔染性。该公司还推出了 Atlantic Acid Fast 染料，羊毛染深色时耐日晒牢度可达 6～7 级，并推荐用于锦纶外衣的染色。汽巴（Ciba）精化公司后来又推出 Tetilon 染料，用于锦纶的染色和印花。拜耳公司在原有 Telon Fast 和 Telon L 染料的基础上，又介绍了 Telon Fast 和 Telon S 染料。A 组染料具有优异的提升率、湿处理牢度和盖染性能，适用于锦纶衣料的染色、S 组染料则适用于快速染色。山德士公司所生产 Nylosan 染料的新品种以 E 组和 N 组为多，这些品种都具有较好的耐日晒和湿处理牢度以及优异的匀染性能和盖染性能。

在开发锦纶专用酸性染料的过程中，还应重视三原色品种和配套助剂的发展。

五、酸性染料的应用领域

近年来，在酸性染料的染色领域采用各种新技术、新设备、新助剂、新工艺，围绕着减少羊毛纤维损伤、节约能源、减少公害等方面进行了很多研究，逐步打破了传统的工艺，低温染色、小浴比染色、一浴一步法染色等新工艺迅速发展。低温染色的方法多种多样，应用比较多的是加入表面活性剂一类的助剂，主要起解聚染料、膨化纤维的作用，促使染料均匀上染纤维。有的将氯化稀土与表面活性剂组成配套助剂，除起到解聚染料和膨化纤维的作用外，还可提高纤维吸收染料的能力，节约染化原料，降低残液中的 BOD 和 COD 值。还有一种是羊毛先进行预处理，以提高纤维对染料的吸收能力，然后进行低温染色。适合小浴比染色的新设备越来越多，如不同类型的喷射溢流染色机、筒子纱染色机等。目前生产的常压溢流充气式染色机的浴比只有（1∶4）～(1∶5)。

第五章 活性染料

第一节 引　　言

一、活性染料简介

早在一个多世纪之前，人们就希望制得能够与纤维形成共价键的染料，从而提高染色织物的耐洗牢度。直到1954年，卜内门公司的拉蒂（Rattee）和斯蒂芬（Stephen）在应用中发现含二氯均三嗪基团的染料在碱性条件下可与纤维素上的伯羟基发生共价键结合，进而坚牢地染着在纤维上，就此出现了一类能与纤维通过化学反应生成共价键的反应性染料（Reactive dye），亦称为活性染料。

活性染料自问世以来，其发展一直处于领先地位。目前世界上纤维素纤维用活性染料的年产量占全部染料年产量的20%以上。活性染料是取代禁用染料如不溶性偶氮染料以及其他纤维素纤维用染料如硫化染料和还原染料等的最佳选择之一。虽然毛用活性染料的产量远小于纤维素纤维用活性染料的产量，但由于重金属离子残量对人体和环境都有影响而受到严格控制，活性染料用于羊毛和聚酰胺纤维，取代酸性含媒染料的趋势也在增加。

活性染料之所以能迅速发展，是因为染料具有如下特点：

① 活性染料可与纤维以共价键结合，结合能达252～378kJ/mol，在一般条件下这种结合键不会解离，所以活性染料在纤维上一经染着，就有很好的染色牢度，尤其是湿处理牢度。此外，活性染料染着于纤维后，不会像某些还原染料那样产生光脆损。

② 具有优良的湿处理牢度和匀染性能，而且色泽鲜艳度、光亮度好，使用方便，色谱齐全，成本低廉。

③ 国内已能大量生产，能充分满足印染行业的需要；且适用于新型纤维素纤维产品如Lyocell等印染的需要。

但是，纤维素纤维用活性染料在使用中还存在一些问题，如染色时为了得到高的染料吸尽率，需要耗用大量食盐或硫酸钠等电解质进行促染，这样染色后的废水成为有色含盐污水，盐浓度高。近年来为解决这个问题，一般从提高纤维素纤维对染料的吸尽率和反应固着率两方面进行。此外，活性染料耐氯漂和耐日晒牢度一般来说不及还原染料，蒽酮结构的蓝色品种有烟气褪色现象，有的还会和纤维素纤维发生不同程度的共价键断裂，在染色过程中染料会发生水解而失去和纤维反应的能力，降低染料的利用率。但由于活性染料具有的特点，能够很好地满足用户需求，所以活性染料现已成为棉用染料中最重要的染料类别。

二、活性染料的发展

早在 1895 年，黏胶纤维的发明人克罗斯（Cross）和比文（Bevan）曾用浓烧碱溶液处理纤维素纤维，获得碱纤维素，然后又用苯甲酰氯等一系列处理，获得纤维素的有色酯化合物。这是纤维素分子与有色化合物之间建立共价键结合最早的探索，但由于方法复杂，当时印染界对此未产生兴趣。后有施罗特（Schroeter）用活性基团、氟磺酰化衍生物做试验，但未获成功。

1929 年人们发现具有氯乙酰基的染料（如下所示），在染羊毛时有非常好的湿牢度。

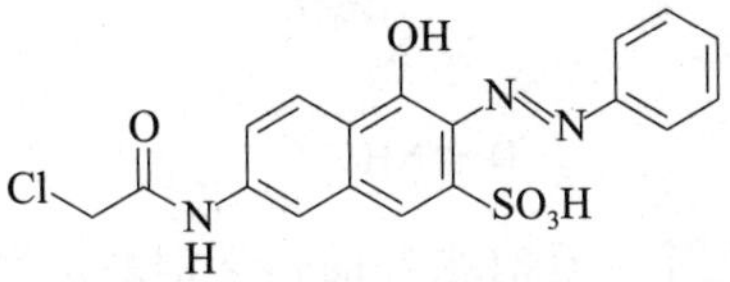

这是由于氯乙酰基和羊毛的氨基反应，离去氯离子和羊毛形成共价键的原因。这种反应在中性和 pH 为 1 的条件下均可发生。现在用的某些活性染料就具有氯乙酰活性基，如 Drimalan 活性染料，其结构表示为 D-$NHCOCH_2Cl$。与此相似的有 β-氯代乙氨基砜的染料（D-SO_2-NH-CH_2CH_2-Cl），其也可获得非常好的湿处理牢度。

20 世纪 20 年代开始，瑞士汽巴公司（Ciba）开始了有关三聚氯氰染料的研究，这种染料的性能优于所有其他直接染料。1923 年，汽巴公司发现了含一氯均三嗪酸性染料上染羊毛能获得高的湿处理牢度。这是染料与羊毛上的伯氨基或亚氨基形成羊毛-染料共价键结合的结果，从而在 1953 年发明了 Cibalan Brill 型染料。1952 年，赫斯特公司亦在研究乙烯砜基团的基础上，生产了用于羊毛的活性染料，即 Remalan 染料。但是当时这两类染料的应用，并不很成功。这些研究却引起卜内门公司拉蒂和斯蒂芬的兴趣，他们从研究羊毛活性染料和三聚氯氰的反应活性转到用于染纤维素纤维的活性染料，并在 1956 年生产了第一个棉用商品活性染料，称为普施安（Procion），即现在的二氯均三嗪活性染料。

1957 年，卜内门公司又开发了 Procion H 一氯均三嗪型活性染料。这是因为二氯均三嗪型虽然反应活性高，但容易水解，只适合于低温染色，而一氯均三嗪型活性低，稳定性则较好，更适合于高温染色与印花。

1958 年，赫斯特公司又将 Remazol（雷玛唑）乙烯砜型活性染料成功地用于纤维素纤维的染色。最初生产的这类染料（染料 5-1）结构如下：

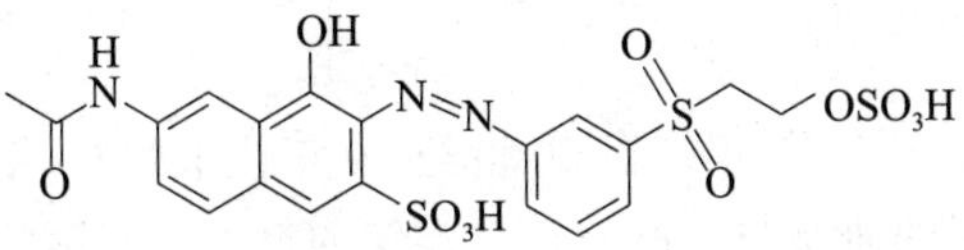

染料 5-1

1959 年，山德士公司和嘉基公司分别正式生产了 Drimarene 和 Reacton 三氯嘧啶型活性染料。1971 年，开发出性能更好的二氟一氯嘧啶型活性染料。

1966 年，汽巴公司研制出以 α-溴代丙烯酰胺为活性基的 Lanasol 活性染料，它在羊毛染色上具有较好的应用性能，这为以后在羊毛上采用高牢度的染料奠定了基础。

1972 年，卜内门公司又在一氯均三嗪型活性染料基础上研制出了具有双活性基团的 Procion HE 活性染料。这类染料在反应性、固色率等性能上又有进一步的改进。

1976 年，卜内门公司又生产了一类以膦酸基为活性基团的染料，它可以在非碱性条件下和纤维素纤维形成共价键结合，特别适合与分散染料同浴染色或同浆印花，商品名称为 Procion T。说明活性染料的应用已渗透到化纤混纺产品的染色中。

1980 年，日本住友公司在乙烯砜型 Sumifix 染料基础上又开发出乙烯砜与一氯均三嗪双活性基团的染料，与单活性基染料相比，这类染料不仅固色率有所提高，而且具有优异的坚牢度。

1981 年，拜耳公司生产了一种称为丽华实 PN 的染料，其主要活性基如下：

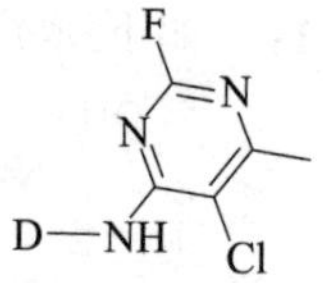

这类染料不仅有很高的固色率，还有很好的化学键稳定性。如染料 5-2：

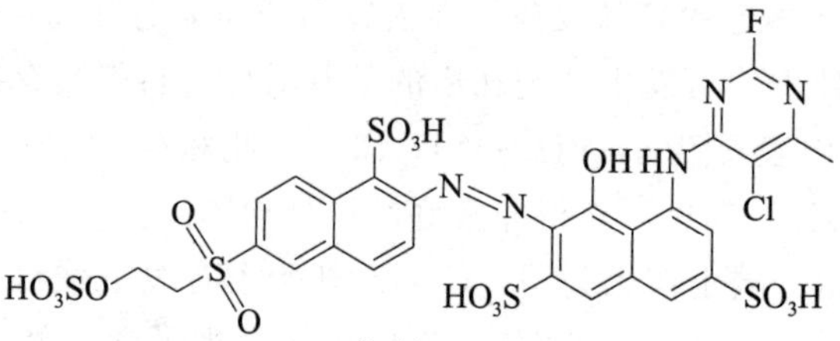

染料 5-2

1983 年，ICI 公司生产了普施安 MX 类染料，这类染料也有很高的化学键稳定性。其活性基结构如下：

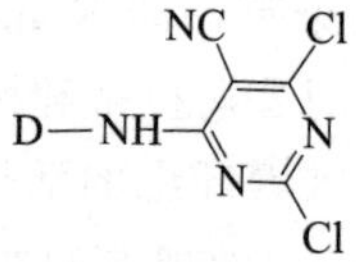

1984 年，日本化药公司在均三嗪环上加入烟酸取代基，研制出一种商品名为卡雅赛隆（Kayacelon）的活性染料。它可以在高温和中性条件下与纤维素纤维以共价键结合，因而特别适合用于分散/活性染料高温高压一浴染色法染涤/棉混纺织物。

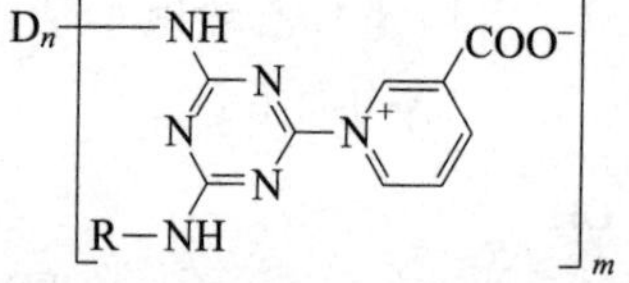

$n,m=1\sim2$

国内活性染料的开发始于 1957 年，在 20 世纪 50 年代末到 60 年代初，我国的染料工作者以极大的热情开始活性染料的研制与生产。经过多年的努力，我国的活性染料生产已经在染料工业中占有十分重要的地位。上述一些主要类别的活性基团及母体结构，我国已均可生产。

1958～1965 年，我国主要生产 X 型、K 型和 KD 型共 33 个品种。20 世纪 60 年代后期至 70 年代初相继发展了 KN 型和 M 型活性染料，70 年代中期开发了含膦酸基的 P 型活性染料，80 年代初期又开发了含氟氯嘧啶的 F 型活性染料以及含甲基牛磺酸乙基砜的 W 型毛用活性染料。近年又开发出 KE 型、R 型（含烟酸取代基）及含二氯喹噁啉的 E 型活性染料，约 11 个大类、150 个品种，产品基本上满足国内印染工业的需要，并且每年有大量出口。活性染料如今是最有发展潜力的染料之一。为了适应生态友好的印染工艺及设备要求并使之符合 Eco-Tex Standard 标准的要求，活性染料发展的重点如下：

① 低用盐量、高溶解度、高固色率的染色型活性染料（活性染料80%用于染色），主要是双活性基活性染料和阳离子活性染料。

② 活性染料的新型杂环母体结构，以提高染料的鲜艳度。

③ 活性染料的商品化加工技术，提高染料的应用性能，丰富染料的商品剂型，扩大染料的应用范围。

④ 代替媒介染料的低成本毛用活性染料和适应数码喷墨印花或染色的活性染料。

⑤ 适用多组分混纺面料短流程染色的活性染料，如活性分散染料、活性阳离子染料等。

第二节 活性染料的结构及性能

一、活性染料的结构

活性染料与其他类染料最大的差异在于其分子结构中含有能与纤维的某些基团（羟基、氨基）通过化学反应形成共价结合的活性基（亦称反应基）。活性染料可按两种方法分类：一是按母体染料的化学结构分类，另一种是按活性基分类。按母体染料的化学结构可分为：偶氮类、蒽酮类、酞菁染料、甲臜结构染料。按活性基不同可分为：均三嗪类活性基、嘧啶类活性基、乙烯砜型活性基、复合（多）活性基、其他活性基（如膦酸基）。

活性染料的结构可用下列公式表示：

$$S—D—B—Re$$

式中，S 代表水溶性基团，如磺酸基；D 为染料母体；B 为染料母体与活性基的连接基；Re 为活性基。

活性染料在纺织纤维上的应用至少应具备下列条件：

① 高的水溶性。

② 高的储藏稳定性，不易水解。

③ 对纤维有较高的反应性和高的固色率。

④ 染料-纤维间共价键的化学稳定性高，即使用过程中不易发生断键褪色。

⑤ 扩散性好，匀染性、透染性良好。

⑥ 优良的各项染色牢度，如耐日晒、气候、水洗、摩擦、氯漂等牢度均良好。

⑦ 未反应的染料及水解染料染后容易洗去，不易造成沾色。

⑧ 染色的提升性好，可染得深浓色。

上述这些条件，与活性基团、染料母体、水溶性基团等均有密切的关系，其中活性基是活性染料的核心，它反映活性染料的主要类别及应用性能。

二、活性基

1. 活性基团的选择

活性染料对活性基团（反应性基团）有一定的要求。首先，活性基团必须具备能与纤维进行共价结合的能力，即反应性。反应性的高低不仅决定染料与纤维的反应速率，而且在一定程度上还决定染料在纤维上的固色率。

活性基团与染料的稳定性有关，尤其是储存稳定性。反应性太强，活性太高，染料容易水解，无法保存。活性基团与染料-纤维结合键的稳定性有关，生成的共价键一般是稳定的，但在一定酸、碱条件下会发生裂解，即断键，造成色牢度的降低。

活性基团还决定纤维印染加工的性质和条件，如反应性高的活性染料的染色可以在较低的固色温度下进行，可以在碱性较弱或碱剂浓度较低的条件下进行固色；而反应性低的活性染料则恰恰相反，要在较高的温度及较高的 pH 下进行固色。而在印花工艺中，为了保持印浆的反应性，一般采用反应性较低的活性染料。

此外，活性基团结构与染料的溶解度、直接性及扩散性等也有一定的关系。

因此，从染料的应用性能考虑，能用作活性基团的种类是有限的。

2. 活性基团的分类

（1）均三嗪活性基

这类活性基团在活性染料中占主要地位。主要是二氯均三嗪（Procion MX，国产 X 型）和一氯均三嗪（Procion H，国产 K 型）两大类。

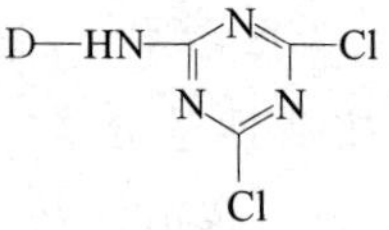

D—HN—(N, N, N)—Cl; Cl

二氯均三嗪（X 型）

D—HN—(N, N, N)—NHR; Cl

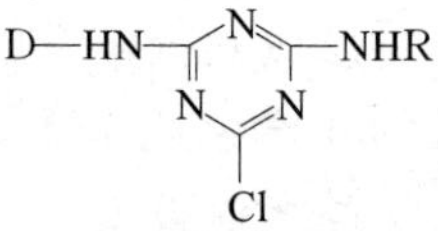

一氯均三嗪（K 型）

前者反应活性高，但容易水解，适合低温染色。后者活性降低，不易水解，固色率有所提高，适合高温染色与印花。这类活性基的染料-纤维键的稳定性，主要与均三嗪环上碳原子的电子云密度有关。通常环上碳原子的电子云密度越低，染料的反应性越高，染料-纤维键的耐碱水解稳定性越差。因此，均三嗪环上各种取代基均会影响染料-纤维键的耐酸或耐碱的稳定性。二氯均三嗪活性染料与纤维结合的共价键的水解稳定性较一氯均三嗪染料差，尤其是耐酸水解稳定性。这是由于均三嗪环上的氯原子水解后所生成的酸对共价键具有自动催化水解的作用。

为了解决活性染料的反应性与稳定性之间的矛盾，曾在氯代均三嗪活性基的基础上做过较多的研究与开发，如在二氯均三嗪中用一个甲氧基来取代氯原子，由于甲氧基是供电子基，提高了均三嗪环上碳原子的电子云密度，从而使其反应性有所降低。如 Cibacron Pront（普隆特）染料：

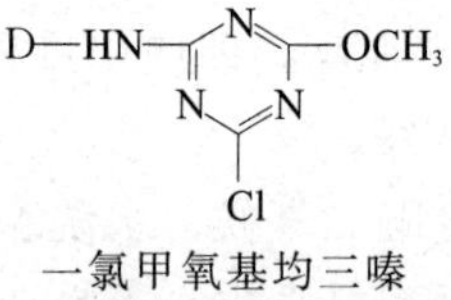

D—HN—(N, N, N)—OCH_3; Cl

一氯甲氧基均三嗪

其反应性介于一氯均三嗪与二氯均三嗪之间，具有较好的印花色浆稳定性，特别适用于短蒸印花工艺。

又如在一氯均三嗪的基础上，采用电负性更强的氟来代替氯，这样可使均三嗪环上碳原子电子云密度进一步降低，从而比一氯均三嗪型活性基团更为活泼，如 Cibacron F 染料。它更适合中低温（40～60℃）染色的工艺，且 D—F 键的水解稳定性高于 X 型。

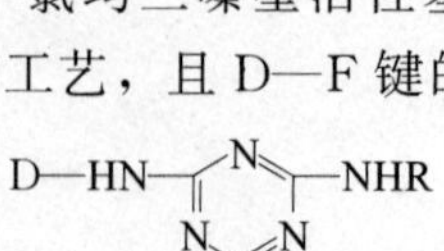

D—HN—(N, N, N)—NHR; F

一氟均三嗪 (F 型)

（2）嘧啶活性基

嘧啶基由于是二嗪结构，环上碳原子的电子云密度较高，因而它比均三嗪结构反应性低。如二氯嘧啶或三氯嘧啶（Drimarene X，Reacton）比一氯均三嗪染料的反应性低，但稳定性最高，含这种活性基的染料最不易水解，染料-纤维键的稳定性也高，特别适合高温染色。另外，二嗪环染料的亲和力不及均三嗪环，而溶解度则较高。在三氯嘧啶基的基础上引入不同的取代基，能改变活性基团的反应性，从而改进它的一系列性能。如在2,4位氯的位置上用更活泼的氟来取代，形成二氟一氯嘧啶的活性基（Drimarene R，K），使它具有中等的反应活性，从而有较高的固色率，更重要的是它与纤维的结合键有很好的耐酸和耐碱的水解稳定性。

主要的含嘧啶型活性基团的染料结构如下：

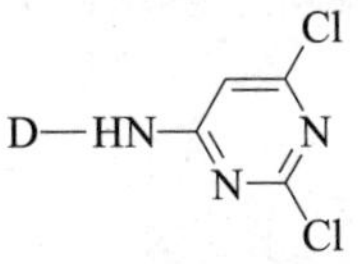

2,4-二氯嘧啶 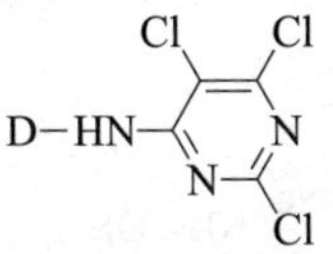　　2,4,5-三氯嘧啶 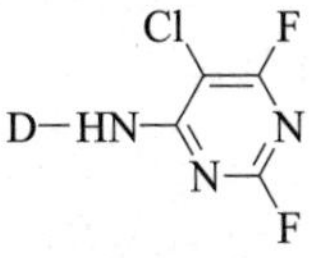　　2,4-氯-5-氟嘧啶

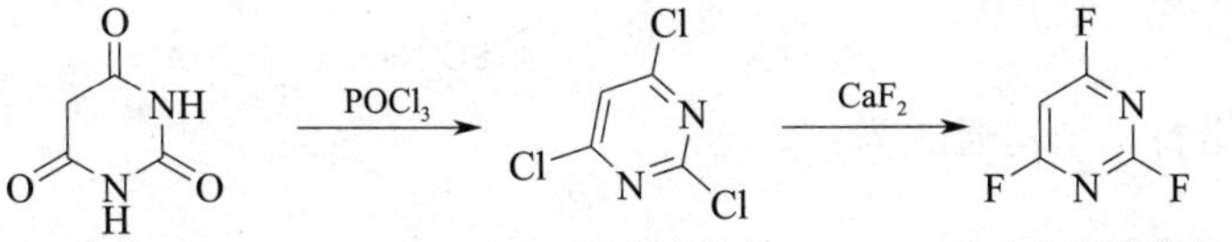

巴比妥酸 $\xrightarrow{POCl_3}$ 2,4,6-三氯嘧啶 $\xrightarrow{CaF_2}$ 2,4,6-三氟嘧啶

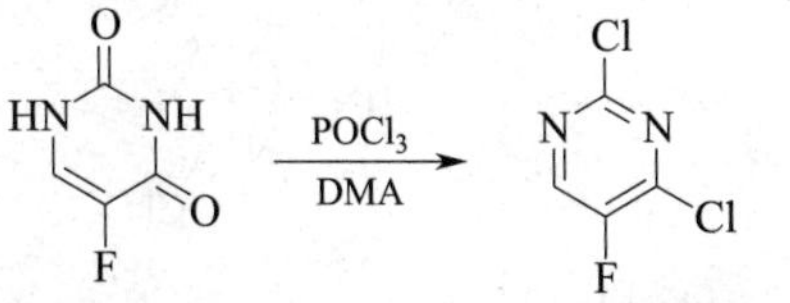

5-氟尿嘧啶 $\xrightarrow[DMA]{POCl_3}$ 2,4-二氯-5-氟嘧啶

（3）乙烯砜活性基

赫斯特公司的Remazol、日本住友公司的Sumifix、国产KN型活性染料都是一种含β-羟乙基砜硫酸酯结构的染料，它在弱碱性介质（pH≈8）中即可转化成乙烯砜基而具有高的反应性，与纤维形成稳定的共价键，故这类染料统称为乙烯砜型活性染料。

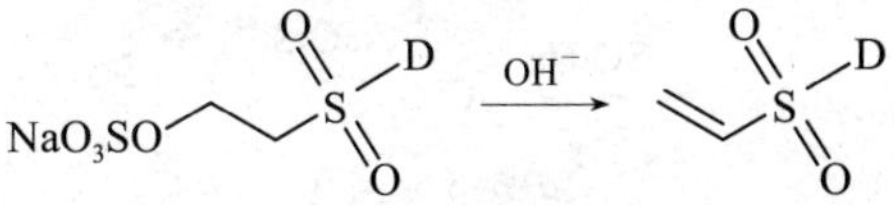

$$NaO_3SOCH_2CH_2SO_2D \xrightarrow{OH^-} CH_2{=}CHSO_2D$$

乙烯砜型活性染料具有鲜艳的色谱和良好的水溶性。乙烯砜基的反应活性介于二氯均三嗪和一氯均三嗪之间，染色温度50～70℃。乙烯砜型活性染料的直接性相对较低，因此这种类型的染料更适合用在冷轧堆法、连续染色法及印花工艺中。乙烯砜活性基团比一氯均三嗪的反应性高，因而印浆稳定性较差，这类染料更适合二相法印花，因为这种工艺的印浆中可不加碱剂，故染料的水解稳定性很好。同时也可以用在拔染中作为底色，这是利用染料-纤维键不耐碱水解的作用。也由于上述原因，它在印花后处理中要特别小心，防止在皂洗过程中染料发生水解。这类染料的优点在于染料-纤维键的耐酸水解性较好。

（4）复合活性基

多活性基团是在均三嗪和乙烯砜型活性基团基础上发展起来的。一般活性染料在印染过程中会发生水解副反应，固色率不太高（50%～70%），既浪费了染料，又增加了沾色的麻烦。为了提高活性染料的固色率，近年来出现了复合活性基的活性染料，即在一个染料大分子中含有两个相同的活性基团或两个不同的活性基团。这样不仅增加了染料与纤维的反应概率，可提高固色率至80%～90%，而且由于染料分子的增大，提高了染料对纤维的亲和力，因此在高温染色条件下有利于染料的渗透与匀染。

引入两个相同的活性基团（一般是一氯均三嗪活性基团）有三种途径。

① 双侧型　染料的结构通式为：

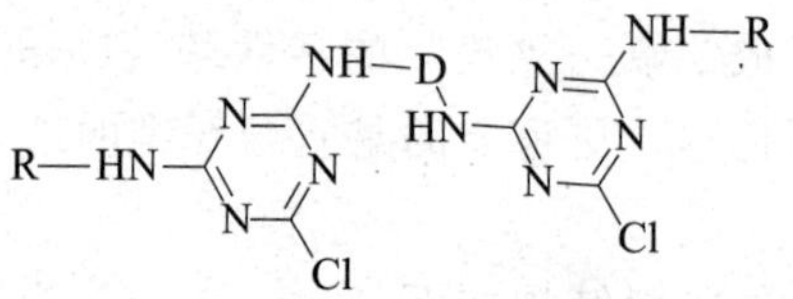

中间是一个染料发色体，两端是相同的活性取代基（一氯均三嗪基团）。如活性蓝 KE-R（C. I. 活性蓝 171）：

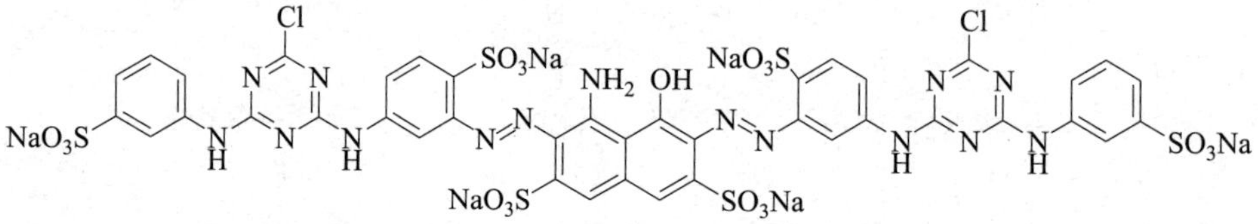

② 单侧型　染料的结构通式为：

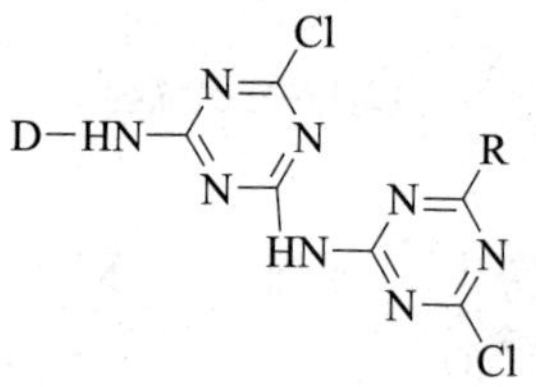

如活性翠蓝 KE-2G（C. I. 活性蓝 63）：

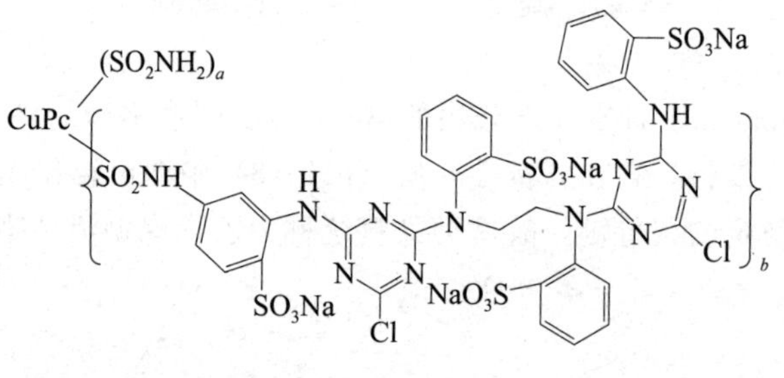

$a+b=3.5\sim4.0$

③ 架桥型　染料的结构通式为：

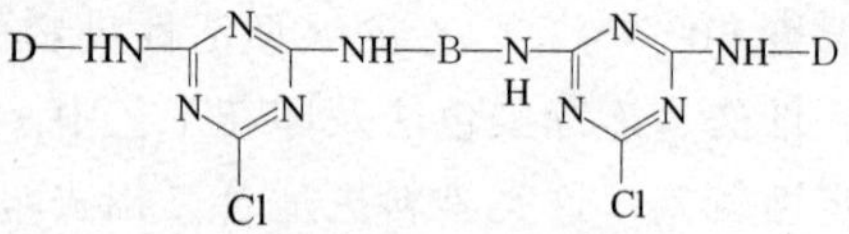

如活性艳红橙 KE-2R:

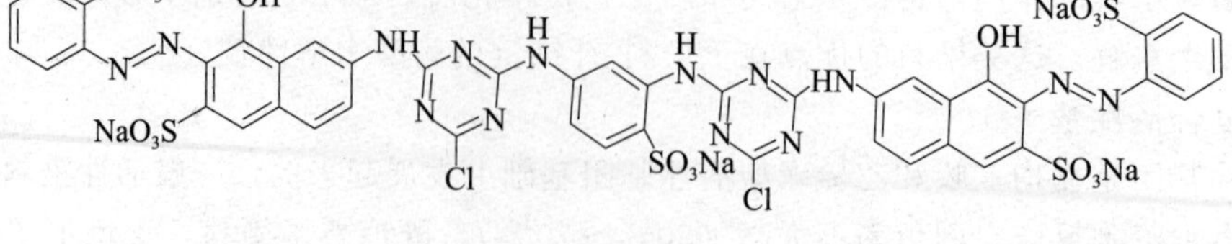

以上结构的染料，最早是由卜内门公司开发的 Procion SP (用于印花) 及 Procion HE (用于染色)。我国生产的 KD 型、KE 型和 KP 型均属此类。

单侧型染料由于大多数呈非线型结构，染料分子的共平面性较差，直接性低，主要适用于印花，如 Procion SP、国产的 KP 型。这种染料固色率很高，染料水解少，后处理比较简单。双侧型及架桥型的染料由于呈线型结构，直接性较高，更适用于吸尽染色法，Procion HE 型及国产 KD 型、KE 型大多属于此类。

引入两个不同的活性基团时，不仅具有固色率高、色泽浓艳的优点，而且能发挥两类活性基团的长处。既可以克服均三嗪型染料与纤维的结合键耐酸稳定性差的缺点，又可以弥补乙烯砜型染料耐碱稳定性差的问题。乙烯砜活性基直接性比较低．再引入一氯均三嗪活性基后有利于提高染料对纤维的亲和力，使之适合于浸染染色法。其反应活性介于乙烯砜型与一氯均三嗪之间，因而可在 50～80℃ 较广的染色温度范围内应用，提高染色重现性。这种复合型活性染料的结构多数属于单侧型，其结构通式为：

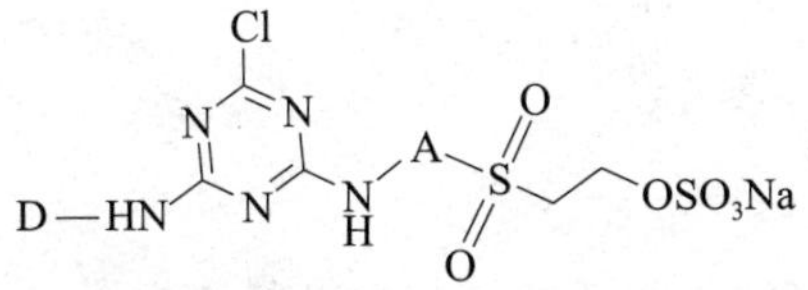

Cl
N N
D—HN N N A S O O OSO$_3$Na
H

日本住友公司的 Sumifix Supra 和国产的 M 型活性染料均属此类，但前者的乙烯砜基主要是间位酯，均三嗪环上的取代基有—OCH_3、—Cl、—$OC_2H_4OCH_3$ 和—OPh 等；而后者为对位酯，性能上略有差异。国内开发的 ME 型，则与 Sumifix Supra 相同。

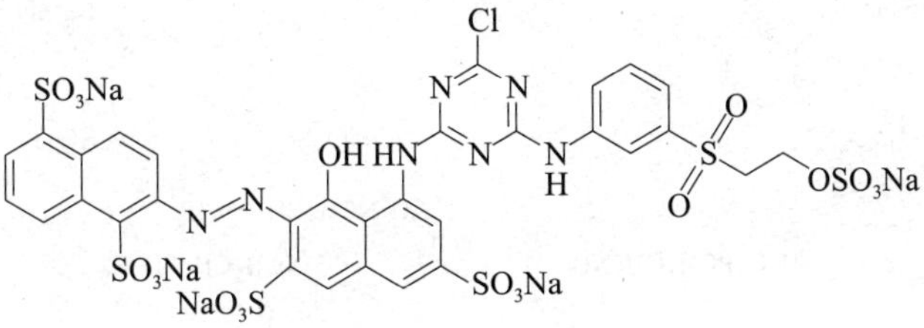

SO$_3$Na　Cl　N N　OH HN　N　N　H　S O O　OSO$_3$Na
N=N　SO$_3$Na　NaO$_3$S　SO$_3$Na

活性红M-3BE

（5）膦酸活性基

一般活性染料均是利用活性基团在碱性介质中与纤维素纤维发生反应而结合的，但在与分散染料拼混，应用于涤/棉混纺织物印花或染色时就有问题，因为分散染料遇到碱剂会影响给色量和鲜艳度。为了克服上述缺点，卜内门公司于 1976 年开发出这种以芳香膦酸为活性基团的染料。膦酸活性基可以通过制备含伯氨基的膦基化合物引入染料结构中。膦基化合物可通过米歇尔-阿尔布佐夫反应（Michaelis-Arbuzov reaction）制备。

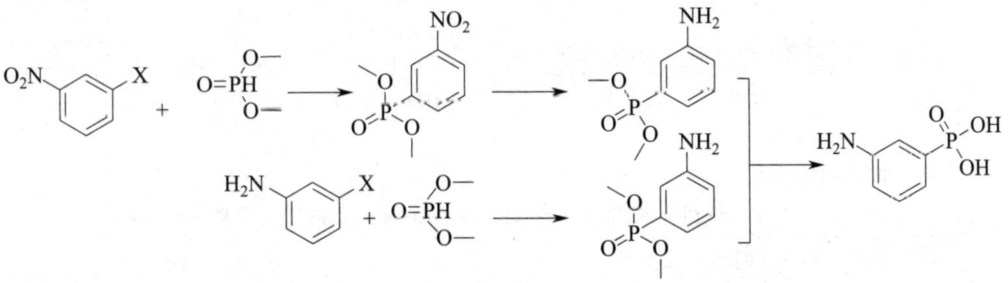

O$_2$N X + O=PH(O—)(O—) → NO$_2$ O=P(O)(O) → NH$_2$ O=P(O)(O)
H$_2$N X + O=PH(O—)(O—) → NH$_2$ O=P(O)(O)
→ H$_2$N P(=O)(OH)OH

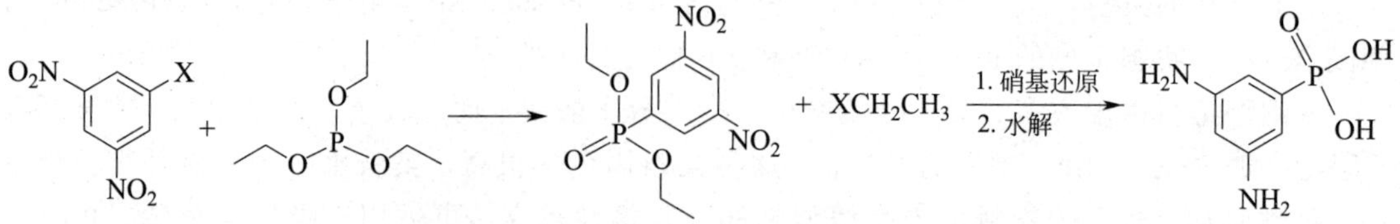

商品名为 Procion T（英国 ICI 公司），国产产品为 P 型。该类染料在双氰胺作催化剂和高温（210～220℃）下，与纤维素纤维经脱水形成酯键而结合，形成的纤维素磷酸酯有很好的耐洗牢度，如下两个膦酸基活性染料（染料 5-3、染料 5-4）结构式：

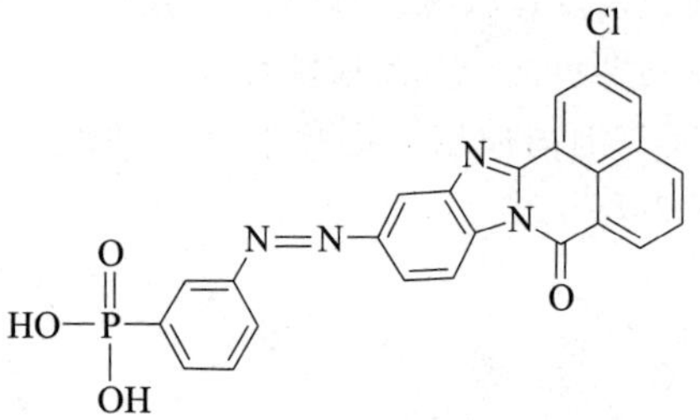

染料 5-3

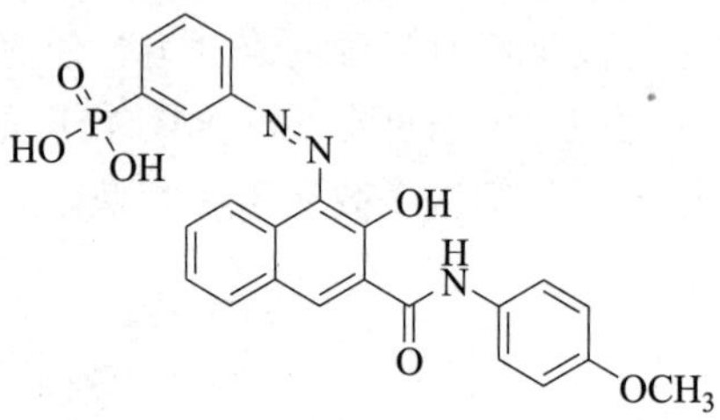

染料 5-4

有文献报道与脂肪基连接的膦酸活性染料（染料 5-5）：

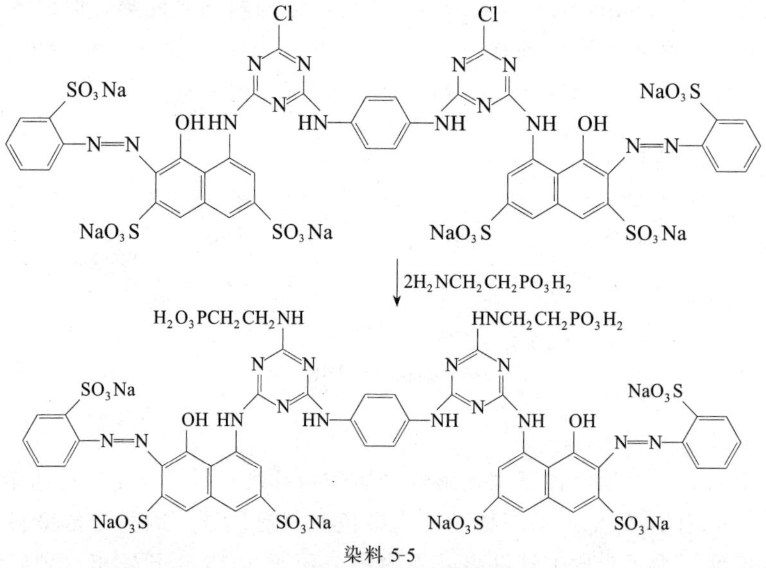

染料 5-5

在膦酸活性基染料的染色中一般加入氰氨或者双氰氨助染，对于氰氨和双氰胺的促染作用，一种是认为促进膦酸脱水形成反应活性更高的膦酸酐：

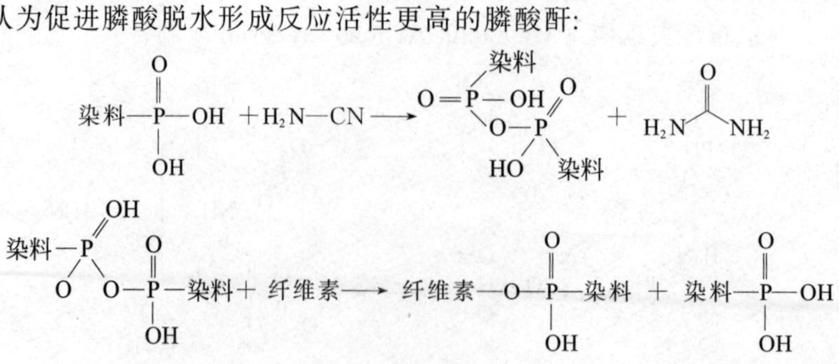

另一种是认为膦酸与氰氨形成对棉织物亲和力更高的阳离子中间体：

$$染料—P(=O)(OH)—OH + H_2N—CN \longrightarrow 染料—P(=O)(OH)—O—C(=NH)—NH_2 \ (a) \ 或 \ 染料—P(=O)(O^-)—O—C(=NH_2^+)—NH_2 \ (b)$$

$$(a或b) + 纤维素 \longrightarrow 纤维素—O—P(=O)(OH)—染料 + H_2N—C(=O)—NH_2$$

（6）α-溴代丙烯酰氨活性基

α-溴代丙烯酰氨活性基于1966年问世，典型的商品染料有Ciba公司的Lanasol系列和国产PW型。这一类活性染料的活性基由C═C键和卤素两个活性官能团组成，故反应性强，主要用于蛋白质纤维的染色。α-溴代丙烯酰氨活性基主要通过2,3-二溴丙酰氯与含氨基中间体反应而引入染料结构中。

另有一种文献报道的红色活性染料，其结构式如下（染料5-6）：

染料5-6

（7）二氯喹噁啉活性基

此活性基染料于1961年由拜耳公司生产，商品名为丽华实E（Levafix）。其活性基合成路线：

染料结构举例（染料 5-7）：

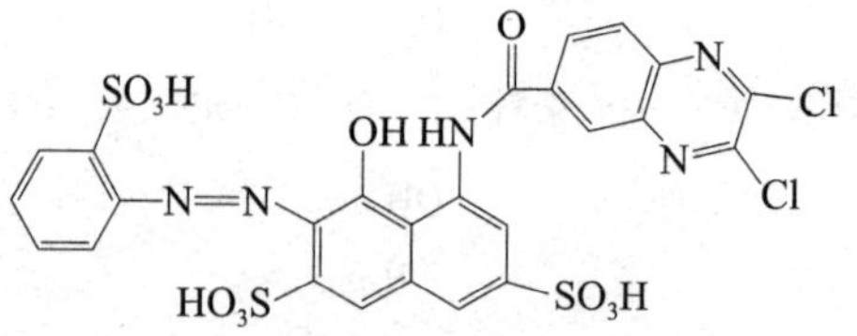

染料 5-7

（8）其他活性基

1964 年 BASF 曾经开发出商品名为 Primazin P 的活性染料，其为一种哒嗪酮结构活性基染料，其结构通式如下：

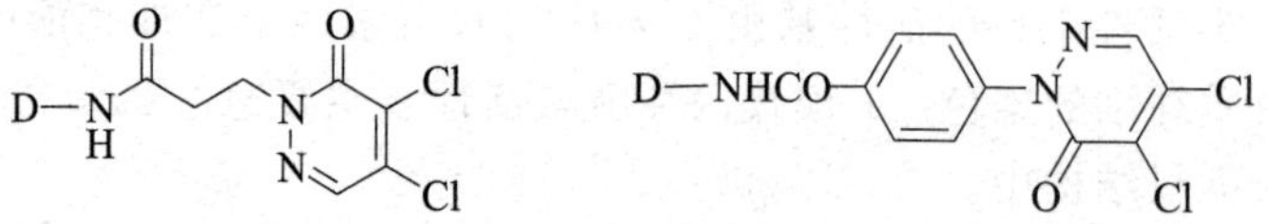

活性基 4,5-二氯哒嗪酮的合成可以通过糠醛在强酸性溶液中通入氯气进行氧化和氯化制备糠氯酸（又名黏氯酸，2,3-二氯丁烯醛酸），然后与水合肼环化反应得到。

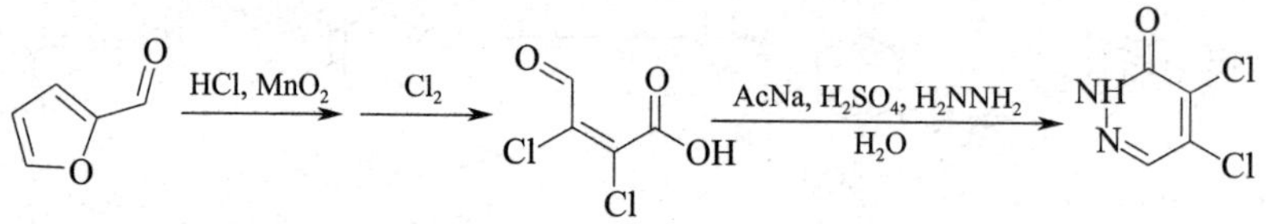

如下染料（染料 5-8～染料 5-10）所示：

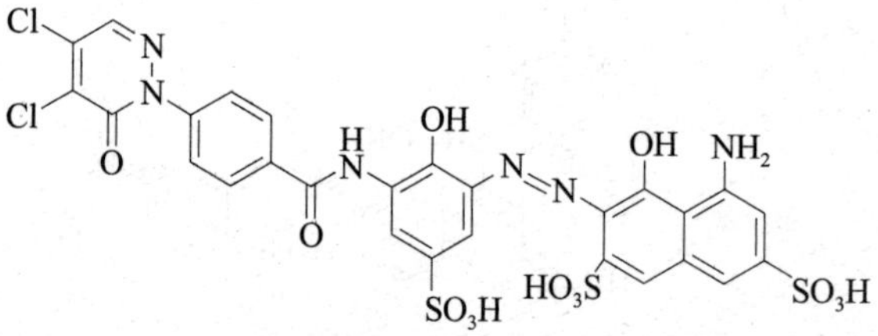

染料5-8

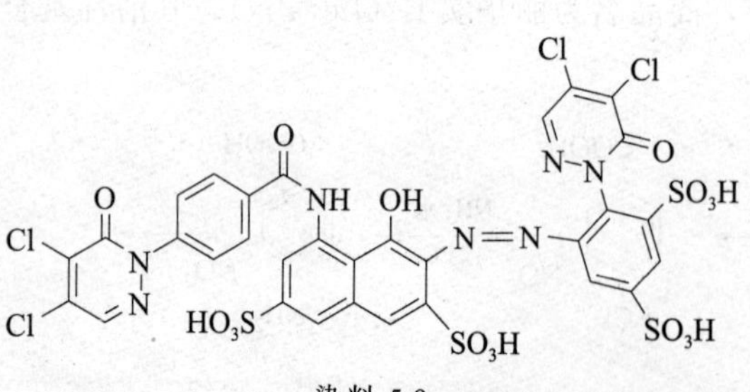

染料 5-9

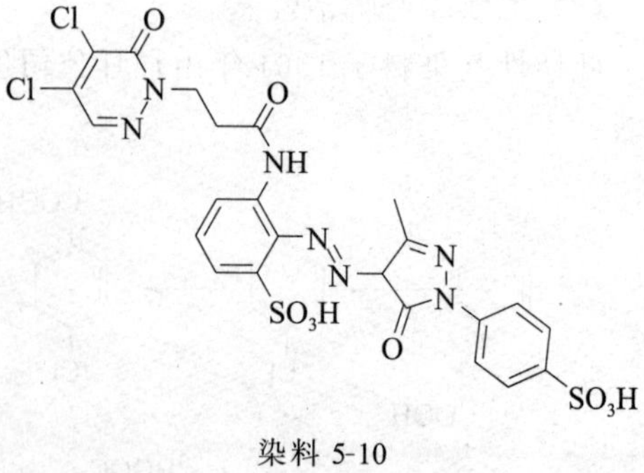

染料 5-10

卡塞拉（Cassella）公司于 1964 年开发出了 3,6-二氯哒嗪活性基的活性染料，商品名为 Solidazol。3,6-二氯哒嗪活性基的合成路线如下：

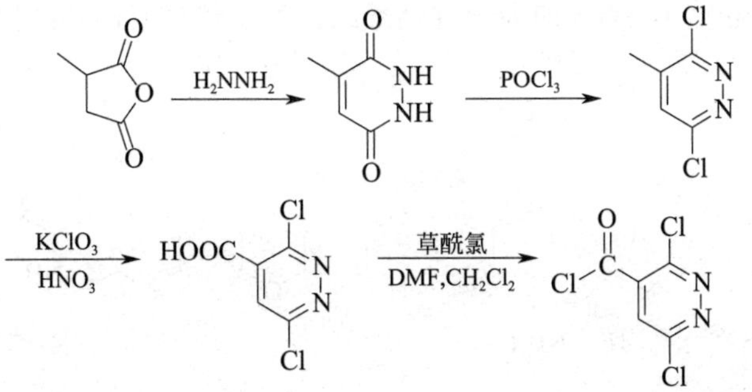

H_2NNH_2 → $POCl_3$ →

$KClO_3$ / HNO_3 → HOOC（Cl，N，N，Cl） → 草酰氯 / DMF, CH_2Cl_2 → Cl—C(=O)（Cl，N，N，Cl）

其染料结构式举例如下：

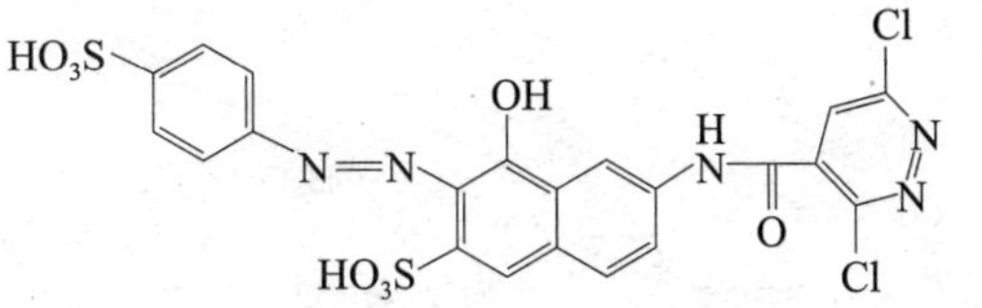

HO_3S，N=N，OH，HO_3S，H，N，O，Cl，N，N，Cl

染料 5-11

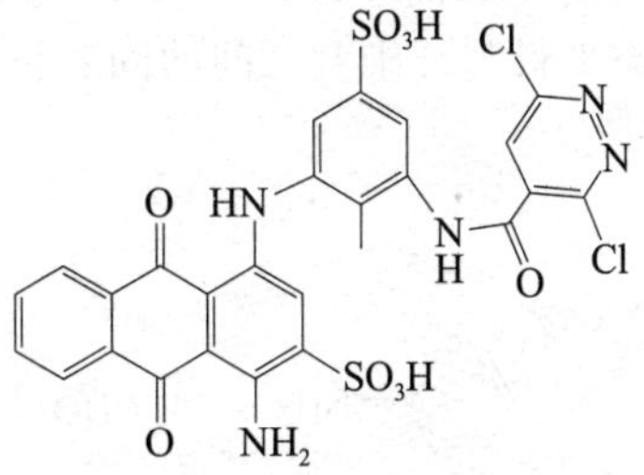

SO_3H，Cl，N，N，O，HN，H，N，O，Cl，SO_3H，O，NH_2

染料 5-12

COOH，HO_3S，N，N，N，N，NH，Cl，N，N，O，O，Cl，HO_3S

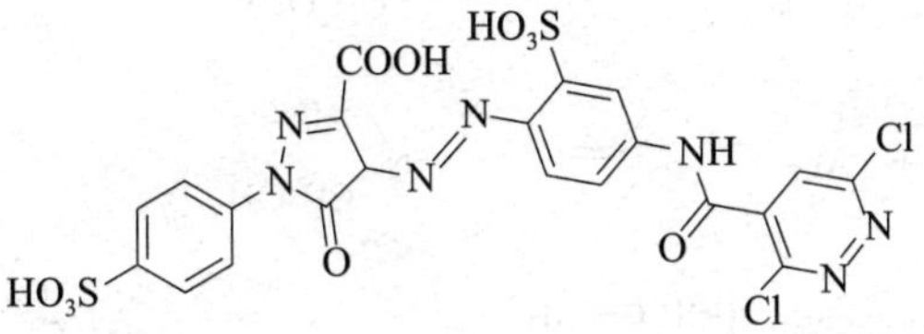

染料 5-13

1959 年，ICI 公司通过叔胺与一氯均三嗪或二氯嘧啶、三氯嘧啶反应制备的季铵盐型活性染料。其结构通式如下：

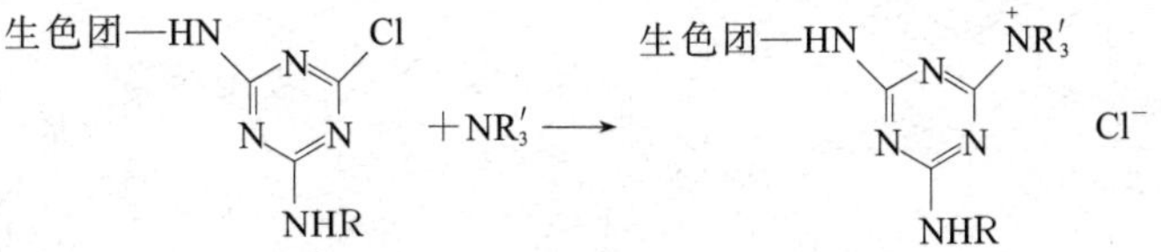

生色团—HN（N，Cl，N，N，NHR） $+NR'_3$ ⟶ 生色团—HN（N，$\overset{+}{N}R'_3$，N，N，NHR） Cl^-

其制备方法和与纤维形成化学键固着的机理如下：

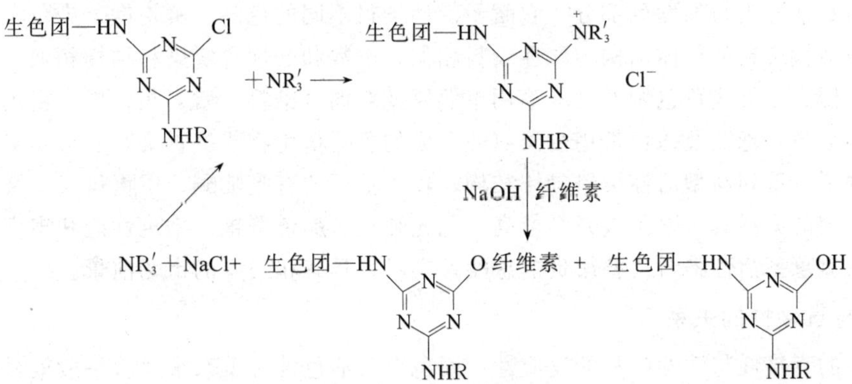

生色团—HN（N，Cl，N，N，NHR） $+NR'_3$ ⟶ 生色团—HN（N，$\overset{+}{N}R'_3$，N，N，NHR） Cl^-

NaOH | 纤维素

NR'_3 + NaCl+ 生色团—HN（N，O纤维素，N，N，NHR） + 生色团—HN（N，OH，N，N，NHR）

活性染料 Procion 蓝 H-EG，即为含有烟酸结构的季铵盐型，其结构式如下：

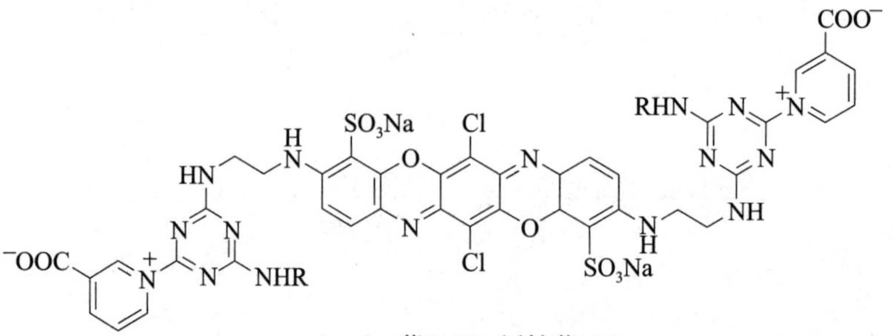

Procion蓝H-EG (活性蓝187)

这类活性染料的制备原理是，利用氨基与甲醛反应生成羟甲基结构作为染料的活性基团。这类染料与纤维素之间的固着机理与 ID 树脂棉织物抗皱整理剂作用机理类似，合成路线如下：

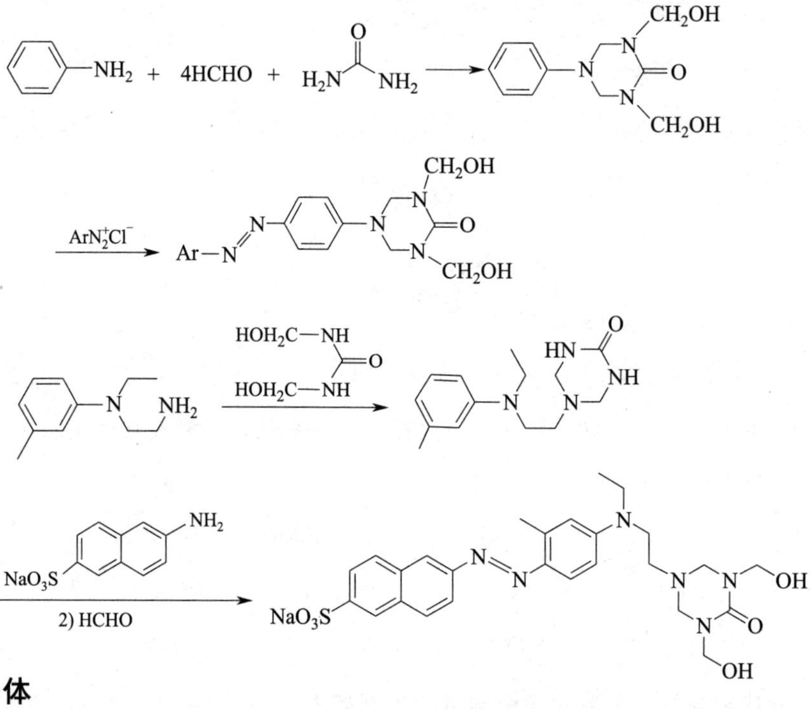

三、染料母体

染料母体是活性染料的发色部分，它赋予活性染料不同的色泽、鲜艳度、染色牢度和直接性。大多数活性染料的母体结构与酸性染料相似，少数和酸性含媒染料结构相似。

通常黄、橙、红等浅色色调的染料系用单偶氮及双偶氮染料，紫、灰、黑、褐色等深色系用金属络合染料，艳蓝及绿色常用由溴氨酸合成的蒽醌衍生物或酞菁染料。近年来，在工业生产中出现了一系列新型活性染料母体结构，较为重要的有吡啶酮、甲臜和双氧氮蒽等类型。这三个系列的染料具有摩尔吸光系数高、色光纯正、颜色鲜艳、染色性能和牢度优异等特点。用双氧氮蒽系活性染料代替昂贵的蒽醌系染料，具有相当好的市场前景。

1. 母体与直接性的关系

染料母体的直接性与活性染料的反应性、固色率、沾色性等关系很大。一般染料母体应对纤维有一定的直接性，直接性不宜过低，否则会影响活性染料染色时的上染率和固色率，尤其是浸染时需要用直接性较高的活性染料；但直接性也不宜过高，因为有部分活性染料在反应时会水解形成水解染料，而水解染料必须易于洗除；如果水解染料直接性过高，必然会不利于水解染料从纤维上洗净，从而形成沾色并降低色牢度。

2. 母体与鲜艳度、色牢度的关系

活性染料的颜色一般比较鲜艳，并具有很好的色牢度，这与染料母体的结构有关。如铜酞菁结构的活性染料，以颜色鲜艳和耐日晒牢度优异著称。近年来在这方面又有了进一步的提高，如采用带荧光的染料母体。铜络合的偶氮染料色光较艳，多为红、紫、蓝色，且耐晒牢度高。几乎所有红光艳蓝都是以蒽醌衍生物为母体的，色光鲜艳，亲和力小，易洗涤性好，耐日晒牢度亦佳。深蓝品种采用金属络合的甲臜型发色体，进一步提高了气候牢度和鲜艳度，已投入市场的 Drimarene 藏青 R-GL（山德士公司）、Levafix P-RA（拜耳公司）和国产活性深蓝 F-4G，都是这类结构的染料。活性嫩黄耐氯牢度曾是一个棘手的问题，后来采用含吡啶酮的衍生物为母体可改进染料的耐氯牢度。

四、桥基

桥基是活性染料中染料母体和活性基团之间的连接基团。不同的桥基对活性染料的活性、稳定性有一定的影响。最常见的桥基是亚氨基（—NH—），另外还有酰氨基（—CONH—）、磺酰氨基（—SO_2NH—）、烷酰氨基（—$NHCOCH_2CH_2$—）等。如 4,4′-二氨基苯磺酰苯胺和 2,4-二氨基苯磺酸经常被用作桥联基制作双偶氮或多偶氮染料或者多活性染料。

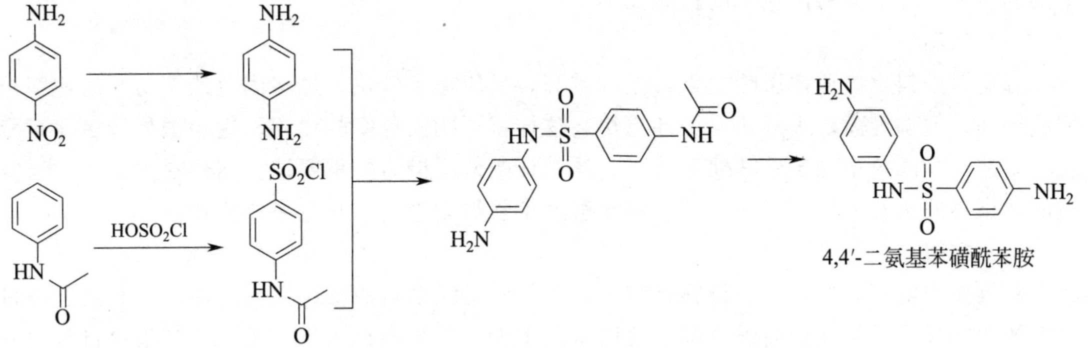

4,4′-二氨基苯磺酰苯胺

五、活性染料的性能指标

活性染料除了上述的活性基团与染料母体外，还有几个重要的性能指标。

1. 溶解度

活性染料应有良好的水溶性，尤其是印花或轧染用的活性染料，因为应用时染料浓度比较高，故要选用溶解度在 100g/L 左右的品种。热水能加速染料的溶解，尿素有一定的增溶作用。将染料中引入较多的磺酸基团，可以提高染料的溶解度，增加染料的分子量，进而增加染料与纤维之间的分子间作用。如将对位酯进行磺化，变成磺化对位酯：

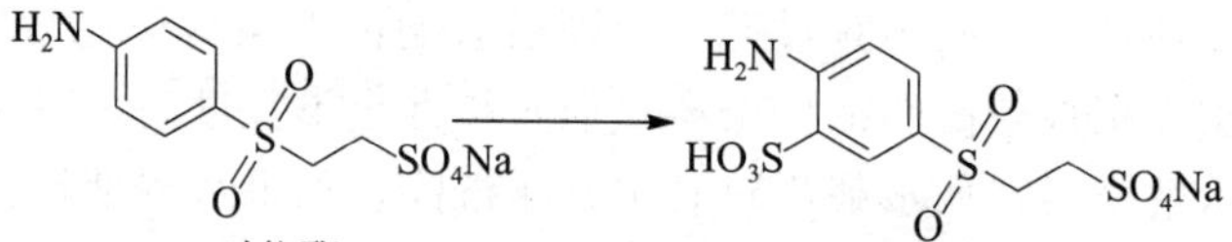

H_2N—⟨苯环⟩—$SO_2CH_2CH_2SO_4Na$ ⟶ H_2N—⟨苯环(SO_3H)⟩—$SO_2CH_2CH_2SO_4Na$

对位酯　　　　磺化对位酯

2. 扩散性

扩散性表征的是染料向纤维内部移动的能力。升高温度有利于染料分子的扩散，而低温染色时，纤维溶胀较困难，染料扩散慢。扩散系数大的染料，反应速率和固色率高，匀染和透染程度也好，但扩散性的影响不如染料的直接性大。扩散性能的好坏，取决于染料的立体结构和分子量的大小，分子越大、扩散性能越差，铜酞菁活性染料就是一个例子。其他外部因素，如纤维的种类（棉或黏胶纤维）、电解质、助剂、染液 pH 等，都会影响染料的扩散性。

3. 固色率

固色率是评定活性染料质量优劣的主要指标，活性染料的改进和发展主要在于提高染料在纤维上的固色率。

从活性染料与纤维素纤维的反应动力学和反应机理可以看出，活性染料染色时，染料活性基与纤维的反应和活性基自身的水解反应之间的矛盾与竞争，对活性染料的固色率起着决定性的作用。一般来讲，为了获得高的固色率，染料在染色时的水解量降低到越低越好。

活性染料的固色率与很多因素有关，上述活性基团的结构、反应性、结合键的稳定性、染料的直接性以及染色条件（温度、pH、浴比）等都会影响染料的固色率。所以提高活性染料的固色率，要从两方面着手：一是从染料结构、母体染料的直接性、活性基团的改进以及采用多活性基团等途径去考虑；二是采用合适的印染加工工艺及条件，以提高染料在纤维上的固色率。提高染料固色率的措施如下：

（1）低温

温度对染料反应速率影响很大，温度越高，反应速率越快。虽然固色速率与水解速率均相应增加，但温度高，水解速率增加更快，这样就影响固色率的提高。近年国外较多介绍冷轧堆工艺，其固色率确实较其他工艺高，这就证明低温措施的重要性。同样在浸染中，温度越高，染料的亲和力或直接性越低，而水解速率常数则越高，固色率相应较低。

（2）加盐

盐类作为电解质加到活性染料染浴中，能相应增强染料的反应性与直接性，有利于染料在染浴中的吸尽，从而提高固色率。盐用量的多少，除与染料用量有关，还与染料自身的分子结构和染色性能有关，特别是与染料的直接性（亲和力）、移染性有关。

（3）小浴比

染浴比越大，越不利于吸尽。根据维克斯塔夫的测定，浴比为 1∶30 时，仅有 10%吸尽，而在 1∶1 的浴比下，几乎有 80%吸尽。吸尽率高，则固色率也高，因此近年染色工艺的发展主要是采用小浴比染色工艺，浸染的浴比可以提高到 1∶5 左右，包括采用筒子纱染色、卷染和新的浸染法。轧染、轧卷法的浴比则可以达到 1∶1。

（4）pH 的控制

一般情况下 pH 越高，纤维带的负电荷越多，同性离子间的斥力越低。阴离子活性染料对纤维的亲和力在 pH 为 11～12 时，是一个转折点，此时，染料的水解速率迅速增加而亲和力或直接性明显降低，固色效率也明显降低。所以，为了提高固色率，就要控制好 pH 的范围，一般不要大于11.5。

各类活性染料固色率的比较见表5-1。

表5-1 各类活性染料固色率的比较

染料商业名称	活性基团	固色率/%
Procion MX，国产X型	二氯均三嗪	50～70
Procion H，国产K型	一氯均三嗪	55～75
Levafix E	二氯喹噁啉	50～70
Drimarene K，R	二氟一氯嘧啶	70～85
Drimarene X	三氯嘧啶	55～75
Remazol，国产KN型	乙烯砜	55～75
Procion HE，国产KE型、KD型	两个一氯均三嗪	75～90
Sumifix Supra，国产M型、ME型	一氯均三嗪＋乙烯砜	60～80
Cibacron F	一氟均三嗪	50～70
Cibacron C	一氟均三嗪＋乙烯砜	85～95
Procion T，国产P型	膦酸型	70～85
Lanasol	α-溴代丙烯酰胺	85～90
Kayacelon React	烟酸均三嗪	60～80

4. 安全性

染料废弃物可能包含一些有毒的且致癌、致畸、致突变的化学物质。因此，若不能完全降解，染料所具有的毒性较大。活性染料问世以来，已成为棉用染料中最重要的染料类别，由于溶解度较大，且通过一般处理方法难以除去，对人体有一定的危害。如活性黑KN-B自身的毒性较小，但研究表明其水解产物毒性明显提高。因此，在染料开发时，要选用高效安全的染料，并有效改善活性基团，提高固色率。

通过分析活性染料的生态毒理特性，可以采取技术措施来解决活性染料存在的一些生态毒理方面的问题。如活性染料的过敏性问题，可通过开发低粉尘或无粉尘的颗粒状染料或液状染料来改进；开发不含卤原子的新型活性染料来解决现有染料的AOX（可吸收有机卤化物）问题，通过开发不含重金属的新结构活性染料来解决可萃取重金属问题。另外，为了改善活性染料的生态环境特性，降低染色废水中的COD值等，需开发高固色率以及低盐染色的新型活性染料，同时开发活性染料节水、节能的染色新技术。

第三节 活性染料的合成

一、含氮杂环活性染料的合成

在含氮杂环活性基中，三聚氯氰衍生物染料是最早发现和发展的一类活性染料，其色谱较齐全，品种也较多，主要是一氯均三嗪和二氯均三嗪染料（分别为国产K型和X型染料）。这类染料的合成主要有两种工艺：一是先合成母体染料，然后将活性基直接引入到母体染料中而得；二是先合成带有活性基的中间体，再合成染料。对偶氮型染料，两种合成途径均有采用，活性基可以在重氮组分，也可以在偶合组分。由于三聚氯氰非常活泼，偶氮型金属络合活性染料一般在母体染料金属络合后再引入活性基。

在偶氮型活性染料分子中采用氨基萘酚作偶合组分时，为了避免在氨基邻位发生偶合以致产生副产物，影响色光，一般先在氨基上引入活性基，增加氨基的位阻，然后合成染料。如活性艳红 K-2B，其合成方法及结构如下：

NH_2 OH
NaO_3S SO_3Na
+
Cl
N N
Cl N Cl
Na_2CO_3
0～5℃
Cl
N N
OH HN N Cl
NaO_3S SO_3Na
SO_3Na
$N_2^+Cl^-$
pH=6.5, 0～5℃

SO_3Na
Cl
N N
OH HN N Cl
N=N
NaO_3S SO_3Na
NH_2
SO_3Na
Na_2CO_3, 40～42℃
SO_3Na
N=N
OH
Cl
N N
HN N
NaO_3S
HN
SO_3Na
SO_3Na

活性艳红K-2B

活性基连接在重氮组分上的活性染料，重氮组分通常是芳二胺衍生物。其中一个氨基与三聚氯氰进行缩合反应引入活性基，另一个氨基进行重氮化，然后再与偶合组分偶合得到活性染料。如活性嫩黄 K-6G（C. I. 酸性黄 2），其合成方法及结构如下：

H_2N SO_3Na
NH_2
+
Cl N Cl
N N
Cl
Na_2CO_3
0～5℃
Cl
N N
N NH SO_3Na
Cl
NH_2
$NaNO_2$,HCl
0～5℃

Cl
N N
N NH SO_3Na
Cl
$N_2^+Cl^-$
Cl SO_3Na
N N
Cl
OH
Cl
N N
N NH SO_3Na
Cl
N=N
HO N
N
Cl
Cl
NaO_3S

H_2N SO_3Na
Cl
N N
N NH SO_3Na
NaO_3S NH
N=N OH
N N
Cl
Cl SO_3Na

活性嫩黄 K-6G

对蒽醌型活性染料大多直接将三聚氯氰引入到母体染料中，如活性艳蓝 X-BR 和活性艳蓝 M-BR（C. I. 活性蓝 5），它们的合成方法及结构如下：

O NH$_2$ SO$_3$Na O Br ＋ H$_2$N NaO$_3$S NH$_2$ $\xrightarrow[\text{pH=9, 85℃}]{Cu_2Cl_2,\ NaHCO_3}$ O NH$_2$ SO$_3$Na O NH SO$_3$Na NH$_2$

Cl N Cl N N Cl（三聚氯氰）$\xrightarrow{Na_2CO_3,\ 0\sim5℃}$ Cl N N HN N Cl O NH SO$_3$Na O $\xrightarrow[\text{pH=5.3, 45℃}]{\text{对位酯}}$ O S O SO$_4$Na HN N N Cl N NH O NH SO$_3$Na O

活性艳蓝X-BR　　活性艳蓝M-BR

以铜酞菁为母体的活性翠蓝 K-GL 的合成路线为：

NaO$_3$S SO$_3$Na NH$_2$ ＋ Cl N Cl N N Cl $\xrightarrow[0\sim5℃]{Na_2CO_3}$ Cl N N NH SO$_3$Na NaO$_3$S Cl $\xrightarrow[Na_2CO_3,\ 0\sim5℃]{NH_2CH_2CH_2NH_2}$

Cl N N NH SO$_3$Na NaO$_3$S H$_2$NH$_2$CH$_2$CHN $\xrightarrow{CuPc(SO_2NH_2)_c(SO_2Cl)_{a+b}}$ CuPc (SO$_2$NH$_2$)$_c$ (SO$_2$Cl)$_b$ {SO$_2$HNCH$_2$CH$_2$HN N N N Cl NH SO$_3$Na NaO$_3$S}$_a$

$a+b+c=3.3\sim3.5$

对嘧啶型活性染料可采用带有氨基的中间体在 pH＝4～4.6 的条件下与 2,4,6-三氟-5-氯嘧啶缩合，然后合成染料；也可用 2,4,6-三氟-5-氯嘧啶直接引入带有氨基的母体染料。如 C. I. 活性红 118，其合成方法及结构如下：

OH NaO$_3$S NH$_2$ ＋ F Cl N F N F ⟶ OH NaO$_3$S NH Cl F N N F

NaO_3S　SO_3Na　$N_2^+Cl^-$　SO_3Na ⟶ NaO_3S　SO_3Na　SO_3Na　N=N　OH　NaO_3S　Cl　F　N　N　F　N　H

活性红118

二、乙烯砜型活性染料的合成

由于含β-羟乙基砜硫酸酯染料的溶解度比相应的乙烯砜型染料好，乙烯砜型活性染料（国产KN型）均是以β-羟乙基砜硫酸酯为活性基。含β-羟乙基砜硫酸酯的中间体在碳酸钠等碱性介质中温度大于60℃极易脱去一分子硫酸氢钠而变成乙烯砜。

这类染料主要采用对位或间位β-羟乙基砜硫酸酯苯胺两种活性基中间体来合成，合成路线如下：

(1)

O　N　H ⟶($ClSO_3H$, 60℃) O　N　H　SO_2Cl ⟶(Na_2SO_3) O　N　H　SO_2H

⟶($ClCH_2CH_2OH$) O　N　H　O　S　O　OH ⟶(H_2SO_4) H_2N　O　S　O　OSO_3H

(2)

NO_2 ⟶($ClSO_3H$) NO_2　SO_2Cl ⟶(Na_2SO_3) NO_2　SO_2H ⟶($ClCH_2CH_2OH$)

O　S　O　OH　NO_2 ⟶(Fe, CH_3COOH) H_2N　O　S　O　OH ⟶(H_2SO_4) O　S　O　OSO_3H　NH_2

除常见的对位酯和间位酯外，还有磺化对位酯、取代对位酯、取代间位酯等β-羟乙基砜硫酸酯苯胺，结构如下：

HO_3S　H_2N—　—$SO_2CH_2CH_2OSO_3H$

磺化对位酯

H_2N　H_3CO—　—$SO_2CH_2CH_2OSO_3H$

甲氧基取代间位酯

H_3CO　H_2N—　—$SO_2CH_2CH_2OSO_3H$　OCH_3

二甲氧基取代对位酯

也有用萘环取代苯环制备β-羟乙基砜硫酸酯活性基的。有文献介绍如下几个活性基结构：

2-氨基-6-(β-羟乙基砜硫酸酯基)-8-萘磺酸

2-氨基-8-(β-羟乙基砜硫酸酯基)-6-萘磺酸

2-氨基-3-羟基-8-(β-羟乙基砜硫酸酯基)-6-萘磺酸

2-氨基-6-(β-羟乙基砜硫酸酯基)-1-萘磺酸

一种以β-羟乙基砜硫酸酯萘磺酸胺为活性基的双偶氮基染料（染料5-14）合成路径如下：

染料5-14

用对位或间位β-羟乙基砜硫酸酯苯胺作重氮组分进行重氯化后与偶合组分偶合，如活性艳橙KN-2G（C. I. 活性橙72）。个别染料的活性基团在偶合组分上，如活性嫩黄KN-7G（C. I. 活性黄57）。

活性艳橙KN-2G

活性嫩黄KN-7G

β-羟乙基砜硫酸酯苯胺活性基中的氨基邻位无羟基，可采用氧化络合的方法合成偶氮型金属络合活性染料，如活性红紫KN-R，其合成方法及结构如下：

0~5℃

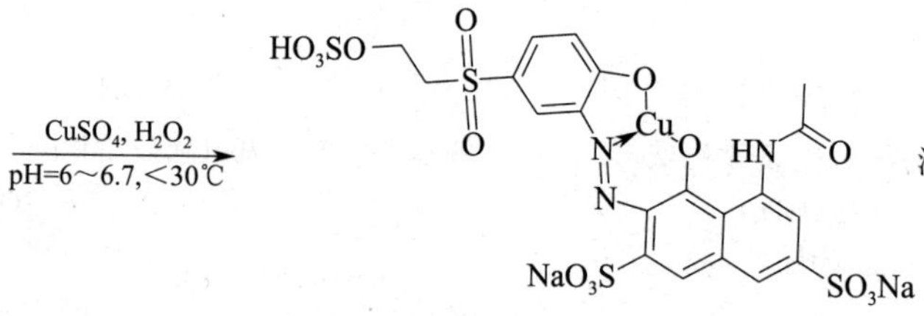

$\xrightarrow[\text{pH}=6\sim6.7, <30℃]{CuSO_4, H_2O_2}$ 活性红紫 KN-R

蒽醌型活性染料采用β-羟乙基砜苯胺先与溴氨酸缩合，然后在浓硫酸中进行酯化的过程。如活性艳蓝 KN-R，其合成方法及结构如下：

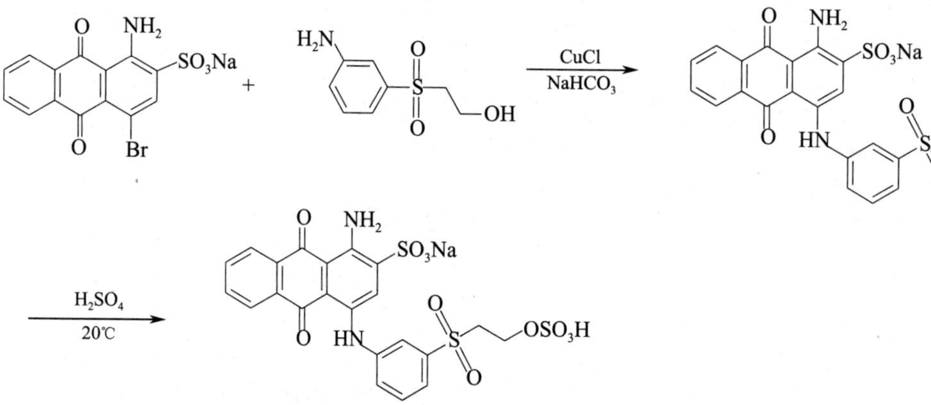

$\xrightarrow[NaHCO_3]{CuCl}$

$\xrightarrow[20℃]{H_2SO_4}$

活性艳蓝KN-R

一种双乙烯砜结构的黄色活性染料（染料 5-15）：

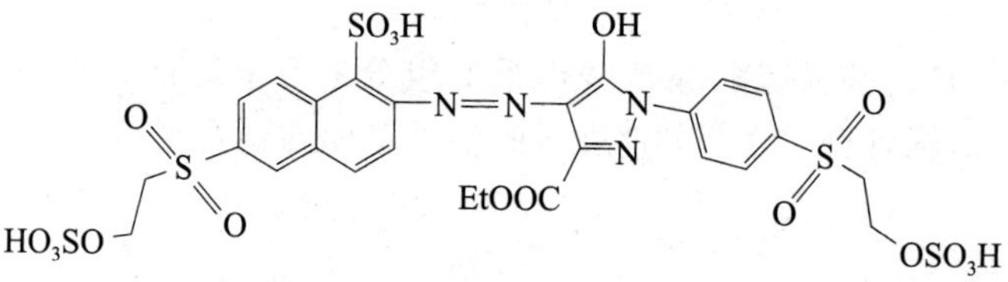

染料 5-15

有专利介绍了一种四乙烯砜活性基活性染料和三乙烯砜活性染料的制备路线和结构，四乙烯砜结构棕色活性染料合成方法如下：

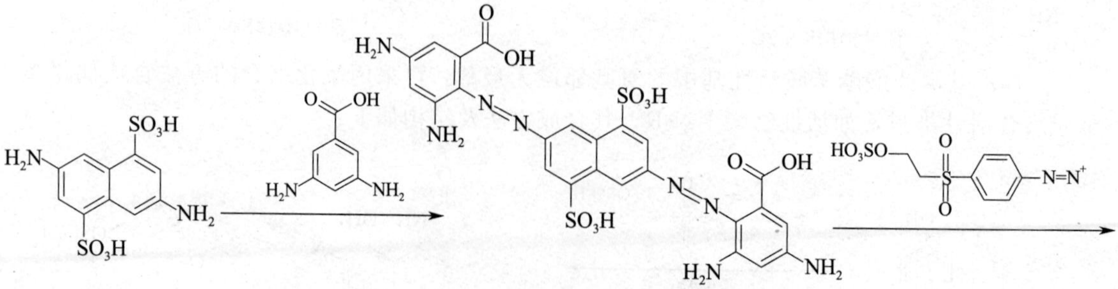

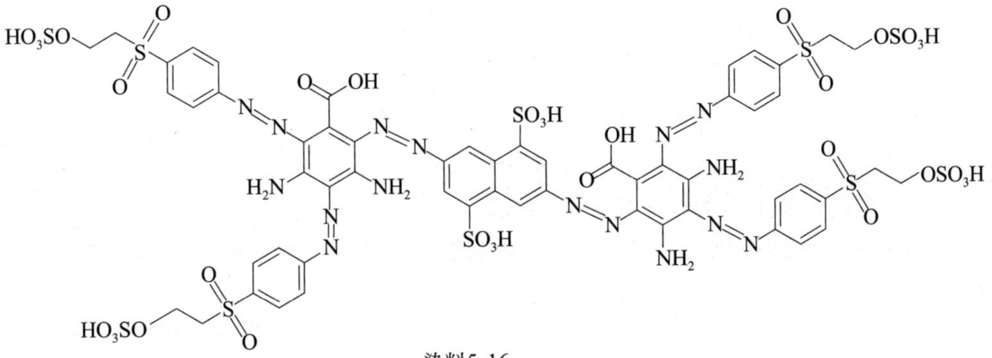

染料5-16

三乙烯砜结构红色活性染料（染料 5-17）：

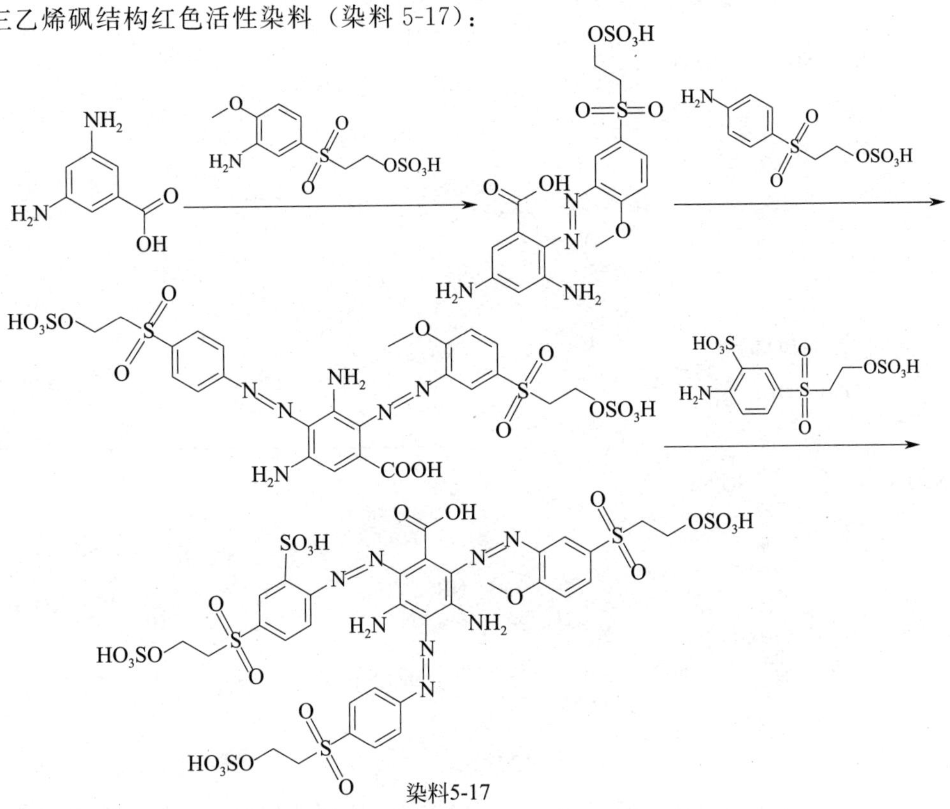

染料5-17

三、含复合（多）活性基的活性染料的合成

国产 M 型活性染料含有均三嗪活性基和 β-羟乙基砜硫酸酯活性基，这类染料主要利用二氯均三嗪活性染料上的第二个活泼氯原子的反应性，采用对位或间位 β-羟乙基砜硫酸酯苯胺进行缩合而生成染料，如活性艳红 M-2B、活性嫩黄 M-5G 等，结构如下：

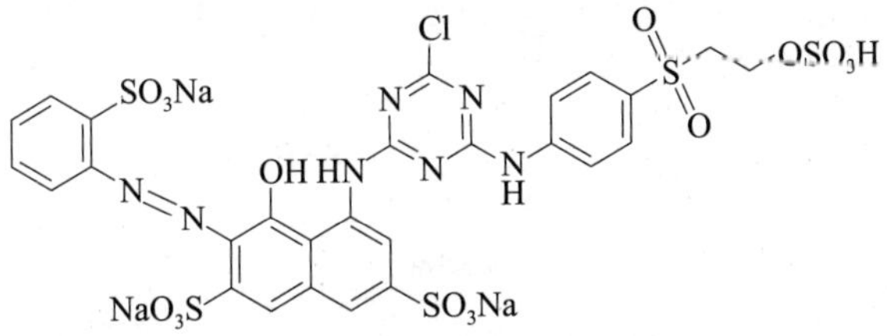

活性艳红 M-2B

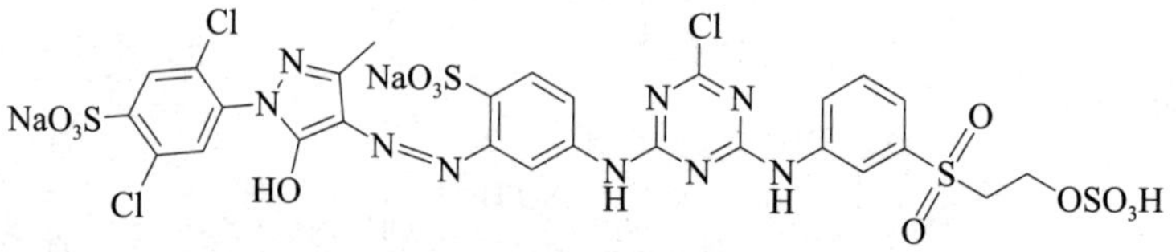

活性嫩黄 M-5G

三聚氯氰多活性基染料的合成途径主要有以下三种。

① 带有氨基的酸性染料与二氯均三嗪衍生物缩合，如活性蓝 KE-R（C. I. 活性蓝 171），其结构如下：

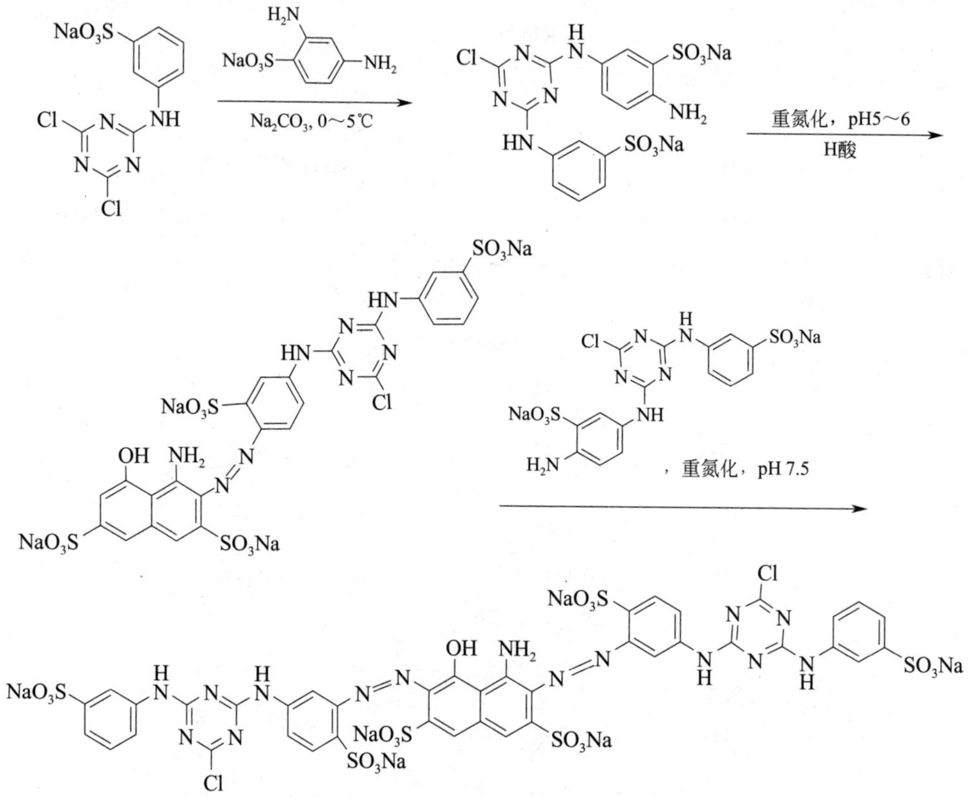

Na_2CO_3, 0～5℃

重氮化，pH5～6

H酸

，重氮化，pH 7.5

活性蓝KE-R

② 在带有氨基的染料母体上通过亚氨基连接交替地引入三聚氯氰，如活性艳红 KP-5B，其结构如下：

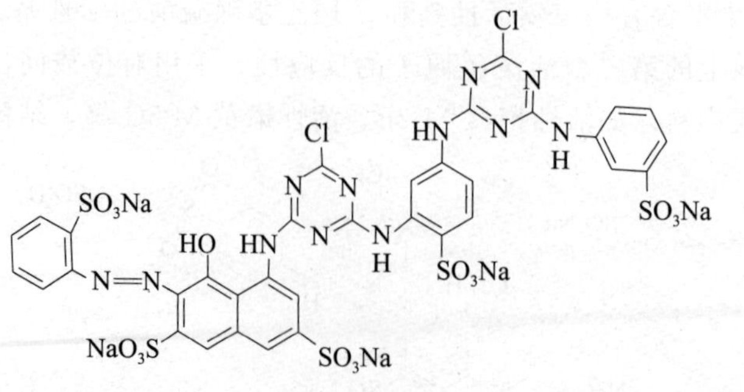

以及下面两个染料（染料 5-17、染料 5-18）：

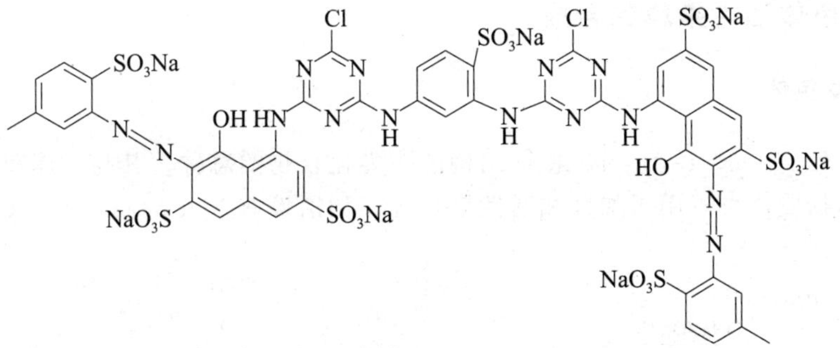

染料5-17

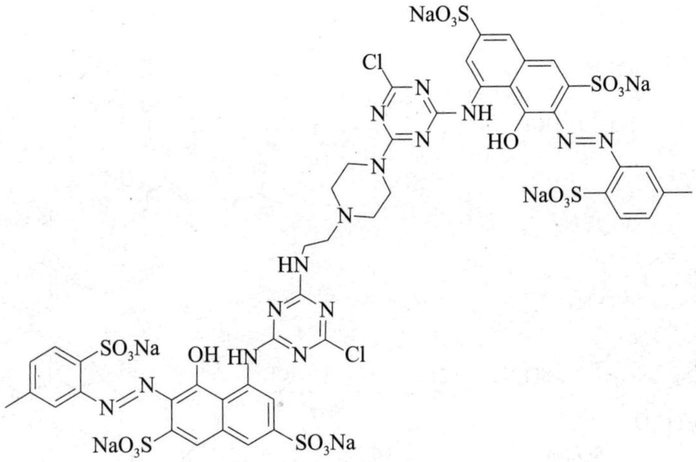

染料5-18

③ 通过二胺衍生物将两个 K 型活性染料连接在一起，如活性橙 KE-2G，其结构如下：

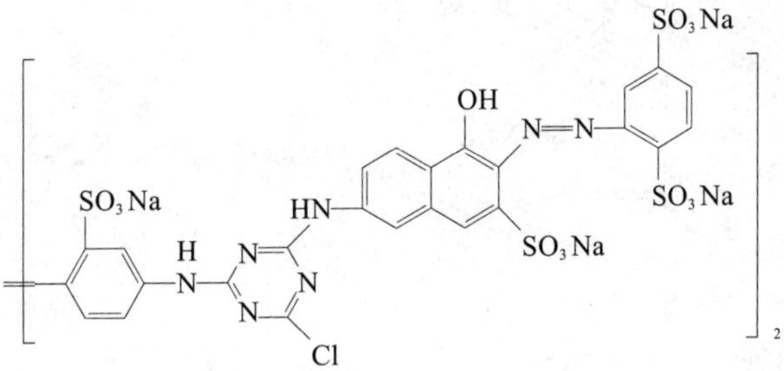

活性橙 KE-2G 由苯胺-2,5-双磺酸经重氮化后与J酸偶合，然后与三聚氯氰第一次缩合，再与 DSD 酸进行第二次缩合得到。相似的还有如下结构活性染料：

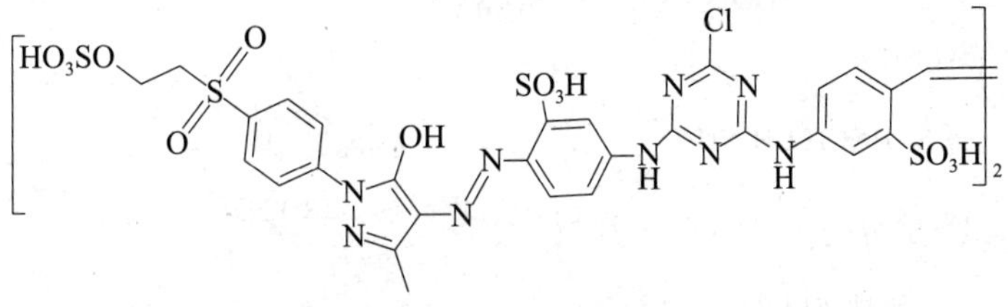

四、其他发色体活性染料的合成

1. 甲臜发色体

甲臜是含有 $-N{=}N-\overset{|}{C}{=}N-\overset{H}{N}-$ 特征结构的一类化合物的总称，其与金属离子络合可以形成蓝色发色体物质，可以用于酸性和活性染料等，如活性蓝 X-R 的制备方法如下：

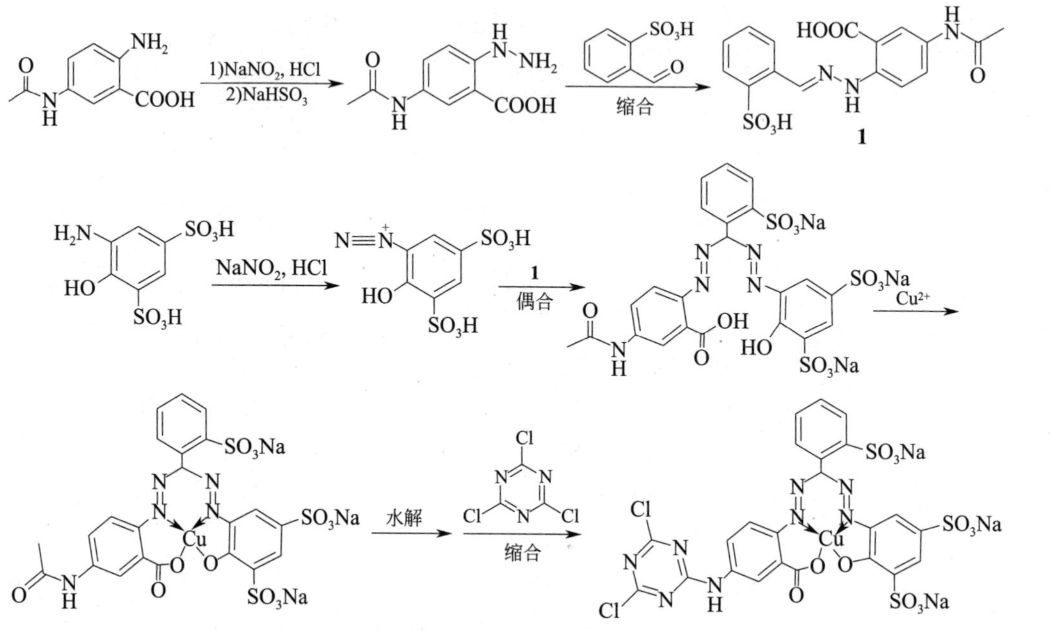

活性蓝 X-R

同样发色体为甲臜结构的活性染料，还有：

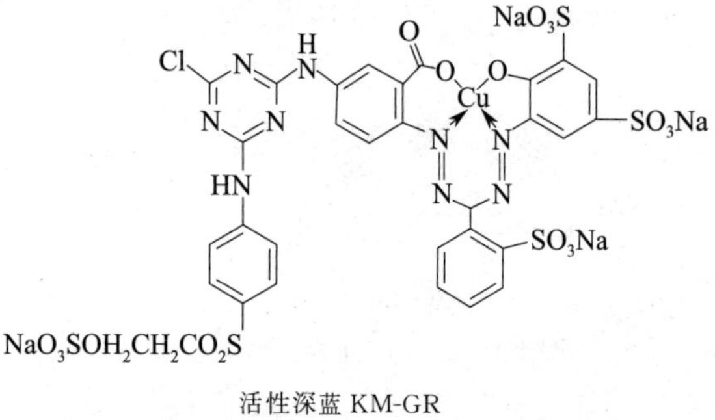

活性深蓝 KM-GR

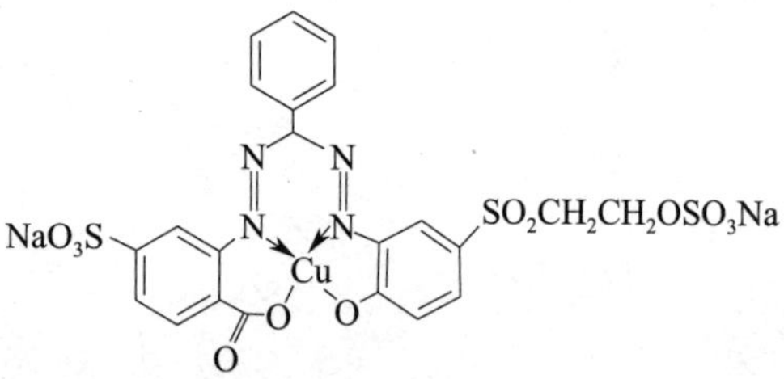

活性蓝 220

2. 酞菁结构发色体

酞菁结构发色体主要用于有机颜料中，当向酞菁结构中引入磺酸基发色体后，增加其水溶液，则可制备酞菁类酸性染料和活性染料。如活性蓝 14 和活性翠蓝 X-7G 的结构如下：

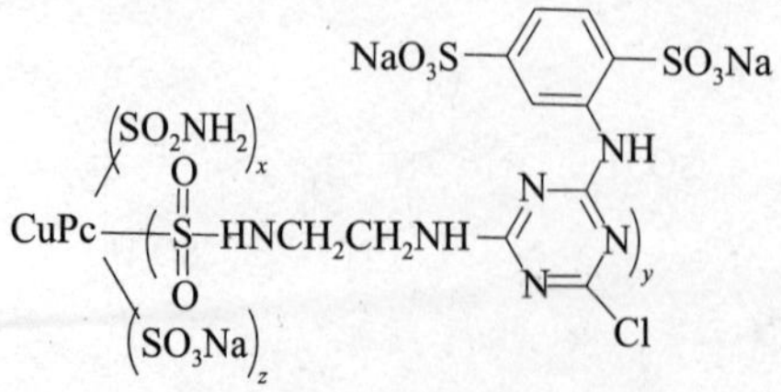

活性蓝14 (x+y+z=3.5～4)

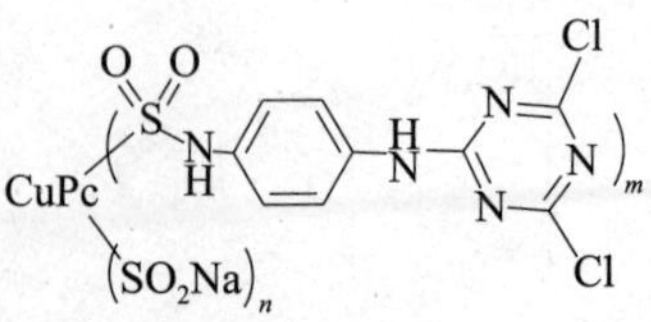

活性翠蓝X-7G (m+n=3)

其中活性蓝 14 的制备方法如下：

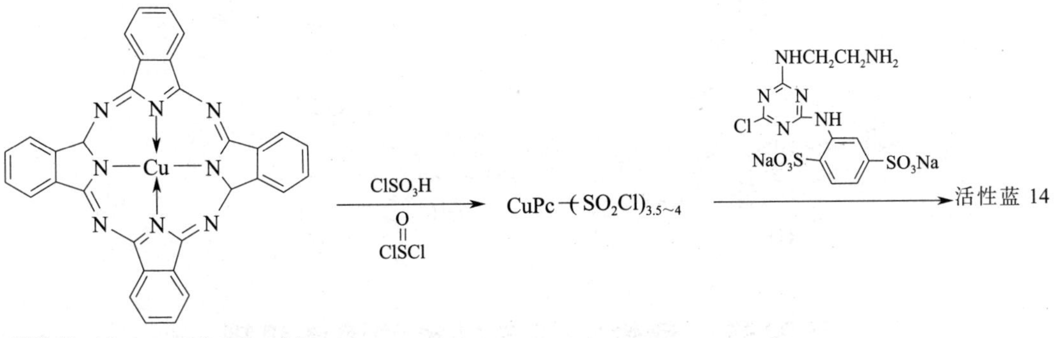

铜酞菁 (Copper phthalocyanin)

$\xrightarrow[\text{ClSOCl}]{\text{ClSO}_3\text{H}}$ CuPc ⁅$SO_2Cl)_{3.5\sim4}$ → 活性蓝 14

3. 二噁嗪结构发色体

如活性蓝 198，其合成方法如下：

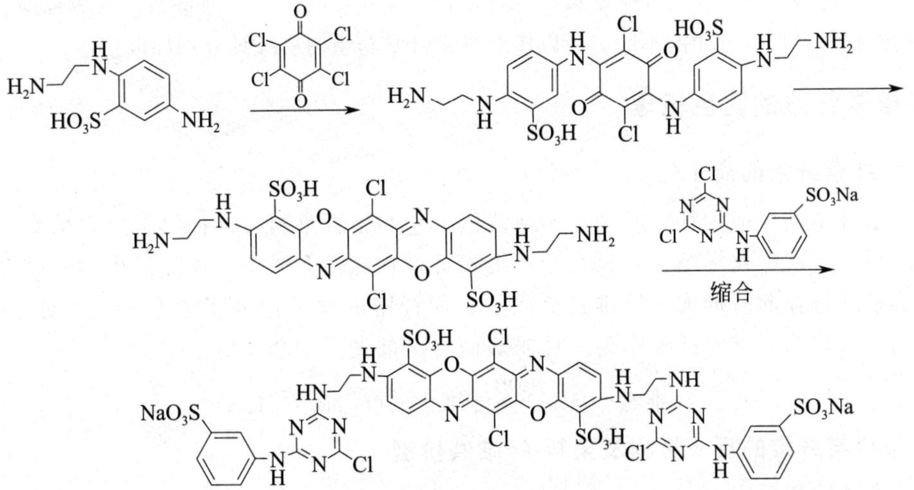

缩合

活性蓝 198

五、活性分散染料

这类染料结构中一般没有普通活性染料中的水溶性基团——磺酸基团，但却有常见的活性基团，如 β-羟乙基砜硫酸酯或一氯均三嗪、二氯均三嗪等。在染色时，这些活性基团通常会离去或者水解，使得染料变成普通的分散染料结构。具体如下：

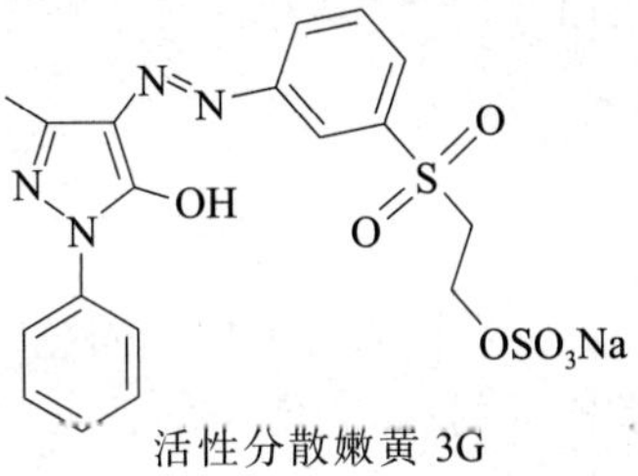

活性分散嫩黄 3G

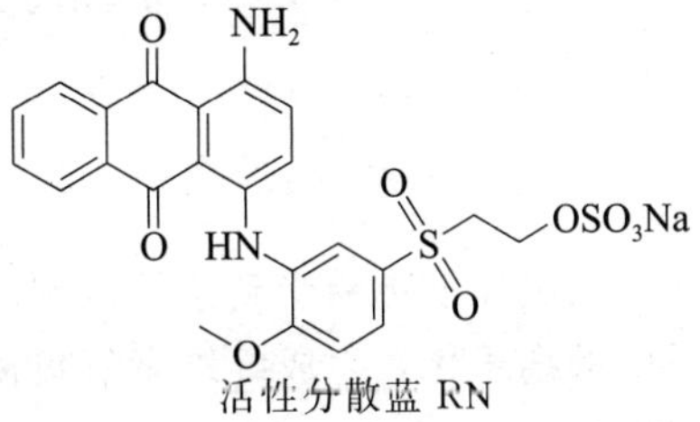

活性分散蓝 RN

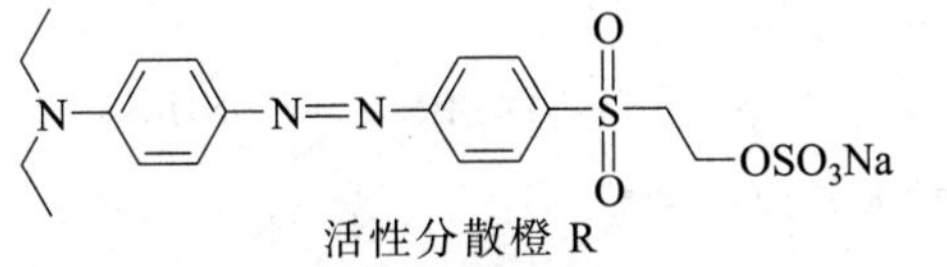

活性分散橙 R

其他如下结构中不含磺酸基，却含有膦酸基活性染料（Ⅰ）和（Ⅱ）：

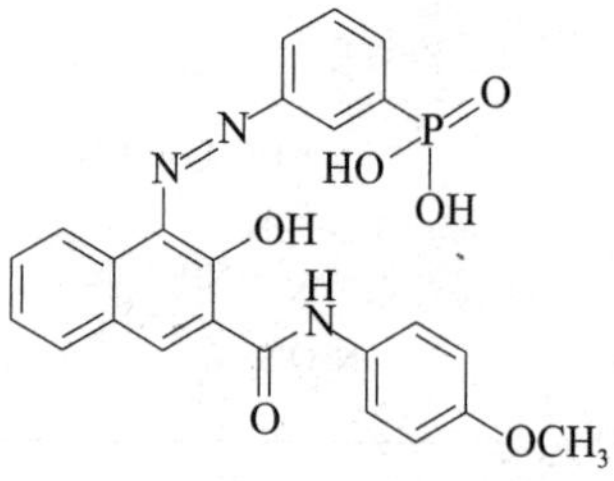

（Ⅰ） 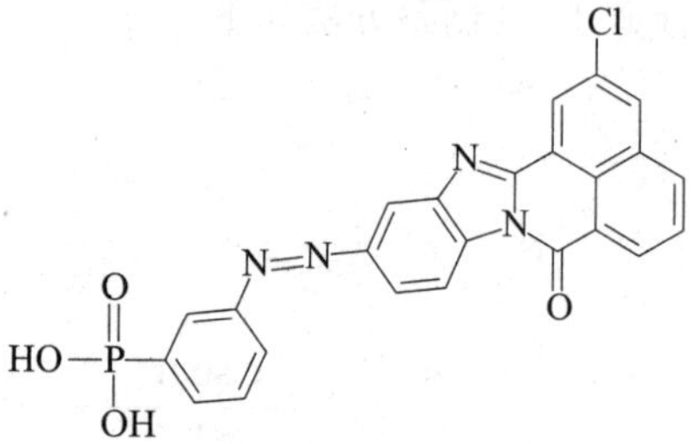　　（Ⅱ）

第四节　活性染料与纤维的固色机理

活性染料与纤维间存在着共价键，具有很高的湿处理牢度。这种共价结合的形式，根据活性基团的不同，可用两种反应历程来解释：一种是亲核取代反应，另一种是亲核加成反应。由于纤维结构性质和所含反应基团的不同，所以按纤维素纤维与蛋白质纤维分别加以叙述。

一、纤维素纤维的固色机理

1. 纤维素纤维的离子化

纤维素纤维在一般中性介质中是不活泼的，它与活性染料及其他染料之间关系一样，只是吸附关系，不产生化学结合，只有当纤维素纤维在碱性介质中，才能发生共价结合。这是因为纤维素纤维在此时形成了纤维素负离子，而纤维的离子化浓度随着 pH 的增加而增加。在这里也可解释为纤维素纤维作为一种弱酸而与碱剂发生中和反应。

$$\text{纤维素—OH} \xrightarrow{NaOH} \text{纤维素—}O^- Na^+ + H_2O$$

2. 染料与纤维的反应历程及染料-纤维共价键

（1）亲核取代反应

卤代均三嗪型及嘧啶型活性染料与纤维的反应均可用这种机理来解释。由于活性基团的芳香杂环上氮原子的电负性较碳原子强，因此使杂环上各个碳原子电子云密度较低而呈现部分正电荷。它的正电性不仅与杂环本身性质有关，而且还受环上取代基的影响。

由于与碳原子连接的氯原子电负性也很强，电子诱导的结果使碳原子呈现更强的正电性：

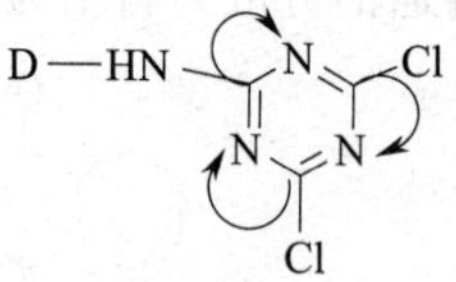

芳香杂环上的碳原子更易受到亲核试剂的攻击，发生亲核取代反应。固色时，纤维素纤维在碱性介质中的离子化，生成纤维素氧负离子（亲核试剂），它能与活性染料的活性基团发生亲核取代反应：

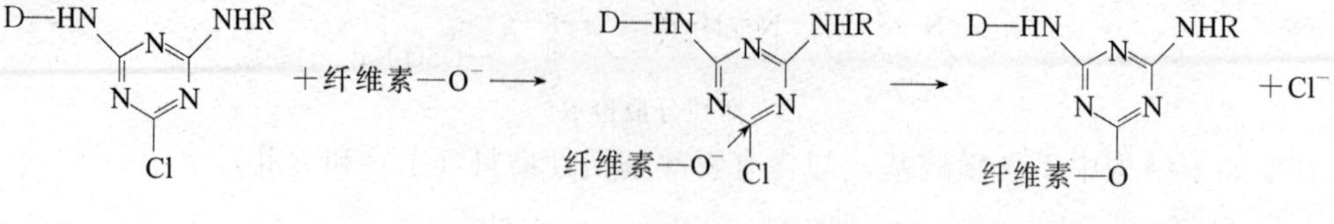

上述生成的染料-纤维共价键是酯键（氰酸酯）。

碱液中的 OH^- 也是一种亲核试剂，同样可以与活性染料发生亲核取代反应，成为水解染料。

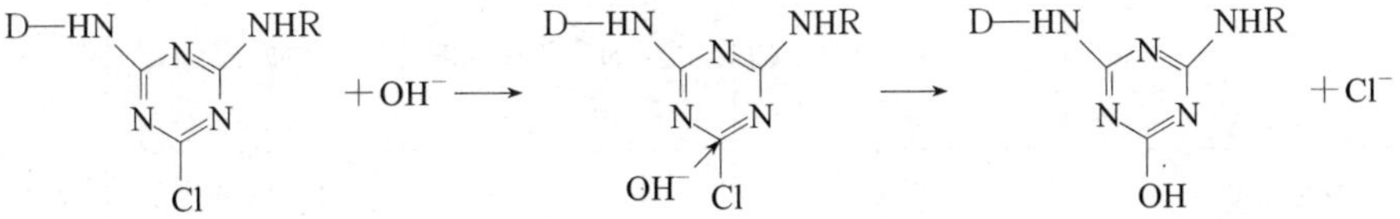

活性染料上的氯原子被取代后，产生的 HCl 溶于水而生成盐酸，遇碱剂即被中和。因此碱剂也具有中和染色中所产生的盐酸的作用。

卤代氮杂环活性基的反应性能和杂环的电子云密度分布有关，常见氮杂环的电子云密度分布如下：

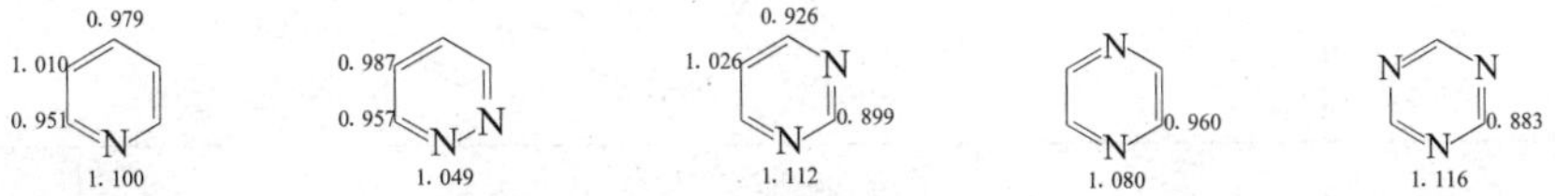

吡啶　哒嗪　嘧啶　吡嗪　均三嗪

氮原子的电负性越强，和氮原子相邻的碳原子电子云密度越低。杂环中氮原子数目越多，碳原子电子云密度就越低。在上述各杂环当中，以均三嗪环中碳原子的电子云密度最低，嘧啶环中两个氮原子中间的碳原子的电子云密度也较低。碳原子电子云密度越低，活性基的反应性就越强。亲核取代的位置主要发生在电子云密度最低的碳原子上。

卤代氮杂环活性基的反应性，除了与杂环中的杂原子数目有关，还与杂环上取代基的性质、数目和位置有关。在杂环上引入吸电子基，将降低杂环碳原子的电子云密度，增强活性基的反应性；引入供电子基，则反应性降低。因此在杂环中引入氯和氟原子等吸电子基团，可提高活性基的反应性，引入数目越多，卤素的电负性越强，反应性就提高越多（表 5-2）。由表可以看出，二氯均三嗪类活性染料的反应性最强。这是由于杂环中有三个氮原子和两个氯取代基的缘故。二氟一氯嘧啶类的反应性也很强，虽然杂环中只有两个氮原子，但杂环上有两个电负性强的氟原子及一个氯原子。甲砜基也是一个强电负性的取代基，故具有这种取代基的活性染料也具有较强的反应性。如果卤代杂环（如均三嗪环）上引入$—NH_2$、—NHAr、$—OCH_3$ 等供电子基，则反应性有不同程度的降低，如表 5-3 所示。

表 5-2　各类卤代杂环活性染料的水解反应性（pH=10，60℃）

染料	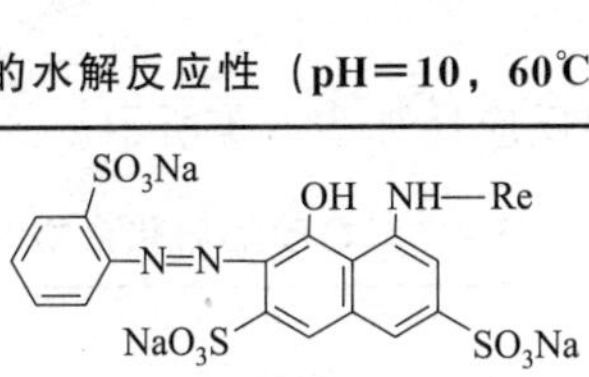		
活性基(Re)	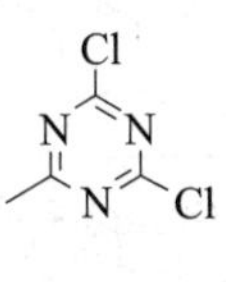	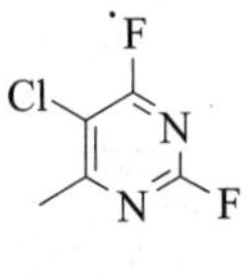	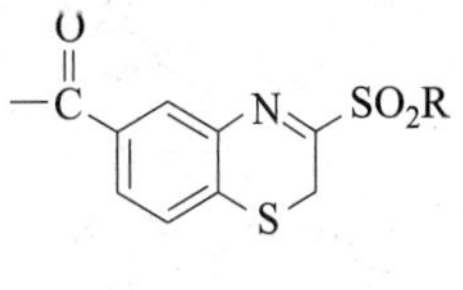
假一级水解反应常数/min^{-1}	3.3×10^{-1}	6.0×10^{-2}	3.5×10^{-2}

续表

活性基(Re)	O ‖ —C— N Cl N Cl	Cl Cl N N SO_2CH_3	Cl N N NH_2	Cl Cl N N Cl
假一级水解反应常数/min^{-1}	1.7×10^{-2}	9.5×10^{-3}	4.7×10^{-4}	3.5×10^{-4}

表 5-3 均三嗪活性染料活性基中 R 基团对水解反应性的影响

(染料浓度 6mmol/L，pH=11.2，40℃)

染料	SO_3Na —N=N— OH NH— R N N N Cl NaO_3S SO_3Na				
取代基(R)	—O—⟨⟩—NO_2	—O—⟨⟩	—OCH_3	H —N—⟨⟩	—$N(CH_3)_2$
假一级水解速率常数/min^{-1}	1.04×10^{-1}	3.65×10^{-2}	1.40×10^{-2}	5.0×10^{-4}	6.7×10^{-5}
相对水解速率	208	73	28	1	0.13

由表 5-3 可知，随着均三嗪环上 R 基团的供电子能力不同，染料的水解反应性有显著差别。同理，二氯均三嗪环上的一个氯原子被纤维素阴离子或—OH 取代后，第二个氯原子便不易被取代了。取代基的位置和反应性也有关系。如在 2,3-二氯喹噁啉活性基的 6 位上引入吸电子基后，可大大提高 2 位碳原子的反应性，而对 3 位碳原子的反应性影响较小，其原因在于 6 位吸电子基通过共轭效应降低 2 位碳原子电子云密度比 3 位上降低得多，故亲核取代反应主要发生在 2 位上。根据计算，在 6 位上引入吸电子羰基后，喹噁啉环上的电子云密度分布如下：

1.9098 O 0.7667 1.1533 N 0.9016 0.9471 0.8835 N 1.0067 1.1538

其衍生物的水解反应性如表 5-4 所示。

表 5-4 二氯喹噁啉化合物的水解反应性 (22℃，pH=13)

化合物	假一级水解速率常数/min^{-1}	化合物	假一级水解速率常数/min^{-1}
N Cl N Cl	5.2×10^{4}	Cl N Cl N Cl	2.6×10^{6}
O ‖ HN—C— N Cl N Cl	3.9×10^{5}	O_2N N Cl N Cl	7.3×10^{9}

亲核取代反应中的离去基也是取代基，它不仅可通过改变杂环上碳原子的电子云密度影响染料的反应性，其本身的离去倾向也直接与反应速率有关，离去倾向越大，取代反应速率越快。一般来说，离去基的电负性越强，越容易获得电子成阴离子离去。卤素原子既是吸电子基，又是离去倾向较强的基团，故氟、氯原子是最常见的离去基。氟原子的离去倾向虽然比氯小，但吸电子能力强，降低活性基杂环电子云密度比氯原子大得多，故杂环具有氟原子的反应性比氮原子活泼得多。值得注意的是，这些增强反应活性的吸电子基（—Cl、—F）在反应过程中会被取代而离去，因此这种活性是暂时性的，与杂环中的氮原子不同。

（2）染料的亲核加成反应

另一种重要类型的活性染料具有碳碳双键活性基。这种双键一般在染色过程中形成，它们可以与亲核试剂发生亲核加成反应，其反应历程如下：

$$\mathrm{D{-}Z{-}CH_2CH_2{-}X} \underset{k_{-1}}{\overset{k_1(-\mathrm{HX})}{\rightleftharpoons}} \mathrm{D{-}Z{-}CH{=}CH_2} \underset{k_{-2}}{\overset{k_2(+\mathrm{Y}^-)}{\rightleftharpoons}}$$

$$\mathrm{D{-}Z{-}CH^-{-}CH_2{-}Y} \underset{k_{-3}}{\overset{k_3(+\mathrm{H}^+)}{\rightleftharpoons}} \mathrm{D{-}Z{-}CH_2{-}CH_2{-}Y}$$

式中，Z 为吸电子的连接基；X 为$—OSO_3Na$等离去基团；Y 为亲核试剂（如纤维素阴离子等）。

活性基的反应性主要取决于吸电子的连接基，也与离去基的性质有关。反应分两步进行，先发生消除反应形成碳碳双键，然后发生亲核加成反应。

乙烯砜型活性染料与纤维的结合就是一种亲核加成反应。乙烯砜型商品活性染料的结构是 β-羟乙基砜硫酸酯，它在中性介质中具有较好的水溶性和化学稳定性。染色时，染料在碱的作用下生成含活泼双键的乙烯砜基（$—SO_2CH=CH_2$），由于$—SO_2$为吸电子基，电子诱导效应的结果使 β-碳原子呈现更强的正电性，故能与纤维素负离子发生亲核加成反应，H^+由水供给，反应后产生 OH^-，其反应历程如下：

$$\mathrm{D{-}\overset{\overset{O}{\|}}{\underset{\underset{O}{\|}}{S}}{-}CH_2CH_2{-}O{-}SO_3Na} \overset{\mathrm{OH^-}}{\rightleftharpoons} \mathrm{D{-}\overset{\overset{O}{\|}}{\underset{\underset{O}{\|}}{S}}{-}\overset{-}{C}H{-}CH_2{-}O{-}SO_3Na} \longrightarrow$$

$$\mathrm{D{-}\overset{\overset{O}{\|}}{\underset{\underset{O}{\|}}{S}}{-}CH{=}CH_2} \overset{\text{纤维素}\mathrm{{-}CH_2{-}O^-}}{\rightleftharpoons} \mathrm{D{-}\overset{\overset{O}{\|}}{\underset{\underset{O}{\|}}{S}}{-}\overset{-}{C}H{-}CH_2{-}O{-}CH_2{-}}\text{纤维素} \overset{\mathrm{H^+}}{\longrightarrow}$$

$$\mathrm{D{-}\overset{\overset{O}{\|}}{\underset{\underset{O}{\|}}{S}}{-}CH_2{-}CH_2{-}O{-}CH_2{-}}\text{纤维素}$$

以上反应所形成的染料-纤维共价键是一种醚键，即 R—O—R′，在染料-纤维键的牢度上与酯键结合是有区别的。

常用各类活性染料相对反应性强弱如下：

二氯均三嗪类

二氯喹噁啉类

甲砜代嘧啶

乙烯砜类

一氯均三嗪类

氯化嘧啶类

α-溴代丙烯酰胺类

小 → 大

反应性

二、影响活性染料与纤维素纤维反应速率的因素

活性基团与纤维的反应性一般通过反应速率来表示，它与温度、pH、浴比等均有关系。反应速率的快慢不能完全说明染料的优劣，反应太快或太慢都不一定适宜，反应太慢，染料不能与纤维起反应；反应太快，则影响染料的稳定性，在储存及应用中也造成困难，如染色不匀和染色水解率高。

活性染料与纤维的反应速率一般总是和水解速率成正比。当然，染料与纤维的反应，在正常条件下总是大于与水的反应速率，这可以从活性染料反应动力学上得到答案。染料与纤维的反应速率及与水的反应速率的关系如下：

$$R_F = k_F[D_F][CellO^-]$$

$$R_W = k_W[D_W][OH^-]$$

$$\frac{R_F}{R_W} = \frac{k_F}{k_W} \times \frac{[D_F]}{[D_W]} \times \frac{[CellO^-]}{[OH^-]}$$

式中，R_F 为染料与纤维的反应速率；k_F 为染料与纤维的反应速率常数；R_W 为染料与水的反应速率；k_W 为染料水解反应速率常数；$[D_F]$ 为纤维中染料浓度；$[CellO^-]$ 为纤维素负离子浓度；$[D_W]$ 为染浴中染料浓度；$[OH^-]$ 为氢氧根的浓度。

由上可知，染料与纤维的反应速率与染料水解反应速率的比值大小取决于三个因素，即 k_F/k_W、$[CellO^-]/[OH^-]$、$[D_F]/[D_W]$。

第一个因素，从原子的立体结构来分析，两者的反应速率常数不可能有很大的差异。因此 k_F/k_W，对反应速率比影响较小。

第二个因素，$[CellO^-]/[OH^-]$，由表 5-5 可知，当 pH 在 7～11 时，这个比值基本上是恒定的，约在 30，即 $[CellO^-]$ 大于 $[OH^-]$ 30 倍；pH 超过 11 后，pH 越高，比值越小。这就是说，固色反应虽然加快，但水解反应比固色反应增加得更快，这就是通常固色时 pH 要控制在 11 以下的原因，此时既可获得较快的固色反应速率，又能得到较好的固色率。

第三个因素，$[D_F]/[D_W]$ 是决定反应速率比的一个很重要的因素。根据维克斯塔夫在染色实验中的测定（表 5-6），在 1∶30 的浴比下，染料由于反应性及亲和力等条件不同，可

以使染料被纤维吸收的值有很大的变化，这样，$[D_F]/[D_W]$ 值变化就大。当染料的吸收率在10%时为15，染料吸收率达到90%时为1227。这样，染料在纤维上与在水中的反应速率比应该是：

$$R_F/R_W=1\times(15\sim1227)\times30=450\sim37000$$

表 5-5 pH与纤维素纤维离子浓度的关系

pH	$[OH^-]/(mol/L)$	$[CellO^-]/(mol/L)$	$[CellO^-]/[OH^-]$
7	10^{-7}	3×10^{-6}	30
8	10^{-6}	3×10^{-5}	30
9	10^{-5}	3×10^{-4}	30
10	10^{-4}	3×10^{-3}	30
11	10^{-3}	2.8×10^{-2}	28
12	10^{-2}	2.2×10^{-1}	22
13	10^{-1}	1.1	11

这个因素可以说明，在正常染色条件下，染料与纤维的反应速率总要比水解速率大得多。

表 5-6 染料吸收率与反应速率比的关系（浴比1∶30，pH为8～11）

染料吸收率/%	$[D_F]/[D_W]$	$[CellO^-]/[OH^-]$	R_F/R_W
10	15	30	450
20	34	30	1000
30	58	30	1700
40	91	30	2700
50	137	30	4100
60	204	30	6100
70	318	30	9500
80	545	30	16400
90	1227	30	37000

除了以上一些因素外，反应速率与温度、pH、活性基团的关系如下。

① 据测定，染料与纤维的反应速率 R_F 与温度的关系：

温度/℃	0	10	20	30	40
相应反应速率	1	2	5	15	40

由上可知，温度每增加10℃，反应速率 R_F 要提高2～3倍。但需要指出的是，升高温度同样可以增加染料水解反应的速率，且对其影响更为显著。

② 反应速率 R_F 与pH的关系从表5-5可知，按照纤维离子化浓度来计算，pH每增加1，反应速率增加10倍。

③ 反应速率与染料活性基团的关系。染料活性基团的反应速率一般不易直接求得，往往需要通过染料的水解速率求得其相关值。水解速率数值大，则反应速率快；数值小，则反应速率慢。一般反应速率快，固色温度低；反应速率慢，固色温度高。这在实际应用中是很有意义的，这方面的关系如表5-7所示。

表 5-7　各类染料活性基团反应速率与固色温度、键稳定性的关系

活性基团	反应速率(水解常数)/min^{-1} (pH=11,40℃)	固色温度/℃ (纯碱条件)	键稳定性/min^{-1} (pH=6,60℃)
二氯均三嗪	3.3×10^{-1}	20～40	1.3×10^{-5}
二氟一氯嘧啶	2.61×10^{-2}	30～50	1.2×10^{-7}
二氯喹噁啉	1.7×10^{-2}	30～50	1.1×10^{-6}
一氟均三嗪	6.5×10^{-2}	40～60	1.4×10^{-4}
乙烯砜	4×10^{-3}	50～70	1.1×10^{-6}
一氯均三嗪	4.7×10^{-4}	70～90	1.2×10^{-7}

三、蛋白质纤维的染色机理

活性染料过去主要应用于棉纤维染色，近年来正在向棉纤维以外的天然纤维（毛、丝）以及合成纤维中锦纶的染色方面发展，应用范围不断扩大，并取得了较好的效果。

蛋白质纤维如毛、丝结构中亦有较多的亲核基团，如氨基、羟基、巯基（—SH），均可与活性染料形成共价键结合，其中氨基的比例最高，所以主要的反应是以氨基为主。和纤维素纤维染色一样，活性染料染羊毛、蚕丝和锦纶也包含吸附、扩散和固色等过程。对这些纤维，活性染料能够在酸性介质中发生吸附。均三嗪类活性染料在酸性介质中会发生水解；由于羊毛鳞片层的存在，使染料充分扩散进入纤维内部需要较高的温度。在这种情况下，一般活性染料不但容易水解，产生大量水解染料吸附在纤维上，造成浮色，而且与纤维的反应过于迅速，容易造成染色不匀。这些情况与纤维素纤维的染色有很大区别。

因此，人们一方面利用常规活性染料在较适当的染色条件下，对蛋白质纤维进行染色；另一方面则根据上述特点合成一些反应性比较低、扩散性能较好，专供蛋白质纤维染色用的活性染料。

活性染料与蛋白质纤维的结合过程中也存在着两种亲核反应机理，即亲核取代与亲核加成。

1. 亲核取代反应的染料

有的均三嗪型和嘧啶型活性染料可以与羊毛形成共价键结合。国外开发较多的为二氟一氯嘧啶型活性染料（如 Drimalan F，Verofix），它与羊毛的亲核取代反应如下：

$$\text{D—NH—(5-Cl-2,6-F}_2\text{-嘧啶-4-基)} + H_2N—W \longrightarrow \text{D—NH—(5-Cl-6-F-2-(NH—W)-嘧啶-4-基)}$$

2. 亲核加成反应的染料

乙烯砜类活性染料亦可与羊毛形成共价键结合，它与羊毛的结合是一种亲核加成反应。

如赫斯特公司生产的 Hostalan 染料是乙烯砜和 *N*-甲基牛磺酸钠的加成物，当温度上升到 80℃以上，pH 为 5～6 时，逐渐形成活泼的乙烯砜基而与羊毛纤维发生加成反应：

$$D—SO_2—CH_2—CH_2—N(CH_3)—CH_2—CH_2—SO_3Na \longrightarrow D—SO_2—CH{=}CH_2 + HN(CH_3)—CH_2—CH_2—SO_3Na$$

$$D—SO_2—CH{=}CH_2 + H_2N—\text{羊毛} \longrightarrow D—SO_2—CH_2—CH_2—NH—\text{羊毛}$$

3. 存在亲核加成与亲核取代两种反应的染料

汽巴公司开发的 Lanasol 毛用活性染料含有 *β*-溴代丙烯酰胺的活性基团，反应机理如下：

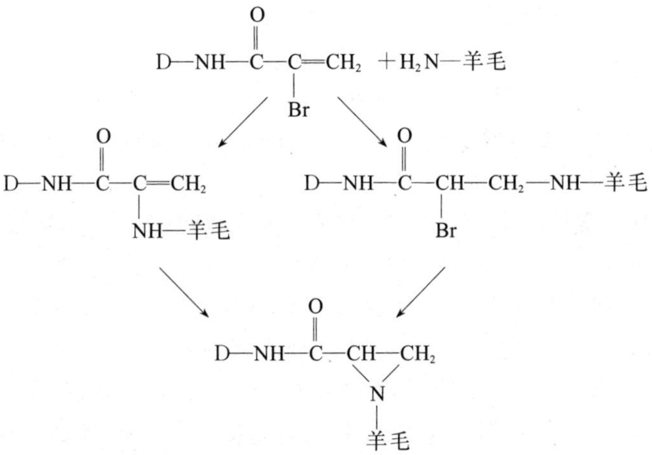

$$D—NH—\overset{O}{\overset{\|}{C}}—\underset{Br}{\underset{|}{C}}=CH_2 \quad + H_2N—羊毛$$

$$D—NH—\overset{O}{\overset{\|}{C}}—\underset{NH—羊毛}{\underset{|}{C}}=CH_2 \qquad D—NH—\overset{O}{\overset{\|}{C}}—\underset{Br}{\underset{|}{CH}}—CH_2—NH—羊毛$$

$$D—NH—\overset{O}{\overset{\|}{C}}—CH—CH_2 \text{（CH 与 }CH_2\text{ 经 N 成环，N—羊毛）}$$

一方面原来的乙烯基双键由于羰基和溴原子的影响，反应能力增强，使亲核试剂加成在β-碳原子上形成加成产物；另一方面，碳原子由于溴原子的诱导效应发生了亲核取代，且最终可能形成乙烯亚胺与羊毛的结合。

Lanasol 染料实质上也是一个含双活性官能团的染料，反应速率高，水解速率低，所以具有较高的固色率，在羊毛上为90%以上，在丝绸上为85%左右。

染料与蛋白质纤维的结合，无论是加成反应还是取代反应，所形成的酰氨键或亚氨键都是比较稳定的，所以羊毛或丝绸的染色成品不存在断键、染色牢度不高问题。近年来采用毛用活性染料已成为毛纺织染整工作者提高色牢度的主要手段。

四、活性染料和纤维间共价键的稳定性

活性染料和纤维间形成酯键或醚键，在一定条件下都可被水解，发生断链反应。水解染料对纤维的亲和力较小，易于洗去，因而造成染色纺织品的褪色。

讨论活性染料与纤维素纤维间共价键的稳定性，可以均三嗪类和乙烯砜类活性染料为例加以阐述。

二氯均三嗪类活性染料和纤维素的反应，随反应条件不同，可生成以下三种结构的产物，如下所示：

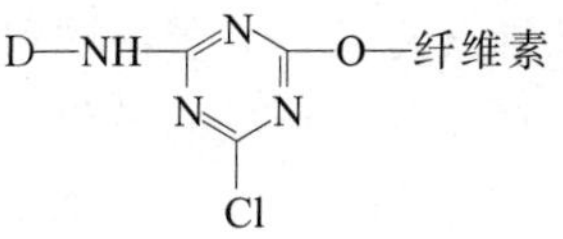

D—NH—(均三嗪环)—O—纤维素，环上另一取代基为 Cl
（Ⅰ）

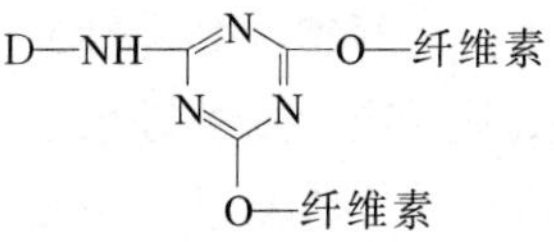

D—NH—(均三嗪环)—O—纤维素，环上另一取代基为 O—纤维素
（Ⅱ）

D—NH—(均三嗪环)—O—纤维素，环上另一取代基为 OH $\underset{OH^-}{\overset{H^+}{\rightleftharpoons}}$ D—NH—(三嗪环，含 NH 与 C=O)—O—纤维素

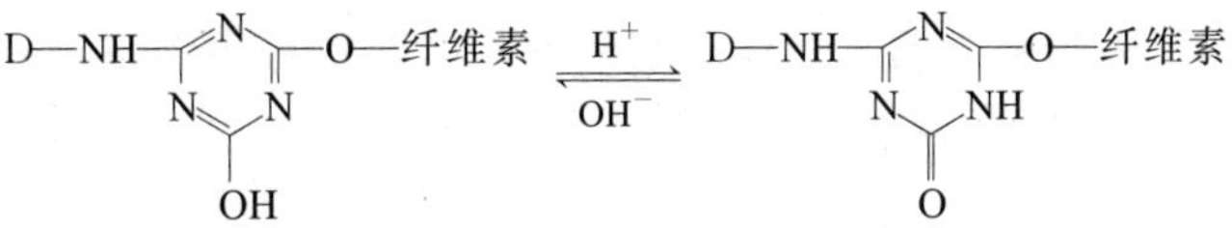

（Ⅲ，互变异构）

在温和条件（如以 $NaHCO_3$ 为碱剂）下，生成的是（Ⅰ）式结构产物。在稍强一些的碱性介质（如以 Na_3PO_4 为碱剂）中，（Ⅰ）式结构产物将进一步和纤维素发生反应，生成（Ⅱ）式结构产物。当反应条件更为剧烈时（如在100℃，1%NaOH 溶液中），氢氧根离子会将（Ⅱ）式结构中的一个纤维素分子取代下来，从而生成（Ⅲ）式结构产物。在碱性介质中，氢氧根离子对纤维素分子的取代也是S_N2反应，取代反应的难易与C—O键上碳原子的

电子云密度有关。就上述三种结构而言，以（Ⅱ）式结构最稳定，（Ⅲ）式结构次之，（Ⅰ）式结构最不稳定。在酸性介质中，染料与纤维素间的共价键也以（Ⅱ）式结构最为稳定，但（Ⅲ）式结构最不稳定。这与（Ⅲ）式结构异构体均三嗪环上羰基的吸电子性有关。如果将（Ⅰ）式结构中均三嗪环上的氯原子代之以供电子的氨基，染料和纤维素间共价键的稳定性便可提高。

从实际应用来看，常见的是染料-纤维键酸性水解的问题。因为染色织物在空气中会经常接触到酸性气体和水分，从而引起染料和纤维素间的断键，降低染色牢度。

如前所述，上述均三嗪染料的水解反应和成键反应一样，是亲核取代反应。均三嗪环和纤维素连接的碳原子上电子云密度越低，越容易断键，这和活性染料的反应活性是矛盾的。解决这个矛盾的一个方法是采用吸电子性强的离去基团接在二氮杂环上（如在嘧啶环上接—F、$—SO_2CH_3$ 等取代基团）。染料和纤维结合，这种离去基脱去以后，碳原子上的电子云密度便有所增加，从而获得比较良好的 C—O（染料-纤维）键的稳定性。另一方法是选用反应性低的均三嗪类活性染料，染色时加入叔胺催化剂和染料结合，以提高染料的反应性能。和纤维反应后，催化剂脱去，便可获得较为稳定的染料和纤维间的共价键。

乙烯砜类染料和纤维素反应生成醚键结合。这种醚键的酸水解比纤维素的酸水解稳定。但在碱性介质中却可以发生 β-消除反应，生成乙烯砜后亲核加成生成水解染料。

常见各类活性染料在酸、碱介质中的键稳定性比较如表 5-8 所示。

表 5-8　各类活性基团的染料与纤维所形成的化学键稳定性

活性染料类型	键稳定性/级	
	酸性水解	碱性水解
乙烯砜型	4～5	2～3
一氯均三嗪型	3	4
二氯均三嗪型	2～3	3～4
二氯喹噁啉型	2～3	3～4
三氯嘧啶,二氟一氯嘧啶	4	4～5

注：酸性水解条件：HAc，pH=3.5，40℃，1h；碱性水解条件：Na_2CO_3，pH=11.5，90℃，1h，最后用褪色卡评级。

由表 5-8 可见，乙烯砜型耐酸稳定性好，而均三嗪型耐碱稳定性好。

活性染料和蛋白质纤维的共价键的断键问题比纤维素复杂，因蛋白质和染料反应的基团种类比较多。与氨基反应形成的键稳定性较高，而与羟基反应形成的键稳定性较低。总的来说，活性染料染蛋白质纤维断键率不是很高，最高也只在 10%左右，大多数都在 2%～3%。从活性基来看，以二氟一氯嘧啶类的稳定性最高，乙烯砜类的其次，一氯均三嗪类的也较好，二氯均三嗪类和三氯嘧啶类的较差些。它们的耐酸断键稳定性也较好，在 pH 低至 2 时水解 24h，断键百分率也只有 2%左右，与在中性介质中水解结果接近。

第六章 分散染料

第一节 引　　言

分散染料是一类结构简单、水溶性极低、在染浴中主要以微小颗粒的分散体存在的非离子染料。它在染色时必须借助分散剂将染料均匀地分散在染液中，才能对各类合成纤维进行染色。分散染料与水溶性染料的最大区别是染料水溶性极低。分散染料作为聚酯纤维的专用染料，必须满足以下三方面的要求，以适应聚酯纤维染色。

① 由于聚酯纤维分子的线型结构较好，分子上没有大的侧链和支链，而且经过纺丝过程中拉伸和定型作用，使分子排列整齐、结晶度高、定向性高、纤维分子间空隙小，染料不易渗入。因此，必须采用分子结构简单、分子量小的染料。通常至多只能是有两个苯环的单偶氮染料，或是比较简单的蒽醌衍生物，杂环结构较少。

② 由于聚酯纤维的高疏水性，大分子链上没有羟基、氨基等亲水性基团，只有极性很小的酯基，因此要求分散染料具有与纤维相应的疏水性。染料分子中往往引入非离子及—OH、—NH_2 等极性基团。

③ 染料应具有良好的耐热性和耐升华牢度。分散染料是随着疏水性纤维的发展而兴起的一类染料，早在 20 世纪 20 年代初便已问世，当时主要应用于醋酯纤维的染色，因此也被称为醋纤染料。随着合成纤维特别是聚酯纤维的迅速发展，分散染料逐渐成为发展最快的染料之一。分散染料主要用于聚酯纤维的染色和印花，同时也可用于醋酯纤维以及聚酰胺纤维的染色。经分散染料印染加工的化纤纺织产品，色泽艳丽、耐洗牢度优良，用途广泛。由于分散染料不溶于水，对天然纤维中的棉、麻、毛、丝均无染色能力，对黏胶纤维也几乎不沾色，因此化纤混纺产品通常需要用分散染料和其他适用的染料配合使用。

分散染料有两种分类方法：一种是按应用性能分，主要是按升华性能；另一种是按化学结构分。按应用性能分类还缺少统一的标准，各染料厂商都会按自己的一套方法进行分类，通常是在染料名称的字尾前加注字母。如瑞士山德士公司（Sandoz）的 Foron 染料分为 E、SE、S 三类：E 类升华牢度低，而匀染性好；S 类则相反，升华牢度高，而匀染性差；SE 类的性能介于两者之间。又如英国帝国化学公司（ICI）的 Dispersol 染料分为五类：A 类升华牢度低，主要适用于醋酯纤维和聚酰胺纤维；B、C、D 类适用于聚酯纤维，分别相当于低温、中温和高温三种；P 类则专用于印花。

升华牢度低的染料适用于载体染色，升华牢度中等的染料适用于 125～140℃的高温染色；而升华牢度高的，由于匀染性差，主要用于热熔染色。当然，染料的应用性能分类是随着染料品种和应用工艺的发展而不断变化的。选用染料时要注意商品类别。

按化学结构分，分散染料绝大部分属于偶氮和蒽醌两类。目前生产的分散染料，其总量的一半以上为单偶氮类，其次为蒽醌类，占25%左右。从色谱来看，偶氮类主要有黄、红、蓝以及棕色等品种，蒽醌类主要有红、紫和蓝色品种。其他杂环类结构的主要有芳酰乙烯苯并咪唑类、苯乙烯类、氨基萘亚酰胺类、硝基二苯胺类等。杂环结构的分散染料由于色泽鲜艳，近年来品种增长很快。

染料-纤维之间的亲和力包括：氢键和范德华力。分散染料分子中含有氢原子，可以与纤维中的氧和氮原子形成氢键。这些作用力对聚酯纤维染色来说是非常重要的。

部分分散染料对人体有致敏作用，当人们穿着或使用含有这类染料的纺织品时，有可能对健康造成潜在威胁。德国作为相关法案的提出国，曾于2000年提出过一项有关纺织品上分散染料检测方法的标准草案 DIN m 512 草案 5—2100（纺织品分散染料的检测）。纺织品上致敏性分散染料的检测已经成为纺织品服装国际贸易中一项重要的质量监控项目。这不仅迎合了当今世界“绿色消费”的发展潮流，也反映了国际贸易中愈演愈烈的绿色壁垒发展态势。

为了提高分散染料的应用性能并适应环保要求，国内外染料企业致力于开发新品种。这些分散染料新品种的主要特点是：色泽鲜艳、发色强度高，染色重现性好，具有优异的提升性能、上染率和染色牢度等。

采用吡唑啉酮、吲哚、吡啶酮等杂环偶合组分，可改善黄色偶氮型分散染料存在的颜色互变现象；另一方面，在染料分子中引入氰基，用于涤纶超细纤维织物的染色，以达到提高染深性和耐日晒或升华牢度的目的。为了提高分散染料染色应用性能和保护人类免受紫外线辐射，合成了含内置光稳定基的多氮分散染料。

近年来，还合成开发了众多含杂环的分散染料，主要品种有：含吡啶酮、吡啶、四氢喹啉、咔唑等含氮杂环分散染料，以噻吩为主的含硫杂环分散染料，以苯并呋喃酮类为主的含氧杂环分散染料，以噻唑类为主的含氮、硫等多个杂原子的分散染料以及含氟杂环分散染料。

第二节　分散染料的结构分类和商品加工

一、分散染料的结构分类

分散染料的化学结构以偶氮和蒽醌类为主，近年来杂环类分散染料的数量也增长很快。分散染料的结构可分为下列几类。

1. 偶氮类

（1）单偶氮型

单偶氮型染料的分子量一般为350～500，约占分散染料总量的50%。它们具有生产简便、价格低廉、色谱齐全及牢度较好的优点。这类染料具有下列通式：

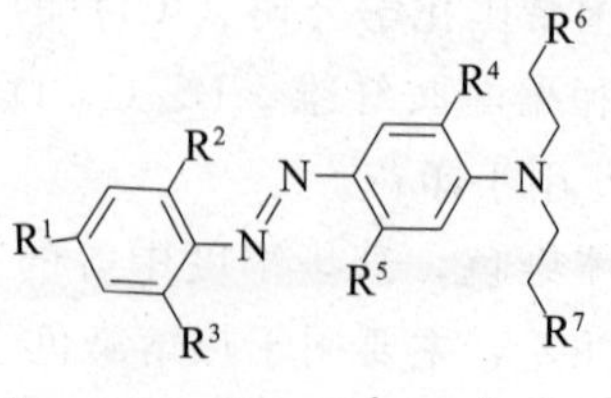

式中，R^1 多为吸电子基团，如—NO_2 等；R^2、R^3 为 H 或吸电子基团，如—Cl、—Br、

—CN、—CF_3、—NO_2、—$COOCH_3$ 等；R^4、R^5 为 H 或供电子基团，如—CH_3、—OCH_3、—$NHCOCH_3$ 等；R^6、R^7 为 H 或—CH_3、—OH、—CN、—$OCOCH_3$、—OC_2H_5 等。

如分散黄棕 2RFL 的结构为：

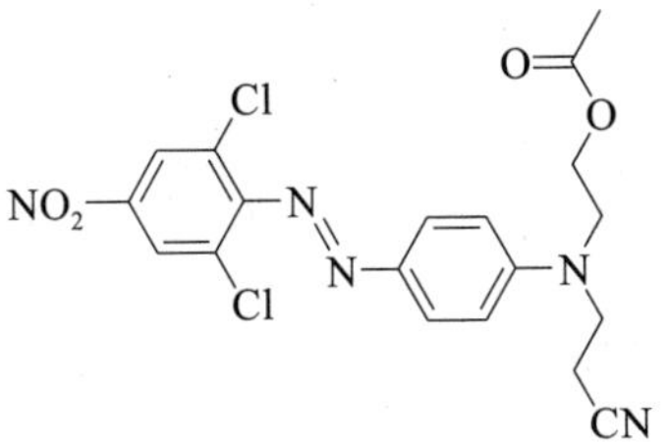

这类染料如固定其偶合组分，改变其重氮组分，可以得到自黄到蓝的色谱。固定其重氮组分，改变偶合组分，对染料的色光亦有影响。

又如分散艳蓝 2BLS，它由下列两种组分组成：

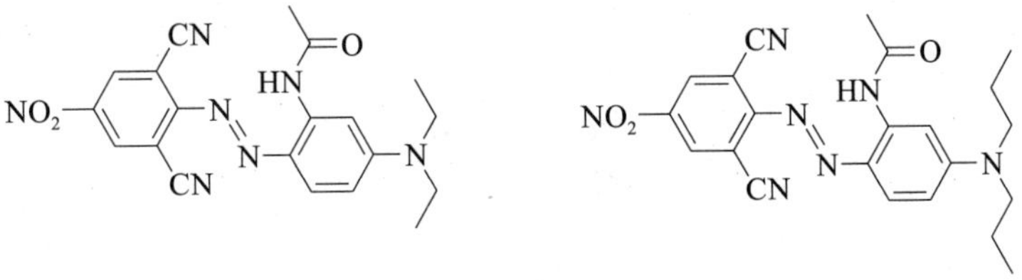

该染料色泽鲜艳，酷似凡拉明蓝，而且耐晒牢度优良。

日本三菱公司的 Dianix Blue KB-FS 的结构为：

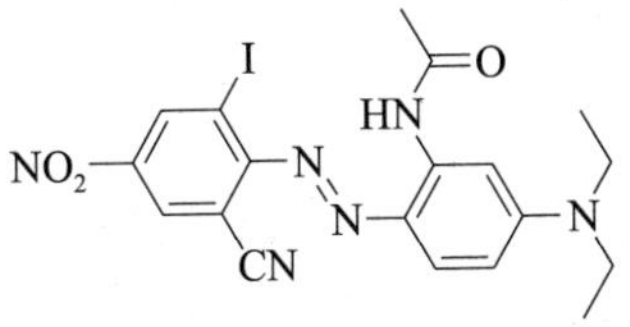

该染料匀染性优良，提升力高，染色牢度也不错。而且热熔染色时对温度的敏感性较小。

（2）双偶氮型

双偶氮型染料占整个分散染料的 10%左右，其结构通式为：

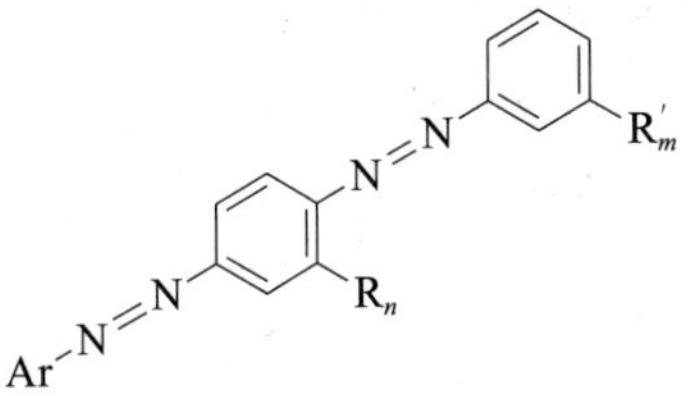

式中，Ar 为苯或萘或它们的衍生物；R 为 H、—OCH_3、—OH、—CH_3、—Cl、—NO_2 等基团；R′为 H、—OCH_3、—CH_3、—NH_2 等基团；m、n 为 1～2。

如分散黄 RGFL 和散利通黄 5R 的结构分别为：

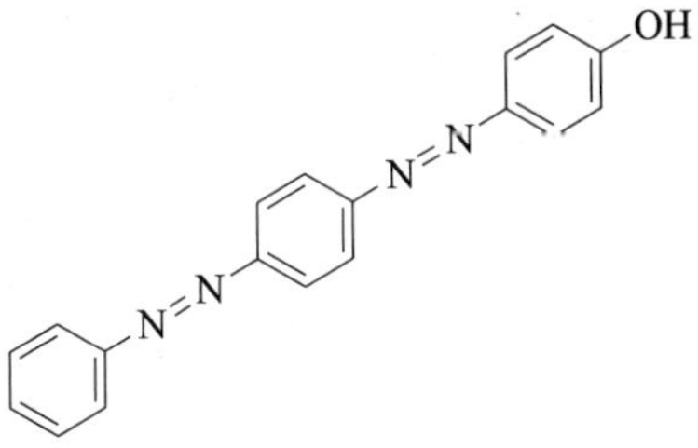

分散黄 RGFL 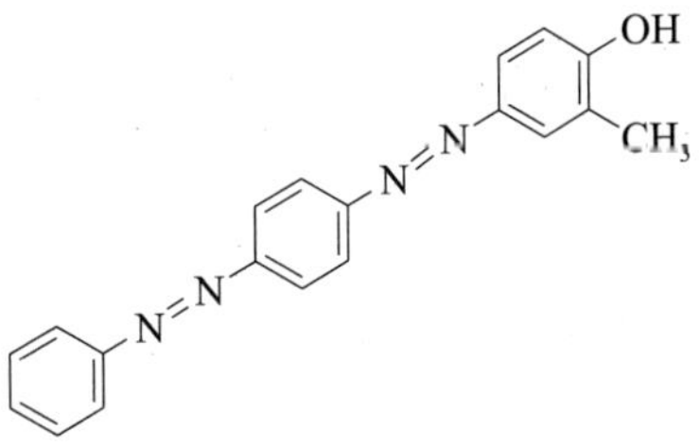　　散利通黄 5R

双偶氮型染料的品种较多，如黄、橙、红、紫、蓝等。由于偶氮基增多，增加了染料对纤维素纤维的亲和力。这类染料主要用于高温染色法及载体染色法染色，耐日晒性能尚可，但升华牢度较差。如在分子中导入极性基团或增大其分子量，可以提高染料的升华牢度。偶合组分上带有杂环，能够改进染料的坚牢度。

2. 蒽醌类

蒽醌类染料在整个分散染料中的比例在25%左右。这类染料色光鲜艳，匀染性能良好，耐日晒牢度优良。

鲜艳度良好是蒽醌类染料的一个突出优点。从化学结构上来说，它较偶氮类更为耐晒、耐热和耐还原，所以更加稳定。但如果遇到一氧化氮、二氧化氮，染料便会发生变色，在梅雨季节更为显著。

蒽醌类分散染料按结构可大致分为四类。

(1) 1-羟基-4-氨基蒽醌及其衍生物

如分散蓝56：

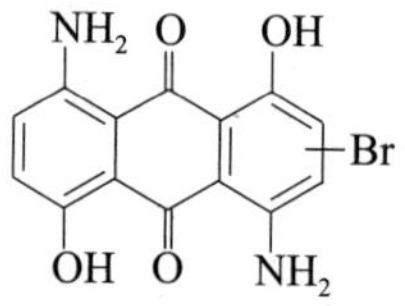

NH_2 O OH

Br

OH O NH_2

其主要通过两次硝化反应得到。

第一次硝化工艺中的主反应如下：

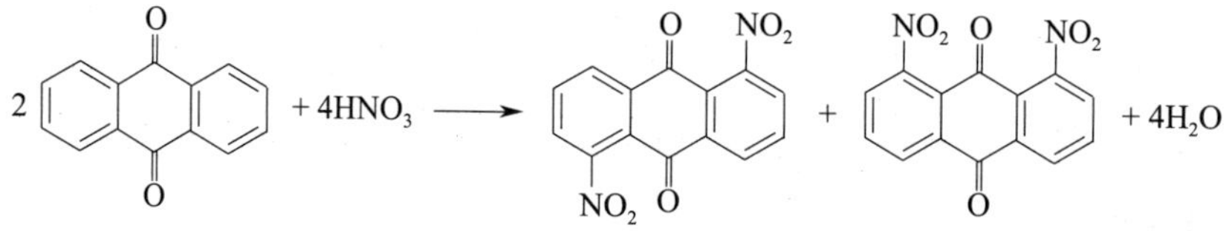

$$2\,\text{蒽醌} + 4HNO_3 \longrightarrow \text{1,5-二硝基蒽醌} + \text{1,8-二硝基蒽醌} + 4H_2O$$

得到的产物中1,5-二硝基蒽醌和1,8-二硝基蒽醌占80%～85%。

副反应得到15%～20%的1,6-二硝基蒽醌和1,7-二硝基蒽醌。

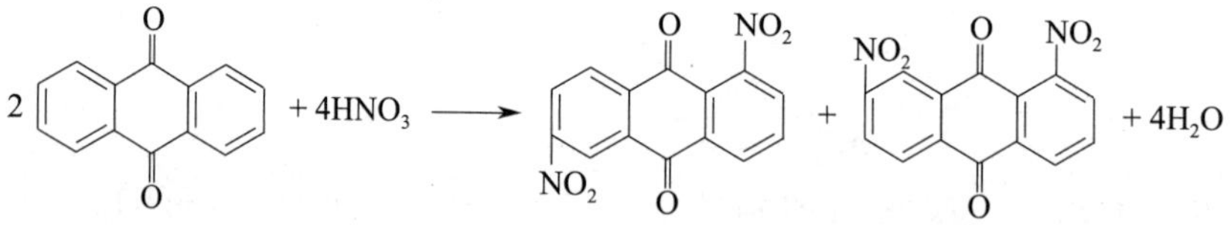

$$2\,\text{蒽醌} + 4HNO_3 \longrightarrow \text{1,6-二硝基蒽醌} + \text{1,7-二硝基蒽醌} + 4H_2O$$

对硝基进行甲氧基化。

$$\text{1,5-二硝基蒽醌} + 2\,\text{苯酚(HO)} \xrightarrow{KOH} \text{1,5-二苯氧基蒽醌}$$

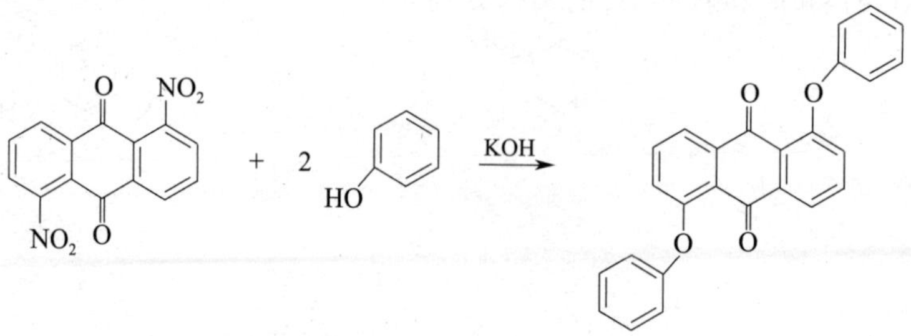

接下来进行第二次硝化工艺得到产物。

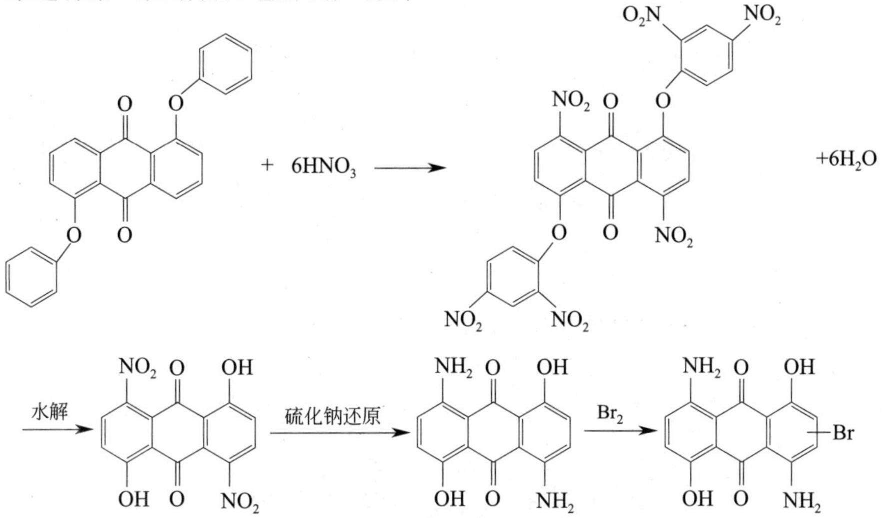

$+ 6HNO_3 \longrightarrow$ $+6H_2O$

水解 硫化钠还原 Br_2

分散红 FB（分散红 60）是国内外用量最大、应用面最广的分散染料三原色之一，但其有发色强度低，难以染深色，且生产三废量大，难以治理。

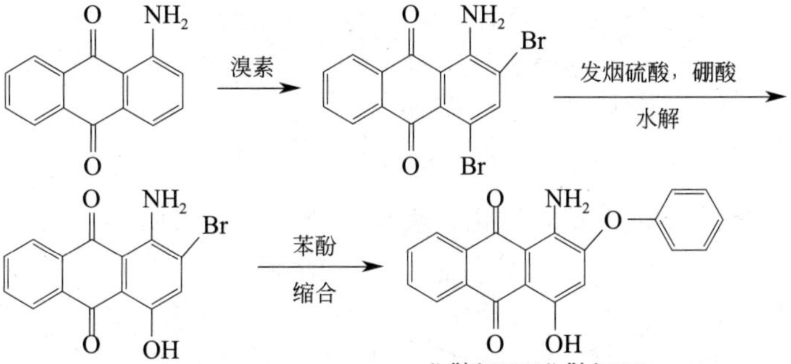

溴素 发烟硫酸，硼酸 水解

苯酚 缩合

分散红FB(分散红60)

分散红 F3BS（分散红 343）可将织物染成艳蓝光红色，色光非常鲜艳，发色强度高，容易染深色，各项牢度好。它是分散红 FB（分散红 60）的理想替代品。

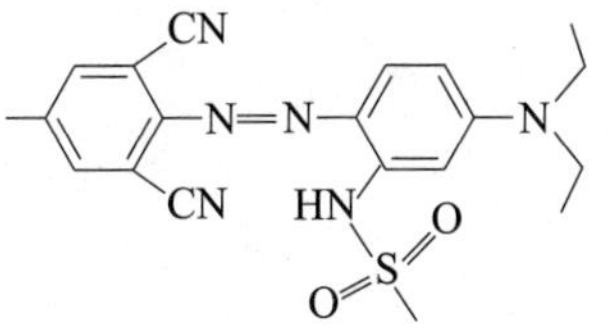

（2）1,4-二氨基蒽醌及其衍生物

如分散桃红 R3L（分散红 86）：

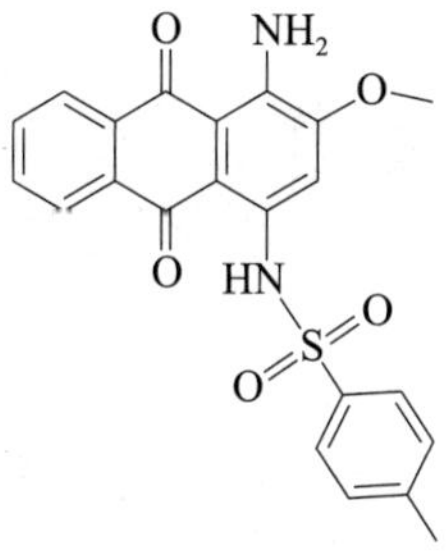

其合成方法如下：

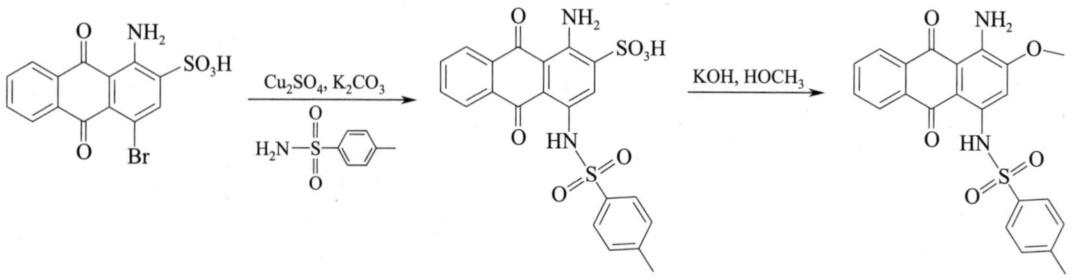

(3) 1,5-二羟基-4,8-二氨基蒽醌及其衍生物

如分散蓝 2BLN，由下列两种组分组成：

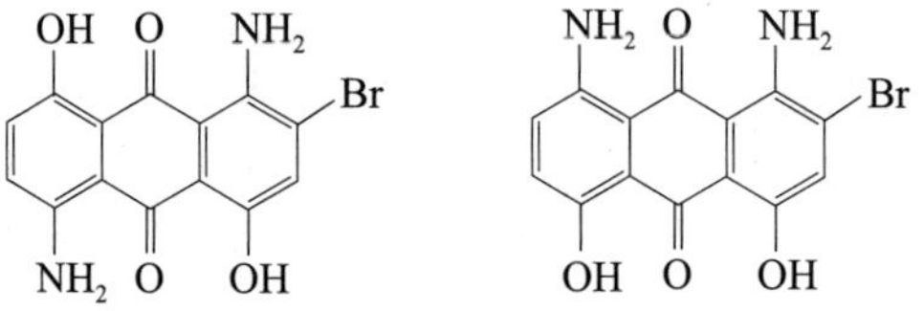

(4) 带杂环蒽醌型分散染料

如分散蓝 60：

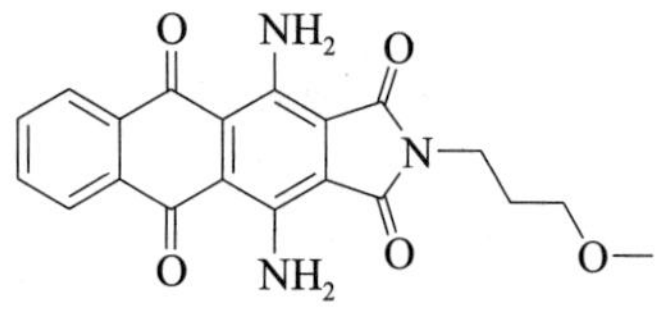

其合成过程为 1,4-二氨基蒽醌氯化、磺化、氰化、脱水闭环，然后与 γ-甲氧基丙胺缩合。

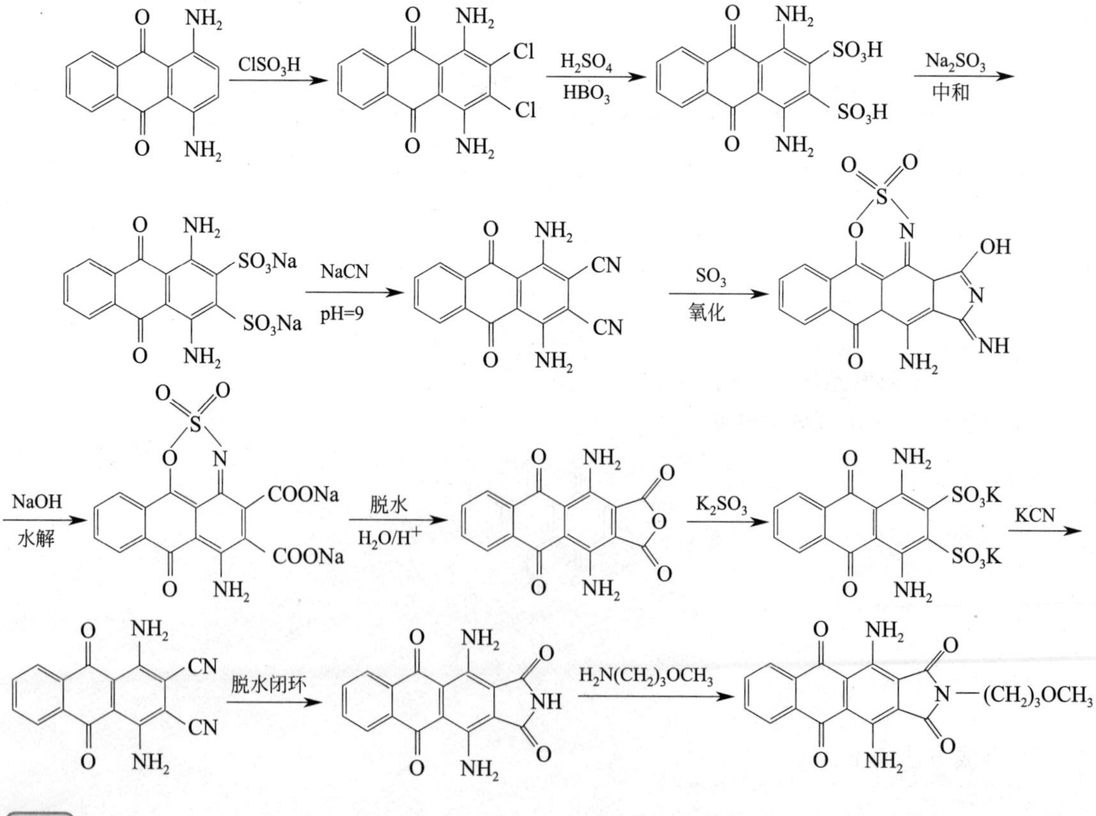

与分散蓝 60 结构和合成方法相似的，还有分散蓝 87。

在早期的分散染料中，紫色、蓝色品种都以蒽醌类为主。近年来，黄、橙、红色品种显著增加。其中尤以红色品种开发最多，这是由于它们色泽鲜艳并耐还原和水解。

蒽醌类与单偶氮类分散染料相似，取代基对染色牢度和染色性能有影响，但规律性较差。增大分子量比导入极性基团更能提高耐晒和耐升华牢度，但增大分子量有一定的极限，否则会影响染色性能。

分散染料中缺乏纯绿色染料，因此绝大多数为拼色。但含有下列结构的却为优良的纯绿色染料。该类染料的结构通式如下：

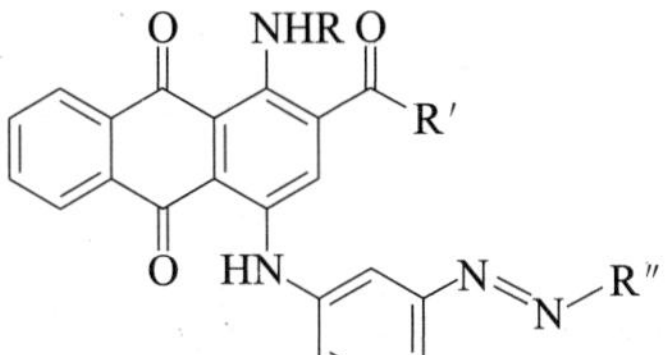

式中，R 为 H、—Me，R′为—OCH_3、—OC_2H_5、—NH_2；R″为吡唑啉基等。如下结构的蒽醌类分散染料即为一种绿色分散染料。

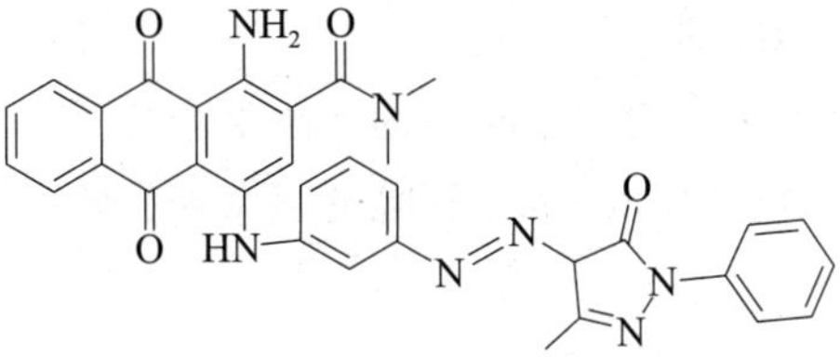

3. 杂环类

近年来，分散染料新品的研究主要集中在染料结构的开发及复配增效方面，而染料结构的开发又多以高性能的杂环类染料为主。杂环类染料的芳环中一般含有氮、硫、氧等杂原子，具有色泽更鲜艳，牢度更高，提升力更好的性质，具有广阔的发展前景。

杂环类分散染料结构较多，作为重氮组分的杂环主要有：苯并噻唑、噻唑、噻二唑、苯并异噻唑、噻吩等。如：

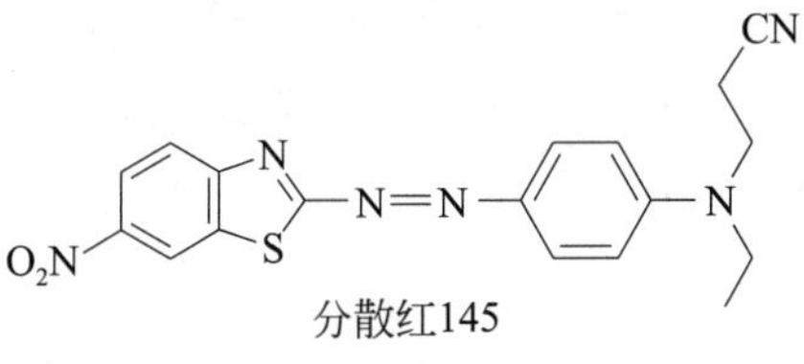

分散红145

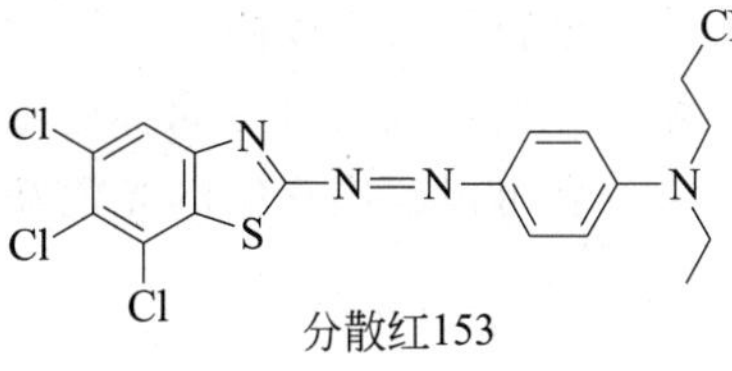

分散红153

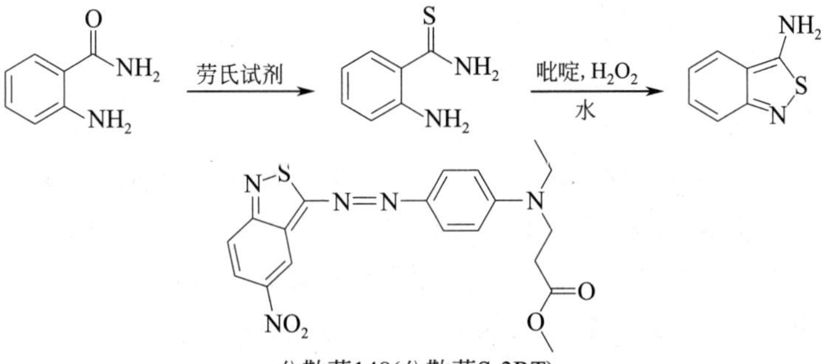

劳氏试剂

吡啶，H_2O_2

水

分散蓝148(分散蓝S-3RT)

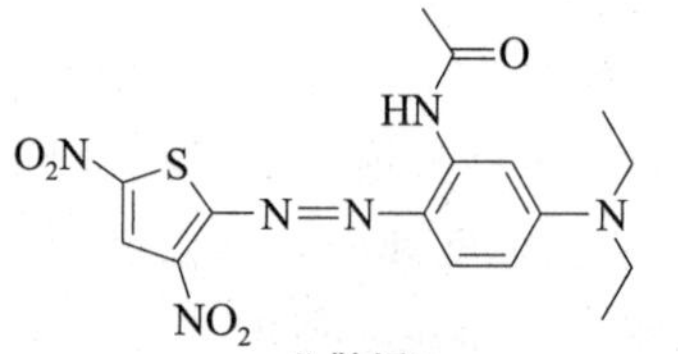

分散绿9 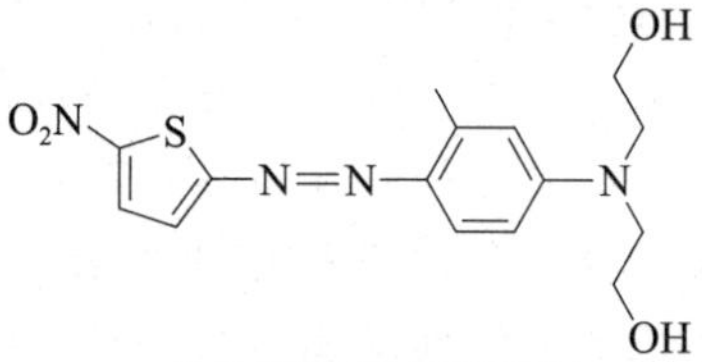　　分散蓝96(分散蓝2ED)

还有分散蓝 106，也是以氨基噻唑作为重氮盐组分的。

下列杂环型分散染料都较鲜艳，具有较好的耐光牢度和发色强度。有些品种如 C.I. 分散红 338、339、340 的摩尔吸光系数为 5.5×10^4，为红色蒽醌型分散染料的 4 倍。

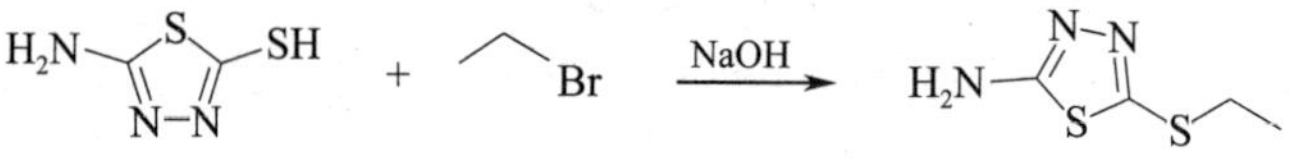

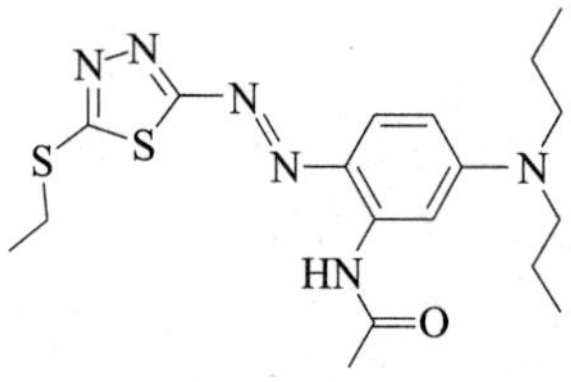

NaOH

分散红338 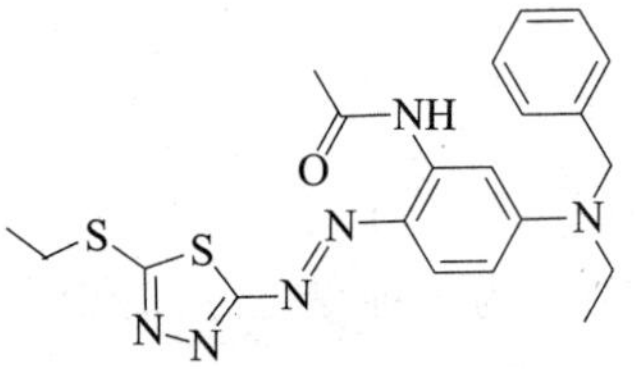　　分散红339

其他作为重氮组分的杂环还有苯并二呋喃型、喹啉型等。

作为杂环类分散染料中偶合组分的杂环有吡啶酮系列、喹啉酮系列、喹啉系列和咔唑系列等。如：

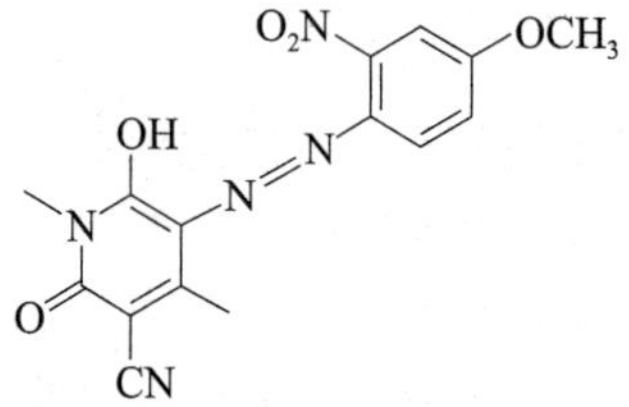

分散黄246 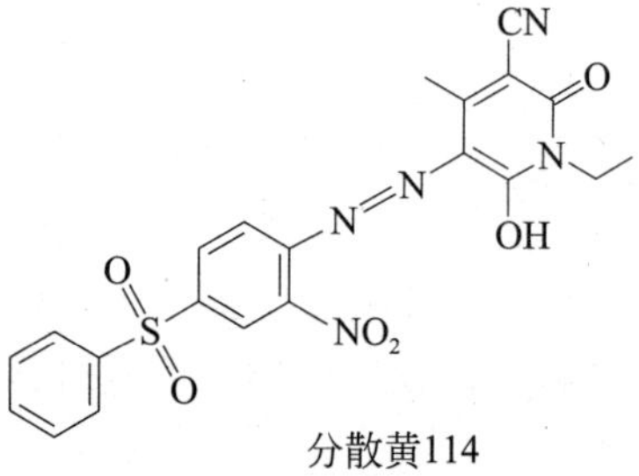　　分散黄114

吡啶酮系列染料吸收强度高，日晒牢度可达到 6～7 级，升华和水洗牢度可达到 4 级以上。并且黄色杂环型分散染料的偶合组分，如吡唑啉酮、吡啶酮和吲哚等来取代带有取代基的苯胺偶合组分就可以解决它们的光色互变现象。如：

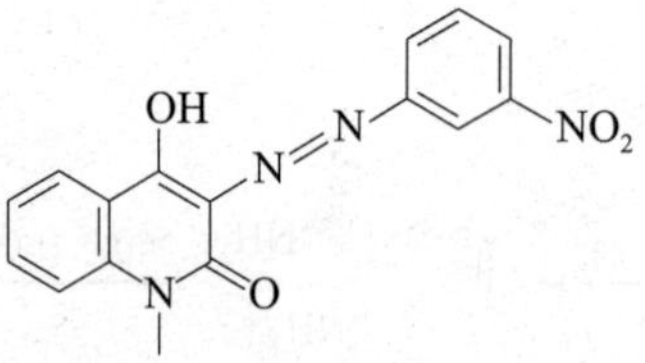

杂环型分散染料在鲜艳度、坚牢度、耐光性和摩尔吸光系数方面都要比普通芳胺类偶氮型分散染料好，是近年来分散染料新品种开发的重点。同时，在开发、筛选聚酯超细纤维用染料过程中，也发现杂环分散染料较其他类分散染料具有更好的应用性能。

有人合成了如下喹啉及其衍生物作为偶合组分的偶氮染料：

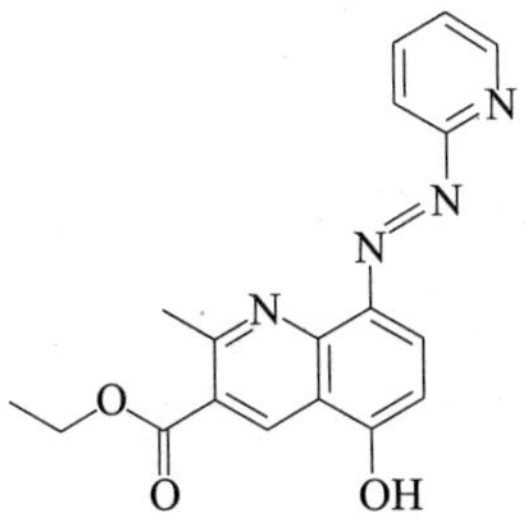

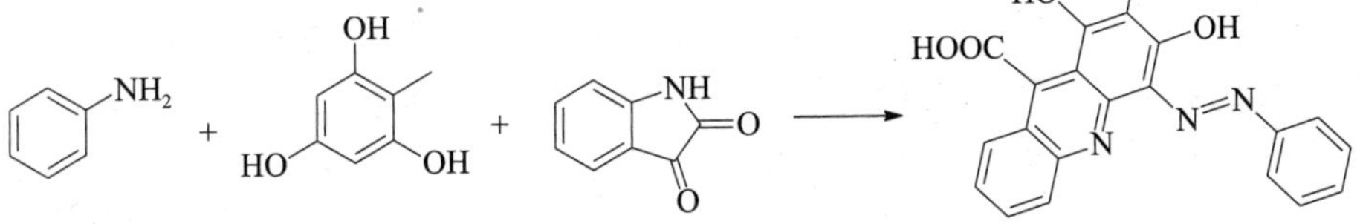

N N=N N O O OH

NH_2 + OH HO OH + NH O O → HO OH HOOC N N=N

立邦公司合成了具有如下结构的分散染料：

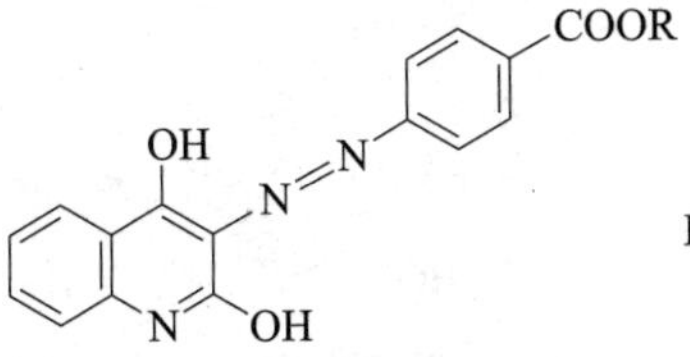

COOR OH N=N N OH

R=*n*-Bu, Et

还有含如下杂环作为偶合组分的分散染料：

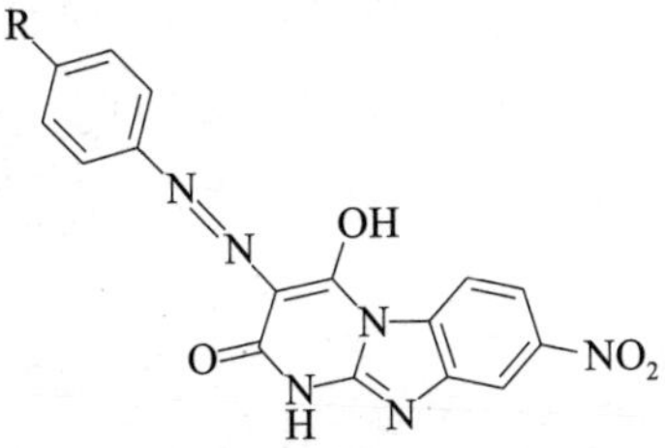

R N=N OH O N N H N NO_2

得到的染色产品为黄色，具有较低的上染率和中等色牢度，但升华牢度较好。2-氨基苯并咪唑与丙二酸缩合后，再与重氮盐偶合得到。2-氨基苯并咪唑与丙二酸缩合产物也可进一步取代制备染料。以下是一种含2-氨基苯并咪唑衍生物结构分散染料的制备方法：

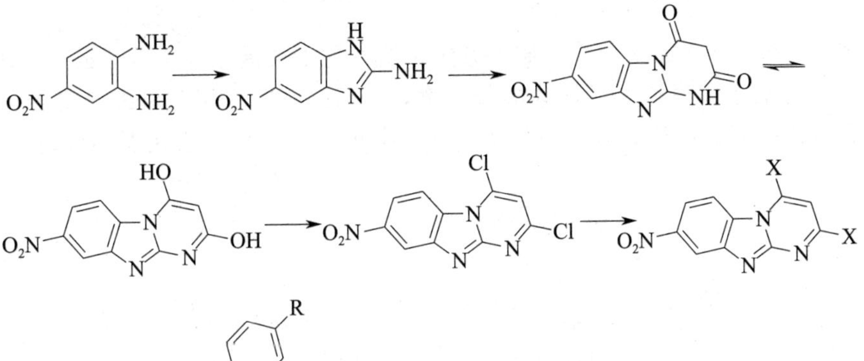

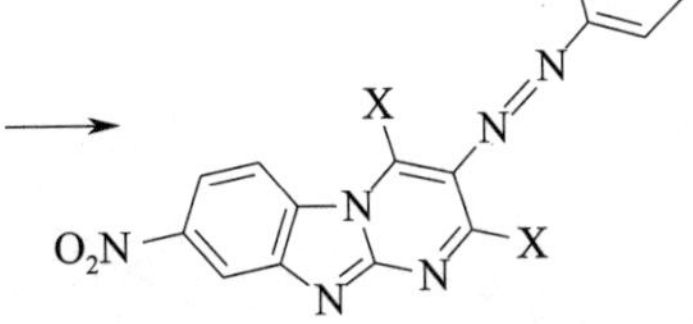

NH_2 O_2N NH_2 → H N NH_2 O_2N N → O O_2N N N O NH ⇌

HO O_2N N N N OH → Cl O_2N N N N Cl → X O_2N N N N X

R → X N=N O_2N N N N X

其中，R=Me，OMe，NO_2；X= Cl，吗啉，哌啶

以氨基取代吡啶作为偶合组分，得到如下分散染料：

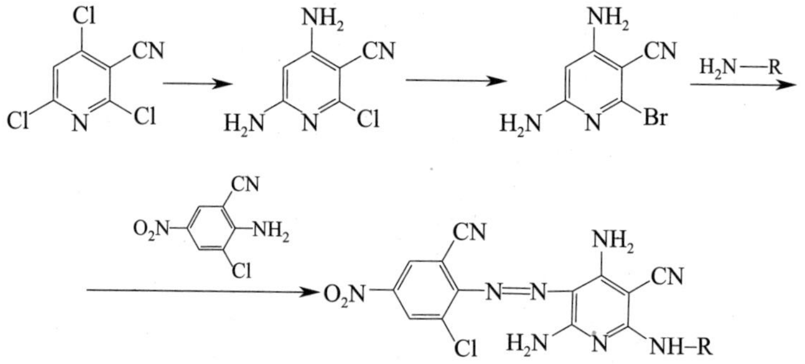

式中，R 为烷基，染料为鲜艳的红色，牢度好，可染色涤纶。

以下是一种可用于聚酰胺染色的新型分散染料。

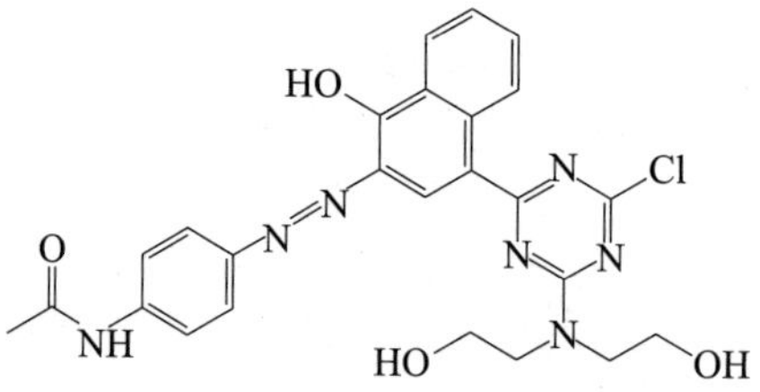

邻苯二甲酰亚胺衍生的新型偶氮分散染料举例如下：

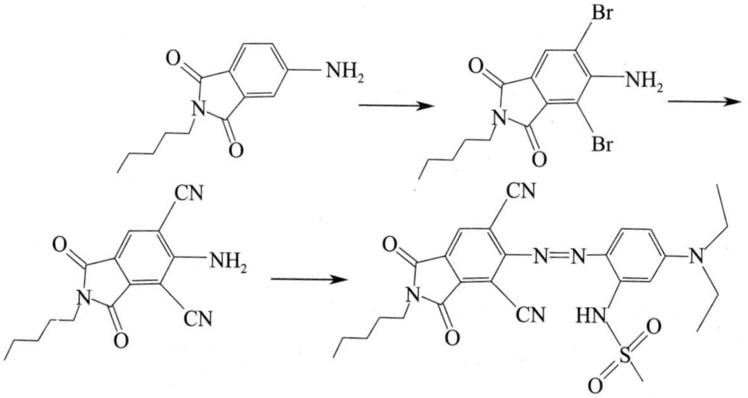

分散黄 SE-3GE（分散黄 54）的制备方法是靛红与 1-氯丙酮经 Pfitzinger 反应得到 2-甲基-3-氯喹啉，然后水解得到 2-甲基-3-羟基喹啉，最后与邻苯二甲酸酐缩合得到。同样的制备原理，还可以得到分散黄 S-3G（分散黄 64），其可由分散黄 54 直接溴化得到。

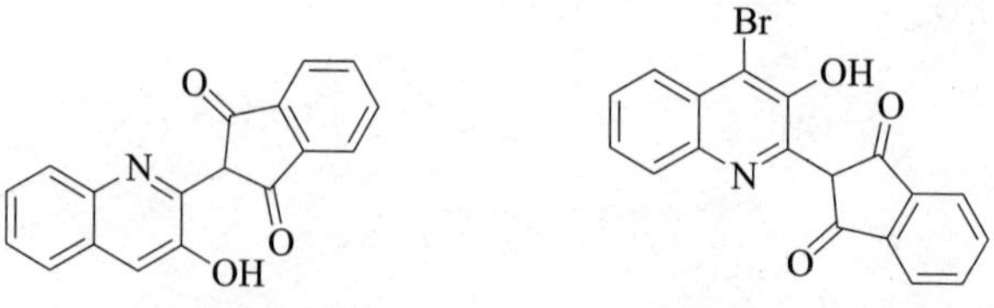

分散黄SE-3GE(分散黄54)　　分散黄S-3G (分散黄64)

1-氯丙酮

氧化钙

苯酐

溴素

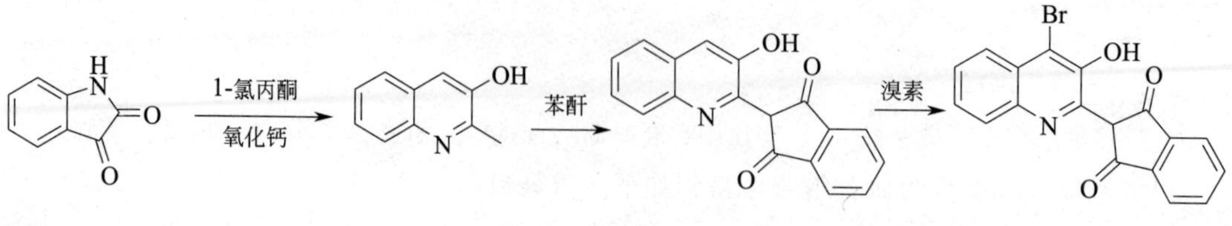

分散蓝 337 为环保型含氰基偶氮结构分散染料，其日晒牢度 6～7 级，水洗褪色和沾色 4～5 级，汗渍牢度 5 级。具有优良的染色性能，主要用于深色印花。其摩尔吸光系数达到 7.2×10^4 L/(mol·cm)，比分散蓝 56、分散蓝 73 和分散蓝 60 等蒽醌型分散染料要高出 3 倍。

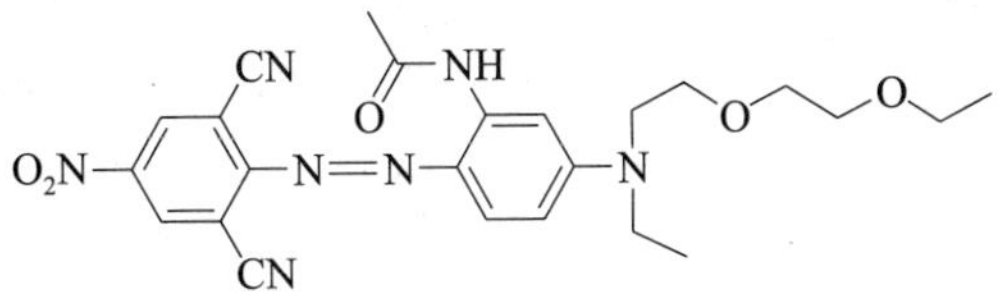

分散蓝337

分散蓝 354 是含氰基分散染料的另一个重要品种，其合成过程如下：

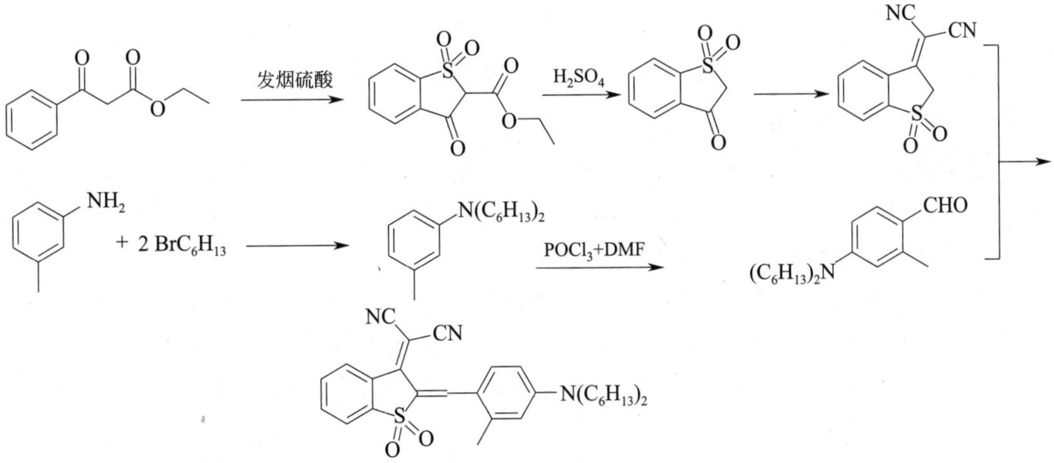

发烟硫酸　H_2SO_4　+ 2 BrC_6H_{13}　$N(C_6H_{13})_2$　$POCl_3$+DMF　CHO　$(C_6H_{13})_2N$

分散蓝354

除以上三大类分散染料外，目前处于发展中的还有以下染料。

① 暂溶性分散染料。这类染料在结构中引进暂溶性基团，在染液中先呈水溶性，然后在染色过程中逐步分解，而上染纤维，从而可以防止染料在染色过程中产生凝聚。

② 可聚合的高分子分散染料。这类染料结构中含有可聚合基团，通过这些基团的聚合，使染料在涤纶上的牢度有所提高。

③ 溶剂型分散染料。这类染料在有机溶剂中具有良好的溶解度，可用于制造转移印花纸用色墨和溶剂染色。染料的结构仍以偶氮和蒽醌类为主。它们都有较好的耐晒和耐升华牢度，其中黄色的更好。

二、分散染料的商品化加工

合成的分散染料并不具备良好的应用性能，此时的染料称为原染料。原染料根据不同的应用要求，进行不同的加工，并加入不同的助剂才能成为商品染料。这些加工过程称为染料的商品化加工。对于分散染料来说，商品化加工尤为重要，因为分散染料在水中的溶解度很低，应用过程中大部分染料是固体分散在染浴中，因此染料固体的物理性质，即颗粒周围助剂对应用性能影响较大，而且分散染料应用范围较广，使用温度较高，所以对染料商品化要求更高。

目前分散染料最主要的加工工作是将原染料充分研磨，选择适当的助剂（主要为分散剂）制成易于形成高度分散和稳定悬浮液的染料商品。研磨时，将染料、分散剂和其他助剂等与水混合均匀，配成浆状液，送入砂磨机中进行砂磨，直到取样观察细度并测试扩散性能达到要求，然后进行喷雾干燥，再经混配、标准化，达到商品规格。分散染料的应用方式主要有原浆着色、载体法染色、高温高压法染色、热熔法染色、热转移印花等。根据染色工艺确定染料的商品化加工工艺，要特别注意染料晶型、研磨方式、无机盐含量、助剂选择等方面的问题。

1. 晶型

分散染料应该是稳定的晶体，晶体的形状直接关系着染色性能。往往同一化学成分的染料，可能生成多种晶型，不同的晶型表现为在水中溶解度、硬度、外观、熔点、热稳定性等物理性能的差异。这些将直接影响染料的研磨、干燥，更重要的是影响染料的储存和使用。如果在储存或应用过程中晶型发生改变，轻则影响上染速度；严重时，出现染料的黏流态，使染料生成焦油状物黏附在织物或染色设备上，影响染色质量。

2. 颗粒的分布与研磨

商品分散染料的颗粒必须在较窄的范围，过大的颗粒不但会造成色斑，而且影响分散染料的上染率。若颗粒过小，大量的细小颗粒容易在分散液中结晶增长并聚集形成大颗粒，还能引起悬浮体轧染后焙烘时小颗粒染料的泳移。

商品分散染料必须满足分散性、细度及稳定性三个方面的要求，即染料在水中能迅速分散，成为均匀稳定的胶体状悬浮液；染料颗粒平均直径在 1μm 左右；染料在放置及高温染色时，不发生凝聚或焦油化现象。要达到上述要求，必须适当控制研磨时的浓度、温度及分散剂的用量。

3. 分散剂

分散染料在研磨和使用中，微小颗粒的分散体可能发生结晶增长、聚集、凝聚等现象，影响染料的应用性能，因此要选择合适的分散剂。常用的分散剂是萘磺酸与甲醛的缩合产物，如分散剂 NNO。木质素磺酸钠也是常用的一种分散剂，其分子量比分散剂 NNO 高，还具有一定的保护胶体作用。在研磨过程中，分散剂的作用一方面促使粗颗粒分散，另一方面防止细颗粒的再凝。在染色过程中，分散剂还起到稳定的作用，保证染液处于高度分散的悬浮液状态。

在选用分散剂和其他助剂时，不仅要考虑它们的分散能力，还要注意它们对染料的晶体状态、色泽鲜艳度等方面的影响。一种分散剂对不同分散染料的分散能力是不完全相同的。有时同一种商品牌号的分散染料所用的分散剂也不一样，有的甚至选用几种分散剂来拼用。

分散剂和染料晶面间主要通过分子间力相互吸引，随着温度升高，颗粒热运动加剧，分散剂保护层变薄，染料容易发生集结。因此制备染液时，温度不能太高，搅拌也不能过于剧烈。

目前，商品分散染料剂型很多，有浆状、粉状、液状和颗粒状等。浆状和液状使用方便，但运输成本较高；粉状容易造成粉尘污染，颗粒状染料是通过造粒加工而成的均匀的空心小球，配液时容易分散，不易飞扬，是比较理想的剂型。

4. 干燥

在分散染料研磨及湿拼混操作完成之后，要尽快进行干燥。

5. 拼混

拼混具有以下优点：按照色光强度要求拼混成标准品，方便用户使用；加入不同的助剂来提高染料的储存稳定性和应用性能；经过严格的选择，将不同结构的染料拼混在一起染色，可以获得加和增效作用。

第三节　分散染料的基本性质

一、溶解特性

分散染料的结构中不含如—SO_3H、—COOH 等水溶性基团，而具有一定数量的非离子极性基团，如—OH、—NH_2、—NHR、—CN、—CONHR 等。这些基团的存在决定了分散染料在染色条件下具有一定的微溶性，约为直接染料的 0.01%。尽管如此，分散染料在染色时仍必须依靠分散剂才能均匀地分散在染浴中。一些分散染料的溶解度见表 6-1。

表 6-1　一些分散染料的物理性质

染料结构	分子量	熔点/℃	颜色（在醋纤上）	在水中溶解度/(mg/L) 25℃	在水中溶解度/(mg/L) 80℃
$O_2N-C_6H_4-N=N-C_6H_4-N(C_2H_4OH)_2$	330	206	红	0.4	18.0
$O_2N-C_6H_3(OCH_3)-N=N-C_6H_4-N(C_2H_5)_2$	328	139	红	<0.1	1.2
$O_2N-C_6H_3(OCH_3)-N=N-C_6H_4-N(C_2H_4OH)_2$	360	155	红	7.1	240.2
O, NH_2, O, OH	239	211	蓝光红	0.2	7.5
NH_2, O, NH_2, NH_2, O, NH_2	268	>300	蓝	0.9	6.0
O, $NHCH_3$, O, HN—C_6H_5	328	148	蓝	<0.2	<0.2

由表 6-1 可看出，具有—OH 等极性基团的染料溶解度较高，而分子量大、含极性基团少的染料溶解度较低。升高温度是提高染料溶解度最便捷的方法，但各种染料之间差异较

大。一般来说，溶解度大的，随温度的升高增加得多一些，反之则较少。

染料溶解度好坏，除与染料分子量大小、极性基团性质和数量、分散剂性质和用量等因素有关外，还与染料颗粒大小和晶格结构有关。对商品固体分散染料颗粒大小有一定的要求，最好在 1μm 左右。染料分散到染液中，细小颗粒有可能发生结晶增长，选用适当的分散剂将染料颗粒稳定分散在溶液中，防止染料沉淀、凝聚和结晶非常重要。分散剂除了能使染料以细小晶体分散在染液中呈稳定的悬浮液外，当超过临界胶束浓度后，还会形成微小的胶束，将部分染料溶解在胶束中，发生增溶现象，从而增加染料在溶液中的表观浓度。分散剂的增溶作用随着染料结构的不同而有很大差别，一般阴离子型表面活性剂可以使溶解度提高好几倍，有些非离子型表面活性剂，使分散染料的溶解度提高很多，但是它们对温度十分敏感，随着温度升高提高的程度反而下降。此外，染料溶解度也会随分散剂浓度的增加而增大。

二、结晶现象

分散染料在水中的分散状态，受到时间、温度及染浴中其他物质的影响而发生变化。一种重要的现象是结晶的增长。染料制造工厂虽然设法使染料粒子大小均匀，但实际上很困难。当分散染料平均粒径在 1μm 时，肯定存在着大于 1μm 和小于 1μm 的染料粒子。在溶解时，优先溶解的是颗粒较小的染料，而大颗粒的染料却会吸附过饱和溶液中的染料，结果是晶体逐渐增大。通过周期性的升温和冷却，这种现象不仅加速而且更为剧烈。

染料结晶增长的情况还会在配制染液时发生。因为颗粒小的染料溶解度高，颗粒大的溶解度低，所以，如果染液温度降低，容易变成过饱和状态，已溶解的染料有可能析出或发生晶体增长。如果一种染料能形成几种晶型，则染料还会发生晶型转变，由较不稳定的晶型转变成较稳定的晶型。变成稳定的晶型后，一般染料的上染速率和平衡上染率都会下降。

然而，在实际染色过程中，由于染浴中的染料不断为涤纶染着而减少，所以晶体增长情况并不是很严重。但在染深色时，染浴中存在着相当数量的染料，如果染浴温度不是逐渐下降而是突然冷却，那么在饱和染浴中已溶解的染料就会在少量尚未溶解的染料粒子周围结晶析出。从实践中发现，染浴中的分散剂能起到稳定作用，并能抑制染料晶体的增长，提高染料的分散稳定性。

三、染色特性

分散染料主要是低分子的偶氮、蒽醌及二苯胺等的衍生物。从染料分子结构来看是属于非离子型的，但含有羟基、偶氮基、氨基、芳香氨基、芳香亚氨基、甲氧基、乙氧基、二乙醇氨基等极性基团，这些基团使染料分子带有适当的极性，赋予染料对纤维的染着能力。

分散染料的低水溶性是一个十分重要的性质，因为只有溶解了的染料分子（直径为 1～2nm）才能进入纤维微隙，在纤维内部进行扩散而染着。分散剂可以提高染料的溶解度，但是分散染料在染浴中的溶解度不能过大，否则不易上染。所以，在染浴中添加助剂以增加分散染料的溶解度，可以起到缓染甚至剥色作用。

分散染料在染浴中主要以微小颗粒呈分散状态存在，且染料微小晶体、染料多分子聚集体、分散剂胶束中的染料和染浴中的染料分子处于相互平衡之中。染色时，染料分子吸附在纤维表面，最后进入纤维空隙（自由体积）而向内部扩散。决定染色作用的基本因素是染料对纤维的相对亲和力、扩散特性和结合能力。分散染料在纤维中的扩散阻力很大，因此要在高温下进行染色。

分散染料对纤维的染着，主要依靠范德华力相互吸引。由于染料分子结构上某些极性基团（如—OH、—NH_2、—NHR等）的存在可以供给质子，从而与纤维分子中的极性基团形成氢键，如分散染料与聚酯纤维间的氢键作用：

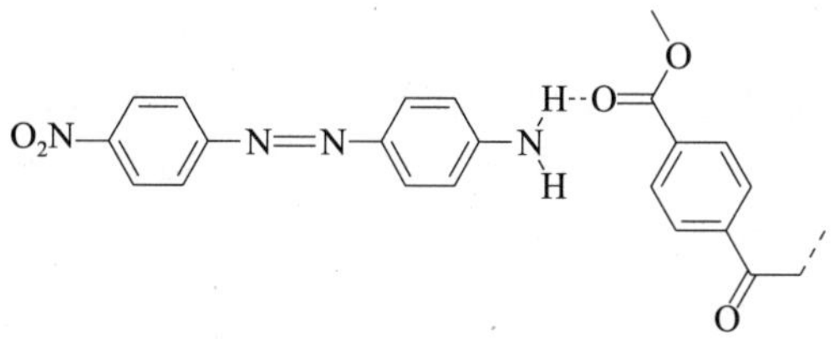

此外，染料分子上供、吸电子基团使染料分子偶极化，从而与纤维分子形成偶极矩，如分散染料与聚酯纤维间的相互作用：

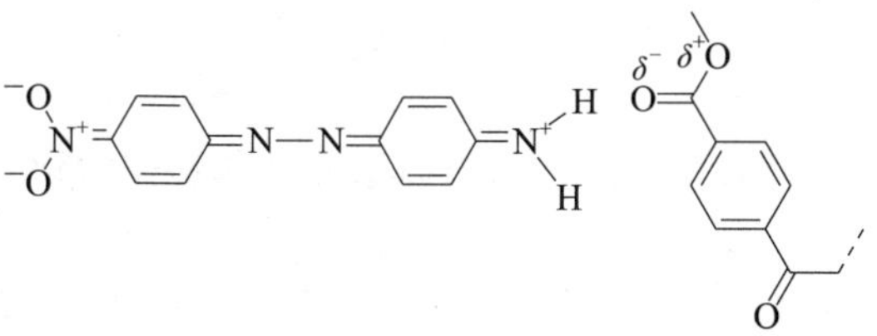

聚酯纤维中无定形区约占40%，无定形区和结晶区边缘的分子链都有可能和染料结合。分散染料作为聚酯纤维的专用染料，在聚酯纤维上的染色饱和值很高，可以染得深色。但在实际生产中，要获得深色需要耗用大量的分散染料，因此染深色时分散染料的利用率较低，也就是说染料得色深度与耗用染料的数量不是线性关系，这就是染料提升力的问题。造成这种染深色困难的原因主要是聚酯纤维的分子结构太紧密，阻碍染料分子的扩散。

聚酯纤维和分散染料之间的亲和力比锦纶与酸性染料间和腈纶与阳离子染料间的亲和力要小，所以要达到匀染的效果，从理论上来讲应该是比较容易做到的。在染色过程中，染料的迁移性对减少色差有显著的影响。因此采用低迁移性的染料染色时，可以加入助剂，以促进染料迁移。这类助剂如扩散剂NNO等，一般可以提高迁移率20%左右，它们的基本作用在于改变染料在纤维和水之间的分配关系。采用非离子型表面活性剂作为染色助剂，则在高温达到它们的浊点时失去作用，反而导致染料凝聚，以致形成焦油状物。为了解决这种矛盾，可以采用非离子型表面活性剂和阴离子型表面活性剂的混合物，但用量过多，会降低上染率。

分散染料不仅分子结构较为简单，而且不含电离性基团，所以有一定的蒸气压，易出现升华现象，且升华的速率与温度成正比。由于分散染料具有这种独特的性能，因而可以将其用于气相染色、热熔染色、转移印花和转移染色。在分散染料系统中，凡是分子量较小、极性基团较少的偶氮类及分子量较小的蒽醌类品种，都是容易升华的染料，即升华牢度较低。一般来说，升华牢度好的高温型染料移染性差，染料不易在纤维上获得匀染的效果。而升华牢度较差的低温型染料移染性较好，在纤维上匀染性也好。所以在实际染色中，必须根据采用的染色方法，选择性质相似的染料配伍才能获得良好的染色效果。

第四节　分散染料的化学结构和染色性能

分散染料的染色性能和化学结构关系密切。本节主要介绍偶氮染料和蒽醌染料的结构与染料的颜色、耐日晒牢度、升华牢度等的关系。

一、化学结构与染料颜色的关系

在偶氮分散染料中，染料颜色的深浅与染料分子的共轭系统以及它的偶极性有关，染料分子偶极性的强弱又与重氮组分上取代基以及偶合组分上取代基的性质有关。

重氮组分上有吸电子取代基，染料颜色加深，且加深的程度随取代基的数目、位置和吸电子的能力大小而变化。如果没有空间阻碍，吸电子取代基数目越多，吸电子能力越强，深色效应越显著。吸电子取代基在偶氮基的对位效果最强。下述基团深色效应的强弱依次为：

$$—NO_2 > —CN > —COCH_3 > —Cl > H$$

在重氮组分和偶合组分都是苯系衍生物的单偶氮染料中，重氮组分重氮基的对位有一个硝基的染料多为橙色，对位有一个硝基，邻位有一个氰基的为红色、紫色；如果在对位有一个硝基，在两个邻位都有氯原子的则多为棕色；邻位的一个或两个氯原子换成氰基后，则多为蓝色。如果重氮组分的苯环换成杂环，颜色显著变深。如杂环中再具有吸电子基，深色效应更强。如下述两只染料，偶合组分相同，重氮组分是氨基噻吩衍生物，在染料（Ⅰ）的3位引入吸电子基$—NO_2$，使其变为染料（Ⅱ），则最大吸收波长由502nm增加到603nm：

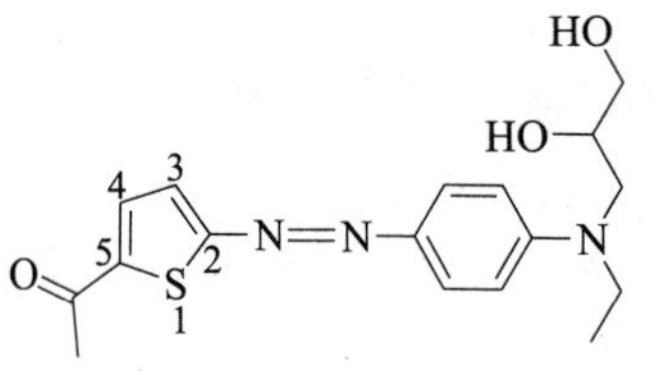

λ_{max} = 502nm (红色) (Ⅰ) 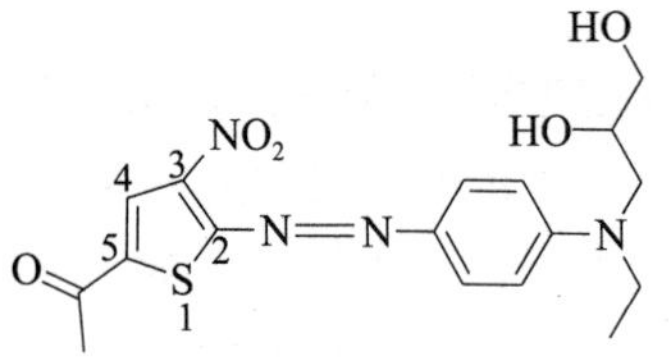　　　　λ_{max} = 603nm (绿蓝色) (Ⅱ)

已经指出，单偶氮染料的偶合组分主要是*N*-取代苯胺衍生物。在氨基的邻位和间位引入取代基对颜色也有影响，间位的影响比邻位更大一些。供电子基产生深色效应，吸电子基产生浅色效应，与重氮组分的情况正好相反。如：

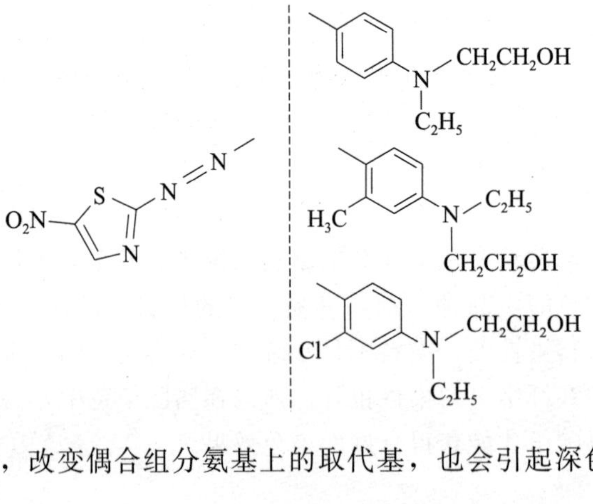

λ_{max} = 580nm (紫色)

λ_{max} = 600nm (蓝色)

λ_{max} = 577nm (紫色)

同理，改变偶合组分氨基上的取代基，也会引起深色或浅色效应，如：

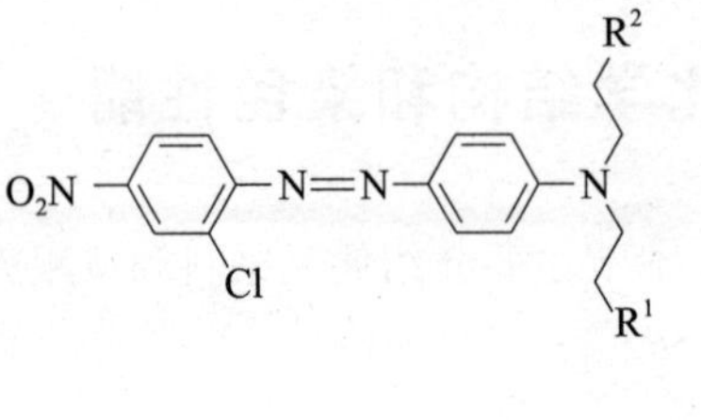

R^1	R^2	λ_{max} / nm
—CN	—CN	474(橙色)
—CN	H	499(红色)
—OH	H	525(紫色)

在苯环的一定位置上，如果取代基的体积较大，则可能会产生空间位阻。如在偶合组分氨基邻位存在体积较大的取代基时，氨基氮原子的孤对电子很难和苯环的π电子云重叠，深色效应减弱。如：

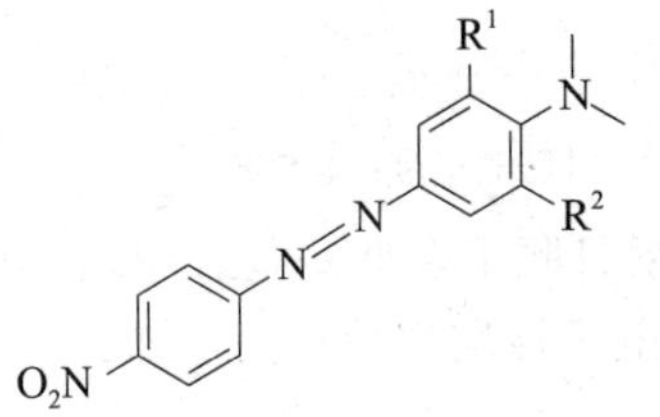

R^1	R^2	λ_{max} / nm
H	H	475(橙色)
H	$—CH_3$	438(红色)
$—CH_3$	$—CH_3$	423(紫色)

由此可以看出，在氨基邻位取代基体积越大，吸收波长越短。同理，在重氮组分重氮基的邻位引入一些体积较大的取代基，也会因空间阻碍而降低深色效应。如：

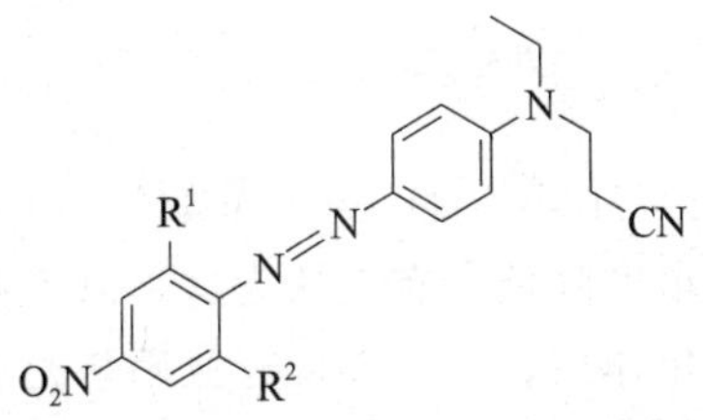

R^1	R^2	λ_{max} / nm
H	H	453
$—NO_2$	—Br	498
—CN	—Br	506
—CN	—CN	540

由此可以看出，体积小的吸电子基团产生的深色效应最好。

蒽醌型分散染料 α 位供电子基（如氨基）的深色效应比 β 位的强。

二、化学结构与染料耐日晒牢度的关系

染料在织物上的光褪色作用很复杂，除染料结构外，还和染料在纤维上的聚集状态、所染纤维的性质以及大气条件等因素有关。

偶氮染料在有氧气存在下，在非蛋白质纤维上的光化学反应首先生成氧化偶氮化合物，然后发生瓦拉西（Wallach）重排，生成羟基偶氮染料，再进一步发生光水解反应，生成醌和肼的衍生物：

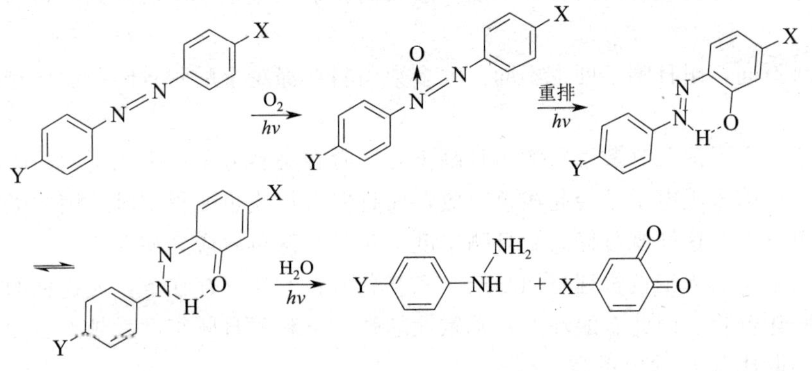

生成的醌和肼的衍生物还会进一步发生反应。由于偶氮染料分子中偶氮基的光化学变化是一个氧化反应，偶氮基氮原子的电子云密度越高，将越易发生反应，所以在苯环上引入供电子基（如$—NH_2$、$—OCH_3$ 等）往往会降低分散染料的耐日晒牢度；引入吸电子基（如$—NO_2$、—Cl 等）则可提高耐日晒牢度。如：

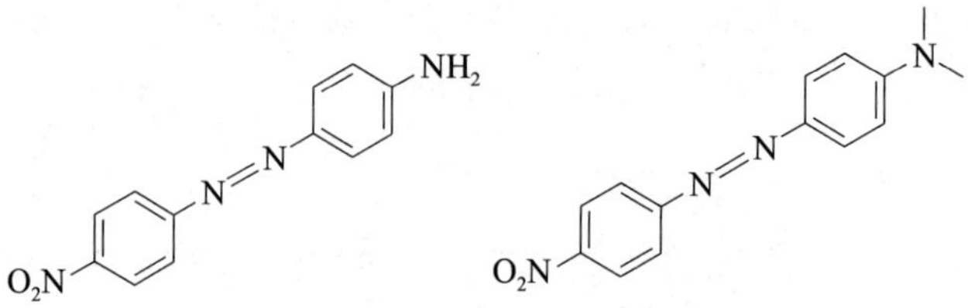

NH_2 N=N O_2N　　　　N N=N O_2N

耐日晒牢度：5~6 级　　　　耐日晒牢度：4~5 级

$-N(CH_3)_2$ 的供电子能力比$-NH_2$ 强，故耐日晒牢度低一些。同理，在重氮组分上引入吸电子基，除了个别情况外，耐日晒牢度随吸电子性增强而提高，如：

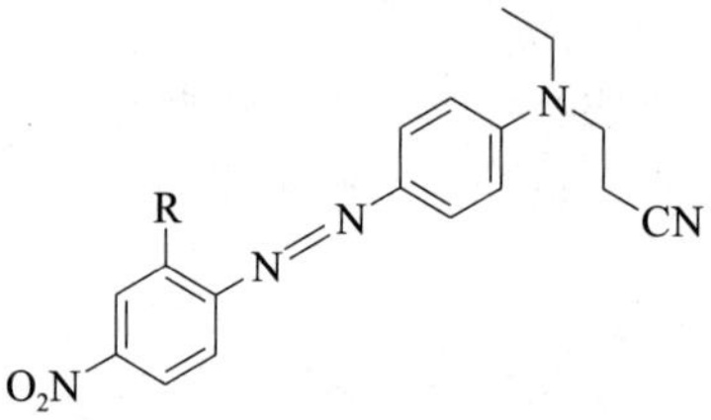

N CN R N=N O_2N

R 基团和耐日晒牢度的关系为：$-CN>-Cl>H>-CH_3>-OCH_3>-NO_2$。

硝基是一强吸电子基，这里硝基却使耐日晒牢度降低。有人认为这是由于在邻位硝基会被还原为亚硝基的缘故。六环结构通过分子内氧化作用，生成邻位有亚硝基的氧化偶氮化合物，后者较容易进一步发生光化学反应，故耐日晒牢度下降。如果在苯环 6 位上再引入一个吸电子基，耐日晒牢度又可以变得很好。这可能是在 6 位上具有这些基团后，难以发生上述反应的缘故。如分散藏青 S-2GL 在涤纶上的耐日晒牢度可以达到 6～7 级，其结构为：

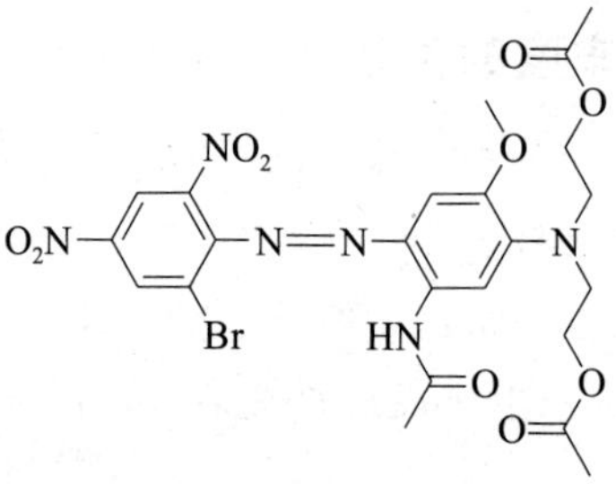

O= O NO_2 O O_2N N=N N Br HN O O O=

重氮组分为杂环的染料的耐日晒牢度一般较高，引入吸电子基后，其染料的耐日晒牢度更高。

纤维材料不同，耐日晒牢度也不同。大多数染料在涤纶上的耐日晒牢度比在锦纶和醋酯纤维上的要好。

如前所述，为了改善分散染料的耐日晒牢度，常在染料分子中引入适当的吸电子基，由于在偶氮组分上引入吸电子基会起浅色效应，而且偶合反应也变得困难，因此吸电子基多半引入在重氮组分上。这样既可提高耐日晒牢度，又可起深色效应，使偶合反应容易进行。

蒽醌分散染料的光褪色机理更加复杂。氨基蒽醌在有氧气存在下，光褪色的第一阶段可能是生成羟胺化合物。因此蒽醌环上氨基碱性越强，染料耐日晒牢度就越差。如下列染料的耐日晒牢度和取代基 R 的关系为：

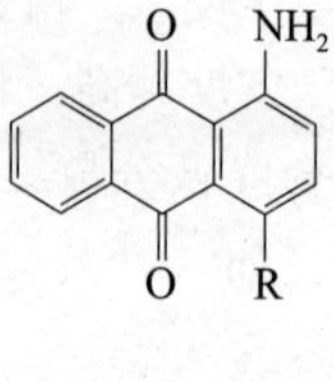

O NH_2 O R

式中，R 为$—OCH_3$<$—NHCH_3$<$—NH_2$<NH-苯基<S-苯基<—NH-CO-苯基<苯并噻唑-2-基-S-。

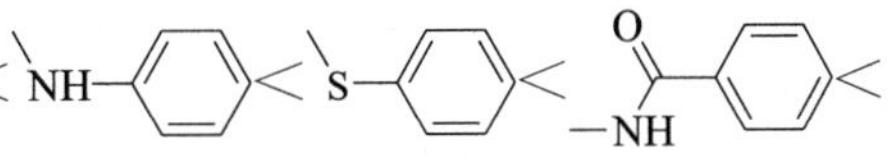

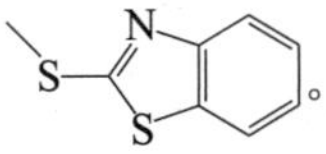

对于1-氨基-4-羟基蒽醌来说，虽然氨基和羟基都是供电子基，由于羟基和氨基都可以和羰基形成分子内氢键，染料耐日晒牢度仍然较好。

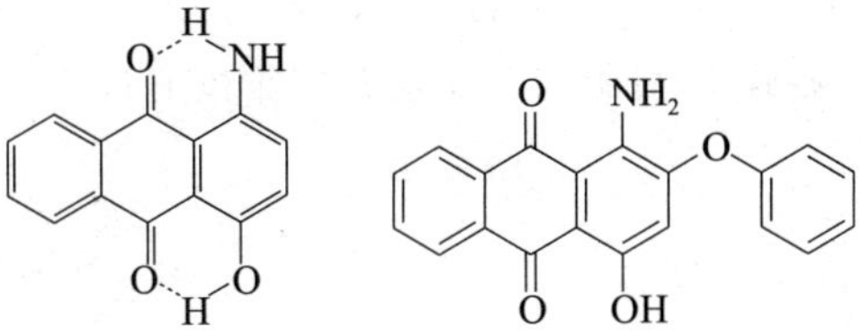

同理，在2位上引入吸电子基，如—Cl、—Br、$—CF_3$ 等可提高染料的耐日晒牢度。如分散红3B，在涤纶上耐日晒牢度在6级以上。

三、化学结构与升华牢度的关系

分散染料染涤纶或涤/棉混纺织物时，主要采用热熔法和高温高压法，尤以热熔法更为普遍，因此要求染料具有较高的耐升华牢度。作为重要性能指标，升华牢度是指染料在高温染色时由于升华而脱离纤维的程度。

分散染料分子简单，含极性基团少，分子间作用力弱，受热易升华。染料的升华牢度和其应用性能关系非常密切。升华牢度较低的染料常选择在常压染浴中作载体染色，而用于转移印花的染料则要求有一定的升华性能。

分散染料的升华牢度主要和染料分子的极性、分子量大小有关。极性基的极性越强、数目越多，芳环共平面性越强，分子间作用力就越大，升华牢度也就越好。染料分子量越大，越不易升华。此外，染料所处状态对升华难易也有一定的影响，颗粒大、晶格稳定的染料不易升华。在纤维上还和纤维分子间的结合力有关，结合力越强，越不易升华。

若改善染料的升华牢度，可在染料分子中引入适当的极性基团或增加染料的分子量。随着重氮组分上取代基R的极性增加，染料的升华牢度也相应增高。

其顺序为：

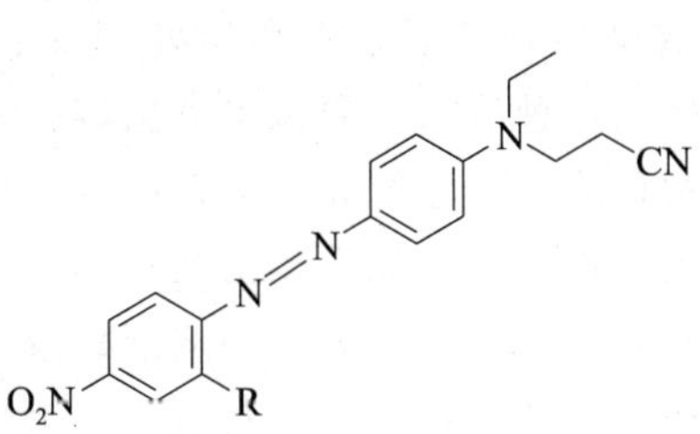

式中，R 为$—NO_2$≈—CN>—Cl ≈$—OCH_3$>H≈$—CH_3$。

同理，在偶合组分中引入极性取代基，也可提高染料的升华牢度。如下式染料随氨基上的 R^1 和 R^2 的极性不同，染料的升华牢度也不相同，升华牢度与取代基的极性有以下关系：

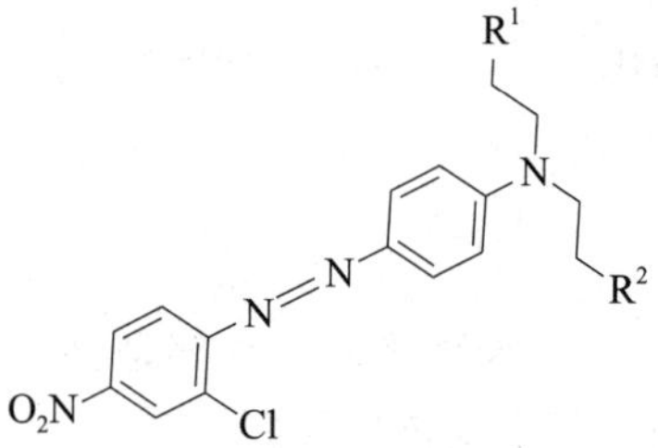

式中，$R^1=R^2=H < R^1=H, R^2=OH < R^1=OH, R^2=-CN < R^1=R^2=-CN$。

下式蒽醌型分散染料，随着 R 基团的变化，升华牢度有以下规律：

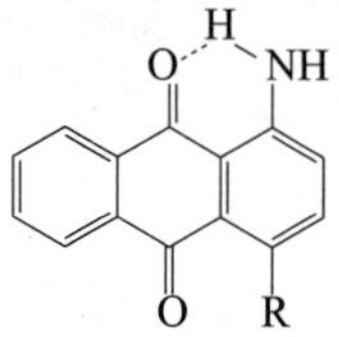

式中，R 为—OH ≈—OCH_3<—NH_2≈—$NHCH_3$<

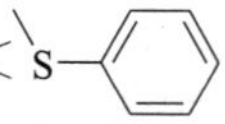

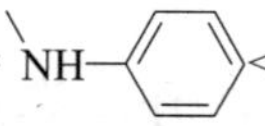

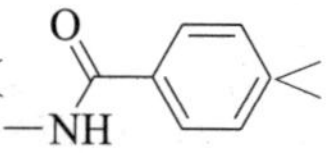

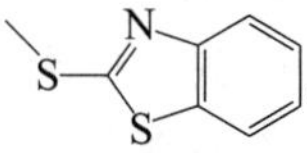

—OH、—NH_2 等基团的极性虽然较强，但升华牢度却较低。一方面是由于它们可和羰基形成分子内氢键，另一方面也和它们分子量的增加不多有关。

增加分散染料取代基的极性和分子量都有一定的限度。极性基团过多、极性过强，不但会难以获得所需的色泽，而且还会改变染料对纤维的染色性能，降低对疏水性合成纤维的亲和力。增加分子量则往往会降低染料的上染速率，使染料需要在更高的温度下染色。如前所述，除了改变染料的化学结构外，染料在纤维上的分布状态也会影响升华牢度。染色时，应该提高染料的透染程度，来获得良好的升华牢度。

四、化学结构与热迁移牢度的关系

分散染料热迁移性与染料本身的分子结构有关，而与染料的耐升华牢度没有绝对的关系，因为两者产生的机理不同。升华是染料先气化，呈单分子状态再转移；热迁移是染料以固态凝聚体（或单分子）向纤维表面迁移。因此耐升华牢度好的分散染料的热迁移不好。

染后泳移是指涤纶采用分散染料染色后，在高温处理（如定型等）时，由于助剂的影响，分散染料能产生一种热泳移，这种泳移现象也可能出现在染色物长期储存中。

热迁移现象是分散染料在两相溶剂（涤纶和助剂）中的一种再分配现象。因此所有能溶解分散染料的助剂，都能产生热迁移作用。如果无第二相溶剂存在，就不可能产生热迁移现象；如果第二相溶剂对染料的弱溶性，或者是第二相溶剂数量很少，则热迁移现象也相应减弱。热迁移现象的原因是纤维外层的助剂在高温时对染料产生溶解作用，染料从纤维内部通过纤维毛细管高温而迁移到纤维表层，使染料在纤维表面堆积，造成一系列的影响，如色变，在熨烫时沾污其他织物，耐摩擦、耐水洗、耐汗渍、耐干洗和耐日晒色牢度下降等。在生产实践中发现广泛应用的非离子表面活性剂，是导致分散染料热泳移现象的主要原因，但不同结构的分散染料在非离子表面活性剂中溶解度也不同。如 C. I. 分散黄 58 在脂肪醇聚氧乙烯醚中，于 130℃、5min 内能全部溶解。而 C. I. 分散橙 20 在同样的条件下 30min，仅有 10%溶解。氨基有机硅微乳液柔软剂是目前使用最多的柔软剂，因为要制成微乳液，需施加有机硅总量 40%～50%的脂肪醇聚氧乙烯醚或烷基酚聚氧乙烯醚等非离子表面活性剂作为乳化剂。由于涤纶和分散染料都是非离子性，大量存在的非离子乳化剂作为分散染料的第二溶剂。随着氨基有机硅微乳液的广泛使用，分散染料的染后热迁移更严重，成为染料、助剂和印染行业的研究热点。

染料市场对这一问题非常重视，最近一些著名染料公司纷纷推出防热泳移分散染料，如 Ciba 公司开发 Terasil W 系列有 11 个品种，Clariant 公司 2000 年推出 Foron S-WF 有 7 个品种，具有很高的提升力和吸尽率，特别是染色物热固着后具有很好的湿处理牢度（S-WF 即为 super wet fastness）；同样的还有 DyStar 公司的 Dianix HF 系列，BASF 公司的 Dispersol XF 系列，Dispersol XF 是偶氮杂环结构，部分含双酯基因，可用热稀碱使双酯水解，而使纤维表面沾色染料去除，即浮色容易清洗。英国 L. J. Specialities 公司的 Itoeperse HW 型染料及 Lumacron SHW 型染料。这些分散染料结构特殊，如：

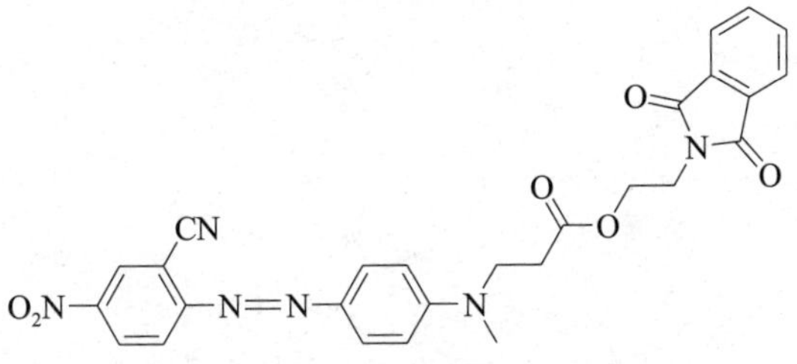

Foron S-WF

一种具有超级耐水洗和耐升华牢度的分散染料结构如下：

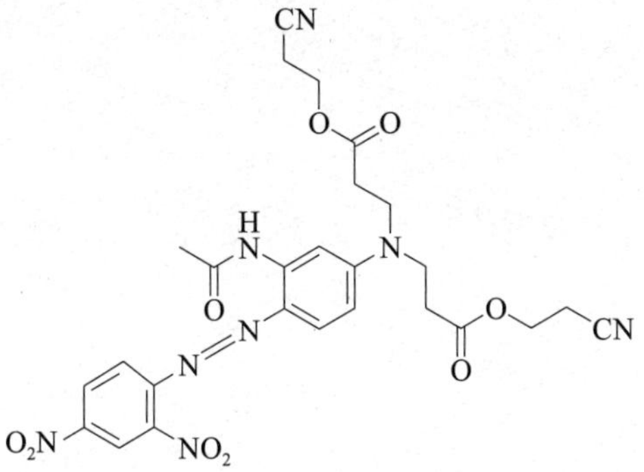

以及住友化工开发的一系列含有碳酸酯基的耐水洗分散染料。如下两例：

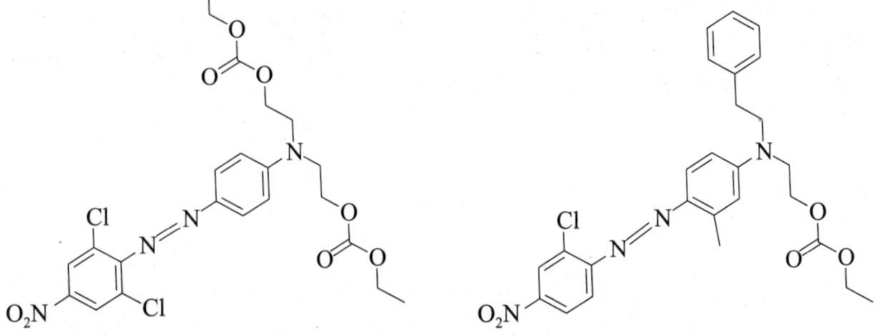

这类分散染料分子结构的特点是分子量大。偶合组分内含有邻苯二甲酰胺或酯的结构，与聚酯纤维亲和力大。已固着的染料即使在高温下，也不易从纤维内部泳移到表面，从而保持良好的染色牢度。分子结构中含有酯键的分散染料，它们与聚酯纤维因结构相似性而有很好的亲和力，不易发生热迁移。染后用热碱液洗涤，使酯水解为羧酸钠盐，易被热碱水洗净，但在涤/棉混纺织物上会沾染于棉纤维。

应用耐热迁移的分散染料和不含非离子表面活性剂作为乳化剂的氨基硅油，可以较好地解决分散染料在涤纶上染色后的热迁移问题。

第七章 还原染料

第一节 引　　言

一、还原染料简介

还原染料本身不能直接溶解于水，必须在碱性溶液中以强还原剂（如保险粉、二氧化硫脲等）还原后，成为能溶于水的可溶性状态，才能上染于纤维。

还原染料大多属于多环芳香族化合物，分子结构中不含水溶性基团。它们的基本特征是在分子的共轭双键系统中，含有两个或两个以上的羰基，因此可以在保险粉的作用下，使羰基还原成羟基，并在碱性水溶液中成为可溶性的隐色体钠盐。还原染料的隐色体对纤维具有亲和力，能上染纤维。染色后吸附在纤维上的还原染料隐色体，经空气或其他氧化剂氧化，又转变为原来不溶性的染料，而沉淀在纤维上。

还原染料品种多、色系全，有全面的染色牢度，耐晒和耐洗坚牢度尤为突出，许多品种的耐晒牢度都在 6 级以上。还原染料历来都是棉布染色、印花的一类重要染料。此外，还原染料也可用于麻、黏胶纤维、维纶、再生纤维素纤维、合成纤维的染色和印花，以及涤/棉混纺织物中棉的染色。在染料工业中，还原染料是一类很重要的染料，在颜料工业中也是优质颜料。进入 21 世纪，我国还原染料产量的年均增长率达 10%，发展较快，2019 年，还原染料已成为我国产量第四的一类染料，占比 5.82%，达 4.6 万吨。我国已有黄、橙、红、紫、蓝、绿、灰、棕和黑色等数十个品种的还原染料生产。这类染料的主要缺点是合成工艺的收率较低，相比其他类染料价格高些，有些黄、橙、红等浅色染料品种有光敏脆化作用，染色纤维易发生光脆损。色谱中缺乏浓艳的大红色，绿色也不多，这是还原染料目前存在的主要问题。

二、还原染料的发展

人类使用的第一个天然还原染料是靛蓝，据传始于中国殷周时代，当时用它来染丝织品。靛蓝存在于木蓝属植物茎中，早在数千年前，中国、埃及和印度就有培植、提取和使用这种染料的记载。靛蓝首先是从存在于木蓝属植物和菘蓝属植物中的水溶性吲哚酚的葡萄苷中提取的，然后将这种非水溶性的蓝色产物通过一种天然的发酵过程溶解于木制的还原染缸中，这就是还原染料英文名称的由来。在合适的条件下，动、植物纤维吸收溶解于还原染缸中的黄色物质，经空气氧化，其颜色回复到原来的靛蓝颜色。直到 19 世纪末，各种含靛蓝的植物是获得靛蓝染料的唯一来源。

1883年，拜耳（A. Baeyer）与其学生经过18年的研究，终于确定了靛蓝的结构式。1897年按K. Heumann方法在德国首先进行了合成靛蓝的生产，而后美国于1917年，法国于1922年，意大利于1924年，苏联于1936年相继进行了合成靛蓝的生产。

1901年，R. Bohn按合成靛蓝的工艺路线，以2-氨基蒽醌代替苯胺，用乙酰氯酰化得到了2-乙酰氨基蒽醌，再在氢氧化钠中熔融，得到一种染棉坚牢度很好的蓝色染料，这是第一个合成的蒽醌还原染料，取名为阴丹士林（Indanthrene）。这个新染料色泽鲜艳，牢度优异，很快作为商品在市场上推广，名为阴丹士林蓝RS（RSN），它的出现为发展还原染料开辟了新的技术途径。

在此后20年间，先后发明了红、绿、橙、黄等色谱的还原染料，其中以1920年英国Davis等人发明的还原艳绿FFB最为重要。还原艳绿FFB的鲜艳度与孔雀绿相似，而坚牢度可与阴丹士林蓝RS相媲美，为还原染料的发展增辉添彩。

1921年开始出现了可溶性还原染料，简化了还原染料的印染工艺，在改进应用方法上迈出了可喜的一步。第二次世界大战前约15年是德国IG公司的全盛时代，在这期间，还原染料稳步发展，几乎每年都有新结构的品种成为商品进入市场。第二次世界大战后，BIOS、FIAT、CIOS等公司公开报道了IG公司经销的还原染料品种，打破了IG公司还原染料一统天下的局面，对世界还原染料的发展起到了推动作用。英、美、法、日等国的还原染料生产可以说是第二次世界大战后才全面发展的，而意大利和印度则更晚一些。人们曾经一度把各国还原染料生产情况视作该国染料工业发展水平的标志。

还原染料重要的助剂是还原剂，自从强还原剂——保险粉问世以来，还原染料得到很大发展。由于工艺的需要，一系列高效、耐高温的还原剂，如Rongal A（乙醛亚硫酸氢钠）、Rongalite FD（吊白块）等相继出现。这些都促使还原染料在应用方面获得进展。

近年来国外开发的新型还原染料不多。2003年，DyStar公司开发了一类新型还原染料，即Indanthrene E型染料。它是一类特别适用于电化学染色加工的还原染料，其中“E”即Ecology缩写，意指环保生态型。这类染料的化学结构并不属新型结构，染料的纯度对电化学染色加工是合适的。

我国的还原染料是新中国成立后开始研究、试制和生产的，目前已有八十多个品种，生产能力已名列世界前茅。还原染料由于其优异的各项染色牢度，在纤维素纤维织物的染色和印花中占据着重要的地位。我国还原染料在品种、数量、质量等方面仍有相当大的发展前景。

目前，市场上供应的还原染料剂型有超微剂型或Colloisol剂型、超细粉剂型和细粉剂型等。对悬浮体轧染工艺而言，超微剂型还原染料是最合适的；若从浸染工艺考虑，虽然三种剂型都可以使用，但匀染的效果以超微剂型最好。此外，国外还开发了超微分散的液状剂型还原染料，商品名为Indanthrene Colloisol Liq.染料，适用于棉织物印花。

为了制造高附加值和功能性的纤维素纤维制品，目前乃至今后一段时期内，活性染料和其他棉用染料还无法完全取代还原染料，因此，它仍是一类重要的棉用染料。

第二节　还原染料的分类、结构和性质

按照化学结构和性质，还原染料原本分成蒽醌、靛族和稠环三类，加上后来出现的硫酸

酯衍生物的可溶性类，共为四大类。近年来还出现了一些新的衍生物，如带有活性基团的活性还原染料。

一、蒽醌类还原染料

蒽醌类还原染料是还原染料中最重要的一类。凡是以蒽醌或其衍生物合成的还原染料以及具有蒽醌结构的染料，都可属于这一类。具有各项坚牢度优良、色泽较鲜艳、色谱较齐全、染料隐色体钠盐对纤维亲和力高的特点，但某些浅色品种对棉纤维有脆损作用。这类染料的隐色体钠盐大部分较未还原的色泽深，只有极少数和未还原的色泽近似。这是由于被还原成隐色体钠盐后，共轭体系增大的缘故。

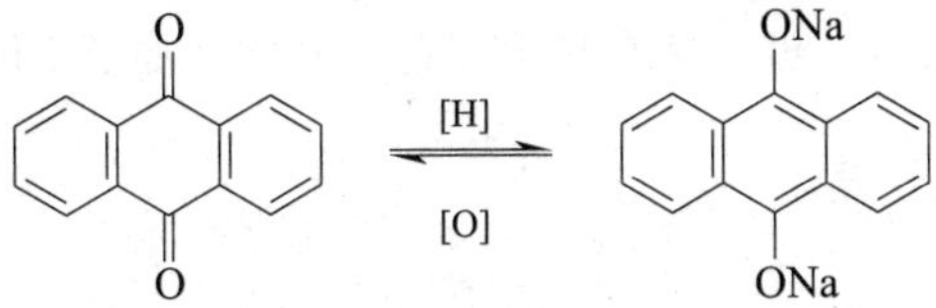

共轭双键的增减，还决定着染料的隐色体钠盐对棉纤维直接性的高低。凡是还原后隐色体钠盐结构中共轭双键较多的染料，它的直接性就比共轭双键较少的染料高。

蒽醌类还原染料按照结构又可分成以下几种。

1. 酰胺系和亚胺系

酰胺系染料中，由于分子中酰氨基位置和数目的不同，能生成黄、橙、红、紫等不同色泽的还原染料，但不能生成蓝、绿和黑等颜色品种。酰胺系中结构最简单的是还原黄 WG，它的结构为：

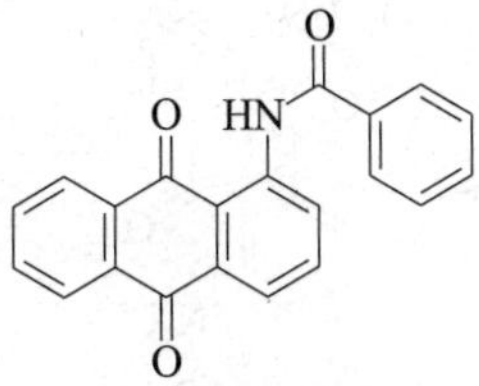

还原黄 WG

还原黄 WG 也是蒽醌类还原染料中结构最简单的染料，结构较复杂的有还原黄 3GF：

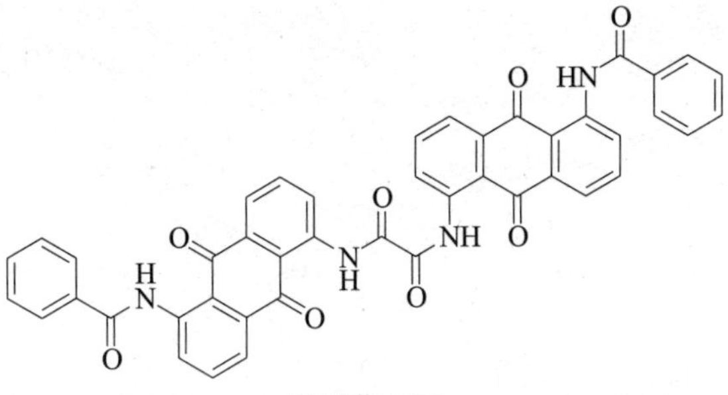

还原黄 3GF

亚胺系蒽醌还原染料的色谱包括橙、红、紫酱、灰和黑色等。一般来说，色光不鲜艳，但坚牢度优良，耐日晒牢度在 6～8 级，湿处理牢度在 4～5 级，橙色品种有光脆敏性。隐色体钠盐对棉纤维亲和力不大。

亚胺系染料通常含有 2 个或 3 个蒽醌结构，通过亚氨基相连如还原橙 6RTK、还原黄 F3GC（还原黄 33）。其中最简单的是 1,2-二蒽醌亚胺，即还原橙 6RTK。

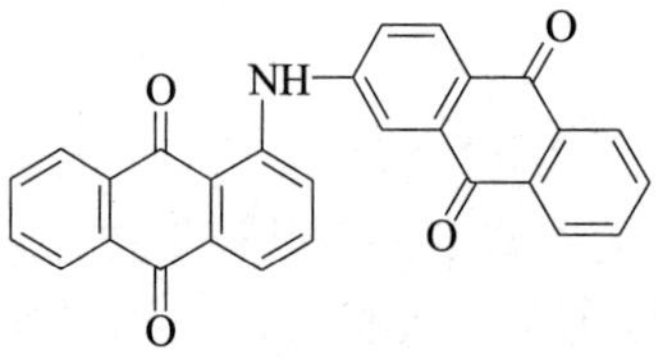

还原橙6RTK

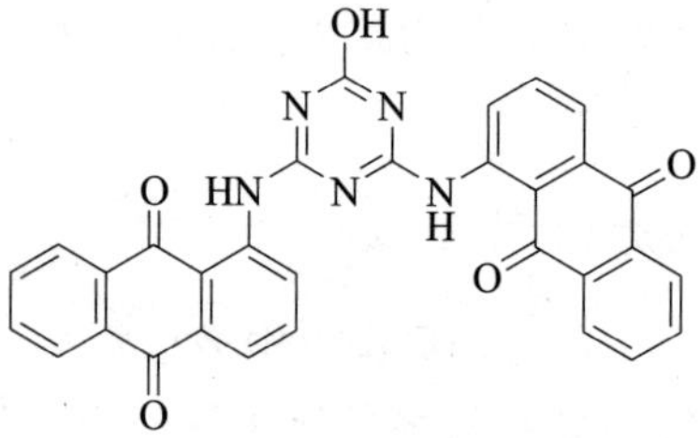

还原黄F3GC(还原黄33)

2. 咔唑系

咔唑系染料的主要特征是染料的隐色体钠盐对纤维素纤维有较好的直接性，匀染性好，各项坚牢度优良，其色谱包括黄、橙、棕和橄榄绿色。其中还原黄 FFRK（黄 28 号）的结构为：

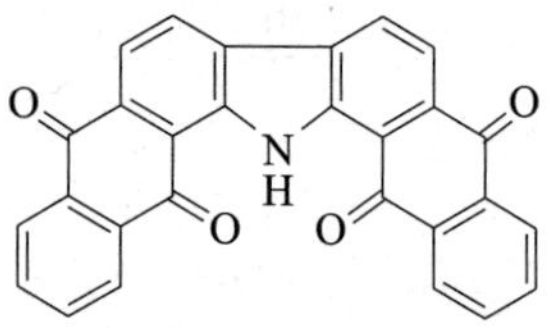

还原黄FFRK(黄28号)

咔唑系列还有还原橙 3G 和还原深黄 3R，其合成路线如下：

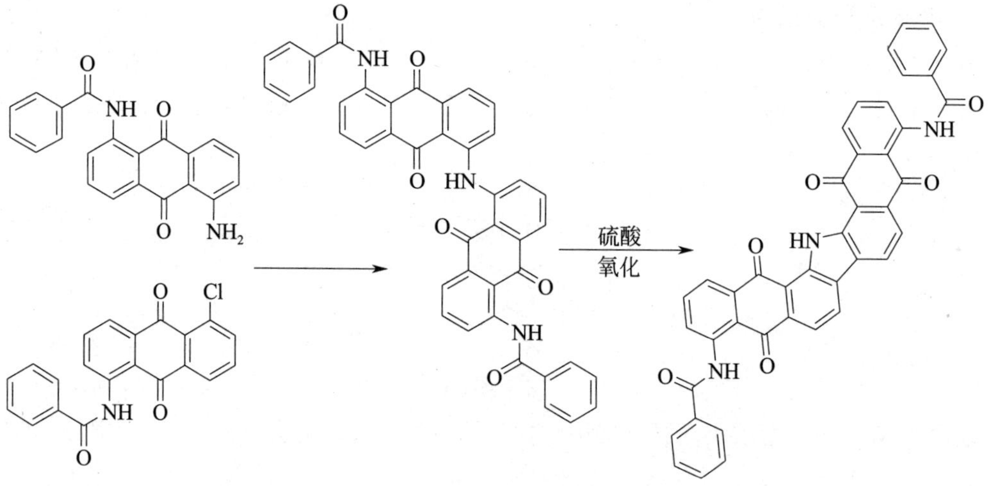

硫酸
氧化

还原橙3G

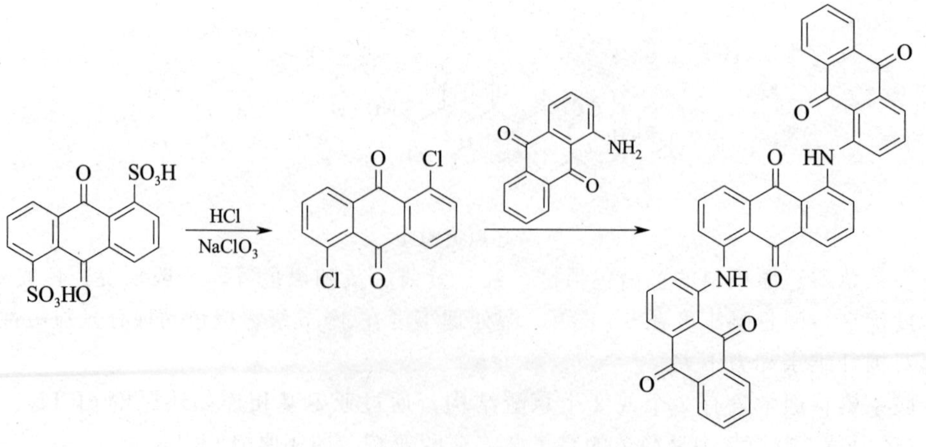

HCl
$NaClO_3$

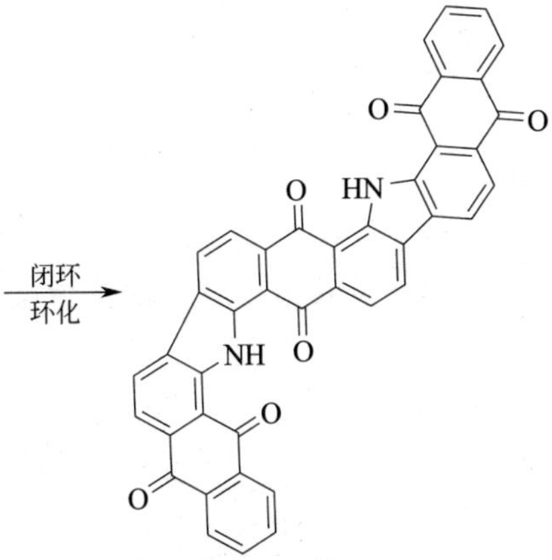

闭环
环化

还原深黄3R(还原橙11)

3. 蓝蒽酮系

蓝蒽酮（还原蓝 4）的商业名称是还原蓝 RS、RSN。它的色泽为宝石蓝色，非常鲜艳，而且各项牢度很高。它是一种具有氢化吖嗪结构的化合物，其合成方法和结构如下：

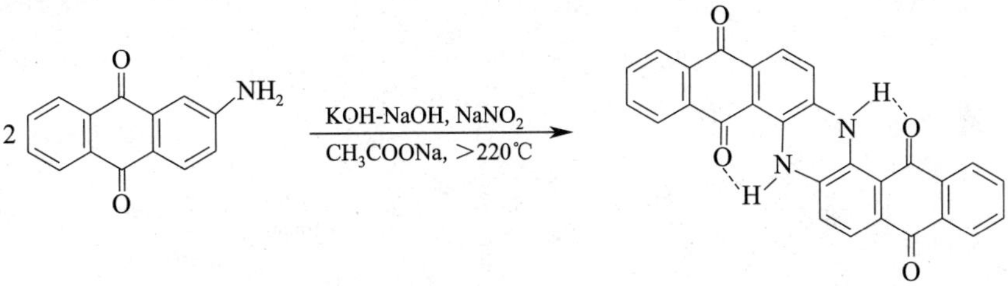

$$\xrightarrow[CH_3COONa,\ >220℃]{KOH\text{-}NaOH,\ NaNO_2}$$

还原蓝RS

蓝蒽酮不耐氯漂，如用次氯酸钠或漂白粉处理则由鲜明的蓝色转变成暗绿色。

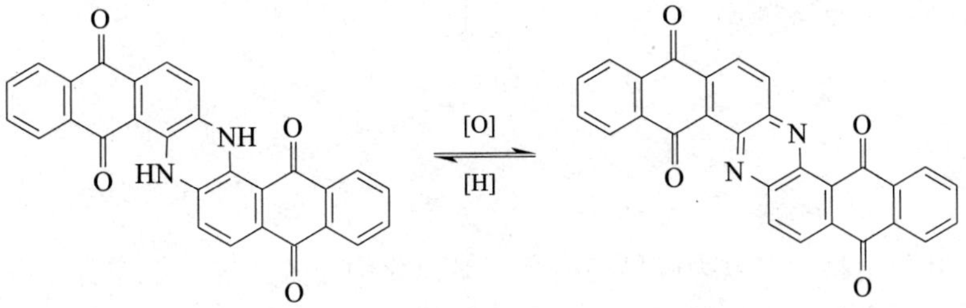

[O]
[H]

蓝蒽酮的卤化衍生物具有较高的耐氯漂能力。如二氯蓝蒽酮，即还原蓝 BC（还原蓝 6）。它能经受氯漂而不致变色。另一种常用的卤化衍生物为一氯蓝蒽酮，即还原蓝 GCDN（还原蓝 14）。这些衍生物的色泽都比蓝蒽酮明亮，且带青光。

带有羟基的蓝蒽酮衍生物，常用的有含一个羟基的还原蓝 3G（还原蓝 12）以及具有两个羟基的还原蓝 5G（还原蓝 13）等，它们都是带有绿光的蓝色染料。

此外，还有一个绿色的蓝蒽酮衍生物，即还原绿 BB（还原绿 11），它是 4,4′-二氨基-3,3′-二氯蓝蒽酮。可由 1,4-二氨基蒽醌氯代和缩合后制得：

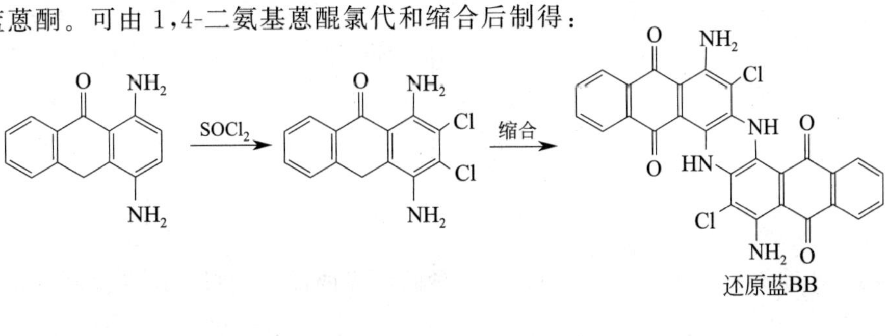

$SOCl_2$　缩合

还原蓝BB

4. 黄蒽酮和芘蒽酮系

黄蒽酮和芘蒽酮系染料亲和力好，上染率达90%以上，匀染性也好，尤其是耐晒牢度高。该系染料的色泽大多是黄色和橙色。黄蒽酮（还原黄G）及其衍生物大部分为黄色，无光敏脆损现象，芘蒽酮（还原金橙G）及其衍生物大部分为橙色，它们的结构式非常相似，合成方法分别见下。

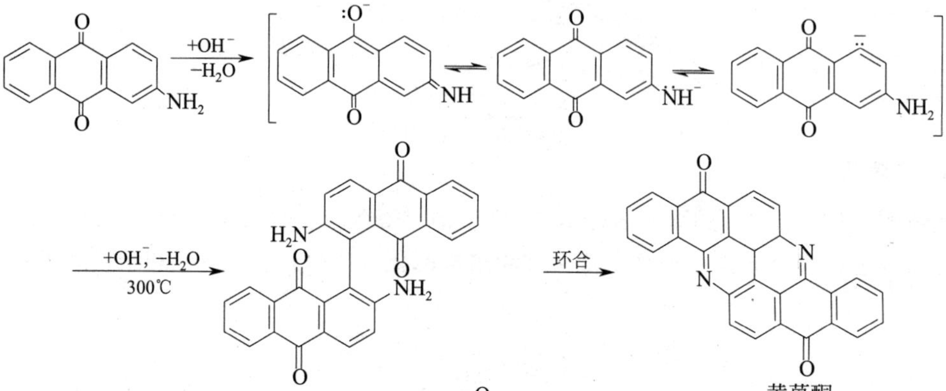

$+OH^-$, $-H_2O$ NH NH^- NH_2

$+OH^-$, $-H_2O$ 300℃ H_2N NH_2 环合 N N

黄蒽酮

$SOCl_2$ Cl Cu Ullmann反应

环合

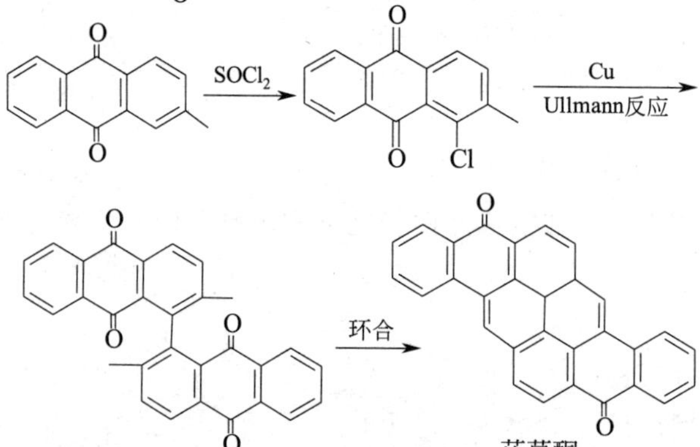

芘蒽酮

芘蒽酮及其衍生物大多数为鲜艳的橙色，其卤化物与芳胺等发生缩合反应后，能获得深色品种。该系还原染料染色的棉织物，受日光作用后会出现光敏脆损现象，而黄蒽酮及其衍生物染色后的棉织物则无此种现象。

5. 二苯嵌蒽酮系

二苯嵌蒽酮系染料主要可分为：紫蒽酮及其衍生物和异紫蒽酮及其衍生物。

紫蒽酮的结构为：

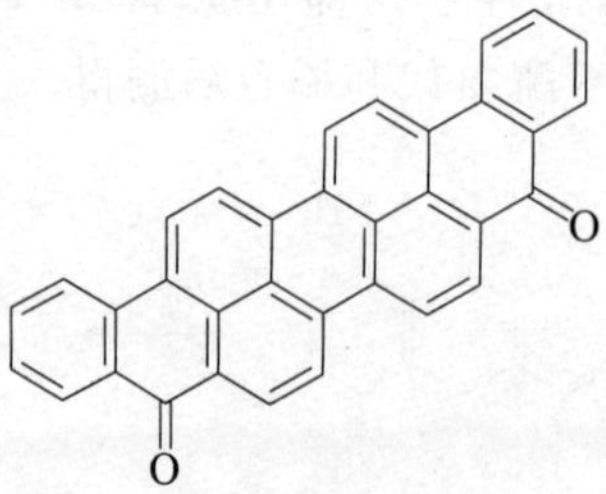

紫蒽酮即还原深蓝BO（蓝20号），是一种暗红光的深蓝染料，色泽很不鲜艳，但是染

色坚牢度却很好。

紫蒽酮的卤化物如四氯紫蒽酮，是还原深蓝 RB（蓝 22 号）。

紫蒽酮在特定条件下硝化，可生成 7,8-二硝基紫蒽酮，它是一种绿色染料（绿 9 号）。但是它的商品名称为还原黑 BB，因为染后用次氯酸钠溶液处理后成为具有吖嗪结构的紫蒽酮，是一种蓝光黑色。其结构为：

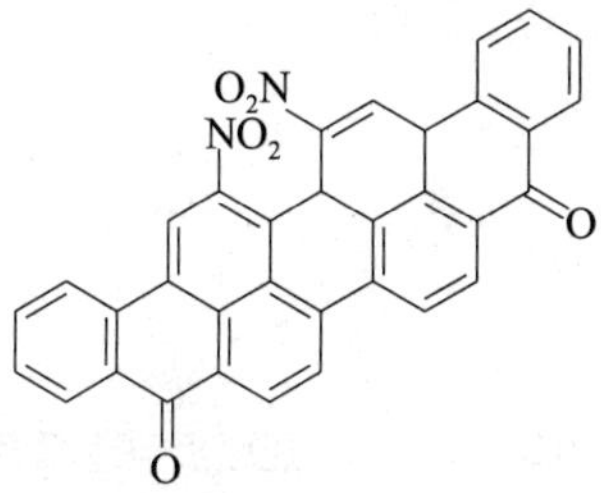

O_2N NO_2 O O

紫蒽酮的衍生物中以二甲基氧紫蒽酮最为重要，因为将紫蒽酮氧化后生成二羟基紫蒽酮，再经甲基化后就呈现十分鲜艳的嫩绿色，即还原艳绿 B（绿 1 号），它的精制品称为还原艳绿 FFB，结构为：

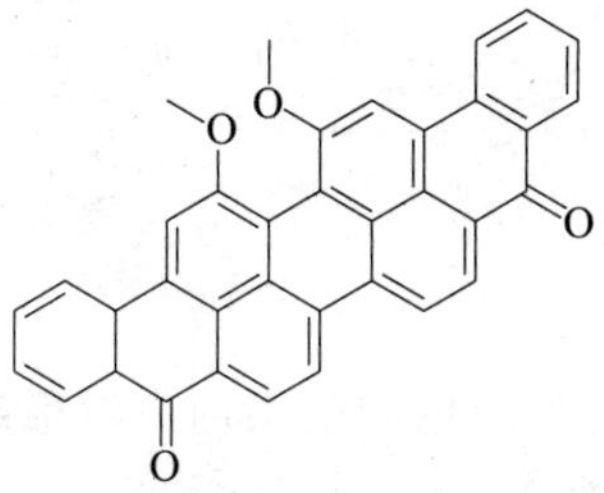

O O O O

这种染料不仅色泽鲜艳，而且牢度优异。可广泛用于织物的染色和印花，且在纱线染色中占很大的比重。

异紫蒽酮的结构为：

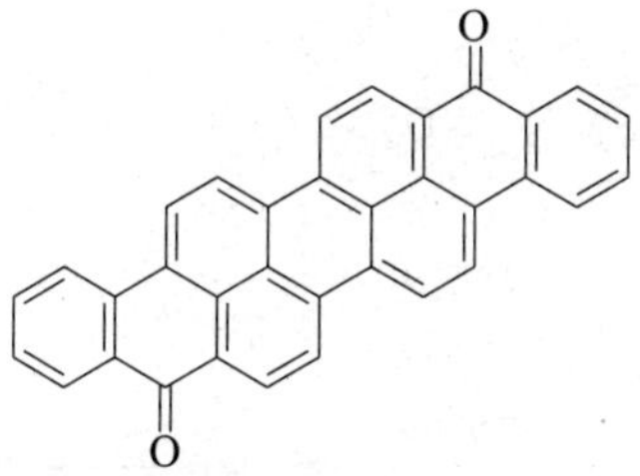

O O

它是一种性能优良的紫色染料，即还原紫 R（紫 10 号）。如将它卤化成二溴异紫蒽酮，即得还原亮紫 3B（紫 9 号）；如将它卤化成二氯异紫蒽酮，即得还原亮紫 RR（紫 1 号），结构式如下：

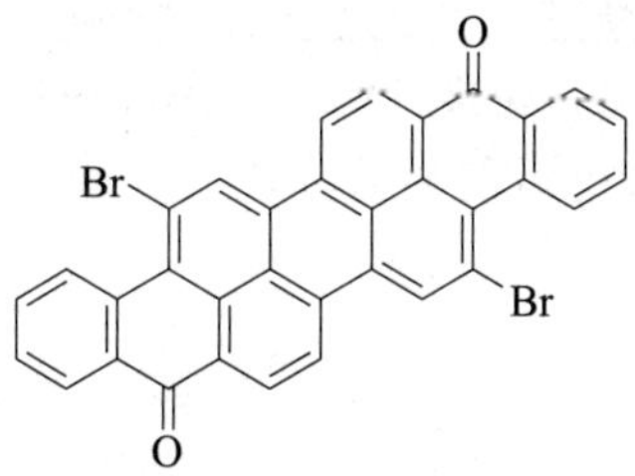

O Br Br O

还原亮紫3B

O Cl Cl O

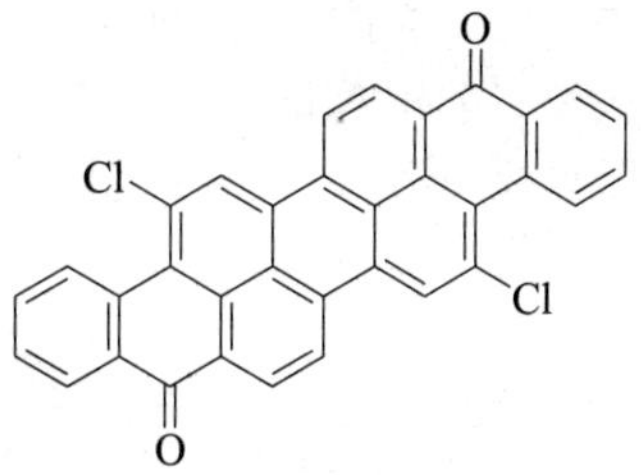

还原亮紫RR

6. 吖啶酮系

吖啶酮（Acridone）系染料大部分都是红色和紫色，少数为绿色、蓝色和棕色。如还原红紫 RRK（紫 14 号）、还原紫 B 和还原橙 G 的结构如下：

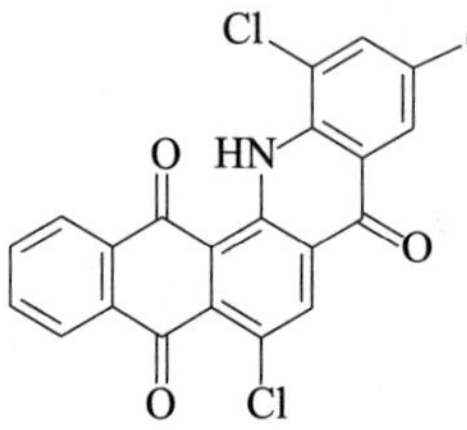

还原红紫RRK 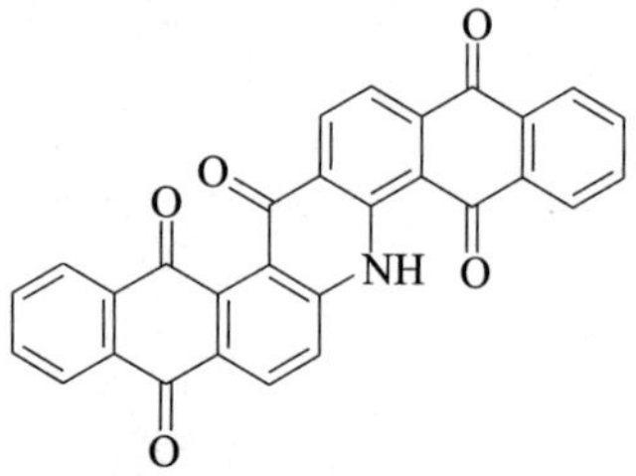　　还原橙G(还原橙16)

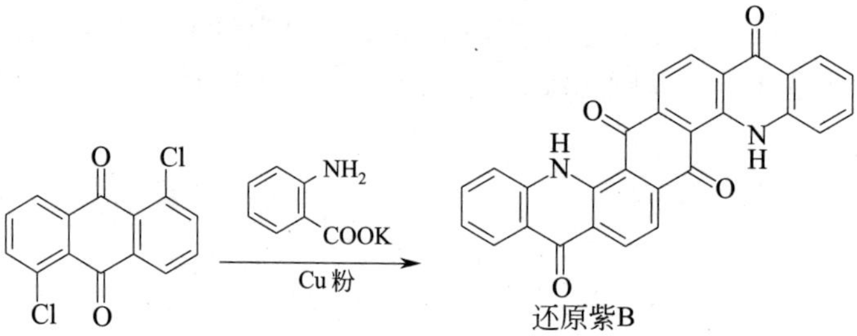

Cu粉

还原紫B

7. 噻唑结构系

噻唑结构系染料的色谱在黄色到紫色的范围内，对棉纤维的亲和力高，各项坚牢度优良。还原黄 GC（黄 2 号）的结构为：

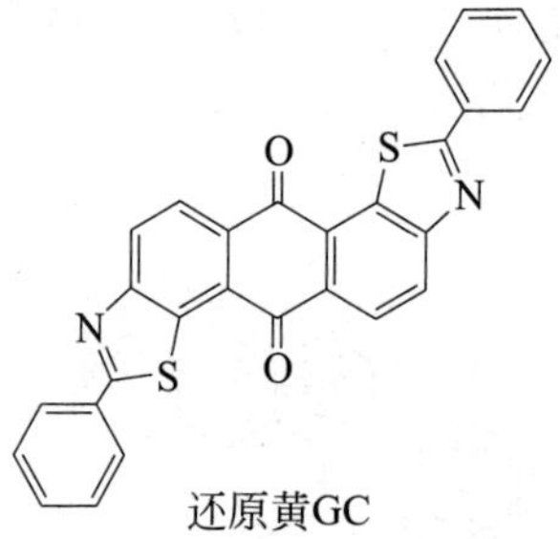

还原黄GC

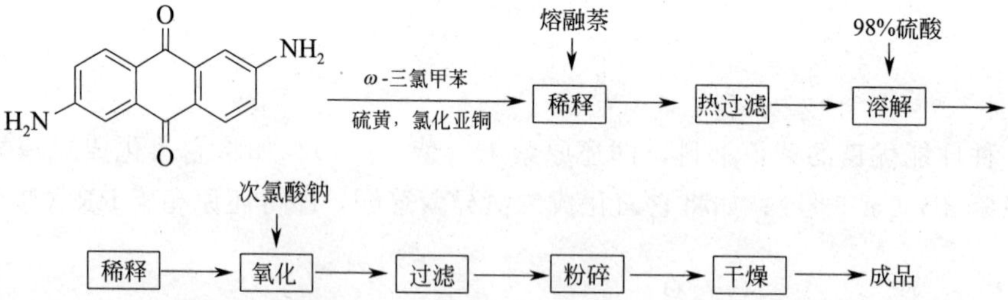

ω-三氯甲苯，硫黄，氯化亚铜 → 稀释（熔融萘）→ 热过滤 → 溶解（98%硫酸）→ 稀释 → 氧化（次氯酸钠）→ 过滤 → 粉碎 → 干燥 → 成品

这是还原染料中最艳丽的微黄色，染料上染率高，匀染性好，但单独应用时存在光敏脆损性。主要用于和还原艳绿 FFB 拼成果绿色，且拼色后能显著降低其光脆性，并提高耐日晒牢度。

二、靛族类还原染料

靛族类还原染料不仅指靛蓝及其衍生物，还包括硫靛及其衍生物和各种具有靛蓝和硫靛混合结构的对称或不对称的还原染料。

靛族类还原染料和蒽醌类最显著的不同之处，就是不论它们原来是什么色泽，还原后的隐色体钠盐都是无色或者仅含很浅的黄色或杏黄色。染料的隐色体钠盐对纤维的亲和力较小，所以不易染得深浓色；染色后织物如遇高温处理，会发生升华现象。

按照结构，靛族类还原染料可分成以下 5 类。

1. 靛蓝系

靛蓝系中最基本的染料是靛蓝（蓝 1 号），结构如下：

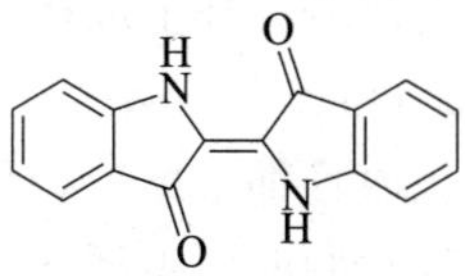

靛蓝的牢度很好，不仅用于棉织物、棉纱线的染色，还用于毛织品的染色，过去海军服曾用靛蓝染色。国外的海军蓝（Navy Blue）就是指这种暗蓝色泽。

靛蓝的色泽晦暗并不鲜艳，它的隐色体钠盐对纤维素纤维的直接性很小，无法一次染得深色。此外，靛蓝染色后的织物在遇到高温时，染料会有升华现象产生。

这些缺点可以通过卤化的方法得到改善。卤化后的靛蓝色泽比较鲜艳明亮，而且染料卤化后，提高了染料隐色体钠盐对纤维素纤维的直接性。其中最突出的是还原蓝 2B（蓝 5 号），由于色泽鲜艳和坚牢度优异，在染色和印花中应用较多。它的结构一般写成 5,5′,7,7′-四溴化靛蓝：

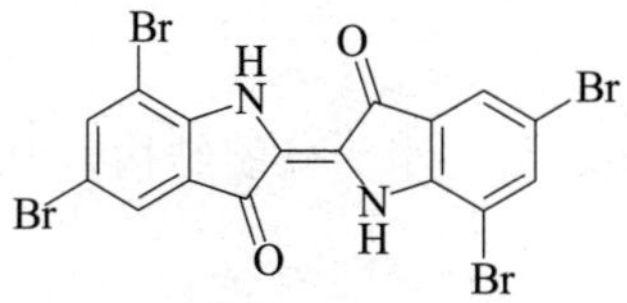

2. 硫靛系

硫靛系染料大部分都是红色，与靛蓝一样，硫靛本身色泽不够鲜艳，而且耐日晒牢度也差；可是它的衍生物却很鲜艳，而且各项牢度都很高。

硫靛本身就是一种带蓝光的红色还原染料，即还原红 5B（红 41 号）。它的结构和靛蓝十分相似，只要将两个—NH—换成—S—即得：

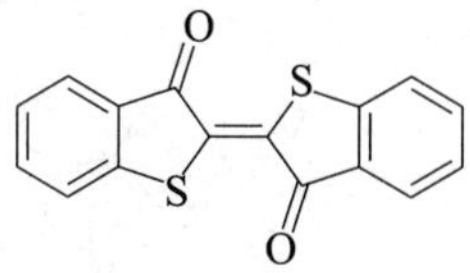

硫靛的衍生物一般有对称和不对称两种结构。

对称的硫靛衍生物，在硫靛两侧芳香环上所具有基团的种类、数量和位置完全相似。如还原桃红 R（红 1 号）、还原棕 RRD（棕 5 号）、还原红紫 BH（紫 2 号）和还原红紫 RRN（紫 3 号）等。

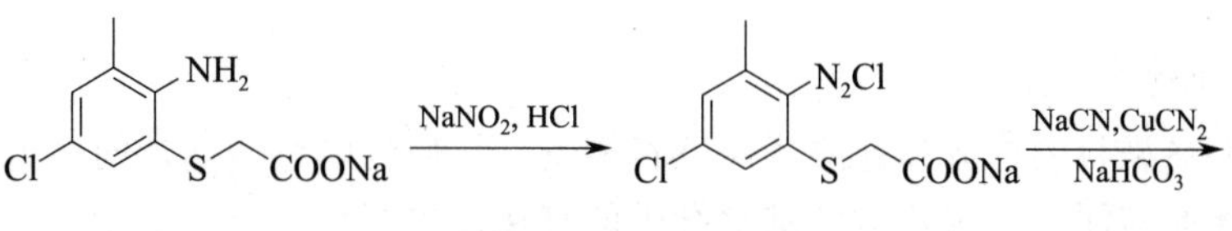

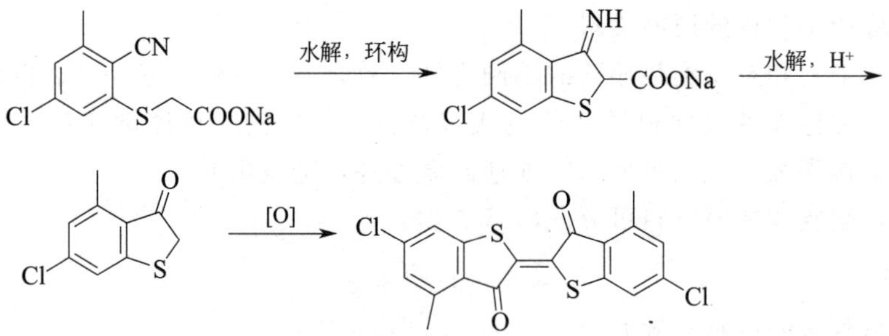

不对称的硫靛衍生物，则在硫靛两侧芳香环上取代基的种类、数量和位置并不相同，如还原粉红 FFB（红 5 号）、还原猩红 B（红 6 号）等。

蒽醌类还原染料的红色品种稀少，而且都不鲜艳。硫靛系染料中一些比较鲜艳的红色衍生物在一定程度上弥补了它的不足，且它们的坚牢度好，可以与蒽醌类还原染料媲美。

3. 对称靛蓝-硫靛系

对称靛蓝-硫靛系染料的一半是靛蓝结构，另一半是硫靛结构。大部分染料的色泽和它们的结构一致。由于一半是蓝色的靛蓝，而另一半是红色的硫靛，结果呈现紫色。如还原紫 BBF（紫 5 号）的结构为：

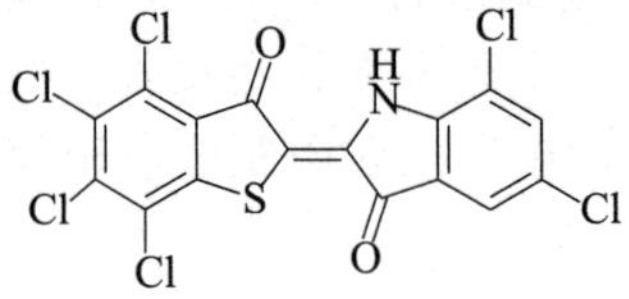

4. 不对称的靛蓝-硫靛系

该系染料也是一半为靛蓝结构，另一半为硫靛结构，但不对称。如还原猩红 R：

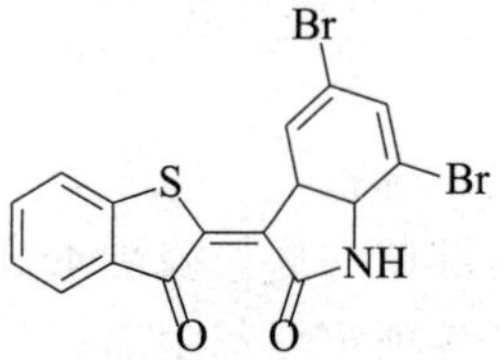

5. 半靛系

半靛系染料的结构特征是：一半为靛蓝或硫靛的结构，另一半为蒽醌结构。如还原黑 B（黑 2 号）：

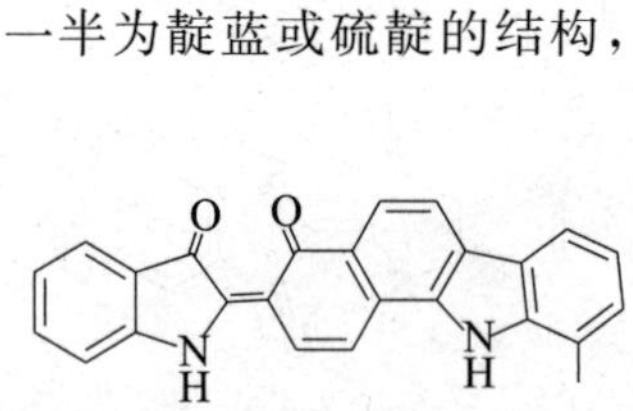

三、稠环类还原染料

凡是不属于上述两类的还原染料，在本书中均归入稠环类还原染料。这类染料中比较重要的有如下几种。

1. 二苯并芘醌系

二苯并芘醌系染料的构造和蒽醌还原染料相近。它们的隐色体钠盐同样由于共轭双键的增加，色泽比还原前深，同时，对纤维素纤维的直接性也高。

二苯并芘醌本身就是黄色的染料，即还原金黄 GK（黄 4 号），其结构为：

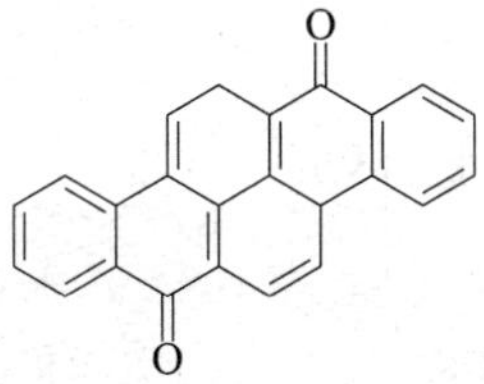

还原金黄 GK

还原金黄 GK 的合成路线为：由萘经苯甲酰氯在三氯化铝催化下苯甲酰化，得到 1,5-二苯甲酰萘，然后在三氯化铝、氯化钠、二硝基氯苯条件下，经 Scholl 缩合反应制得：

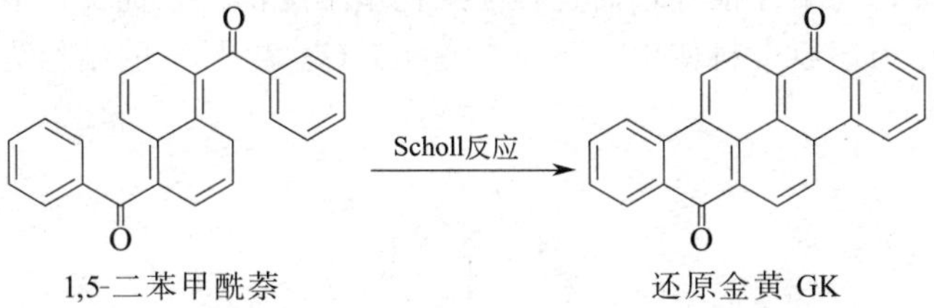

Scholl反应

1,5-二苯甲酰萘　　还原金黄 GK

还原金黄 GK 还有如下结构的同分异构体，即蒽缔蒽酮化合物。

将二苯并芘醌卤化成二溴二苯并芘醌，得到还原金黄 RK（还原橙 1），其结构为：

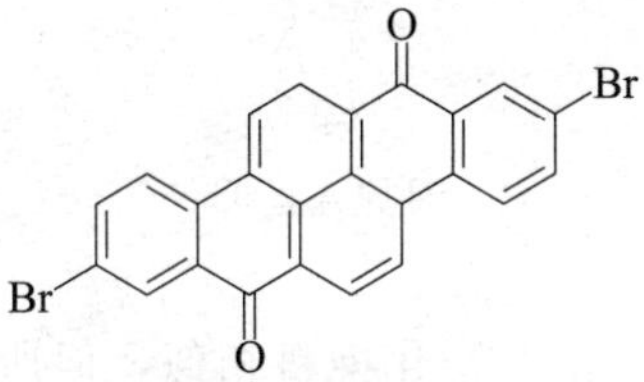

还原金黄RK

2. 蒽缔蒽酮的卤化物系

该系染料不论结构或染色的性质，都与蒽醌类十分近似。但是蒽缔蒽酮本身却不能作为染料，原因是它的隐色体钠盐对纤维素纤维的亲和力很低，且着色力很低。其制备方法是周位酸经重氮化，经加特曼反应（Gattermann 反应），然后闭环缩合得到。不过其卤代产物却有从橙到红的色泽。

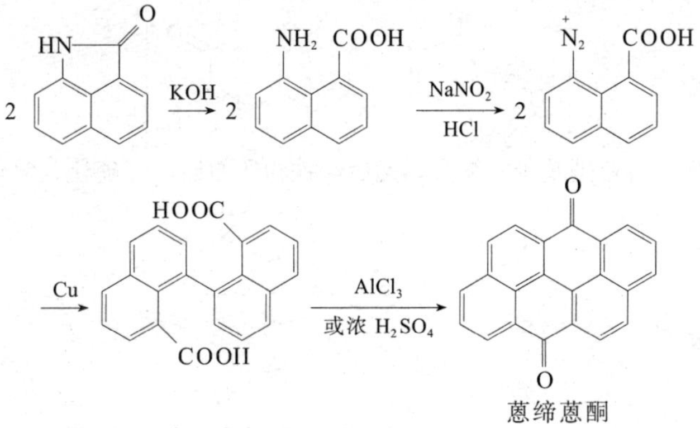

KOH　$NaNO_2$ / HCl　Cu　$AlCl_3$ / 或浓 H_2SO_4

蒽缔蒽酮

通过卤化才能成为一些橙色或红色的还原染料。如二氯衍生物为还原亮橙 GK（橙 19 号），将 Cl 用 Br 取代得到的二溴衍生物为还原艳橙 RK：

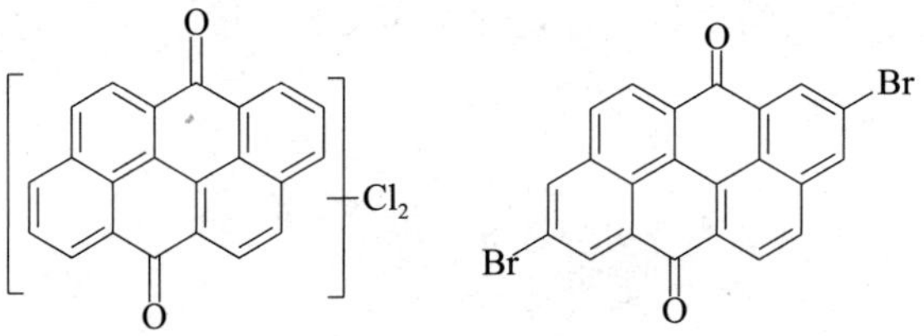

还原亮橙 GK　　还原艳橙 RK

3. 酞菁系

酞菁的络合物能被碱性保险粉溶液还原，还原后的隐色体钠盐也比较稳定。它对纤维素纤维有一定的直接性，匀染性很好，而且各项染色坚牢度都比较优良，氧化后能获得漂亮的绿光蓝色，也可以作为还原染料使用。还原亮蓝 4G（蓝 29 号）的结构为：

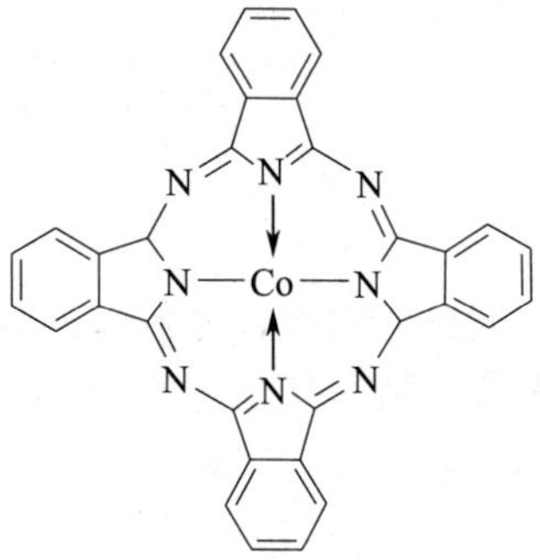

还原亮蓝4G

4. 硫化系

硫化系还原染料的分子结构一般与硫化染料相似，但所含硫键比硫化染料坚牢和稳定，色光比硫化染料鲜艳，耐氯牢度较好，一般难溶于普通的硫化钠溶液中。用碱性保险粉还原后染色，也可用硫化钠、氢氧化钠和保险粉混合染色。硫化系还原染料介于硫化染料和还原染料之间。一般蓝色的均称海昌蓝（Hydron Blue），也叫硫化还原蓝，用咔唑为主要原料制成，耐洗，耐日晒性能比硫化蓝好。黑色则称作印特黑（Indocarbon Black）。

蓝色的硫化系染料主要有海昌蓝 R（蓝 43 号），它的结构可能是：

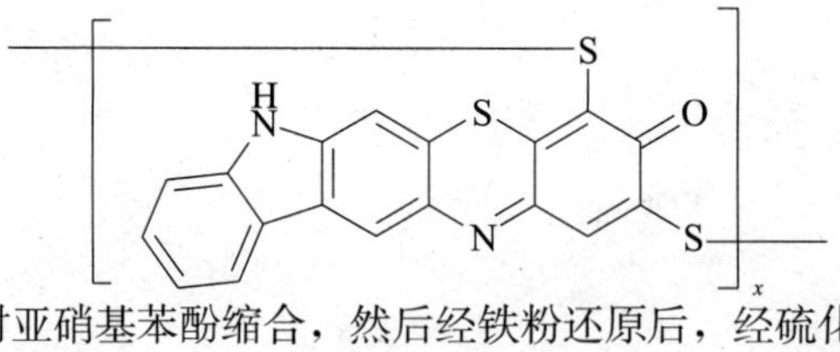

其制备过程是咔唑与对亚硝基苯酚缩合，然后经铁粉还原后，经硫化、氧化得到。反应式如下：

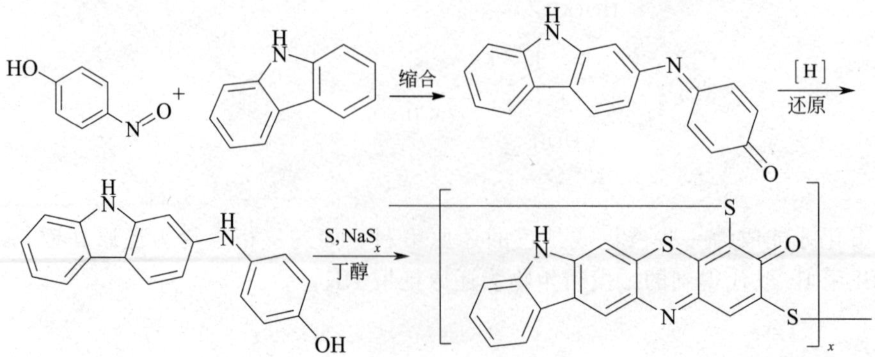

此外，还有海昌蓝 G（还原蓝 42 号）等。海昌蓝 G 比海昌蓝 R 的色光鲜艳，但溶解度较低。还原蓝 42 为下列结构式化合物的硫化物。

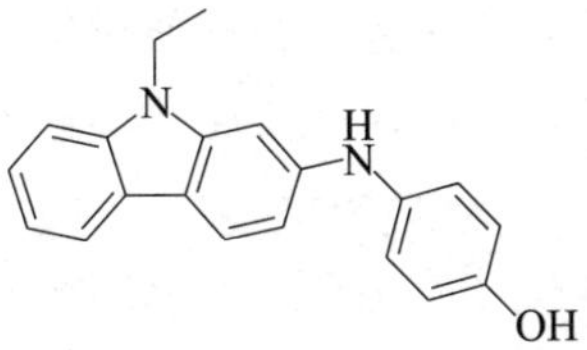

四、可溶性类还原染料

还原染料的染色牢度优良，但使用复杂，而且强碱性的染色浴难以在毛、丝等蛋白质纤维上应用。20 世纪 20 年代将靛蓝的干燥隐色体盐，在叔胺类化合物中用氯磺酸或三氧化硫制成水溶性硫酸酯。这种硫酸酯具有水溶性和对纤维的直接性；染色后，在氧化剂如亚硝酸钠等的硫酸溶液中，发生水解和氧化而回复成靛蓝。

1924 年，第一只可溶性还原染料被命名为印地科素 O（Indigosol O）。凡是靛蓝的卤化物也可以制成相应的硫酸酯，如溴化靛蓝可以制成应用广泛的印地科素 O4B。

最初制成的这类染料都是蓝色的，所以在染料名称中不注明蓝色。因为在技术上难以将蒽醌类及其他还原染料制成干燥的隐色体。直到 1927 年才发现，只要将染料直接加入吡啶和氯磺酸的混合溶液中，再加入金属粉末，则还原染料立即被氯磺酸酯化。这种制造方法差不多可以将各类还原染料制成硫酸酯。

以印地科素蓝 IBC（可溶性还原蓝 6 号）为例，它的合成反应如下所示：

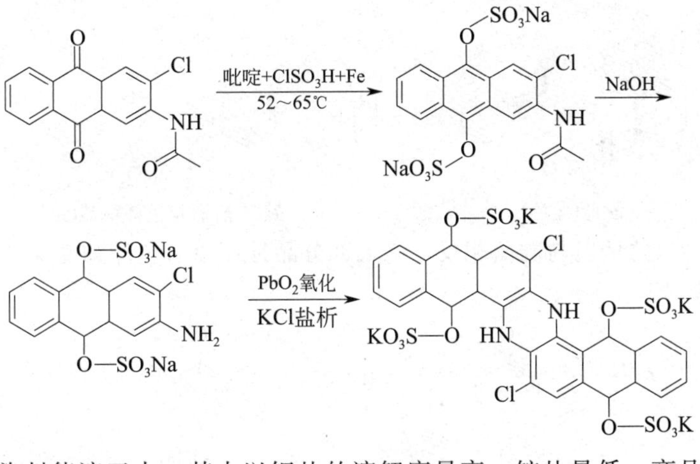

可溶性还原染料能溶于水，其中以钾盐的溶解度最高，铵盐最低，商品染料一般采用钠盐。染料的溶解度与可溶性基团的多少有关，可溶性基团多则溶解性强。某些基团（如含氯、溴）的引入使溶解度下降。可溶性还原染料在纤维上显色时，第一步是硫酸酯基水解脱落，生成还原染料隐色体，第二步是隐色体氧化成染料母体。显色条件若控制不当，会产生染料的色量低、色泽不鲜艳、坚牢度差等问题。

第三节　还原染料的还原原理

还原染料除可溶性类或用于涤纶染色外，都需要经过还原才能对纤维起染着作用。因此染料的还原是一个首要的问题。

还原染料还原后具有水溶解性，各种染料有着不同的还原电位值和还原速率。控制这些参数使染色处于正常状态，是保证染色质量、合理使用染料和降低成本的一种有效手段。选择使用所谓超细粉即微粒化的染料，可以提高还原速率，对于获得满意的染色效果起着重要的作用。

一、染料隐色体

还原染料不溶于水，但在碱性溶液中受强还原剂作用而还原成隐色体(盐)（Leuco salts）后，即能成为水溶性染料，并对纤维素纤维等具有直接性，从而能达到染色的目的。为了能在纤维上采用还原染料印染，首先必须使染料得到正常的还原。

以蒽醌类还原染料为例，当受到氢氧化钠和保险粉的作用时，所生成的隐色体钠盐在碱性介质中就有可能完全成为电离的钠盐状态：

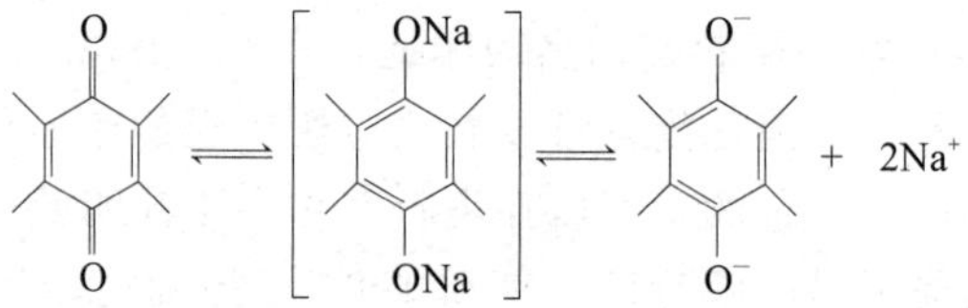

O O ⇌ [ONa ONa] ⇌ O^- O^- + $2Na^+$

如果染浴中的pH降低，则可生成非水溶性的隐色体，隐色体钠盐在碱性溶液中的溶解度取决于电离程度。

隐色体的名称源于靛蓝还原染料还原后色泽变浅甚至几乎无色的现象，如靛蓝还原后的隐色体接近无色：

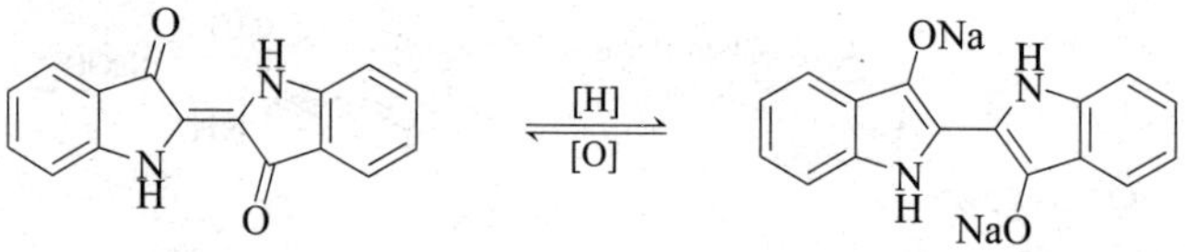

[H] ⇌ [O]

靛蓝(蓝色)　　靛白-靛蓝隐色体钠盐(无色)

蒽醌类还原染料的情况与靛蓝相反，绝大部分品种还原后色泽却变深。如以常用的蒽醌为例，它的变化如下：

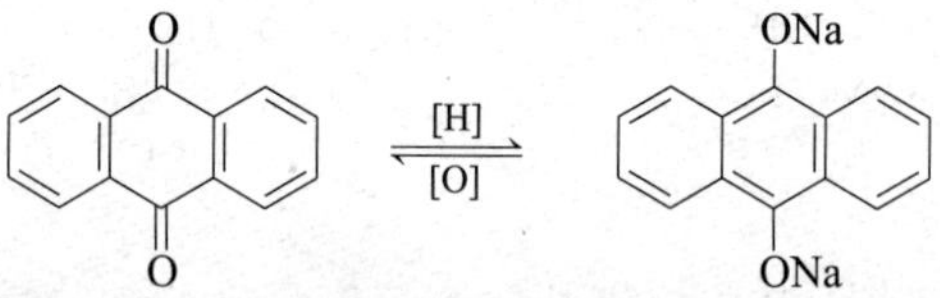

O O [H] ⇌ [O] ONa ONa

蒽醌本身整个分子是没有共轭双键连接起来的，而蒽醌经还原成为隐色体盐后，共轭双键却连贯了整个分子，所以出现了深色效应。而靛蓝的共轭双键是贯穿和绕着整个分子的，但是当其还原成隐色体时，共轭双键的数目减少了，而且还失去了吸电子基团(发色团)，因此便不再吸收部分可见光。蒽醌隐色体的深色效应，可以代表所有蒽醌类还原染料在还原浴中的深色现象，因为绝大多数蒽醌类还原染料成为隐色体后，都能增加共轭双键。

共轭双键的增减，不仅可以解释蒽醌类和靛类还原染料的隐色体色泽的不同变化，而且也可以解释这两类染料对纤维具有不同的亲和力。因为染料对纤维的亲和力与共轭双键的数量成正比关系，所以靛类还原染料对纤维的亲和力比蒽醌类差。即使同为蒽醌类还原染料，由于隐色体形成共轭双键数的不同，对纤维的亲和力也不相同。为了有效地利用这种优点并防止发生缺陷，人们创造了悬浮体轧蒸染色法和隐色酸染色法。另外，在浸染法中可以加入匀染剂，对降低染料对纤维的亲和力也有一定的效果。

二、隐色体电位

还原染料的还原作用，主要是还原剂氧化后放出电子，使染料的羰基接受电子还原成醇式，再在碱的作用下成为可溶性的醇式的钠盐而染着于纤维上，整个反应都是属于电子转让与接受的过程。

隐色体电位就是指染料在该还原电位值时，正好转变为隐色体。如果不到这个电位，它就不能以隐色体状态溶解于染液中。要使染料发挥正常的染色作用，就必须借还原剂的作用，使染浴经常保持这一电位。

可以用还原电位来表示染料的还原特性及还原剂的活力等。在实践中正确测量电位是极其困难和复杂的，有时其结果也不易分析和解释。有人认为这种测定并不能正确反映染色过程中的物质变化，因此对此持相反的意见。但是作为一种参考用数据，测定和讨论隐色体电位还是有一定价值的。

还原染料隐色体电位为负值，其绝对值越小表示染料越容易被还原，即可用较弱的还原剂还原，且还原状态比较稳定；反之，隐色体电位绝对值越大，表示该染料氧化状态比较稳定，难以被还原，需要较强的还原剂。染料的隐色体电位是选择适当还原剂的重要依据，只有当还原剂的还原电位绝对值大于该染料隐色体电位时，才能使染料被还原。因此，测定染料的隐色体电位，是衡量还原染料还原难易的一种手段。

还原染料的还原难易性是染色中的一个主要问题，但在实际生产中，常常没有得到应有的重视。这是因为：在保险粉出现以后，便有了一种还原能力强而价格低廉的还原剂。其次，在隐色体染色法中，遇到较难还原的染料，都可采用干缸还原法。所谓干缸法，就是采用浓浴（小浴比）来提高浴中氢氧化钠和保险粉的含量，以提高还原能力；或者还可以采用提高温度和延长时间等措施来促使染料得到充分的还原。但是，在采用悬浮体连续染色和一般的印花过程中，由于染料的还原及其在纤维上的吸附和扩散，需要在短促的时间内同时完成，因此染料的还原难易程度就成为一个必须重视的问题。

染浴中的还原能力取决于碱性溶液中保险粉的浓度。例如，当保险粉浓度为0.055mol/L，NaOH浓度为0.5mol/L时，在60℃下，它们组成的还原-氧化电位可达－1137mV，这样高的还原-氧化电位负值足可以还原所有的还原染料。但由于保险粉在染浴中不断消耗，必然使还原电位随之下降。当降低到与染料的隐色体电位相等时，亦即染浴中的保险粉已经没有剩余时，就达到正常的平衡状态。如果电位数值继续下降到低于隐色体电位时，则表示保险粉含量已不足以使染料保持全部还原状态，也就是说已不能正常地进行染色，这时就必须补充保险粉，以提高电位负值，使之重新回到染料的隐色体电位。

一些常用的还原染料的隐色体电位如表7-1所示。

在实际生产中，采用电位计测定法有时会感到操作困难。简易的方法是采用试纸来测定，常用的是还原黄1号试纸。也可在已知隐色体电位值的各种染料中，选择一种电位稍高于所用染料制成试纸来控制染色。当试纸变成染料的隐色体色泽时，表明染浴中的染料已经充分还原。

表 7-1 各种染料隐色体的还原电位

染料	C.I. 编号	隐色体电位/－mV	染料	C.I. 编号	隐色体电位/－mV
黄 G	黄 1	640	蓝 GCDN	蓝 14	815
黄 CC	黄 2	860	暗蓝 BOA	蓝 20	830
金黄 GK	黄 4	770	亮绿 FFB	绿 1	865
黄 6GK	黄 27	790	亮绿 GC	绿 2	860
橙 RF	橙 5	780	亮绿 3B	绿 4	830
粉红 R	红 1	730	棕 RRD	棕 5	770
亮紫 RR	紫 1	870	灰 M	黑 8	760
红紫 RH	紫 2	720	橄绿 R	黑 27	927
蓝 RSN	蓝 4	850	灰 BC	黑 29	910
蓝 2B	蓝 5	690			

注：还原条件为：染料 0.5%；氢氧化钠 4g/L；温度 60℃；保险粉 4g/L。

三、还原速率

染料还原的另一个重要的问题是还原速率。由于大多数还原染料与其隐色体在色泽上有较显著的差异，因此可以用光学的方法来测定还原速率。

还原速率习惯上以染料到达完全还原状态所需时间的半量——半还原时间来表示。还原速率与染料隐色体电位虽然都是用来显示染料的还原性能的，但很难说明两者之间有任何直接的联系。一般规律是靛族染料的隐色体电位负值较小，但它们的还原速率却很缓慢；蒽醌类染料的隐色体电位负值较大，但还原速率却很快。如还原橙 5 号（靛类），它的隐色体电位是－752mV，在温度 40℃，保险粉、氢氧化钠浓度各为 20g/L 的条件下，半还原时间长达 50min；而还原橙 9 号（蒽醌类）的隐色体电位虽为－892mV，半还原时间却只有 36s。

由于染料的还原是一种多相反应，不仅染料的结构决定着染料内在的还原特性，而且染料分散体颗粒的物理形态和大小也会影响染料还原的速率。因为分散体的颗粒直接决定着发生反应的固液界面接触面积的大小和反应能力。根据研究结果，染料颗粒的物理状态对还原速率的影响，比染料化学结构差异的影响要小。如还原绿 1 号的试样虽然在粒子上较还原黄 1 号的试样小，但是还原速率却比后者慢得多，一般只有后者的十分之一左右。实验还发现，对于同一种染料，还原反应的速率并不与颗粒的表面积成正比关系，还原反应速率的增长慢于颗粒表面积的增长。如还原橙 9 号分别采用 0～0.7μm、0.7～1.0μm、1.0～3.0μm 和大于 3.0μm 四种规格的染料颗粒，在同样条件下还原，测得的数据如表 7-2 所示。

表 7-2 染料颗粒大小与还原速率的关系

颗粒平均尺寸/μm	<0.7	0.7～1.0	1.0～3.0	>3.0
实测半还原时间/s	50	75	68	120
按颗粒表面积计算的半还原时间/s	53	75	176	350
计算时采用的平均颗粒尺寸/μm	0.6	0.85	2.0	4.0

计算值和实测值有较大的差异，表明较大颗粒的还原速率远较预期的快。分析这种现象的原因，可能是染料的大颗粒实际上由较小的结晶所堆成，在还原过程中很容易裂开，因此还原速率要比估计的迅速得多。因此可以认为，对于还原速率来说，染料结晶的性质比颗粒大小更为重要。

决定染料还原速率的主要因素是温度和保险粉的含量；而染料本身的性质和物理形态以

及染浴中氢氧化钠的浓度对还原速率仅有一定的影响。通过系统研究，证实了大致所有的还原染料都存在着同样的情况。表 7-3 是 14 种浆状商品的还原染料在 40℃和 60℃下，分别采用 4g/L 氢氧化钠及 20g/L 保险粉的还原液所测得的还原速率，以半还原时间（s）表示。

表 7-3 还原条件与还原速率的关系

单位：s

温度/℃	40		60		增加的倍数	
NaOH/(g/L)	4	20	4	20	由于还原剂用量的增加	由于还原温度的提高
$Na_2S_2O_4$/(g/L)	4	20	4	20		
黄 1 号	<5	<5	—	—	—	—
黄 13 号	114	27	—	8	4.2	3.4
橙 5 号	—	3000	—	840	—	3.8
橙 9 号	95	36	—	15	2.6	2.4
红 1 号	—	2880	1620	660	2.4	4.4
红 19 号	—	390	375	124	3.1	3.0
红 35 号	14	<5	—	—	—	—
红 41 号	345	113	—	54	3.1	2.1
红 42 号	996	503	—	142	2.0	3.5
红 43 号	690	181	—	59	3.8	3.1
紫 17 号	77	33	—	12	2.3	2.7
蓝 18 号	121	31	—	8	3.9	3.9
绿 1 号	145	50	—	13	2.9	4.1
棕 5 号	—	780	—	203	—	3.8

从表 7-3 可以看到，还原黄 1 号和还原橙 5 号两者半还原时间竟然相差达 600 倍。保险粉和氢氧化钠用量增加 5 倍后，还原速率平均可提高 3.03 倍；而温度从 40℃提高到 60℃，相差仅 20℃，就能使还原速率提高 3.35 倍。因此，在生产中提高染料的还原速率最经济的办法是提高还原温度。不过，有些染料在高温反应时会产生一些副反应，对于这些染料，不能采取提高温度的办法。

测定还原速率对确定还原条件具有实际意义。表 7-4 是根据染料的还原速率，由马歇尔（Marshall）等推荐采用的还原温度。

表 7-4 各染料的半还原时间与推荐还原温度

染料	半还原时间/s	推荐还原温度/℃
黄 13 号	27	50
橙 5 号	3000	80
橙 9 号	36	50
红 1 号	2880	80
红 35 号	<5	30
红 41 号	113	60
蓝 18 号	31	60
绿 1 号	50	45
棕 5 号	780	80

注：温度 40℃；还原液浓度：NaOH 和 $Na_2S_2O_4$ 各 5g/L。

采用悬浮体法染色时，染料的还原和染料隐色体被吸附需要在短促的时间内完成，此时还原速率有着更重要的意义。

在印花工艺中，一般规律是还原速率较慢和隐色体电位负值较大的染料适宜采用预还原法制备色浆，这是因为还原速率缓慢的染料在印花后蒸化时不能完全成为隐色体钠盐而无法达到充分上染的目的。

四、过度还原现象

稠环酮类还原染料分子中的羰基都能被还原。对于某些含氮苯环结构的还原染料（如黄蒽酮和蓝蒽酮类还原染料），在正常情况下它们分子结构中的羰基并不全部被还原，但在还原条件剧烈时，如还原温度过高，还原时间过长或烧碱（保险粉）浓度过高，染料分子中的四个羰基都被还原，使得染料隐色体钠盐对纤维的直接性显著降低。

例如还原蓝 RSN（蓝蒽酮）正常还原时，只有两个羰基被还原，得到亲和力较强、色光较好的二羟蓝蒽酮隐色体。但如果还原条件激烈，四个羰基都被还原生成棕色的四钠盐，对纤维的直接性大为降低，而且进一步还原会生成对纤维几乎没有亲和力的产物，氧化后也不能恢复成原来的染料。过度还原造成色光萎暗、颜色差异变大、染色牢度低。

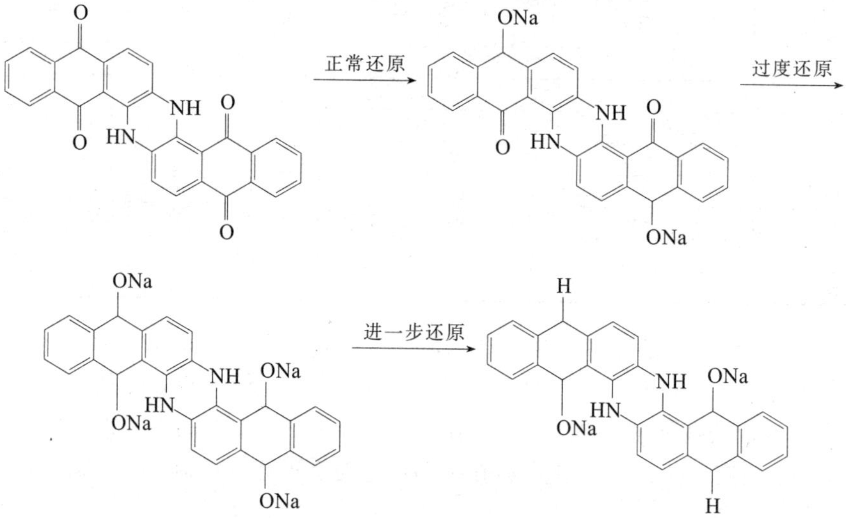

第四节　还原染料的光敏脆损作用

一、还原染料的光敏脆损现象

一些用还原染料印染的织物，日久会出现光敏脆损现象。这种现象产生的原因，主要是这些染料吸收光线中某一波段的能量转移给其他物质时，在纤维上引起了光化学反应所致。

根据 1975 年生产的 423 种还原染料分析，其中在染后能产生强烈或比较显著的光敏脆损现象的有 27 种，占总数的 6.38%。其中以黄色系最为严重，在 49 种黄色染料中有 12 种染料具有光敏脆损现象。在 8 个色泽系统中，只有蓝色、绿色和黑色没有这种现象。易产生光敏脆损的染料如表 7-5 所示。

表 7-5　产生光敏脆损的染料统计

色泽	染料总数	光敏脆损染料数	占染料总数/%	光敏脆损染料
黄	49	12	24.49	2,3,4,9,11,14,18,21,26,28,44,49
橙	28	1	3.57	5
红	61	10	16.39	1,2,6,11,13,36,42,45,47,48
紫	21	2	9.52	2,3
蓝	73	0	0	—

续表

色泽	染料总数	光敏脆损染料数	占染料总数/%	光敏脆损染料
绿	48	0	0	—
棕	81	2	2.47	5,42
黑	62	0	0	—
总计	423	27	6.38	—

采用以上有光敏脆损现象的染料染色或印花的棉织物，在穿着过程中会发生纤维脆损现象。如用还原橙 5 号（还原橙 RF）印成的夏日穿着的白地黄花布，日久在花纹处能形成破洞。这种光敏脆损现象是还原染料的一种特征，光脆过程是复杂的，目前尚无确切的结论，涉及的机理参见第四章有关光敏反应的内容。

二、还原染料的光敏脆损作用与其结构的关系

在还原染料中，黄色、红色和橙色是产生光敏脆损现象比较严重的色泽系统。芘蒽酮（还原橙 9 号）及其卤化物、具有噻唑结构的黄色蒽醌类还原染料、二苯并芘醌系及蒽缔蒽酮系染料都会产生光敏脆损。其中以还原橙 9 号及其卤化物（如还原橙 2 号）以及还原黄 2 号等，产生光敏脆损现象最为严重。与芘蒽酮结构非常相似的黄蒽酮（还原黄 1 号）却无光敏脆损现象。它们在结构上所不同的仅仅是以两个 N 代替芘蒽酮中的两个 CH。二溴芘蒽酮和黄蒽酮的结构式为：

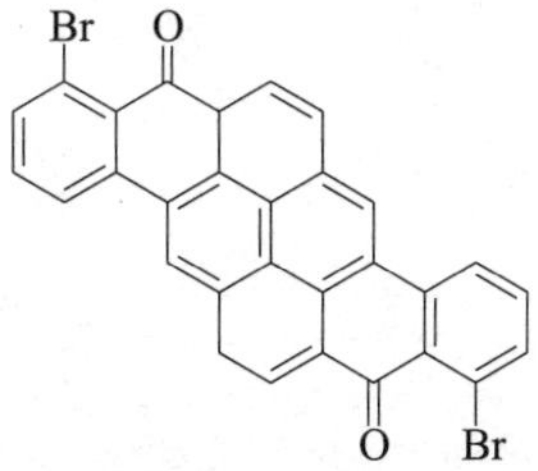

二溴芘蒽酮(还原橙 2 号) 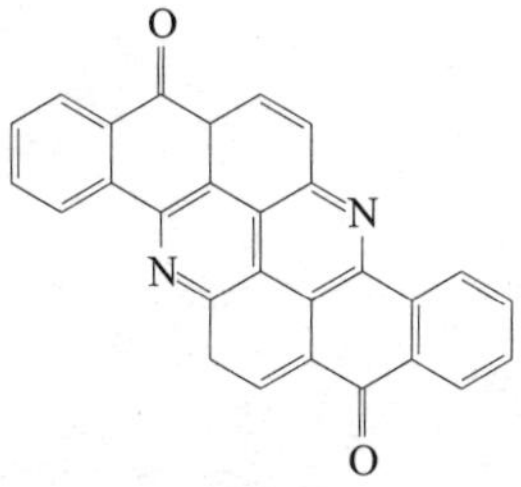　　黄蒽酮

其他如芘蒽酮、二苯并芘醌、蒽缔蒽酮等，只要分子上具有吡啶结构，就不会产生光敏脆损现象。它们的结构如下：

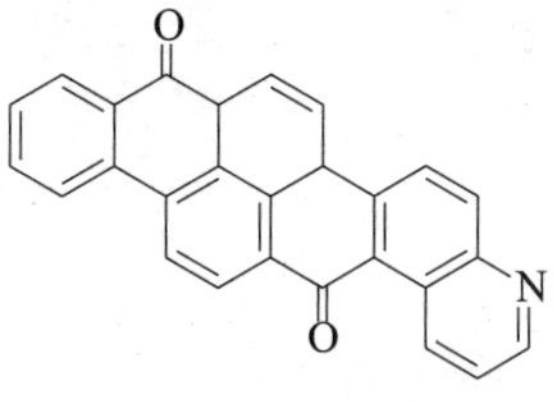

一吡啶并二苯并芘醌 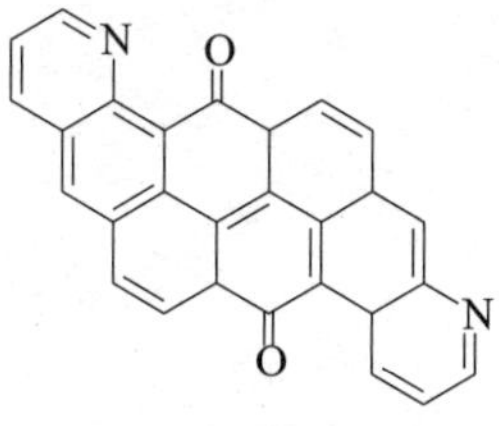　　二吡啶并蒽缔蒽酮

在蒽醌环上具有嘧啶结构的染料也不会产生光敏脆损，其结构如下：

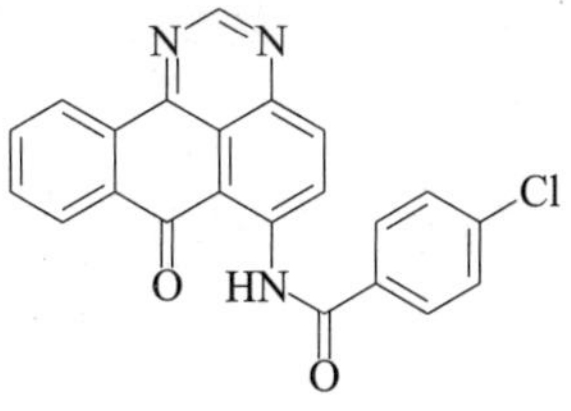

还原黄29号 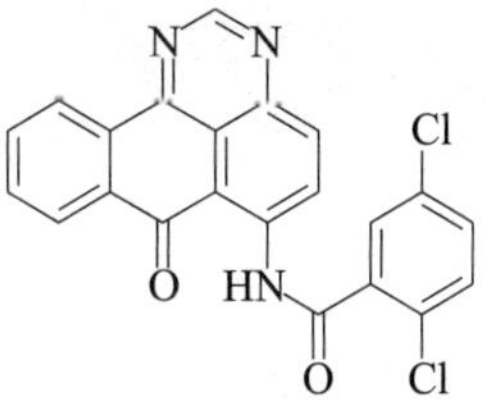　　还原黄31号

具有咔唑结构的黄色、橙色和棕色的蒽醌类染料中，只有还原黄 28 号、还原橙 15 号等具有光敏脆损现象。

在靛类染料中，一部分硫靛系结构的染料也有光敏脆损现象，虽然硫靛本身对纤维的纤维素光敏脆损作用很微弱。但是，还原橙 5 号（6,6′-二乙氧硫靛）却具有强烈的光敏脆损现象。又如 6,6′-二氯硫靛无明显的光敏脆损作用，而还原红 1 号（6,6′-二氯-4,4′-二甲硫靛）却有严重的光敏脆损作用。其他如在 $\rangle C{=}O$ 基两侧存在甲基的硫靛结构染料，差不多都会引起光敏脆损。如还原紫 3 号就有严重的光敏脆损现象，它的结构式为：

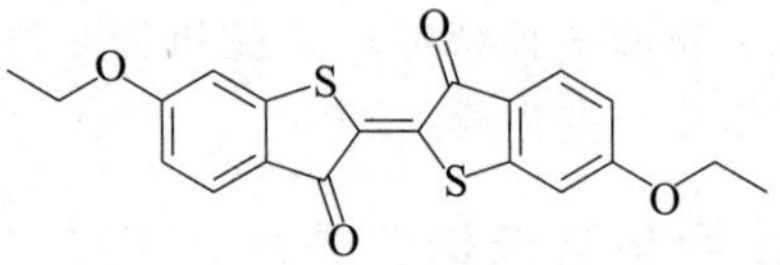

还原橙5号(6,6′-二乙氧硫靛)(有光敏脆损)

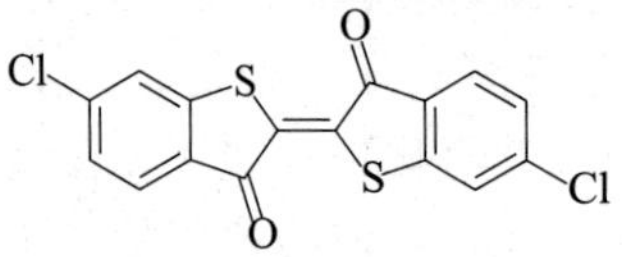

6,6′-二氯硫靛(无光敏脆损)

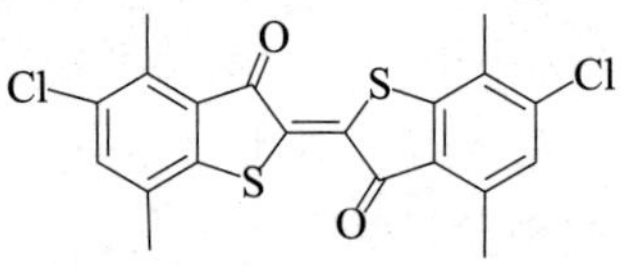

还原紫3号(严重光敏脆损)

第八章　不溶性偶氮染料

第一节　引　　言

不溶性偶氮染料由无水溶性基团的偶合组分和芳伯胺的重氮盐在纤维上偶合成不溶于水的偶氮染料，故名为不溶性偶氮染料。前者称为色酚，后者称为色基。一般染色过程是先用色酚打底，色酚与纤维凭借氢键和范德华力相结合，然后与色基重氮盐发生偶合反应而显色。由于色基重氮化时需用冰，所以又被称为冰染料（Ice dye），或纳夫妥染料。色酚和色基未经显色前其实为染料中间体，而非染料。

冰染染料色泽鲜艳，色谱较齐全（仅缺少鲜艳的绿色），日晒和皂洗牢度较高，合成方法简单，价格低廉，广泛用于棉织物的印花和染色。

冰染染料的商品不是成品染料，而是色基和色酚两类商品。为了方便印染工业中应用，有时把色基，特别是重氮化较麻烦的色基，预先制成加有稳定剂的重氮盐，称为色盐，可直接溶于水便可显色使用，省去了印染厂的重氮化操作。另外还有把各种色基的稳定重氮化合物与色酚制成稳定的混合制剂，可进一步简化印染工艺。常用的色酚主要是邻羟基芳甲酰芳胺类和乙酰乙酰芳胺类。改变芳甲酰基中芳基结构和氨基上引入不同取代基，可以调整染料的色光或改变其性能。最主要的 2-羟基-3-萘甲酰苯胺的衍生物，结构式如下：

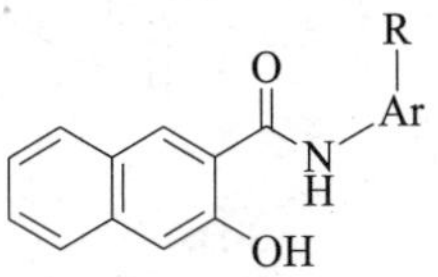

R
Ar
O
N
H
OH

不溶性偶氮染料在纤维素纤维上应用过程是：先将色酚溶解在一定浓度的烧碱溶液中，再上染到织物上，在色酚供电子基（羟基）邻位或对位与重氮化的色基偶合。用于涤纶的不溶性偶氮染料主要采用低分子量的芳酰胺和纳夫妥。芳酰胺能充分地在纤维内部扩散，染色的色泽较深。但随着分散染料的大量应用，不溶性偶氮染料在涤纶中的应用逐渐趋于淘汰。在锦纶染色中，采用色酚与游离胺在 80～85℃下同时打底，然后在 15～20℃进行重氮化。不溶性偶氮染料对尼龙有很好的遮盖性，并可获得优良的耐光牢度和湿处理牢度。

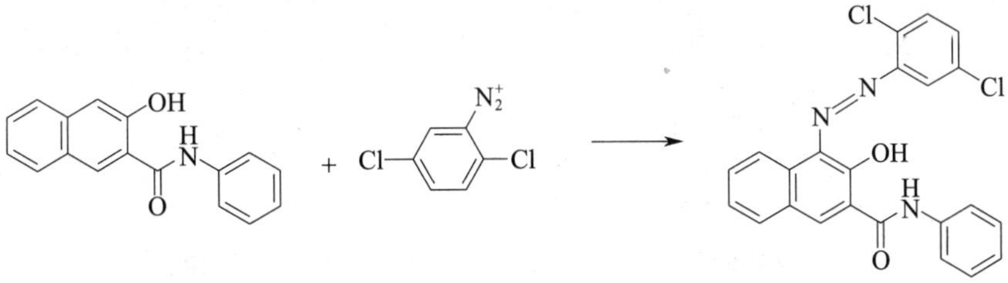

OH H N O + N_2^+ Cl Cl ⟶ Cl N N Cl OH H N O

新中国诞生之际，五星红旗在天安门广场升起，举国上下一片欢腾。但当时红色的染料还需要从国外进口。庆典结束后，一项任务交到了当时的沈阳化工研究院，研发中国自己的"国旗红"染料。1952 年 7 月，科研专家们终于研制成功，并在此基础上又研发出两种不同的红色，染料颜色与进口的南星染料颜色完全相同。最终，沈阳化工研究院自主研发的第一份红色染料被正式认定为"国旗红"染料。从此，五星红旗有了完全国产的专用染料，彻底打破了我国红色染料依靠进口的局面。"国旗红"就是一种典型的不溶性偶氮染料。

2-氨基-4-硝基甲苯，或者 5-硝基邻甲苯胺，商品名为大红贝司、大红色基、大红色基 G、旗红贝司、旗红色基 G 等。

第二节 色 酚

一、 2-羟基萘-3-甲酰芳胺及其衍生物

2-羟基萘-3-甲酰芳胺及其衍生物的品种较多，由 2-羟基萘-3-甲酸（BON 酸）酰化苯胺或萘胺而得，苯胺或萘胺环上无水溶性基团。常见合成方法是将等物质的量的 BON 酸和芳伯胺在溶剂（如氯苯）与三氯化磷一起加热而成。

$$2Ar—NH_2 + PCl_3 \longrightarrow Ar—N=P—NH—Ar$$

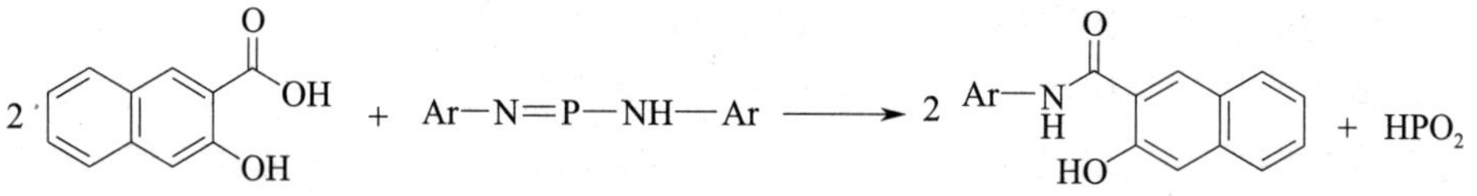

$$2\ (\text{2-羟基萘-3-甲酸}) + Ar—N=P—NH—Ar \longrightarrow 2\ (\text{2-羟基萘-3-甲酰芳胺 } Ar—NH—CO—) + HPO_2$$

改变芳烃 Ar 或芳环上的取代基，可以得到一系列不同结构的色酚。常见的有如下品种：

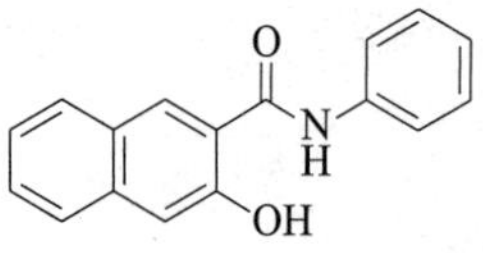

AS 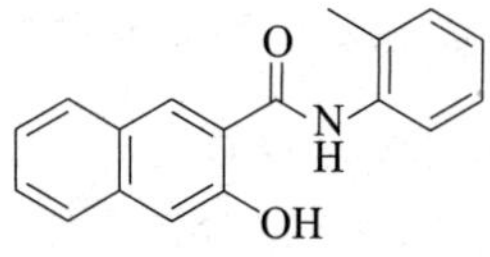　　AS-D 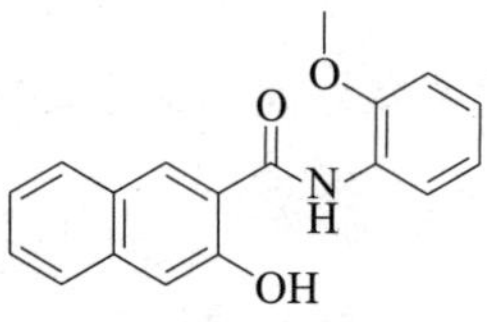　　AS-OL

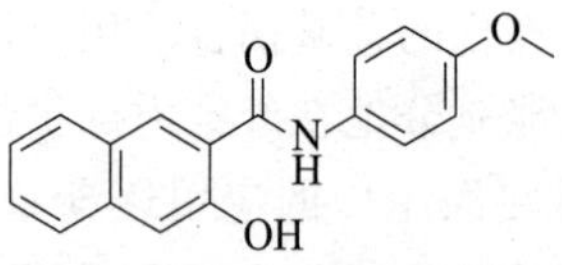

AS-RL 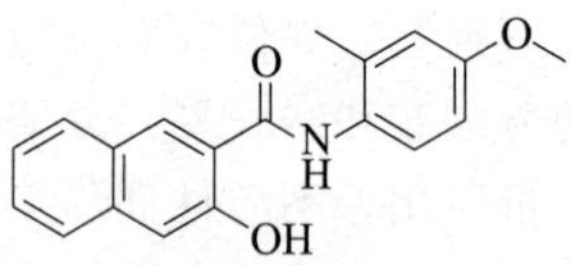　　AS-LT 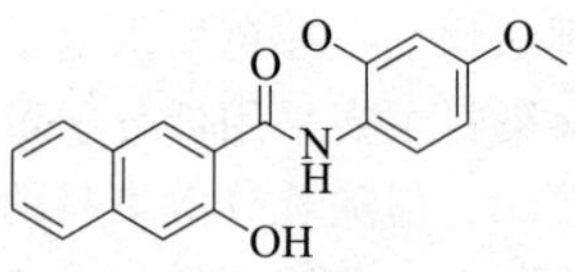　　AS-BG

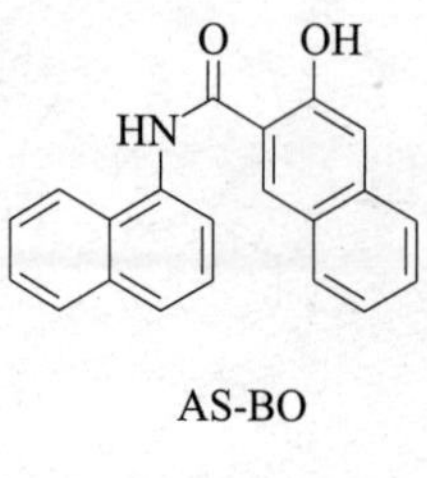

AS-BO 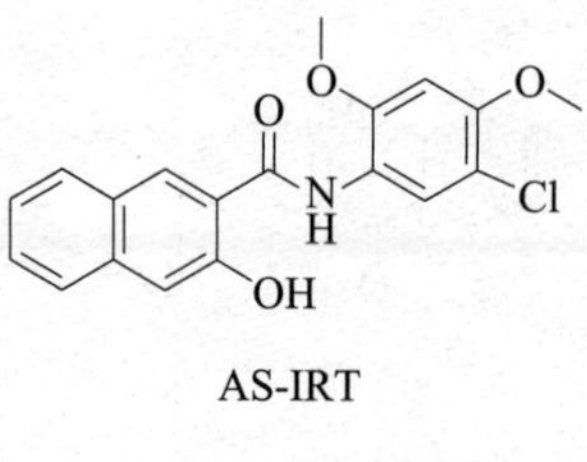　　AS-IRT

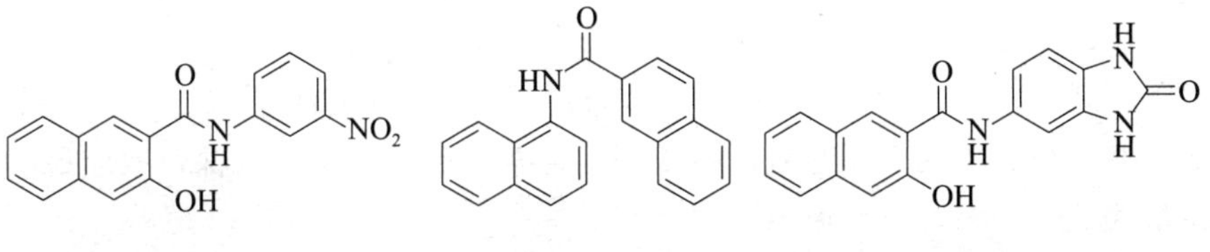

AS-BS　　AS-SW　　AS-BI

色酚 AS-D 打底后易洗净，色酚 AS-OL 打底后织物稳定，耐光性好，与大红色基 GG 偶合后得到著名的国旗红。

色酚的命名中没有颜色的名称，但某些品种可以从其名称的尾注字母的意义中看出它们主要用于染得某种颜色。如色酚 AS-TR 主要适用于染红色（TR 为英文 Turkey Red，土耳其红的第一个字母），色酚 AS-ITR 的后三个字母表示可染阴丹士林级染色牢度的红色，色酚 AS-LAG 中的 LAG 表示适用于染耐晒的黄色，色酚 AS-GR 中的 GR 表示适用于染绿色，AS-SG、AS-SR 中的 SG、SR 分别表示适用青光的黑色和红光的黑色（S 为德语黑色的第一个字母）等。

色酚 AS 的酸性很弱，不溶于水，在强碱水溶液中形成钠盐而溶解。反应是可逆的，烧碱应稍过量一些，否则钠盐水解而降低其溶解性。水解稳定性随结构而异。若织物打底后发生水解，会妨碍以后的偶合。

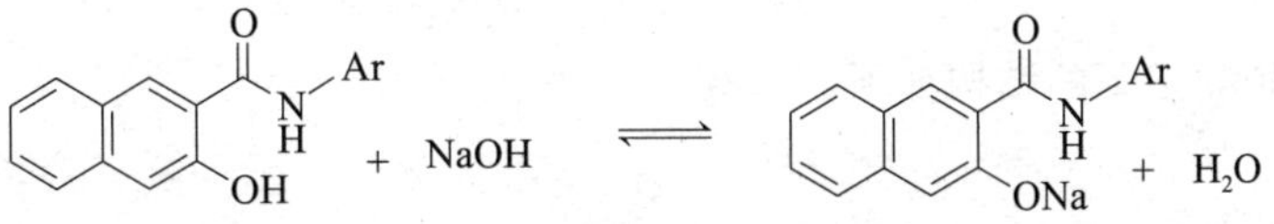

烧碱过量较多时，在光催化作用下能够使色酚 AS 被空气氧化，形成没有偶合能力的醌式结构。

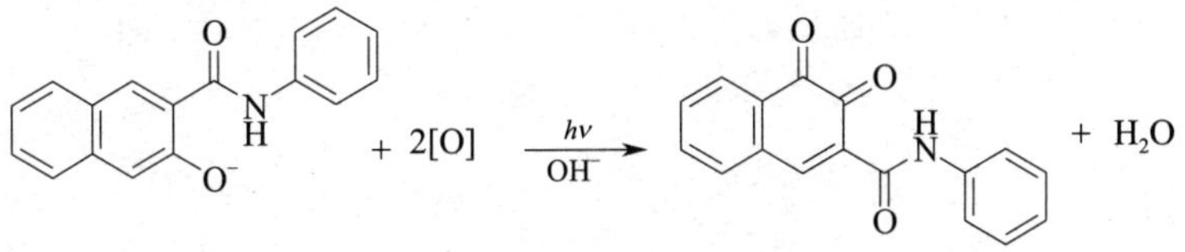

为了防止色酚的氧化和亚硝化，保护羟基邻位，在色酚碱溶液中加入甲醛，即在羟基的邻位引入羟甲基。

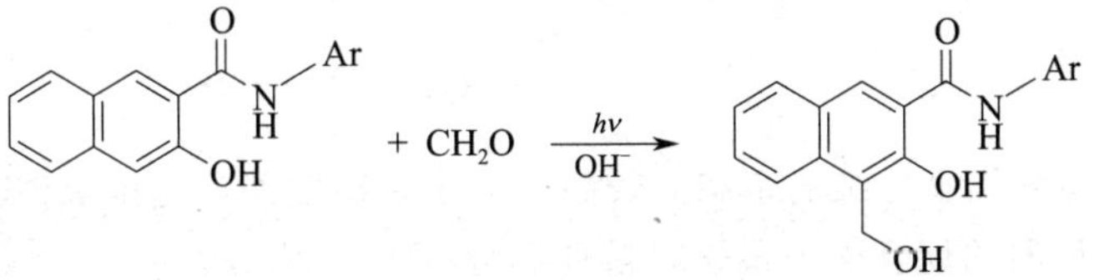

显色时，因条件变化，羟甲基脱落，恢复偶合能力。但当温度太高时，两分子化合物羟甲基之间会发生交联而失去偶合能力。

发生偶合反应时，色基重氮盐在羟基邻位偶合，其偶合能力与色酚的分子结构有关。色酚 AS 类的偶合能力不及有活泼亚甲基的化合物，偶合 pH 为中性或弱碱性。

在色酚 AS 类酰芳胺的芳环上引入取代基，使染料的颜色发生变化，不同取代基的深色效应为：

$$—NO_2 > —Cl > —CH_3 > —H > —OCH_3$$

同一取代基因位置不同，深色效应也不同。通常在酰氨基对位，深色效应最明显，间位次之，邻位最浅。

色酚 AS 的结构对其耐日晒牢度也有影响，酰芳胺苯环的 2 位、4 位、5 位上有取代基时，其耐日晒牢度有所提离，以甲氧基最佳。

二、乙酰乙酰芳胺（β-酮基酰胺）衍生物

AS 系色酚，因含有萘环，经偶合后不能得到黄色的不溶性偶氮染料。

乙酰乙酰芳胺类又称 AS-G 类，分子结构中有活泼的亚甲基，与色基偶合，可以生成不同色光的黄色。它们可由乙酰乙酸乙酯与芳伯胺在二甲苯等溶剂中加热缩合制成，也可由芳伯胺与双乙烯酮反应制得。

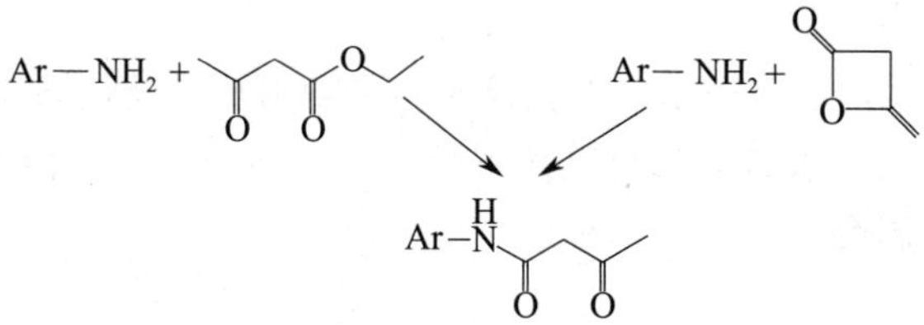

Ar—NH₂ + ... Ar—NH₂ + ...

乙酰乙酰芳胺类主要的结构如下：

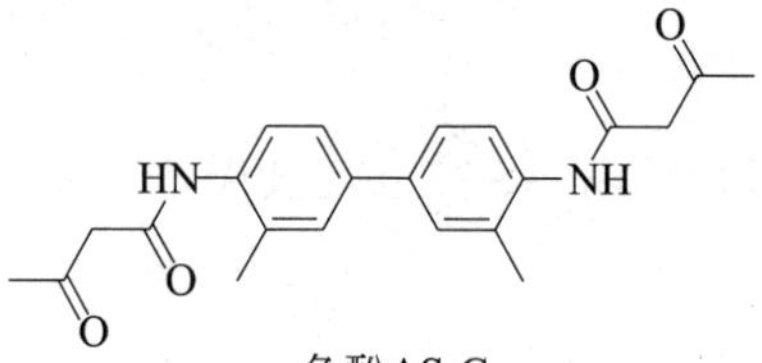

色酚AS-G

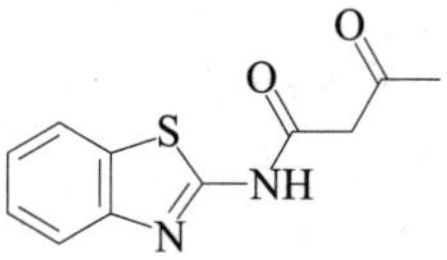

色酚AS-L4G

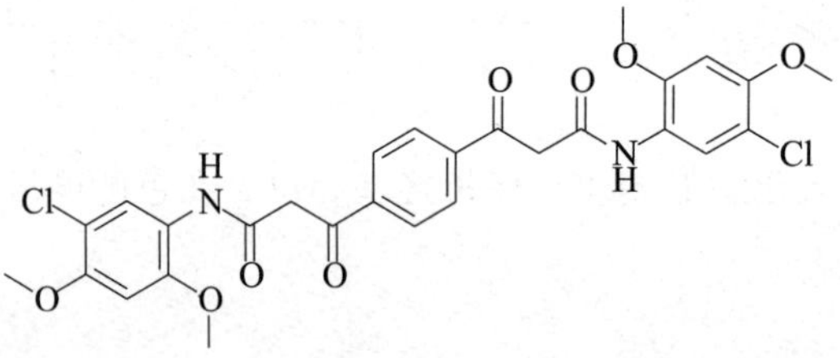

色酚AS-LG

色酚 AS-G 类与纤维素纤维的亲和力较高，但耐晒牢度差，其中 AS-LG、AS-L4G 的耐晒牢度较好。这类色酚的偶合能力最强，最佳偶合 pH 为 3～4.5。

三、其他邻羟基芳甲酰芳胺类

1. 含二苯并呋喃杂环的 2-羟基-3-甲酰芳胺色酚

如色酚 AS-BT、AS-KN，它们主要用于染棕色，结构分别如下：

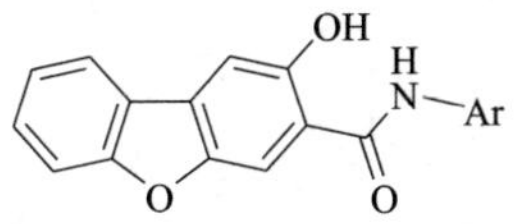

其中，Ar= （2,5-二甲氧基苯基），为 AS-BT；Ar= （1-萘基），为 AS-KN

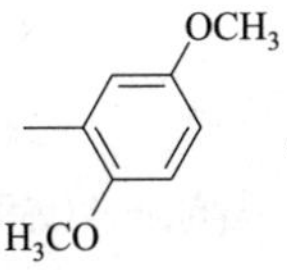

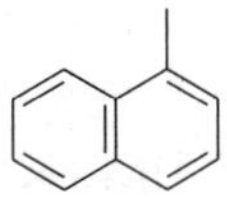

2. 含咔唑杂环结构的邻羟基甲酰芳胺色酚

如主要染棕色的色酚 AS-LB 和主要染黑色的色酚 AS-SG、AS-SR。其结构分别如下：

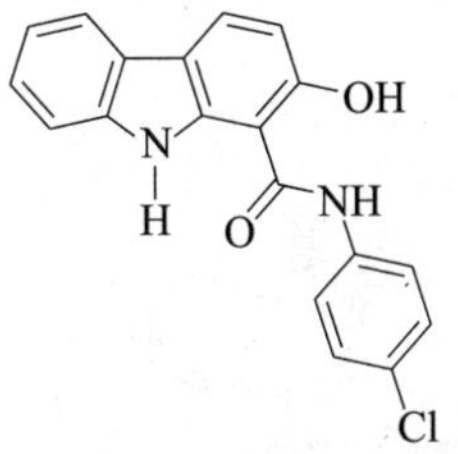

AS-LB

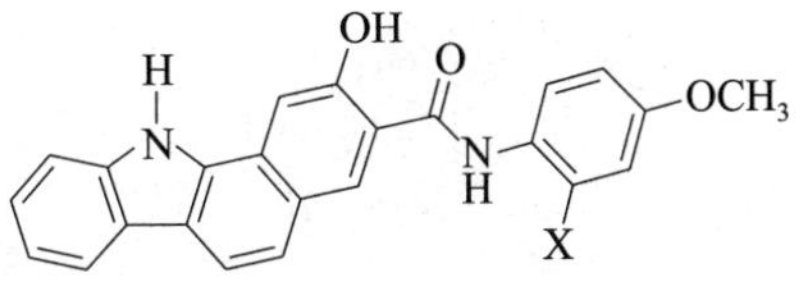

X=H，AS-SG；X=—CH_3，AS-SR

上述两类杂环色酚的偶合能力最弱，必须在碱性介质中进行反应。

3. 2-羟基-3-蒽甲酰芳胺

2-羟基-3-蒽甲酰芳胺是类似 AS-D 而具有蒽环结构的色酚，如 AS-GR，与蓝色基 BB 偶合，可得到蓝光绿色。

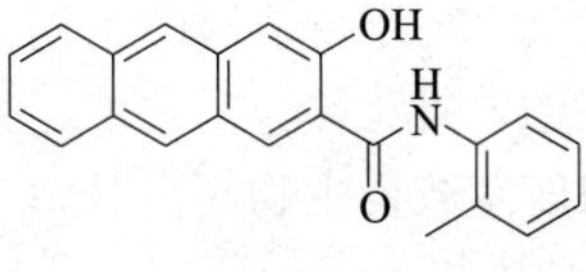

AS-GR

酞菁磺酰氨基吡唑啉酮类，如色酚 AS-FGGR，它与邻氯苯胺等色基重氮盐偶合，呈比较鲜艳的蓝色，耐日晒及耐气候牢度都较好，偶合能力与色酚 AS 相近，其结构式为：

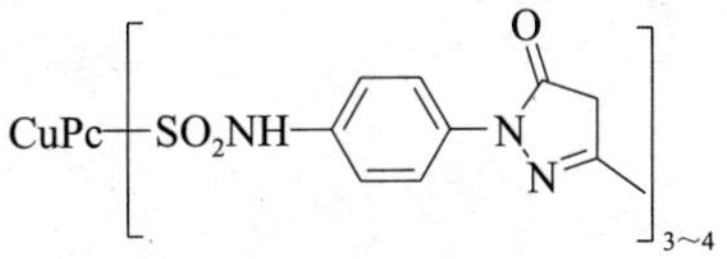

AS-FGGR(CuPc 代表铜酞菁结构)

四、色酚与纤维的直接性

色酚分子中酰氨键与两边芳环间构成的共轭系统影响色酚对纤维素纤维的直接性。色酚钠盐存在下式所示的酰胺-异酰胺的互变异构现象，异酰胺式分子中有一个较长的共平面的共轭系统，增加了对纤维的直接性。

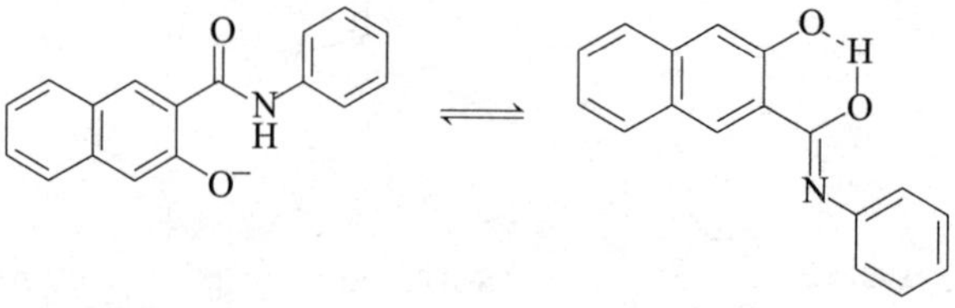

酰胺式(酮亚胺式)　　　　异酰胺式(烯酮式)

如果亚氨基氮原子上的氢原子被甲基取代，则不能发生互变异构，这不但失去了对纤维的直接性，在烧碱中的溶解度也将大大下降。

在萘和酰氨基之间插入烷基，如下两个化合物，其结构与AS极为相似，但两芳环间的共轭系统被破坏，对纤维没有直接性。

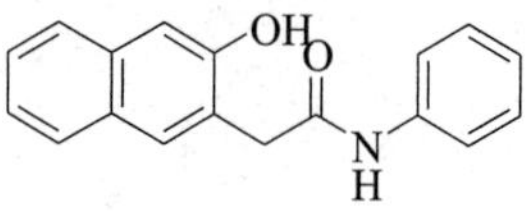

不溶性偶氮染料8-2 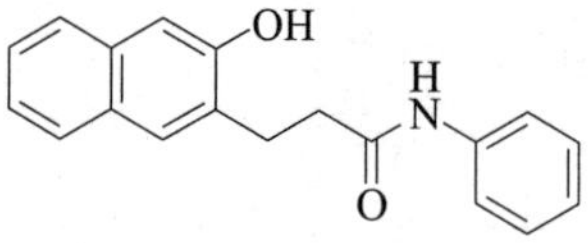　　　　不溶性偶氮染料8-3

但是下面两个化合物，对纤维素纤维的直接性却比AS要高。

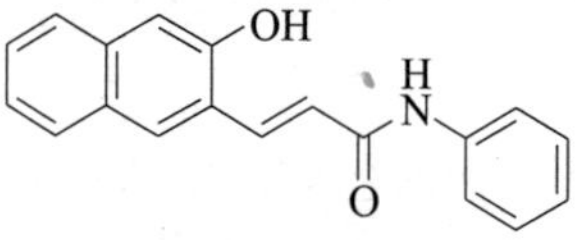

不溶性偶氮染料8-4 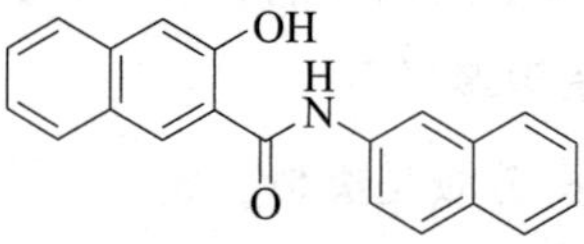　　　　不溶性偶氮染料8-5

色酚AS类对纤维素纤维的直接性随芳胺结构的不同而变化。芳胺芳环上引入极性基，增加色酚的直接性，且对位取代基的效果比邻、间位大。芳酰胺芳环稠合性增加，直接性提高。由萘胺制得色酚的直接性一般较苯胺衍生物高，其中2-萘胺衍生物的直接性又高于1-萘胺衍生物，部分色酚AS类直接性顺序如下：

AS-SW＞AS-BO＞AS-IRT＞AS-BS＞AS-RL＞AS-OL＞AS-D＞AS

打底时，色酚上酰氨基与纤维素纤维上的羟基形成氢键结合，然后显色，染料分子中的偶氮基与纤维分子呈垂直状态。结合式如下所示：

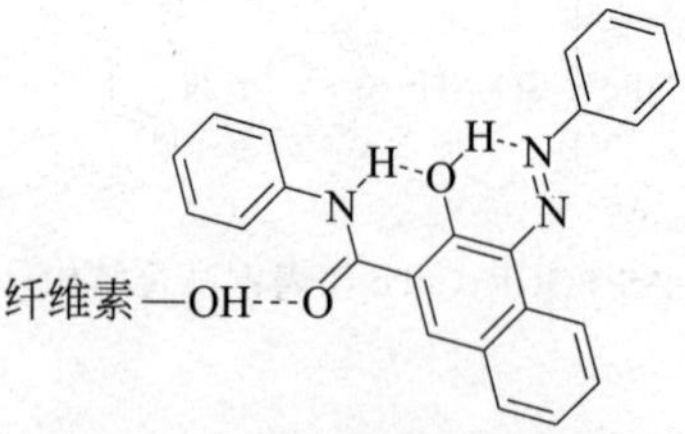

纤维素—OH···O

不溶性偶氮染料8-6

从应用角度看，色酚对纤维的直接性应适宜。若太高，染缸中色酚打底时虽吸收比较完全，耐摩擦牢度较好，但因不易控制补充液的浓度而引起色差，不宜用于轧染，也不适用于拔染印花，因为从织物上清除被拔染的部分比较困难。当然直接性也不能太小，因为容易产生浮色，湿处理牢度也不会好。

第三节 色基和色盐

一、色基

色基是一类不含磺酸基等水溶性基团的芳伯胺，其数量很大，但从偶合后的色泽、染色牢度、偶合条件等各种因素考虑，目前主要应用的品种有五十多种。

色基的命名中有色称，是根据与它们适当的或常用偶合的色酚的颜色而定，而和另一些色酚偶合可得到与色称完全不同的颜色。如色基大红 GG 与色酚 AS 偶合成为大红色，而与色酚 AS-G 偶合则得到黄色。同一色基和不同色酚偶合，不但色泽不同，染色牢度也不尽相同。因此，合理选用色基和色酚甚为重要。常用色酚和色基偶合后的颜色见表 8-1。

表 8-1 常用色酚和色基偶合后的颜色

颜色	色酚	色基	颜色	色酚	色基
黄	AS-L4G	红 KB，黄 GG	红酱	AS-BD	红酱 GP
	AS-G	红 KB		AS-VL	红酱 GP
	AS-L3G	大红 GGS		AS-RL	红酱 GPC
	AS-G	橙 GC		AS	紫 B
橙	AS	橙 GC	蓝	AS-RL	蓝 BB
	AS-D	橙 GC		AS	蓝 VB
	AS-OL	橙 R		AS	蓝 B
桃红	AS-LC	红 KL		AS-D	蓝 VRT
红	AS-D	红 KB		AS-IRT	藏青 RT
	AS-OL	红 3GL	棕	AS-BT	大红 GGS
	AS-BO	红 RL		AS-BG	红 B
黑	AS	黑 LS		AS-KN	大红 G
	AS-LB	红 RL		AS-LB	红 RL
	AS	黑 ANS		AS-LB	红 RC
大红	AS-OL	大红 GGS		AS-OL	棕 V
	AS	大红 GGS		AS-VL	橙 GC
	AS-SW	大红 G	锈红	AS-LB，AS-BO	大红 G

按化学结构分类，色基大致可分为下列三类。

1. 苯胺及其衍生物

这是一类结构最简单的色基，它们和色酚显色可得到橙色和红色，色光纯正。如间氯苯胺（橙色基 GC）显橙色，2-甲基-5-硝基苯胺（大红色基 G）、2，5-二氯苯胺（大红色基 GG）显大红色，2-甲氧基-4-硝基苯（红色基 B）显枣红色等。

这类色基偶合后的耐晒牢度不好，若在氨基的间位有供电子基，邻位有吸电子基，则耐晒牢度可获得较大的提高。但氨基邻位不能引入硝基，否则耐日晒牢度下降，易受还原物质的影响而改变色光。常见的取代基有—Cl、$—NO_2$、—CN、$—CH_3$、$—CONH_2$、—R、—OR、$—CF_3$、$—SO_2NH_2$ 等。在色基分子上引入氟、氰基等基团，色光较艳；引入三氟甲基、磺酰乙基、磺酰二乙氨基等有利于提高染料的耐晒牢度。在氨基的间位引入吸电子基团或在氨基的邻位引入供电子基团，均可以提高染料的色牢度和鲜艳度。

属于此类色基的一些常用品种如下：

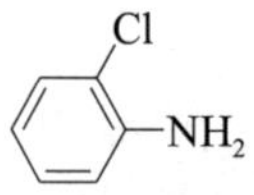

Cl, NH_2　NH_2, O_2N, OCH_3　Cl, NH_2　NH_2, Cl, CH_3

黄色基GC 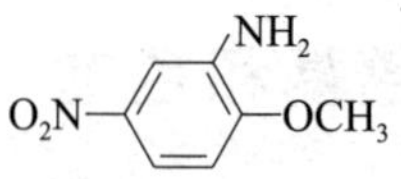　大红色基RC 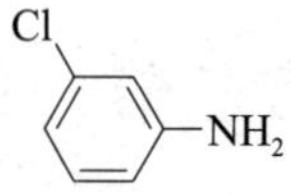　橙色基GC 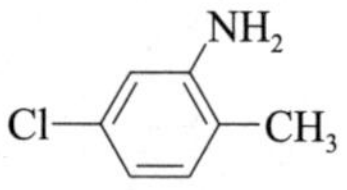　红色基KB

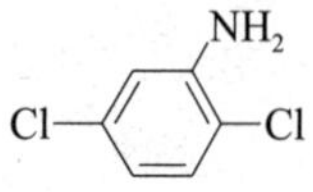

NH_2, Cl, Cl　OCH_3, O_2N, NH_2　NH_2, O_2N, CH_3

大红色基GG 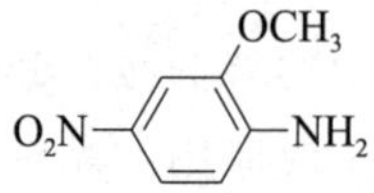　红色基B 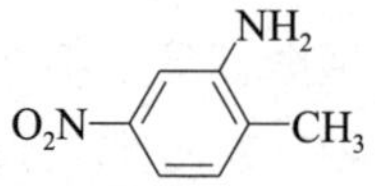　大红色基G

2. 对苯二胺 *N*-取代物

对苯二胺 *N*-取代物色基与色酚 AS 偶合可得紫色、蓝色等。如：

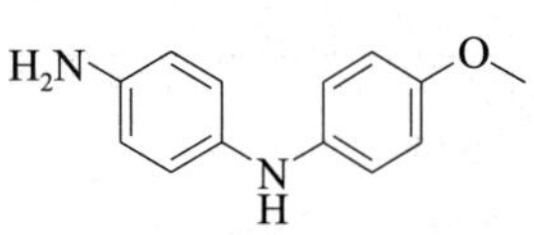

H_2N, N, H, O　N, H, O, O, NH_2　O, NH_2, O, H, N, O

凡拉明蓝色基B 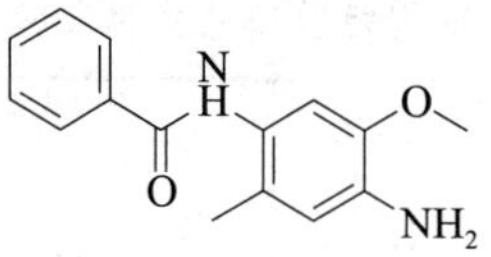　紫色基B 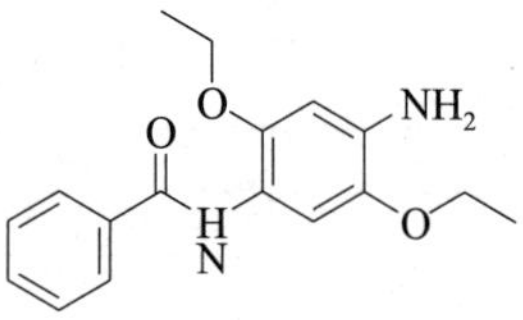　蓝色基BB

3. 氨基偶氮苯衍生物

氨基偶氮苯衍生物色基与杂环色酚偶合可得黑色。如：

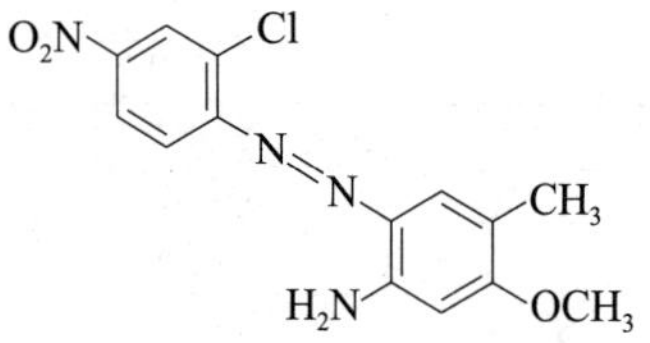

O_2N, Cl, N, N, CH_3, H_2N, OCH_3　O_2N, N, N, OCH_3, H_3CO, NH_2

棕色基V 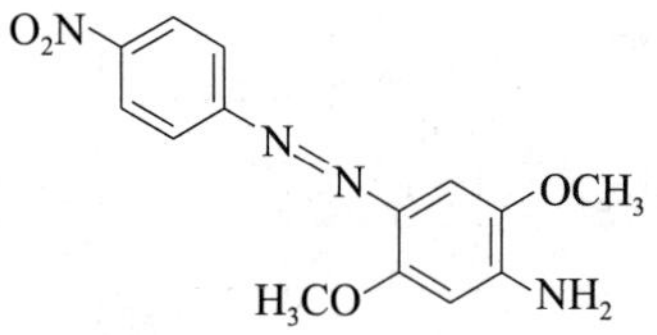　黑色基K

4. 杂环结构的色基

近年来，出现了杂环结构如苯并吲哚和苯并三唑的色基，与色酚 AS-X 偶合后，再用铜盐和钴盐后处理，得到橄榄绿色和灰蓝色，具有很高的耐日晒、耐摩擦牢度和良好的耐氯牢度。如：

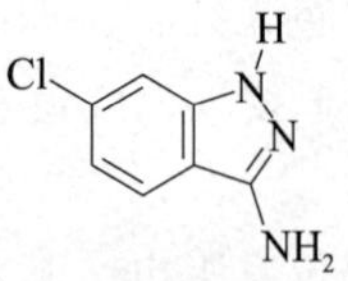

H, Cl, N, N, NH_2　N, N, N, O, O, H_2N　O, N, N, N, O, O, H_2N

Variogen色基1 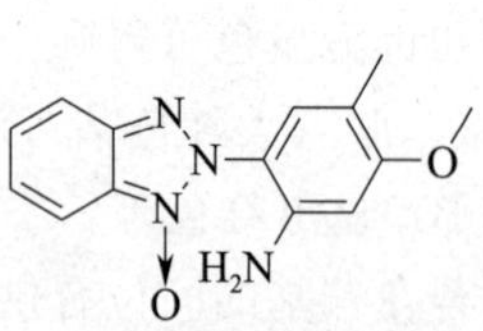　Variogen色基2 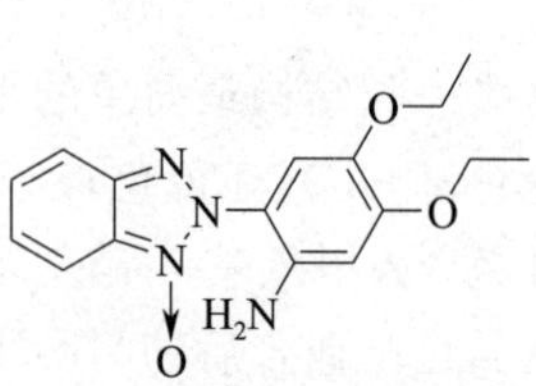　Variogen色基3

二、色盐

色盐是色基重氮盐的稳定形式。

重氮盐的稳定性随结构不同而有很大差别。氨基偶氮苯和对氨基二苯胺类重氮盐一般比较稳定，但有的很不稳定，干燥状态容易爆炸。一般色基在染色前先重氮化，然后偶合显色，使印染厂的工序增多，而且某些色基的重氮化比较困难。为了解决上述问题，染料厂将一些色基预先重氮化成为重氮盐，再加入适当的稳定剂和稀释剂制成稳定的粉状色盐，使用时只要将它们溶于水中即可与色酚偶合显色。

色盐作为稳定的重氮化合物，需满足以下几个要求：

① 能够耐受温度 50～60℃。

② 能够保存一定时间。

③ 在运动和撞击时不会发生爆炸。

④ 使用时容易转化成偶合的活泼形式。

色盐主要有如下四种形式。

1. 稳定的重氮硫酸盐或重氮盐酸盐

重氮硫酸盐或重氮盐酸盐是一种比较简单的色盐。如蓝色盐 VB 及 RT 为色基重氮化合物的盐酸盐，可与色酚 AS 偶合，成为色光鲜艳的蓝色。枣红色盐 GBC 为色基重氮化合物的硫酸盐。它们的结构式如下：

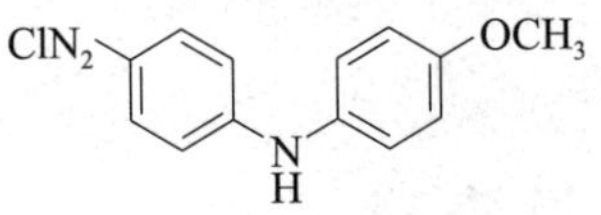

ClN_2　OCH_3　N H

蓝色盐VB

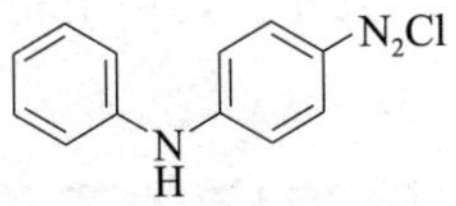

N_2Cl　N H

蓝色盐RT

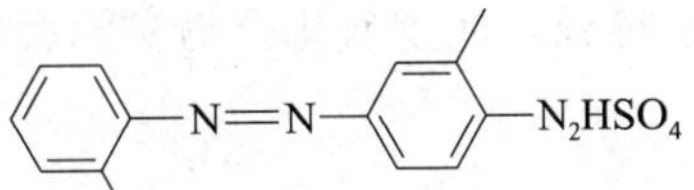

N=N　N_2HSO_4

枣红色盐GBC

这些重氮盐本身稳定，不需要其他稳定化处理。加入 50%～70%的无水硫酸钠作为吸湿剂和稀释剂与之混合，可以长期保存而不分解。

2. 稳定的重氮复盐

许多重氮化合物能够与具有配位键的金属盐类生成稳定的复盐。金属盐以氯化锌最多，其次是氯化钴、氯化镉、氯化钍、氯化汞等。生成的复盐溶解度下降，容易析出，其稳定性也比一般重氮盐好。如：

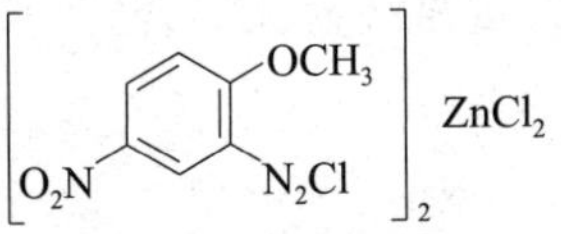

OCH_3　O_2N　N_2Cl　$ZnCl_2$

大红色盐RC

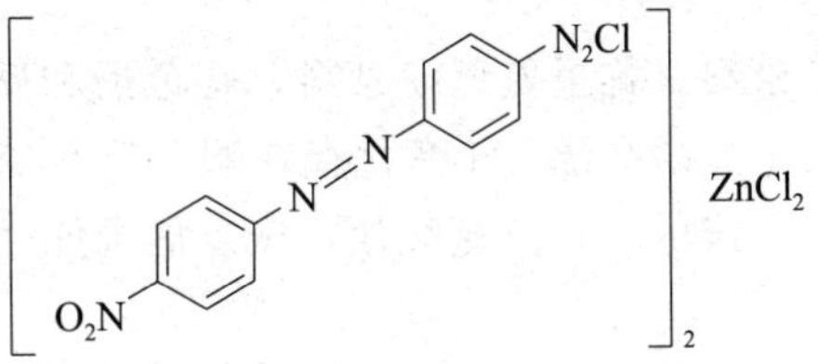

N_2Cl　N=N　O_2N　$ZnCl_2$

黑色盐K

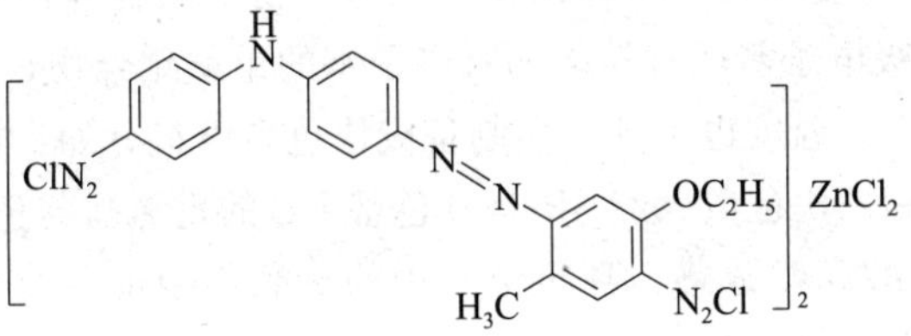

H N　ClN_2　N=N　OC_2H_5　$ZnCl_2$　H_3C　N_2Cl

黑色盐G

3. 稳定的重氮芳磺酸盐

不能与金属盐类形成稳定复盐的重氮化合物一般能与芳磺酸（苯磺酸及其衍生物及 1,5-萘二磺酸和 1,6-萘二磺酸）生成稳定的重氮盐，从溶液中分离出来，也易干燥和磨细。如：

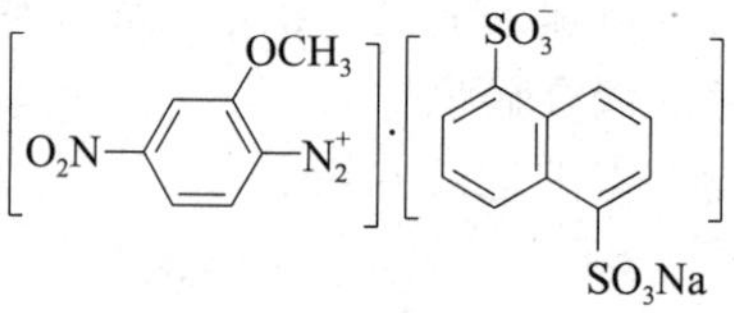

红色盐B

4. 稳定的重氮氟硼酸盐

重氮化合物与氟硼酸作用生成很稳定的复盐，但难溶于水。染色时可加入铵盐或钠盐提高其溶解度。如：

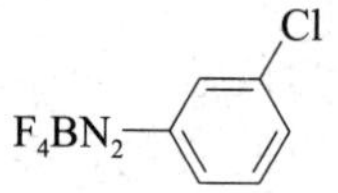

棕色盐GC

以上无论哪种稳定的重氮盐，在制备过程中，均需加入无水硫酸钠（或硫酸铝、硫酸镁）稀释，使重氮化合物实际含量为 20%左右，便于安全地进行研磨、干燥和保存。

第四节　印花用稳定的不溶性偶氮染料

按不溶性偶氮染料染棉布的程序进行印花，即先浸轧色酚碱液，再与重氮化的色基偶合显色时，必须将未显色部分的色酚洗去，这不仅浪费色酚，而且污染水质。有时未印花处色酚洗净很困难，洗涤不当易损伤纤维，还会造成白底不白，且工艺流程比较长，对色基的选择也很有限。为了克服上述缺点，简化印花工序，可将色酚和重氮化色基以某种稳定形式混合，印到织物上后再偶合显色。这类染料目前有快色素、快磺素、快胺素和中性素。

一、快色素染料

快色素染料又称重氮色酚染料，是色酚和反式重氮酸盐的混合物，于 1915 年问世。

芳胺的重氮酸盐随 pH 变化存在顺、反互变异构，反式重氮酸盐无偶合能力。当 pH 下降时转变成活泼的顺式重氮酸盐，恢复偶合能力。

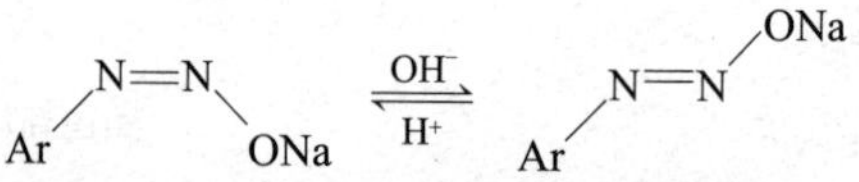

印花时将此混合物调浆印花，印花织物经汽蒸后再经酸性介质处理就可以显色。

芳环上含有多个弱吸电子基或有较强的吸电子基的重氮化合物，转变成反式重氮酸盐形式要求 pH 较低，用碱量少，温度也不高，易制备成快色素染料。如：快色素嫩黄 G 是苯胺重氮盐与色酚 AS-G 的混合物；快色素大红 3R 是红色基 KB 的重氮盐与色酚 AS-OL 的混合物。

快色素的缺点是对酸高度敏感，甚至空气中的二氧化碳也会使其分解而生成染料，不宜长期储存。

二、快磺素染料

重氮化合物的中性或微酸性溶液与亚硫酸作用，生成具有偶合能力的重氮亚硫酸盐，在水溶液中很快转变成稳定的重氮磺酸盐，再经加热处理可转变为有偶合能力的顺式重氮亚硫酸盐，或被氧化成为活泼的重氮硫酸盐。

$$Ar—N=N^{+}Cl^{-}\xrightarrow{Na_2SO_3}Ar—N=N—OSO_2Na \underset{\text{汽蒸}}{\overset{\text{放置(冷)}}{\rightleftharpoons}}$$

重氮亚硫酸盐（不稳定）

$$Ar—N=N—SO_3Na\xrightarrow{[O]}Ar—N=NOSO_3Na$$

重氮磺酸盐（稳定） 重氮硫酸盐（不稳定）

芳环上有供电子基，易制备成稳定的重氮磺酸盐。将此化合物与色酚混合，则制成快磺素染料，于1934年问世。印花后经汽蒸处理、稳定的磺酸盐转变为活泼的亚硫酸盐，或经氧化剂如重铬酸钠汽蒸，转变为活泼的硫酸盐，均可与混入的色酚偶合显色。

由于快磺素显色比较困难，应用有限。二苯胺衍生物常用此法制备快磺素，且比较稳定。如：

① 快磺素深蓝G

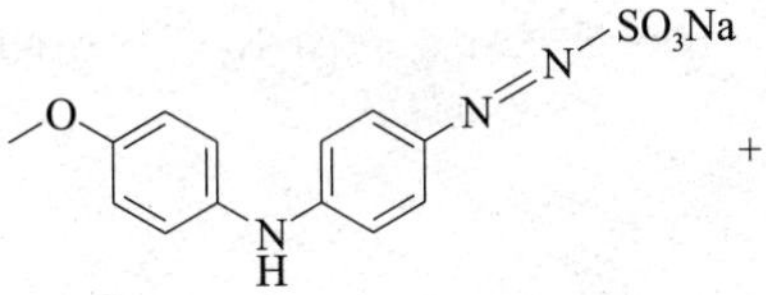

SO_3Na N N H + AS-D

② 快磺素蓝IB

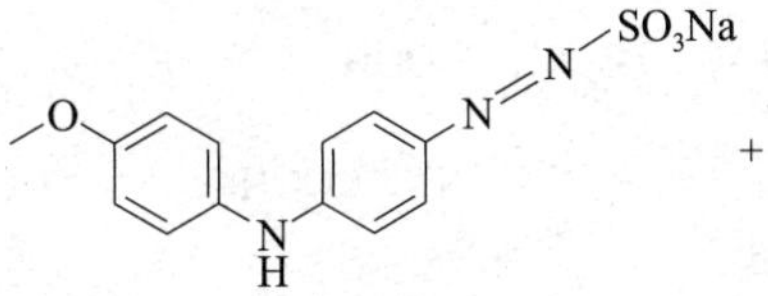

SO_3Na N N H + AS

③ 快磺素黑B

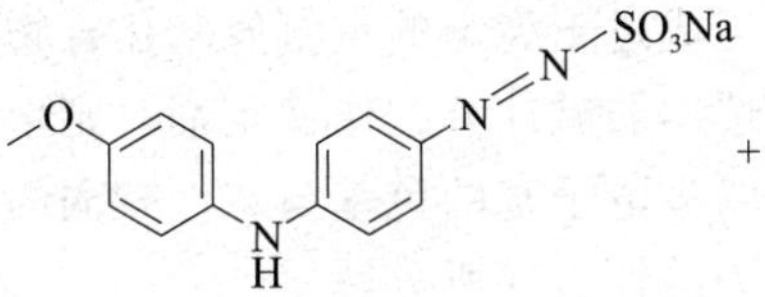

SO_3Na N N H + AS-OL(88%)+ AS-G(12%)

三、快胺素染料

重氮化合物与脂肪族或芳香族伯胺、仲胺作用，生成无偶合能力的重氮氨基或重氮亚氨基化合物。

$$ArN_2Cl+\begin{cases}Ar'NH_2\\RNH_2\end{cases}\longrightarrow\begin{cases}Ar—N=N—NH—Ar'\\Ar—N=N—NH—R\end{cases}$$

重氮氨基化合物

$$ArN_2Cl+\begin{cases}Ar'NHR'\\RNHR'\end{cases}\longrightarrow\begin{cases}Ar—N=N—NR'—Ar'\\Ar—N=N—NR'—R\end{cases}$$

重氮亚氨基化合物

当介质的pH下降时，上述产物可以转变为原来的重氮化合物和胺。将这样的重氮氨基化合物与色酚混合，就成为快胺素染料，这些胺类称为稳定剂。印花后织物经有机酸（如乙酸）蒸汽处理时，重氮氨基化合物分解，生成具有偶合能力的重氮化合物，与相混的色酚偶合显色。

快胺素染料中的重氮氨基化合物应具有水溶性和化学稳定性好，且在酸性蒸汽中易分解出重氮化合物的特性。因此制备重氮氨基化合物时应当选择合适的重氮化合物和胺类。

一般选用含有磺酸基或羧基的仲胺作稳定剂。脂肪族伯胺碱性较强时，易与 2mol 重氮化合物生成二重氮亚氨基化合物，溶解度比较低。

$$2ArN_2Cl + H_2N—R \longrightarrow (Ar—N=N)_2NR\downarrow + 2HCl$$

若稳定剂为芳香族伯胺，重氮化合物与芳伯胺形成的重氮氨基化合物，存在下列互变异构平衡：

$$Ar—N=N—NH—Ar' \rightleftharpoons Ar—NH—N=N—Ar'$$

酸解显色时，产生两种不同结构的重氮化合物，偶合后造成色光不纯。

$$Ar—N=N—NH—Ar' \xrightarrow{HCl} ArN_2Cl + H_2NAr'$$

$$Ar—NH—N=N—Ar' \xrightarrow{HCl} Ar'N_2Cl + ArNH_2$$

常用稳定剂包括以下几类：

CH_3NHCH_2COOH 甲氨基乙酸　　$CH_3NHCH_2CH_2SO_3H$ 甲氨基乙磺酸

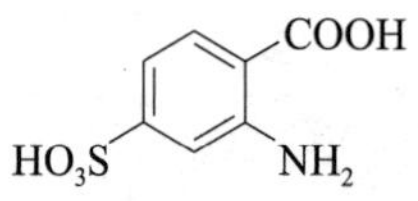

2-氨基-4-磺酸基苯甲酸 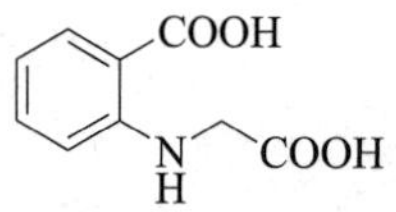　　邻羧基苯氨基乙酸 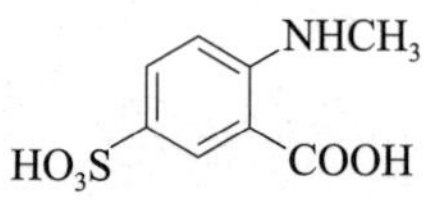　　2-甲氨基-5-磺酸基苯甲酸

选用稳定剂时还需要考虑色基的性能以及色基和稳定剂的酸碱性。当色基芳环上有几个吸电子基而选用强碱性芳胺作稳定剂时，生成过于稳定的重氮氨基化合物而不易分解，若色基芳环上没有吸电子基或有供电子基时，选用弱碱性芳胺作稳定剂，则生成极不稳定的重氮氨基化合物，会自行分解；只有芳环上含弱吸电子基的色基与碱性较弱的胺类形成重氮氨基化合物时，才既具有相当的稳定性，又能为酸性蒸气所分解。

四、中性素染料

使用快胺素染料印花的织物，需在酸性蒸气中显色，既造成设备腐蚀严重，又不能与还原染料共印，因此使其应用受到限制。20 世纪 50 年代产生了中性素染料。此类染料也由色基的重氮氨基化合物与色酚混合而成，它们与快胺素的区别在于选择的稳定剂不同，以碱性较弱的邻羧基芳仲胺为主。如：

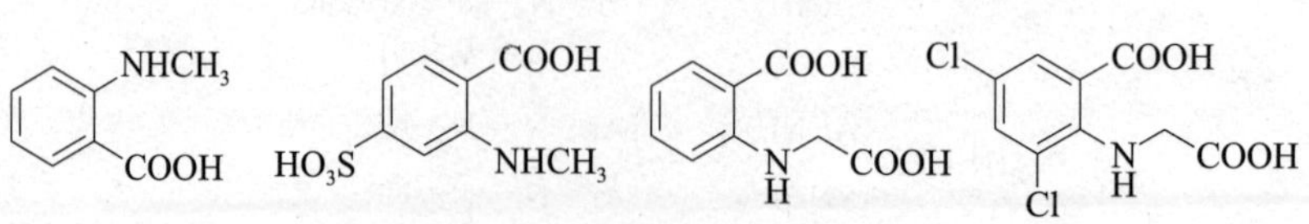

将中性素染料印花织物在中性蒸气中分解产生重氮化合物，与相混的色酚偶合显色。

第九章 阳离子染料

第一节 引 言

阳离子染料是在碱性染料的基础上发展起来的。1856年，美国的W. H. Perkin合成的苯胺紫和随后出现的结晶紫和孔雀石绿，都是碱性染料。碱性染料对丙烯腈系纤维以及单宁酸媒染处理的棉纤维具有直接性，在水溶液中能电离出色素阳离子。碱性染料在棉、羊毛、蚕丝上的染色牢度很差，而在腈纶上的染色牢度较好，皂洗、摩擦、熨烫、汗渍牢度可在4级以上，只是耐晒牢度较差。由于碱性染料在牢度、品种等方面尚不能满足腈纶染色的需要，人们在碱性染料的基础上开发出了能适合腈纶染色的新一类染料，即阳离子染料。

腈纶是仅次于涤纶和锦纶的重要合成纤维，以丙烯腈（$CH_2{=}CH{-}CN$）为主要单体（含量≥85%），也称为第一单体。第二单体为结构单体，通常选用含酯基的乙烯基单体，用来改善纤维的手感和弹性，克服纤维的脆性。第三单体又称染色单体，为各种可离子化的酸性基团，可提高阳离子染料对纤维的亲和性。目前阳离子染料是腈纶染色的专用染料。

随着腈纶性能的改进、应用领域的拓展、现代纺织印染技术的发展以及对环境和生态保护的要求，对阳离子染料的生产和应用性能也提出了更高的要求。对现有的阳离子染料的性能和剂型等改进并开发新结构阳离子染料是当前阳离子染料发展的重要内容。

（1）无锌阳离子染料

锌是欧洲染料制造工业生态学和毒理学学会（ETAD）、美国染料制造协会（ADMI）限制的一种对人体有害的重金属。按照ETAD的规定，染料中锌的允许限量应在1500mg/kg以下。阳离子染料制造时，通常采用氯化锌使染料成为复盐而沉淀析出，致使阳离子染料商品中的锌含量大大超过ETAD的规定限量。因此，研究和开发无锌的阳离子染料在国际市场上自20世纪80年代以来一直很活跃，也取得了一些成果。

（2）染料的商品化加工技术

开发适用腈纶原液着色的液状阳离子染料，如DyStar公司开发的新型Astrazon液状染料，我国也生产改进液状阳离子染料。为了减少和消除阳离子染料的粉尘飞扬，Ciba公司在20世纪90年代初开发出了Maxilon Pearl染料，即珍珠状阳离子染料，它们没有粉尘飞扬，溶解度很好。DyStar公司推向市场的Astrazon micro染料几乎无尘，可在染料自动计量系统中使用，对染料的色泽、溶解度和牢度等性能无影响。

（3）新型阳离子染料

分散型阳离子染料已有20多年的历史，具有较好的牢度性能，大部分品种耐晒牢度不低于 5 级，耐皂洗、耐摩擦和耐熨烫牢度为 4～5 级。近年还在不断改进染料的应用性能，开发对混纺纤维沾染性很小的新品种。另外，随着阳离子染料可染型涤纶（CDP 和 ECDP）的发展，研发出了能满足 CDP 和 ECDP 染色要求的新型阳离子染料。

（4）高性能阳离子染料

开发具有高 pH 和湿热稳定性的阳离子染料，以满足印染技术的发展和对织物性能要求。另外，阳离子染料的毒性一般较大，特别是对水生生物如鱼、藻类等，因此迫切需要开发低毒性的阳离子染料，尤其是可取代属于急性毒性染料的阳离子染料。

第二节　阳离子染料的性质

一、阳离子染料的溶解性

阳离子染料分子中的成盐烷基和阴离子基团影响染料的溶解性。此外，染色介质中如果有阴离子化合物，如阴离子型表面活性剂和阴离子染料，也会与阳离子染料结合形成沉淀。毛/腈、涤/腈等混纺织物不能用普通阳离子染料与酸性、活性、分散等染料同浴染色，否则将产生沉淀。一般加入防沉淀剂来解决此类问题。

二、对 pH 的敏感性

一般阳离子染料稳定的 pH 范围是 2.5～5.5。当 pH 较低时，染料分子中的氨基被质子化，由供电子基转变为吸电子基，引起染料颜色发生变化；若 pH 较高，阳离子染料可能形成季铵碱，或结构被破坏，染料发生沉淀、变色或者褪色现象。如噁嗪染料在碱性介质中转变为非阳离子染料，失去对腈纶的亲和力而不能上染。

$$\xrightarrow[\text{pH}>10]{\text{OH}^-}$$

三、阳离子染料的配伍性

阳离子染料对腈纶的亲和力比较大，在纤维中的迁移性较差，难以匀染。不同染料对同一纤维的亲和力不同，在纤维内部的扩散速率也不相同。当上染速率差别较大的染料进行拼混时，染色过程中容易发生色泽变化、染色不匀的现象；而上染速率接近的染料拼混时，它们在染浴中浓度比例基本不变，使产品的色泽保持一致，染色比较均匀。这种染料拼染的性能称为染料的配伍性。

阳离子染料的配伍性一般通过比较而得到，通常用配伍值（K）来表示。配伍值（K）是反映阳离子染料的亲和力大小和扩散性好坏的综合指标。英国染色家协会（SDC）用数值 1～5 表示染料的配伍值，其中配伍值为 1 的染料亲和力大，上染速率最快；配伍值为 5 的染料亲和力小，上染速率最慢。

染料拼染时，应选用配伍值相同或相近的染料，则染料的亲和力及扩散速率相似，易获得匀染效果。测定染料配伍值时，采用黄、蓝两色标准染料各一套，每套由五个上染速率不同的染料组成，共有五个配伍值（K=1，2，3，4，5），将待测染料与标准染料逐一进行拼染，然后对染色效果给予评价，即可获得待测染料的配伍值。

染料的配伍值和其分子结构存在一定的关系。

① 染料分子中引入亲水性基团，水溶性增加，对纤维的亲和力下降，染色速率降低、配伍值增大，在纤维上的迁移性和匀染性提高，给色量降低。

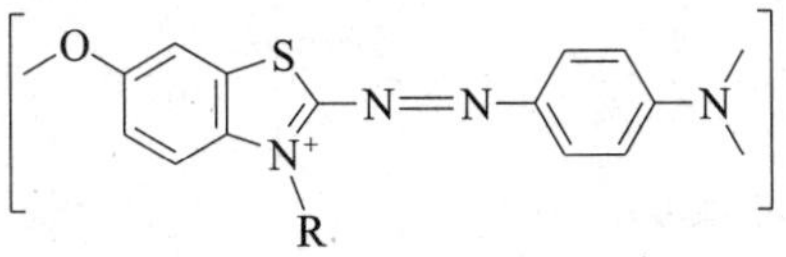

R	K
$-CH_3$	1. 5
$-CH_2-CH(OH)-CH_3$	3. 5
$-CH_2CH_2COOH$	5

阳离子染料9-1

② 染料分子中引入疏水性基团，水溶性下降，染料对纤维的亲和力上升，上染速率提高，配伍值减小，在纤维上的迁移性和匀染性降低，给色量增加。

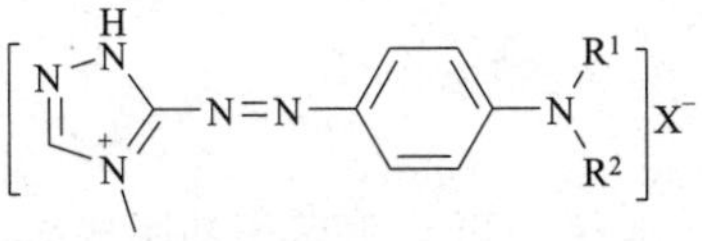

R^1	R^2	K
$-CH_2-C_6H_5$	$-CH_2-C_6H_5$	2. 0
$-C_2H_5$	$-CH_2-C_6H_5$	3. 0
$-C_2H_5$	$-C_2H_5$	5. 0

阳离子染料9-2

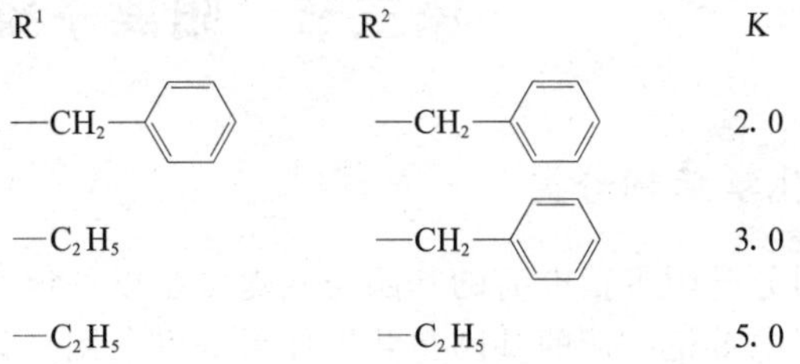

染料分子中某些基团因几何构型而引起空间位阻效应，也使染料对纤维的亲和力下降，配伍值增加。

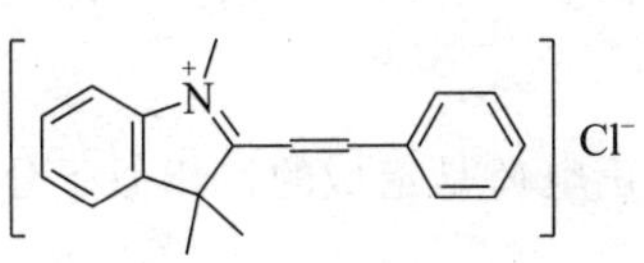

Cl^- $K=1.0$

阳离子染料9-3

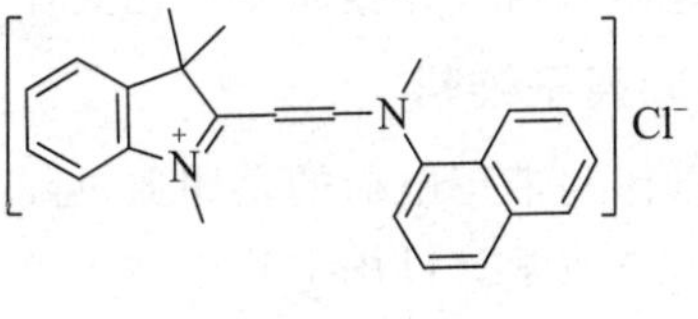

Cl^- $K=2.5$

阳离子染料9-4

四、阳离子染料的耐日晒性能

染料的耐日晒性能与其分子结构有关。共轭型阳离子染料分子中，阳离子基团是比较敏感的部位，受光能作用后易从阳离子基团所处位置活化，然后传递至整个发色系统，使之遭受破坏而褪色。共轭型三芳甲烷类、多甲川类和噁嗪类耐日晒牢度都不好。隔离型阳离子染料分子中的阳离子基团与共轭系统间被连接基隔开，即使在光的作用下被活化，也不易将能量传递给发色的共轭系统，所以耐日晒牢度优于共轭型。共轭型阳离子染料中三氮杂碳菁、不对称的二氮杂碳菁和氮杂半菁、迫萘内酰胺类耐日晒牢度较为优良。前面提到过，染料的耐日晒牢度还和分子对称性和氨基的碱性有关。引入氰乙基或丁二酰亚氨基，降低分子的对称性，增加正电荷的定域程度；或用二官能团组分将两个发色体系连接，均可提高染料的耐日晒性能。如下列结构的染料耐日晒牢度较好。

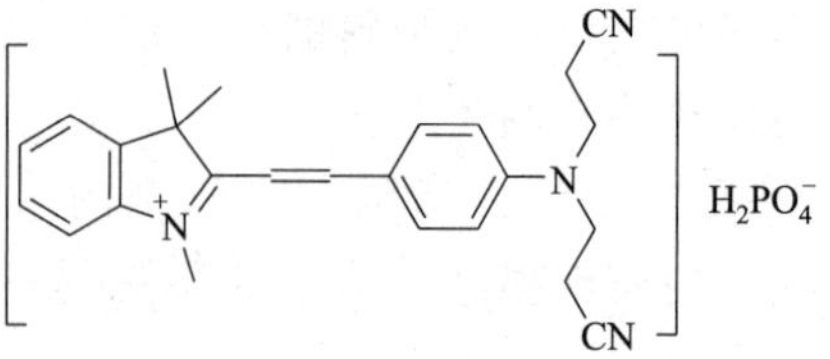

CN

N

$H_2PO_4^-$

CN

阳离子染料9-5

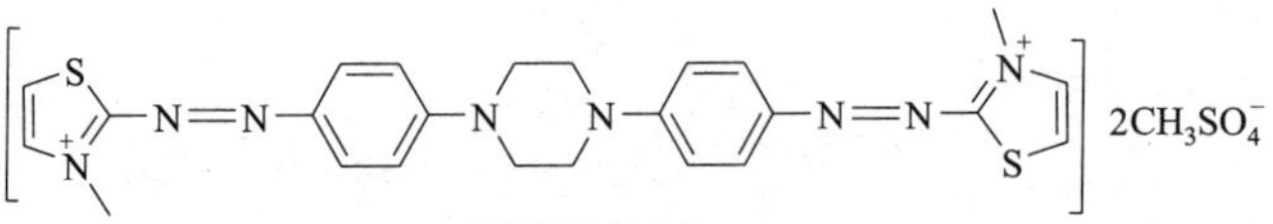

S N=N N N N=N N S $2CH_3SO_4^-$

阳离子染料9-6

阳离子染料的耐日晒牢度还和纤维的性能有关。阳离子染料在天然纤维上耐日晒牢度极差，在腈纶上却好得多。腈纶的第三单体不同，也会改变阳离子染料的耐日晒性能，采用衣康酸作为第三单体，一般比用丙烯磺酸及其衍生物要低一级左右。

第三节　阳离子染料的分类

一、按化学结构分类

染料分子中带正电荷的基团与共轭体系以一定方式连接，再与阴离子基团成盐。阳离子染料分子中带正电荷的基团与共轭体系（发色团）以一定方式连接，再与阴离子基团成盐。阴离子部分除对染料的溶解度有重要作用外，对染色性能的影响不大。阳离子染料的母体分为偶氮型、蒽醌型、三芳甲烷型及菁类等。

根据带正电荷基团（即鎓离子）在共轭体系中的位置，阳离子染料可以分为两大类。

1. 隔离型阳离子染料

这类染料母体和带正电荷的基团通过隔离基相连接，正电荷是定域的，相似于分散染料的分子末端引入季铵基。可用下式表示：

$$D-CH_2CH_2-\overset{+}{N}(CH_3)_3$$

因正电荷集中，容易和纤维结合，上染百分率和上染速率都比较高，但匀染性欠佳。一般色光偏暗，摩尔吸光系数较低，色光不够浓艳，但耐热和耐晒性能优良，牢度很高，常用于染中、淡色。

按染料母体不同，隔离型阳离子染料可分为隔离型偶氮阳离子染料和隔离型蒽醌阳离子染料。

（1）隔离型偶氮阳离子染料

① 重氮组分中有鎓离子　如阳离子红 M-RL，其结构式如下：

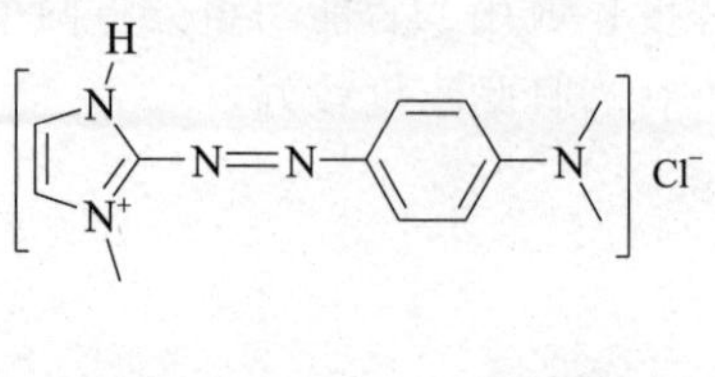

H N N=N N Cl^-

② 偶合组分中有鎓离子　如阳离子红GTL，其结构式如下：

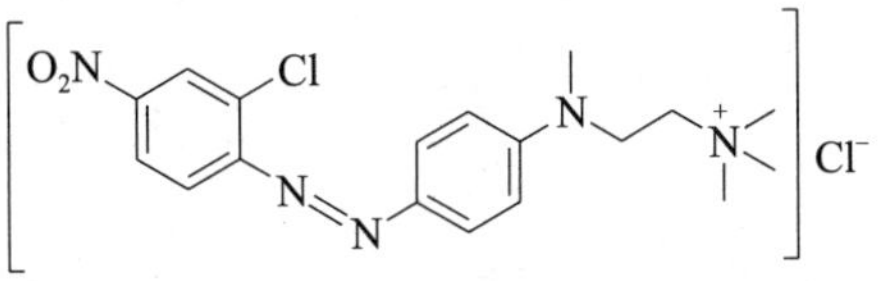

其合成过程为：

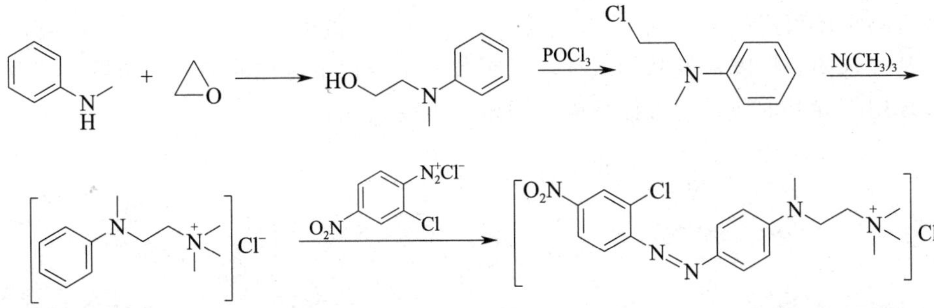

这类染料具有优良的耐晒牢度和pH稳定性，但颜色不及共轭型阳离子染料那样浓艳，着色力也差些。

(2) 隔离型蒽醌阳离子染料

如阳离子蓝FGL，其结构式如下：

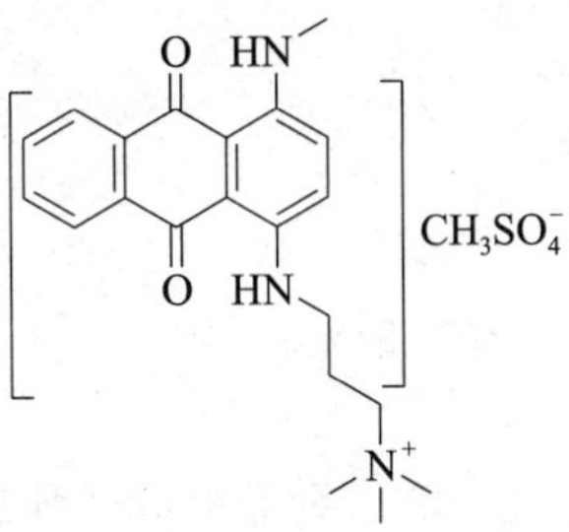

其合成过程为：

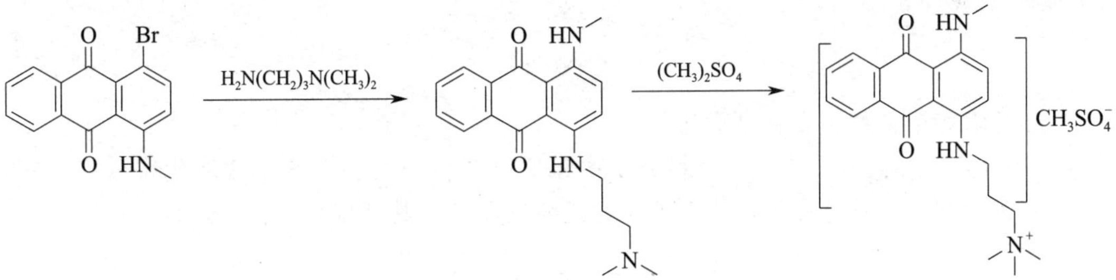

2. 共轭型阳离子染料

共轭型阳离子染料的正电荷基团直接连在染料的共轭体系上，正电荷是离域的。

共轭型阳离子染料的色泽十分艳丽，摩尔吸光系数较高，但有些品种耐光性、耐热性较差。使用染料中，共轭型的占90%以上。

共轭型阳离子染料的品种较多，主要有三芳甲烷、杂环类、菁类、迫萘内酰胺类等。

(1) 三芳甲烷类

三芳甲烷类染料以甲烷分子中的碳原子为中心原子，三个氢原子被芳烃所取代，具有平面对称的结构，与中心碳原子相连的碳碳键具有部分双键的特征，如阳离子蓝G，其结构式为：

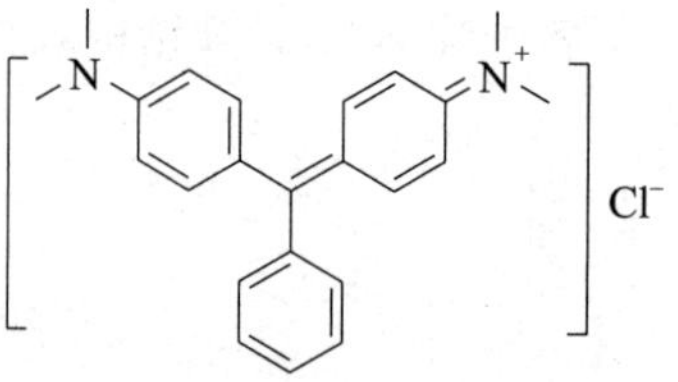

Cl^-

三芳甲烷类染料色泽鲜艳，价格比较低廉，在棉纤维上染色，耐日晒牢度极差，用在腈纶上，耐日晒牢度可提高 2～3 级。要改善三芳甲烷染料的耐光牢度，通常可在染料分子上引入氰乙基等基团，以降低氨基的碱性；或制备分子结构不对称的染料，如将三芳甲烷分子中一个苯环用吲哚基取代，均可提高染料的耐光牢度。如：

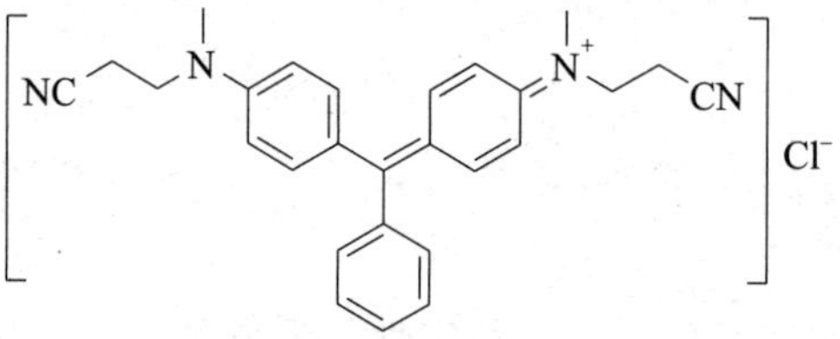

NC CN Cl^-

绿色，耐光牢度6级

Cl^-

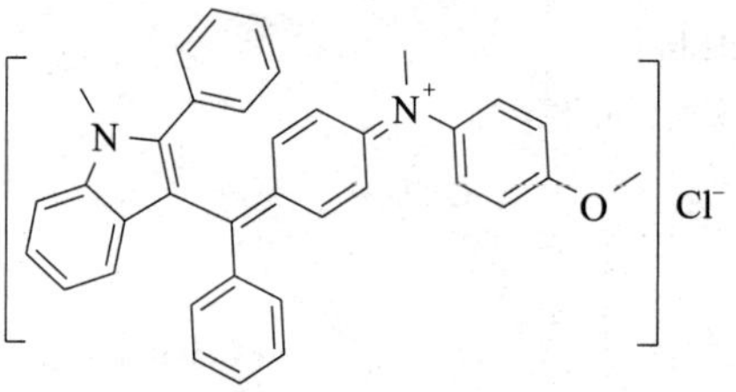

绿色，耐光牢度5级

（2）杂环类阳离子染料

杂环类阳离子染料分子中，由氧、硫、氮等组成杂环蒽类结构，用下式表示：

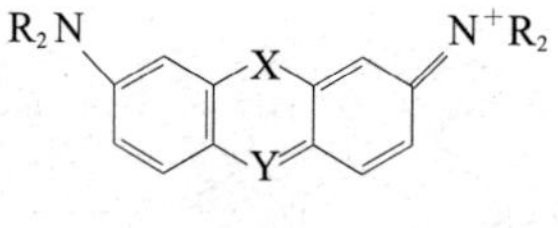

R_2N X N^+R_2 Y

杂环类阳离子染料主要有以下几种类型。

① 吖嗪类（二氮蒽）结构　染料分子中氮原子对位连接一个氨基或取代氨基后，颜色变深，大多为红色、蓝色和黑色。较重要的是藏红花 T，其结构如下：

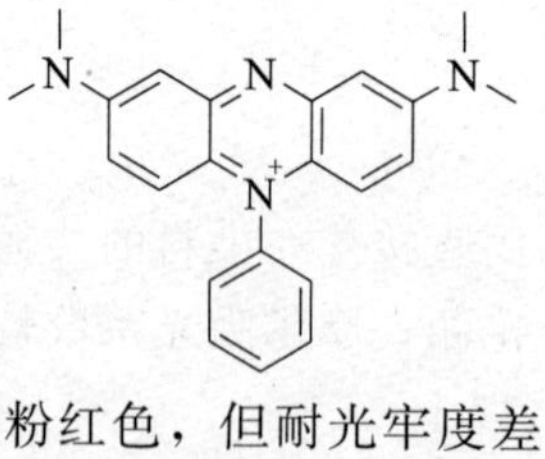

藏红花 T 染料具有鲜艳的蓝光粉红色，但耐光牢度差，多用于皮革和纸张的着色。

② 噻嗪结构　噻嗪结构的阳离子染料较少，多数为蓝色和绿色，其中有实用价值的是亚甲基蓝，其结构式如下：

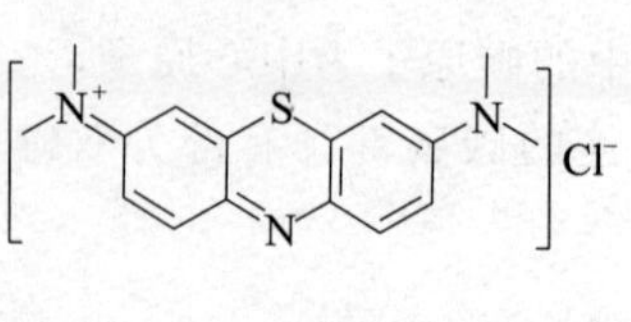

S N Cl^-

亚甲基蓝的颜色很鲜艳，但耐光牢度不佳，多用于皮革和纸张的着色，有时也染丝绸，还可以作为生化着色剂和杀菌剂。

③ 噁嗪结构　噁嗪结构染料是一类具有实用价值的阳离子染料，其色泽以蓝色为主，少量是紫色的，比较鲜艳。在腈纶上有较好的耐光牢度，也可以用于蚕丝染色。常用的噁嗪类染料是阳离子翠蓝 GB，其结构式如下：

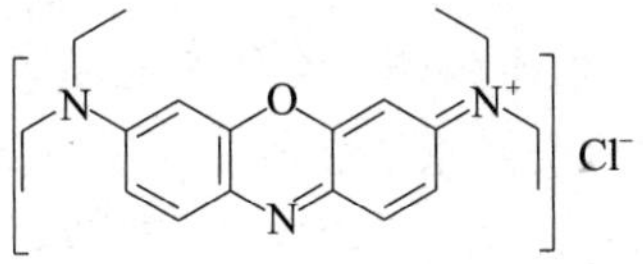

Cl^-

阳离子翠蓝 GB 的色光十分鲜艳，耐光牢度较好，一般能够达到 5 级。将氰乙基引入氨基氮原子，降低分子中氨基的碱性，可以提高染料的耐日晒牢度。如下结构的染料耐日晒牢度较高。

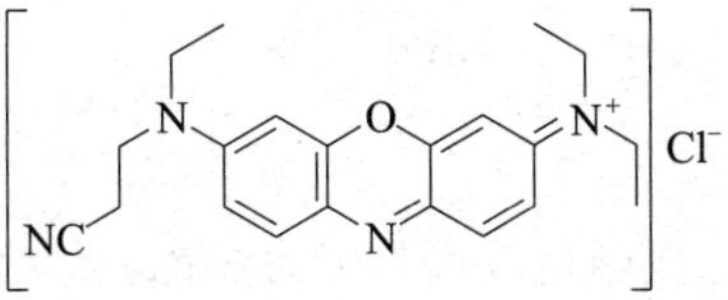

NC　Cl^-

（3）菁类阳离子染料

以—CH ═C— 作为发色体系的染料称为多甲川染料，一端有含氮的供电子基，另一端是含氮的吸电子基，相当于脒离子（—N ═CH—N ═）的插烯物。当两端氮原子与多甲川链上碳原子组成杂环时，称为菁（Cyanine，Cyan 是蓝色）染料。

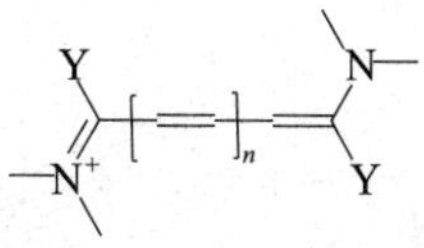

Y为组成杂环的杂原子或碳原子；n为零或正整数

1856 年首先由 G. Williams 合成的蓝色染料就是菁染料，最早用于感光材料中。其结构如下：

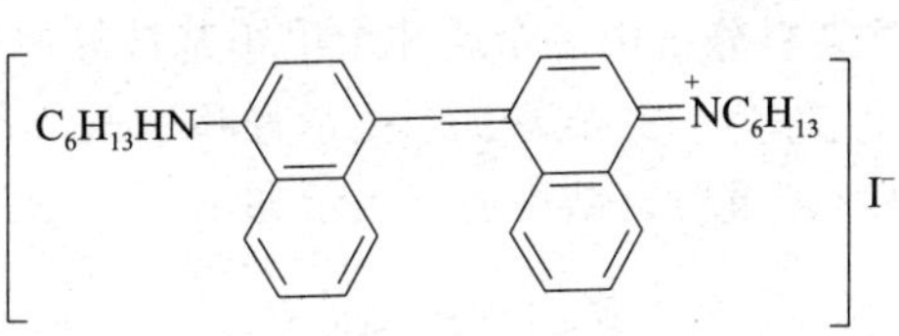

$C_6H_{13}HN$　$\overset{+}{N}C_6H_{13}$　I^-

菁类染料中含吡啶、喹啉、吲哚、噻唑、吡咯等各种杂环，以喹啉、苯并噻唑和吲哚杂环最多。根据次甲基（甲川基）两端杂环的性质和甲川基中一个或几个碳原子被氮取代的情况，菁类阳离子染料可分为以下五类。

① 菁（碳菁）　菁的通式表示如下：

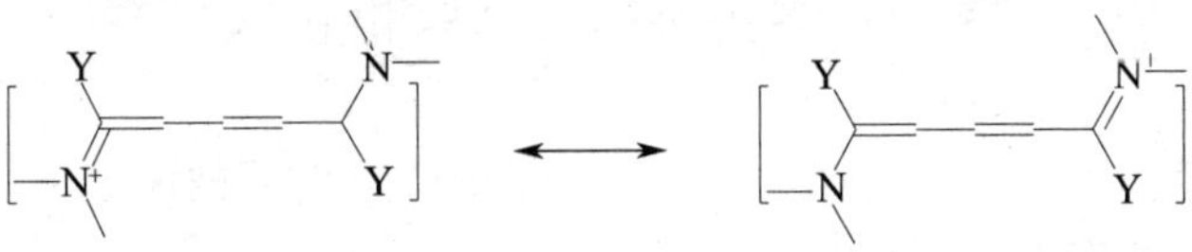

两个杂环相同的为对称菁，如阳离子桃红 FF；不相同时为非对称菁，如阳离子橙 R。

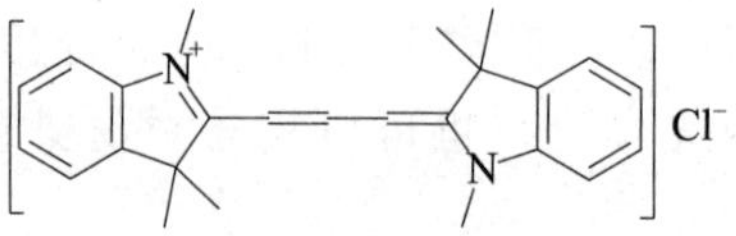

阳离子桃红FF

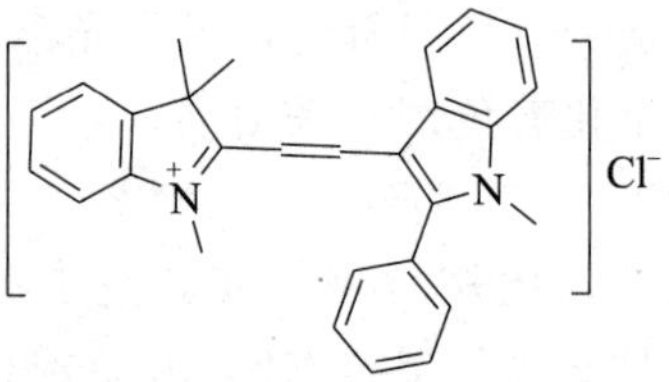

阳离子橙R

对称菁染料的色泽十分浓艳，但不耐晒，在纺织品染色中应用很少，主要作增感剂。

② 半菁　菁染料分子中只有一个氮原子是杂环的组成部分，称为半菁，其通式为：

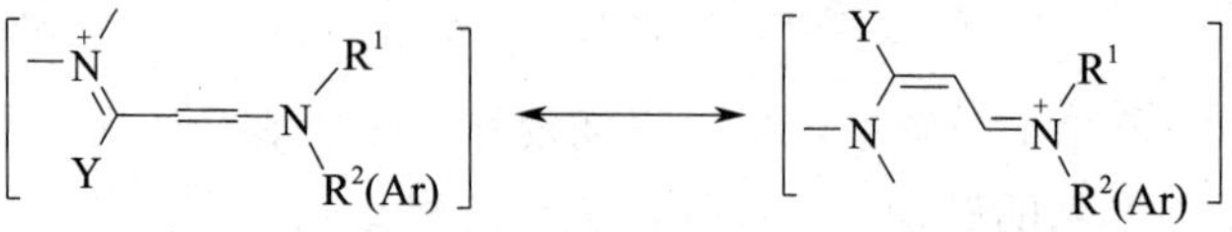

如阳离子黄 X-6G：

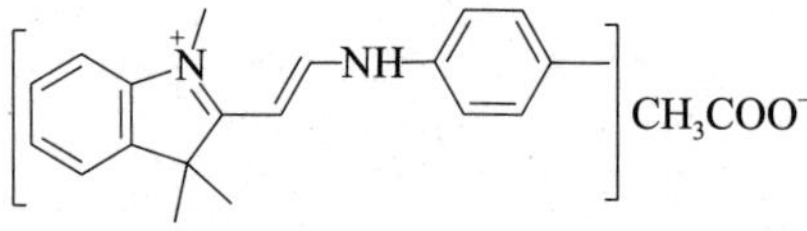

$CH_3COO^-ZnCl_2$

由于半菁的共轭体系较短，故颜色较浅，多为黄色。

③ 苯乙烯类　苯乙烯类分子结构中有苯乙烯结构，也是半菁，其通式如下：

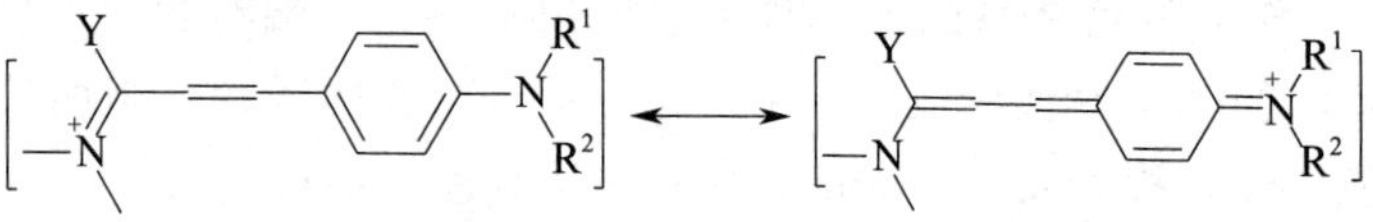

如阳离子桃红 FG 具有这样的结构：

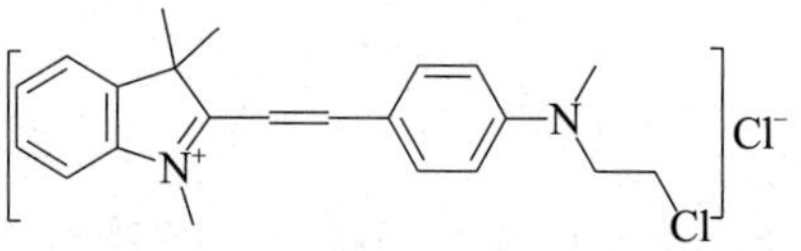

这类染料分子中只有一个吲哚杂环，共轭双键体系比菁类短，而比半菁长，故主要是红色。色泽比较鲜艳，但耐日晒牢度不佳，是腈纶常用的染料。

④ 氮杂菁　三甲川菁类染料分子中一个或几个甲川基被氮原子取代，得到氮杂菁染料。根据甲川基取代数不同，分别称为一氮杂菁、二氮杂菁和三氮杂菁。二氮杂菁又有对称型和非对称型两种，以非对称型比较重要，结构通式表示如下：

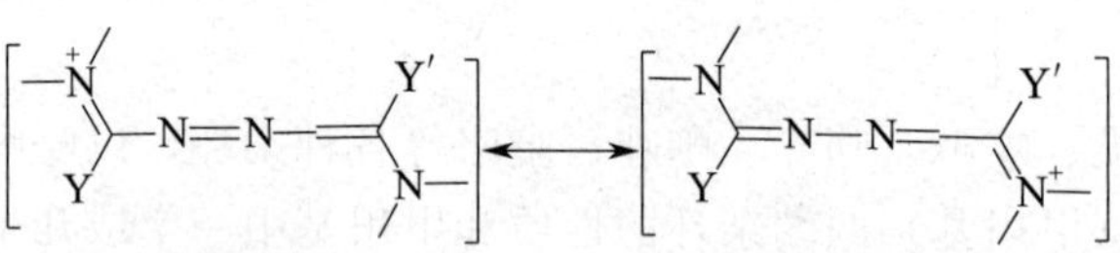

如阳离子嫩黄 X-7GL（碱性黄 24，C. I. 11480），其结构式如下：

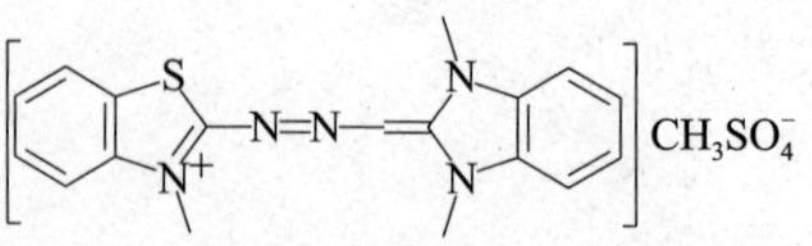

$CH_3SO_4^-$

这类染料的颜色多为黄、橙、红色。染料分子中的甲川基被氮原子取代后，使耐日晒牢度显著提高，对酸的稳定性也比较好。

⑤ 二氮杂苯乙烯菁　苯乙烯菁分子中两个甲川基均被氮原子取代，称为二氮杂苯乙烯菁。其通式如下：

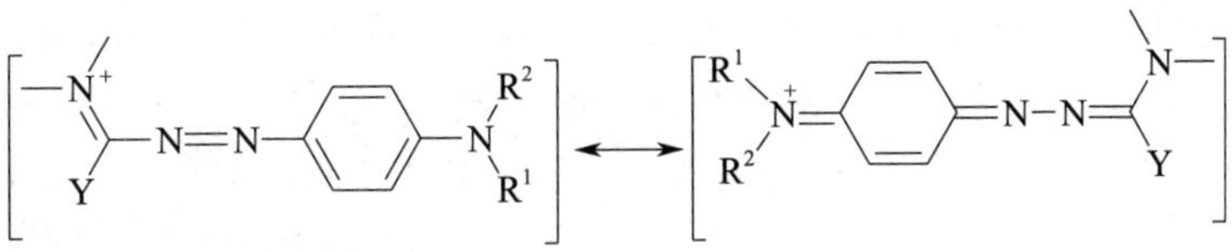

如阳离子艳蓝 RL，其结构式如下：

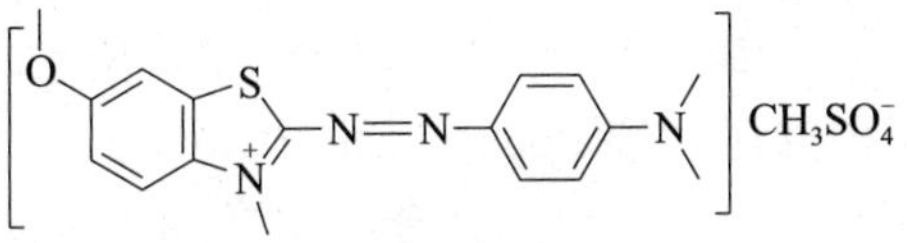

染料分子中的乙烯基（—CH═CH—）被偶氮基（—N═N—）取代，实际上是偶氮染料，不仅产生明显的深色效应，耐日晒牢度也得到提高。选用不同的重氮组分和偶氮组分，可以得到从黄到蓝、绿各种色谱，色泽鲜艳，着色力强，耐日晒牢度大多优良，合成比较方便，在阳离子染料中占有重要的地位。我国生产的阳离子染料品种中，此类结构占半数以上。

（4）迫萘内酰胺类阳离子染料

这类染料用 *N*-取代的迫萘内酰胺作原料，与各类芳胺加热缩合而成。其耐日晒牢度优良，对羊毛沾色不严重，以色泽鲜艳的红、蓝色调为主。如阳离子蓝的合成过程如下：

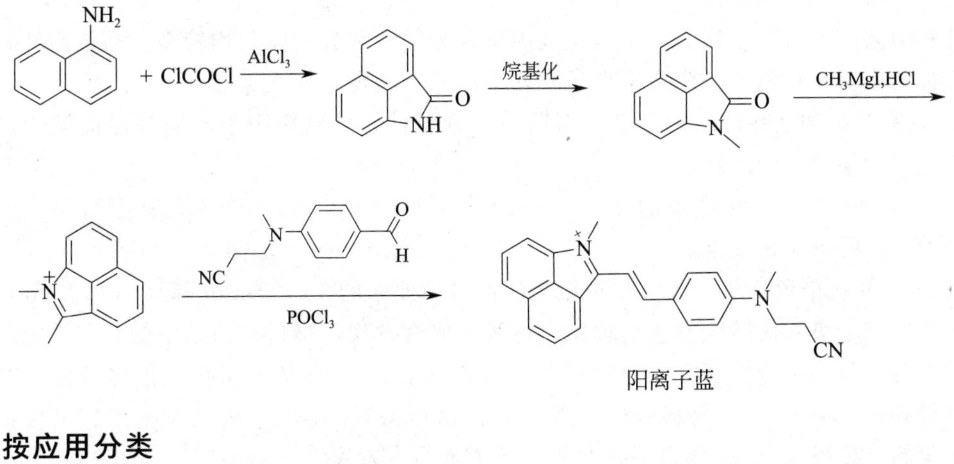

二、按应用分类

国产阳离子染料分为普通型、X 型、M 型（或 E 型）、SD 型（分散型）、活性阳离子型。

（1）普通型　配伍值 $K=1\sim2$ 或 4，前者适于染中深色腈纶针织内衣、腈纶条散纤维、腈纶膨体纱及腈纶毛毯的印花等；后者适于中浅色腈纶膨体纱，且易于拼色增艳，相容性好。

（2）X 型　配伍值 $K=2.5\sim3.5$，适于腈纶膨体纱、毛/腈混纺纱、腈/黏混纺纱，匀染性中等，X 型阳离子染料是国产阳离子染料中主要类别，品种较多。

（3）M 型　配伍值 $K=3\sim4$，一般分子量＜300，迁移性好，适合于中、浅色腈纶匹染，匀染性好，也称为迁移性阳离子染料，染色时可以少加或不加缓染剂。

（4）SD 型（分散型）　同前所述的分散型阳离子染料。用芳香族磺酸取代染料中的阴离子，封闭了染料的阳离子基团，使其溶解度几乎为零，染料的分散性增加，扩散性提高，借以改善阳离子染料的匀染性。

（5）活性阳离子型　既能上染羊毛，又能上染腈纶，色泽鲜艳，匀染性好，适宜 pH 为 5，通过氨水后处理，可以进一步提高上染率和固色率。

国外阳离子染料中DyStar公司的Astrazon染料按配伍值K可分为五类，即浅色，$K=5$，染料上色慢；中色，$K=2\sim3$，染料耐晒、耐汽蒸；中、深色，$K=2\sim3.5$，染料各项牢度较高；深色，$K=1.5\sim3$，染料得色深，耐日晒牢度较差；深色，$K=1$，染料上色快，缓染剂用量适当增加。

汽巴（现巴斯夫）公司的Maxilon染料分为四类，即普通型（$K=2.5\sim3.5$）、鲜艳型（$K=3\sim3.5$）、迁移型（M型，$K=3$）、快速型（BM型，$K=3$，104℃快速染色）。

日本保土谷化学工业株式会社（Hodogaya Chemical Co.）的Aizen Cathilon染料中K型（$K=3.5$）用于中浅色；SG型（$K=3$）用于中深色或毛/腈混纺物；T型可与SG型拼用且耐日晒牢度好；鲜艳类（$K=3\sim4$）用于增艳；拔染印花类主要用于拔染印花的底色。

第四节　新型阳离子染料

随着腈纶的开发，对阳离子染料的研究也更加深入。为了改善染料的染色性能，提高染色牢度，并适应其他纤维的染色，又开发了一些新的阳离子染料。

一、迁移型阳离子染料

迁移型阳离子染料是指一类结构比较简单，分子量和分子体积均较小，而扩散性和匀染性能良好的染料，目前已经成为阳离子染料中的一个大类。其优点如下：

① 具有较好的迁移性和匀染性，对腈纶无选择性，可以应用于不同牌号的腈纶，较好地解决了腈纶染色不匀的问题。

② 缓染剂用量少（由原来的2%～3%降至0.1%～0.5%），染单色甚至可以不加缓染剂，因而可以降低染色成本。

③ 可以简化染色工艺，大大缩短染色时间（由原来的45～90min降至10～25min）。

根据阳离子染料对腈纶染色物理化学过程的研究发现，染料在腈纶中的迁移性能与阳离子部分的分子量、亲水性和空间结构有关。1974年，汽巴-嘉基公司首先推出各种不同染色速率的迁移性（Maxilon）染料；1978年，德国赫斯特（Hostal）公司制造了匀染性良好的阳离子染料（E型）；1981年以后，我国在此方面也有发展。

部分结构如下：

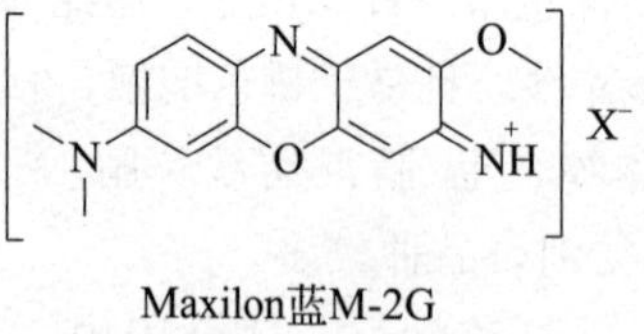

Maxilon蓝M-2G

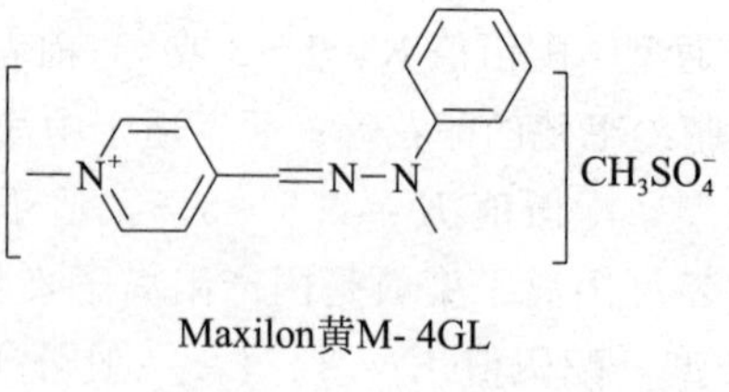

Maxilon黄M-4GL

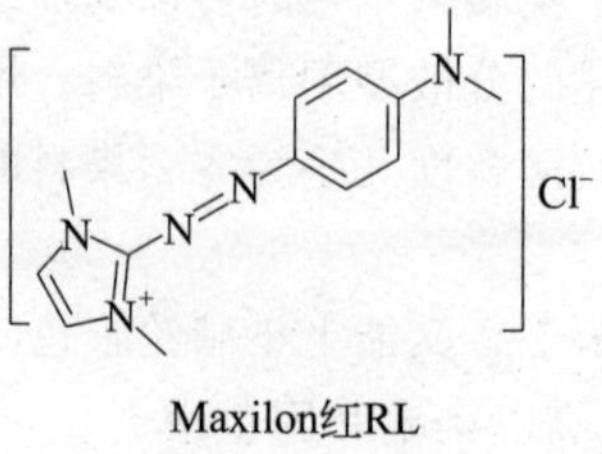

Maxilon红RL

二、改性合成纤维用阳离子染料

阳离子染料在腈纶上着色力强，色泽浓艳，牢度优良，为其他类染料所不及。腈纶上含有带阴离子基团的第三单体，才能使阳离子染料上染。根据这样的原理，杜邦（DuPont）公司等对聚酯纤维和聚酰胺纤维的改性进行了研究，并于1960年生产阳离子可染型聚酯纤维（CDP）和聚酰胺纤维（CDN）。采用一般阳离子染料染改性合成纤维，可以达到染腈纶的鲜艳程度，但耐热稳定性和耐晒牢度不够好。腈纶上存在大量氰基，可以阻止染料发生光氧化反应。

为了适应改性合成纤维的染色，筛选并合成了专用阳离子染料。适应改性聚酯纤维的阳离子染料有下列一些结构，黄色主要是共轭型甲川系染料，红色为三氮唑系或噻唑系偶氮染料和隔离型偶氮染料，蓝色则是噻唑系偶氮染料和噁嗪系染料。它们的分子结构如下：

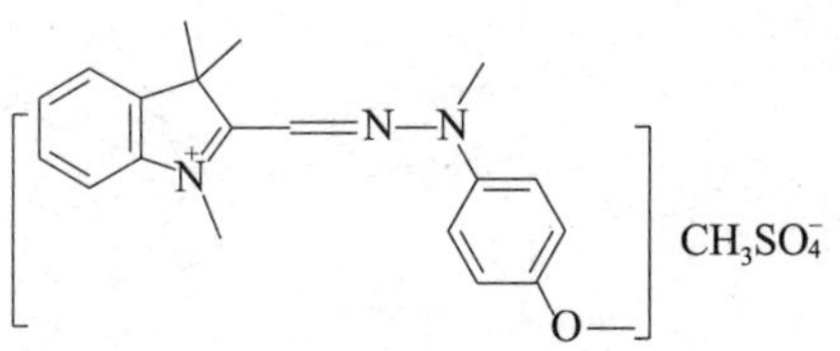

$CH_3SO_4^-$ 黄色

Cl^- 蓝色

$CH_3SO_4^-$ 红色

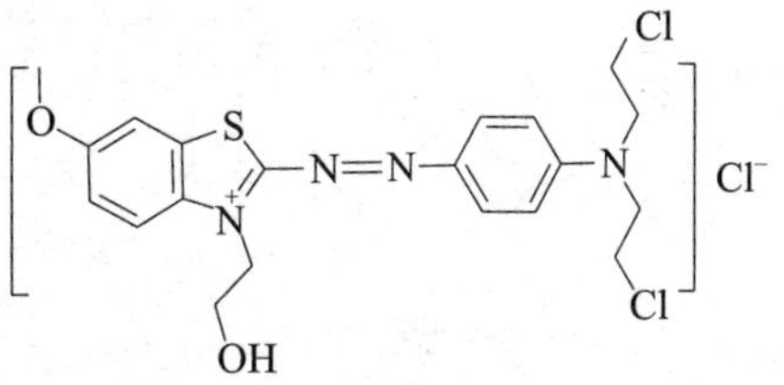

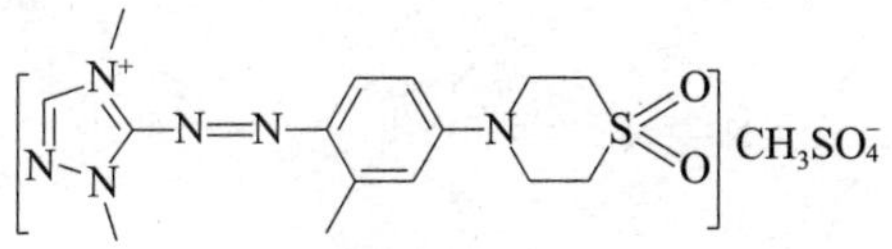

适用于改性聚酰胺纤维的阳离子染料具有下列结构：黄色是共轭型甲川系染料，红色为隔离型偶氮染料，蓝色是隔离型蒽醌染料，尤以双阳离子染料比较好，对未改性纤维有防染性。它们的结构举例如下：

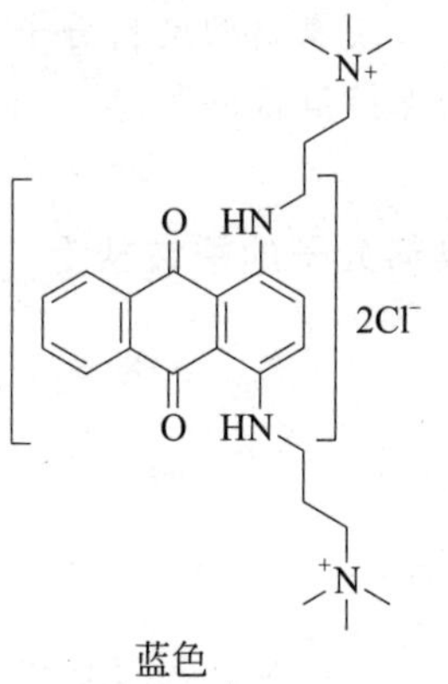

$2Cl^-$ 蓝色

$2I^-$ 红色

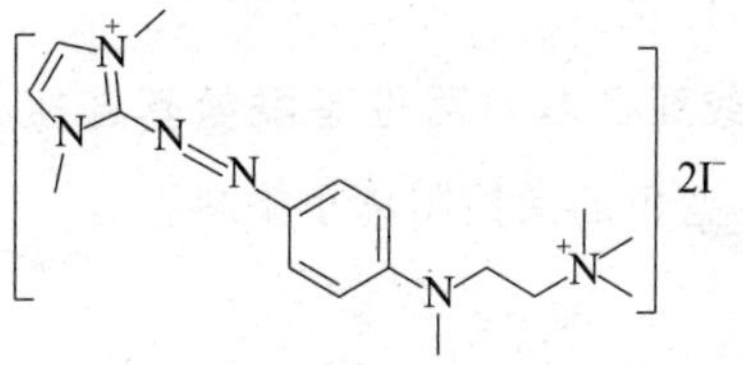

具有下列结构的染料，对于改性聚酯纤维和聚酰胺纤维均适用。

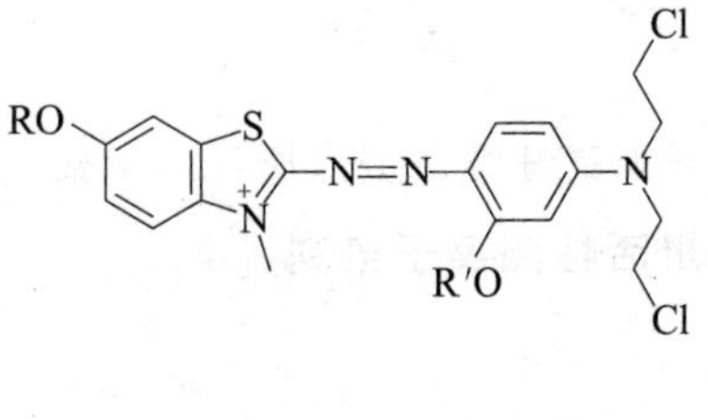

三、分散型阳离子染料

为了适应腈纶和其他合成纤维混纺织物的染色，出现了一种分散型阳离子染料，即将阳离子染料中的阴离子（Cl^-、$CH_3SO_4^-$、$ZnCl_3^-$ 等）置换成分子量较大的基团，如萘磺酸衍生物、4-硝基-2-磺酸甲苯衍生物和无机盐 $K_3[Cr(SCN)_6]\cdot 4H_2O$ 等，使其溶解度下降到几乎不溶，再加入扩散剂进行砂磨后形成分散状态，与其他类染料同浴时不产生沉淀，仅上染腈纶和改性合成纤维，与分散染料同浴可染涤/腈混纺织物。三原色结构如下：

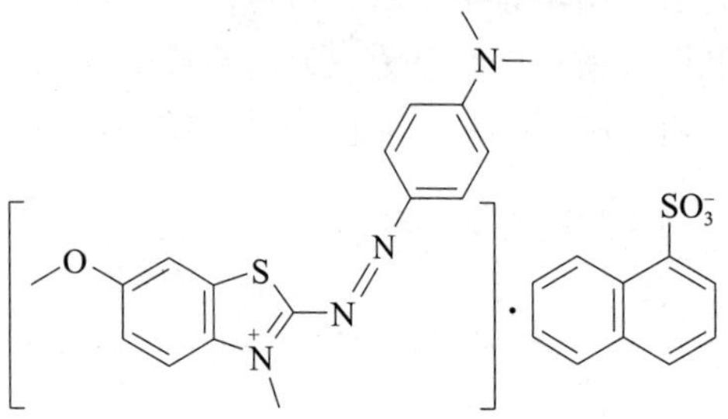

蓝色

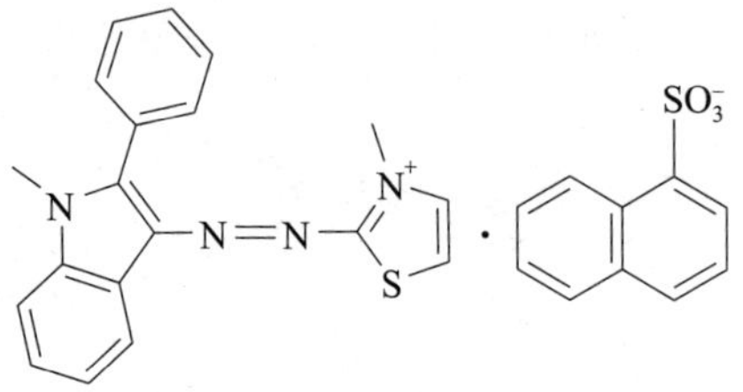

红色

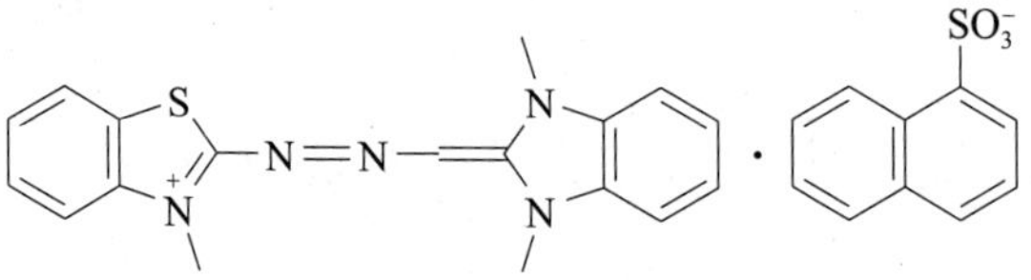

黄色

四、活性阳离子染料

活性阳离子染料是一类新型阳离子染料。在共轭型或隔离型染料分子上引入活性基后，赋予这类染料特殊的性能，尤其在混纺纤维上不但仍保持鲜艳的色泽，同时可染多种纤维。如下几种形式的结构较多。

1. 用亚甲基或亚乙基将活性基酰氨基连接在染料分子的季铵盐上

以下是结构为蓝色的活性阳离子染料：

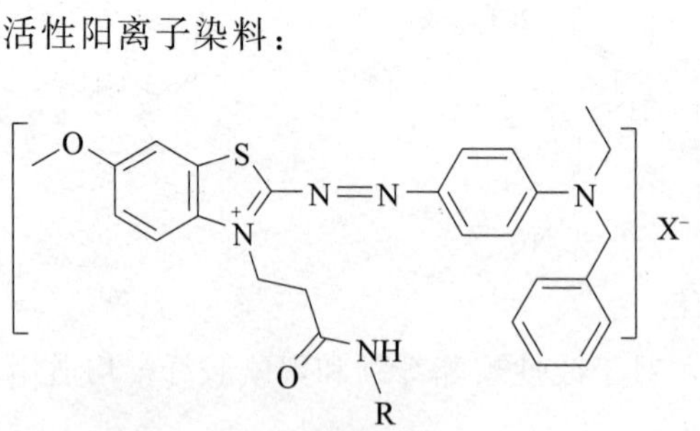

R为羟甲基

此类染料可以广泛地用于纤维素纤维、蛋白质纤维和聚酰胺纤维的染色，且牢度优良。

2. 含 N-氯乙酰基的多甲川活性阳离子染料

此类染料的结构如下：

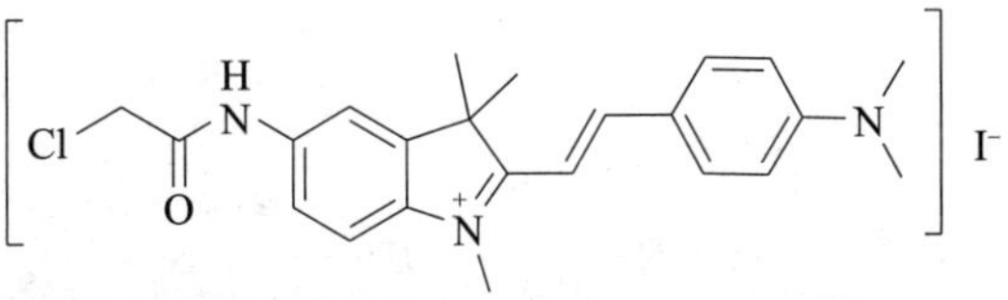

此类染料对毛的耐洗牢度有显著提高。非活性阳离子染料的耐洗牢度仅为 1 级，而活性阳离子染料的耐洗牢度可提高至 4 级。

3. 乙烯砜活性阳离子染料

乙烯砜活性阳离子染料具有如下结构形式：

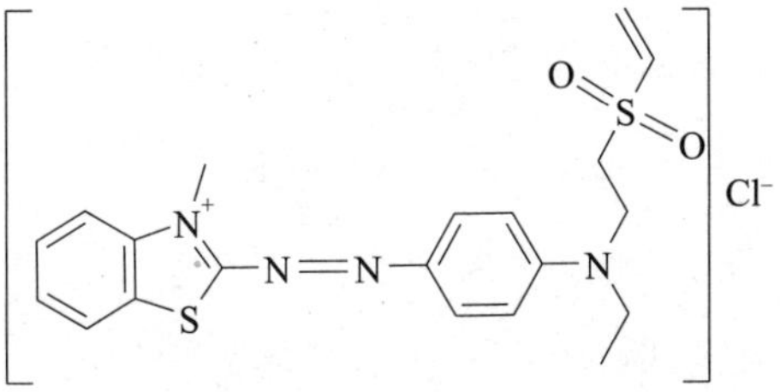

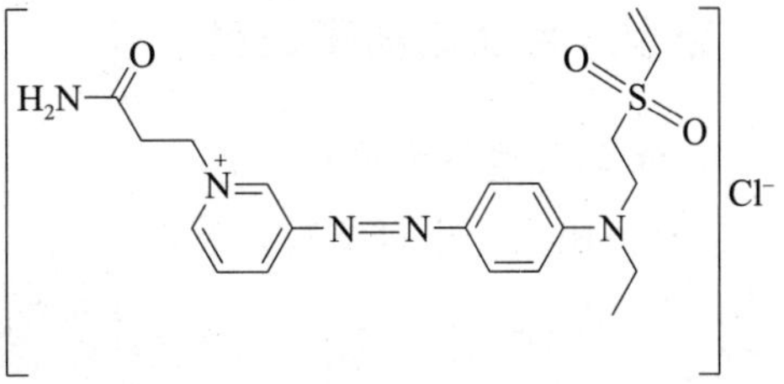

乙烯砜型活性阳离子染料在棉、毛、腈纶及其混纺织物上均有较好的匀染性，其耐晒牢度也比较好。

4. 三嗪型活性阳离子染料

三嗪型活性阳离子染料有氟三嗪型、氯三嗪型和溴三嗪型。染料母体通过三嗪基与鎓离子相连接，或者三嗪基接在染料分子的共轭体系上。如下几种染料均属于此类型。

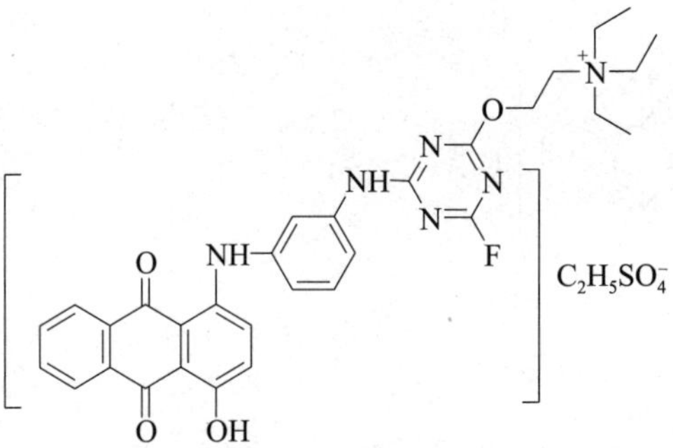

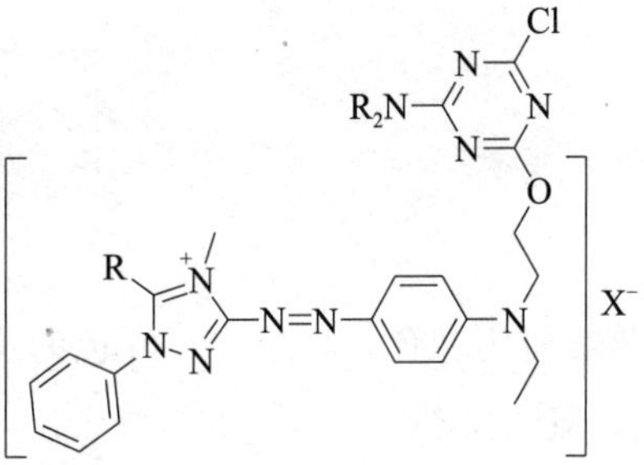

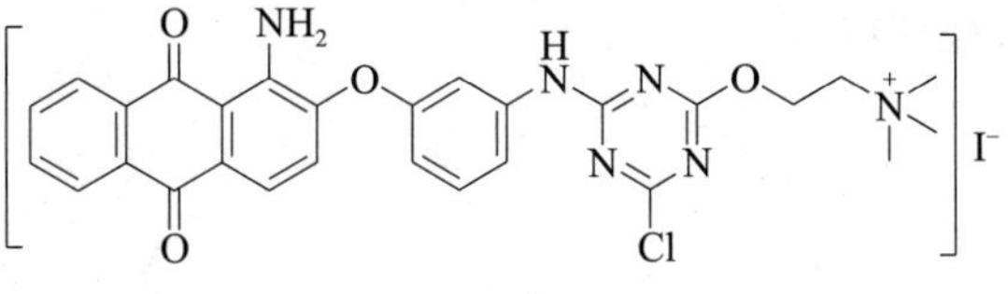

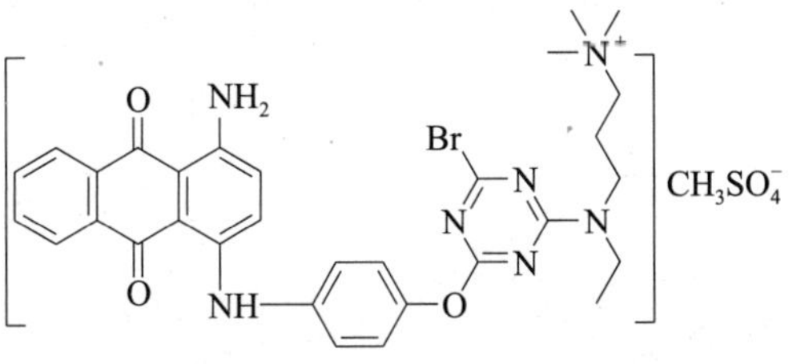

为了改善染料的染色性能或得到鲜艳的颜色，又开发了一些新结构的染料，如：

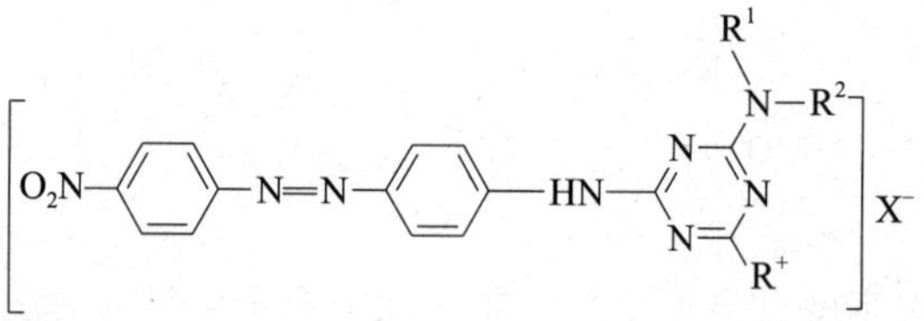

式中，R^+是鎓离子基团。

聚丙烯腈纤维、阳离子可染型聚酯纤维以及含羟基或氨基的纤维均可用此类活性阳离子染料染色，得到均匀、鲜艳且湿处理牢度优良的染色物。

五、新型发色团阳离子染料

1. 香豆素阳离子染料

香豆素阳离子染料结构如下：

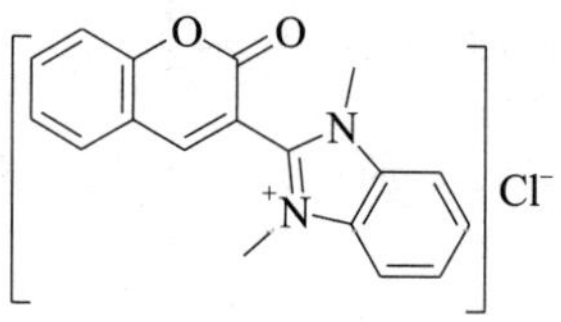

该染料为黄色阳离子染料，具有很强的绿色荧光。

2. 荧啶阳离子染料

荧啶阳离子染料结构如下：

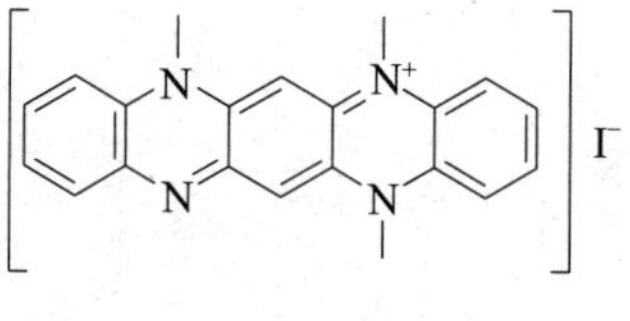

该染料为蓝色，具有宝石红色的荧光。

3. 氧鎓染料

一般阳离子染料分子中带正电荷的基团为氮鎓离子，现又开发了一类氧鎓离子。重要的氧鎓离子染料有下列几种结构：

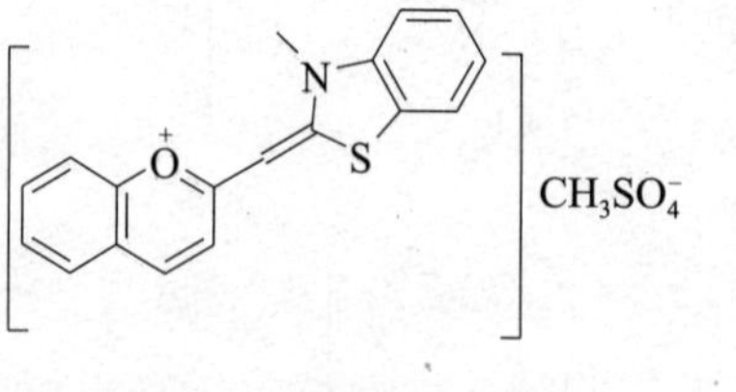

金黄色

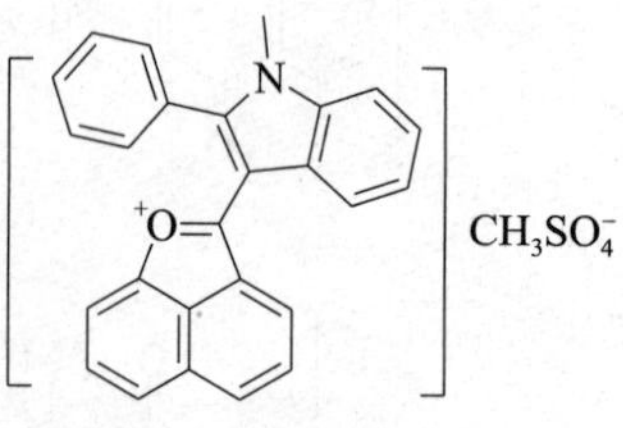

蓝光紫

第十章 硫化染料

第一节 引　言

硫化染料不溶于水，能在硫化钠溶液中还原成隐色体而溶解，这种隐色体能上染纤维素纤维和蛋白质纤维。上染后在纤维上被氧化成原来的不溶性染料。由于制造时是由某些芳香族化合物或酚类化合物与多硫化钠或硫黄共热硫化，以及染色时多用硫化钠还原溶解，所以称为硫化染料。由此可见，硫化染料的染色过程与还原染料基本相同，只是选用的还原剂不同。还有一类含硫染料，也是通过硫化方法制得的，但染色时同样用保险粉作还原剂，于是这类染料便被称为硫化还原染料。相比之下，硫化染料对棉纤维的上染率没有还原染料高，颜色不如还原染料鲜艳，牢度也稍差一些，而硫化还原染料的染色性能及染色牢度介于硫化染料与还原染料之间。

硫化染料的发现与应用已有一百多年的历史。世界上第一只硫化染料是在 1873 年由法国人克鲁瓦桑（Croissant）等通过木屑、兽血、泥炭等物质，与硫黄、硫化钠一起熔融焙烧而制得。1893 年，维达尔（Vidal）又用对苯二胺（或对氨基苯酚）与硫黄、硫化钠共熔制得黑色硫化染料，并于 1897 年由德国凯塞拉（Cassella）公司正式生产出第一只硫化黑染料。随后，人们在此基础上用其他芳胺、酚类等有机化合物逐步开发出蓝色、黄色和绿色等硫化染料，硫化方法有了很大改进，并且开发出各种液体硫化染料及可溶性硫化染料。赫斯特公司、日本化药公司等相继又开发出超细分散体的硫化染料和硫化还原染料（类似于超细粉还原染料），更适合于采用悬浮体轧染工艺对涤/棉混纺织物进行染色。

硫化染料的生产工艺比较简短，成本低廉，使用方便，而且有较好的耐水洗牢度和耐日晒牢度，因此硫化染料的需求量相当大。硫化染料主要用于纤维素纤维的染色，特别是棉纺织物深色产品的染色，其中以黑、蓝两种颜色应用最广。此外也可将其用于维纶染色，由于硫化染料需在碱性染浴中染色，故不适宜染蛋白质纤维。通常，硫化染料在棉纤维上的耐日晒牢度以黑色最高，可达到 6～7 级；蓝色品种次之，也可达到 5～6 级，黄色品种一般只有 3～4 级。硫化染料的皂洗牢度一般为 3～4 级，而且不耐氯漂。一些黄、橙色品种对纤维也有光敏脆损作用。

硫化染料常用的主要是蓝色品种。其色泽较为鲜艳，耐氯漂牢度也比较好。

硫化染料的确切结构至今还不很清楚。不过，研究已表明：硫化染料中的硫是以含硫杂环或以开链的形式存在的。含硫杂环结构对染料的颜色起决定性作用。黄、橙、棕色硫化染料含有硫氮茂（噻唑）结构；黑、蓝、绿色硫化染料含硫氮蒽（噻嗪）和吩噻嗪酮结构；红棕色硫化染料除含硫环外，还含有对氮蒽（吖嗪）结构。此外，还有二苯并噻吩和噻蒽结构。这些含硫杂环结构如下：

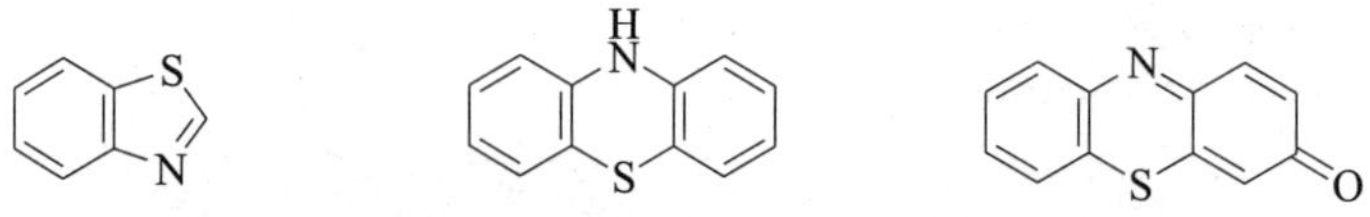

苯并噻唑　　硫氮蒽　　吩噻嗪酮

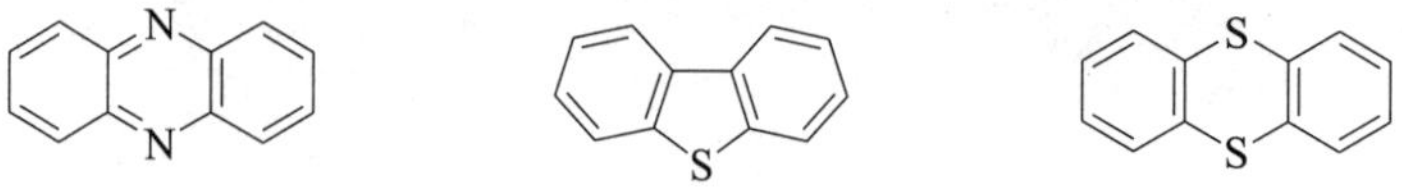

对氮蒽　　二苯并噻吩　　噻蒽

开链的含硫链状结构主要决定染料的还原、氧化等染色性能。—S—S—、═S═O 等基团在染色过程中被还原成—SH，从而使染料生成隐色体而溶于碱溶液中。硫的链状结构主要有下列几种形式：

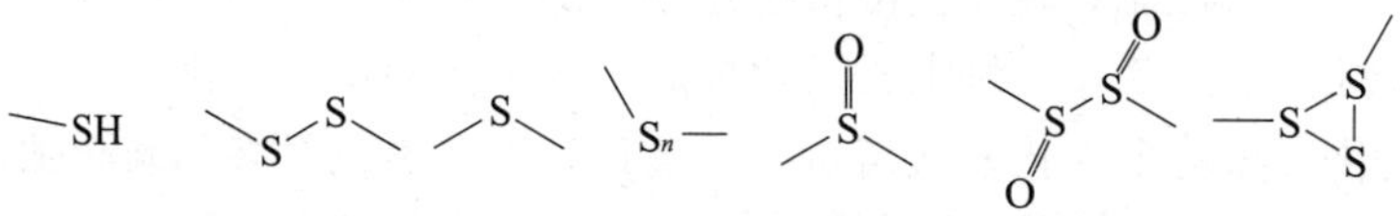

巯基　　二硫链　　硫链　　多硫链　　亚砜基　　二亚砜基　　多硫环

硫化还原染料是比较高级的硫化染料，其染色性质介于硫化染料和还原染料之间。该类染料不溶于普通硫化钠溶液中，染色时需要在碱性溶液中用保险粉代替一部分硫化钠作还原剂。硫化还原染料分子结构与一般硫化染料有相似之处，但所含硫链比较稳定，因此各项牢度，尤其是耐氯牢度较硫化染料好。硫化还原染料的品种少，蓝色和黑色品种较重要。

至 2019 年，硫化染料产量占我国染料总产量的 13.76%，达到 10.87 万吨，仅次于分散染料和活性染料。

第二节　硫化染料的制造方法和分类

一、硫化染料的制造方法

制造硫化染料的方法和条件随所用的中间体而不同，大致可以分成熔融硫化法和溶剂蒸煮硫化法两种。

1. 熔融硫化法

熔融硫化法是将芳香族化合物与硫黄或多硫化钠在不断搅拌下加热，在 200～250℃下熔融，直到产品获得应有的色泽为止。硫化完毕，有的直接将产物粉碎，混拼即得成品；有的则将产物溶于热烧碱溶液中，再除去剩余的硫黄，并吹入空气使染料氧化析出，过滤，最终得到具有较高纯度的产品。

熔融硫化的条件比较剧烈，适用于如 2,4-二氨基甲苯等中间体的硫化，所得产品为黄、橙、棕等颜色的硫化染料。

2. 溶剂蒸煮硫化法

溶剂蒸煮硫化法是将硫化钠先溶于溶剂中，加硫黄配成多硫化钠溶液，然后加入中间体，加热回流进行硫化。可选用水或丁醇作溶剂。硫化完毕，有的吸入空气使染料氧化析出；有的直接蒸发至干，粉碎拼混成为产品。

溶剂蒸煮硫化法主要适用于氨基苯酚、对芳氨基苯酚等中间体的硫化，所得产品大都为黑、蓝色染料。

硫化过程中，硫化钠的纯度、硫化温度的高低及硫化时间的长短都会影响产品的质量，此外，由于硫化反应过程中有硫化氢气体放出，需要用烧碱溶液加以吸收。

硫化染料的储存稳定性较差，特别是在与空气接触的条件下，容易发生放热分解。商品染料中除了需要加入如元明粉等稀释剂外，有时还会加入硫化钠防止染料的氧化。即便如此，硫化染料在长时间的储藏过程中也会逐渐丧失其有效成分。

二、硫化染料的分类

硫化染料可以按所用中间体的不同进行分类，主要分类有以下几种。

1. 由对氨基甲苯、2,4-二氨基甲苯等中间体合成的硫化染料

将对氨基甲苯、2,4-二氨基甲苯等中间体进行熔融硫化可制得黄、橙和棕色硫化染料。它们具有苯并噻唑结构。如将对氨基甲苯和硫黄焙烘可得2-对氨基苯-6-甲基苯并噻唑，即脱氢硫代对甲苯胺，将它和联苯胺、硫黄在190～220℃下熔融硫化可得硫化黄2G。

脱氢硫代对甲苯胺和硫黄熔融会进一步发生缩合，生成具有两个、三个苯并噻唑结构单元的缩合物：

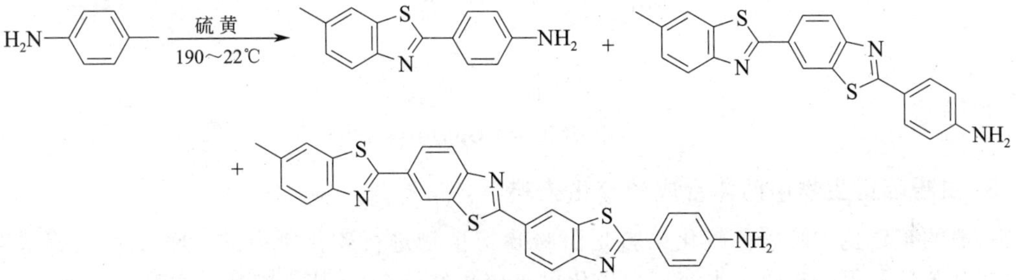

2. 由4-羟基二苯胺类中间体合成的硫化染料

4-羟基二苯胺类中间体包括4-氨基-4′-羟基二苯胺的 *N*-取代和苯环取代衍生物以及相应的萘氨基苯酚中间体。如：

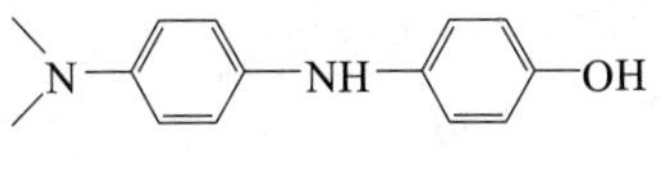

硫化艳蓝CLB的中间体 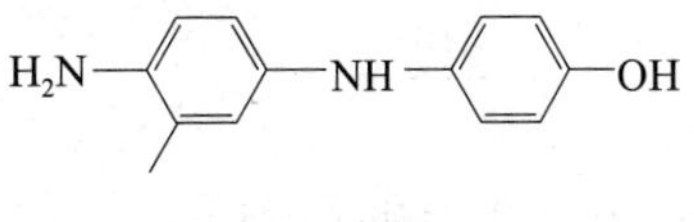　　硫化蓝RN、BN、BRN的中间体

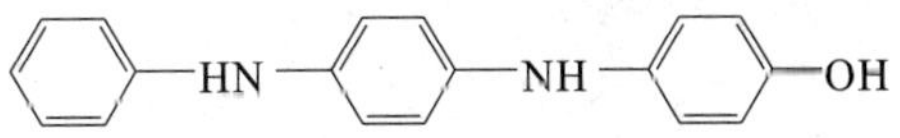

硫化新蓝BBF的中间体 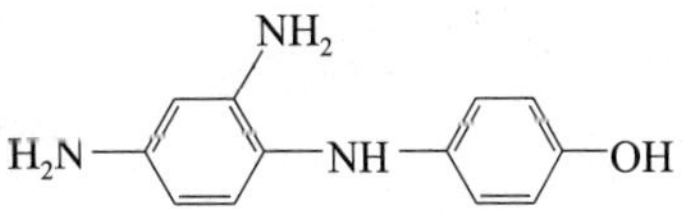　　硫化深蓝3R、RL的中间体

4-羟基二苯胺类中间体的硫化，采用溶剂蒸煮硫化法进行。

用4-氨基-4′-羟基二苯胺类中间体可制得各种蓝色硫化染料。它们的硫化是在水溶液中

进行的。硫化蓝是很重要的硫化染料。它的耐日晒牢度和耐皂洗牢度较好，消费量很大，在硫化染料中仅次于硫化黑。4-(2-萘氨基）苯酚在丁醇中以多硫化钠硫化可制得具有较好耐氯漂牢度的黑色硫化染料“应得元 GLG”（硫化还原黑 CLG)。它对纤维的储藏脆损现象不显著，人们往往把它看成一个硫化还原染料。它主要用于纤维素纤维织物的印花。硫化还原黑 CLG 的结构大致如下：

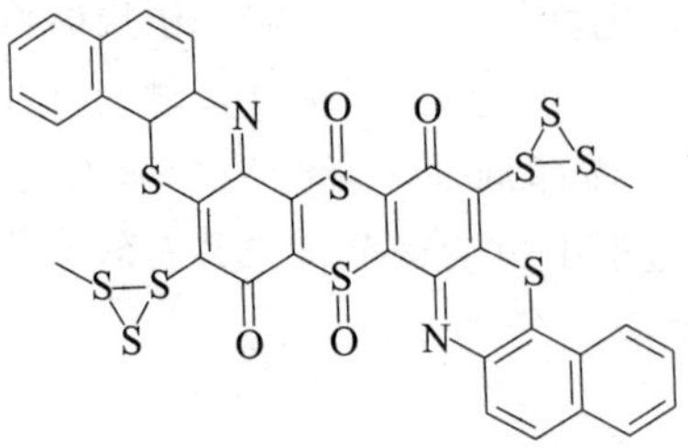

硫化还原黑CLG

硫化艳绿 GB 主要用于棉、麻、黏胶纤维、维纶及其织物的染色和棉布的直接印花，匀染性佳。也用于与其他硫化染料拼染墨绿、蟹青等色泽，色光较鲜艳。

以对氨基苯酚和苯基周位酸为原料，首先将两者在次氯酸钠存在下缩合，再用硫化钠还原，然后与多硫化钠水溶液共热回流完成硫化，经氧化沉淀出染料，过滤、干燥、粉碎得成品。

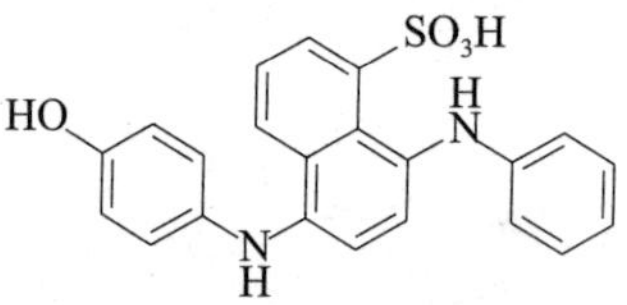

硫化艳绿 GB的中料

3. 由吩嗪衍生物中间体合成的硫化染料

一般的暗红色和暗紫色硫化染料是由吩嗪衍生物进行硫化制得的。将 2,4-二氨基甲苯和对氨基苯酚制得的吩嗪在水溶液中硫化可得硫化红棕 3B，其合成过程如下：

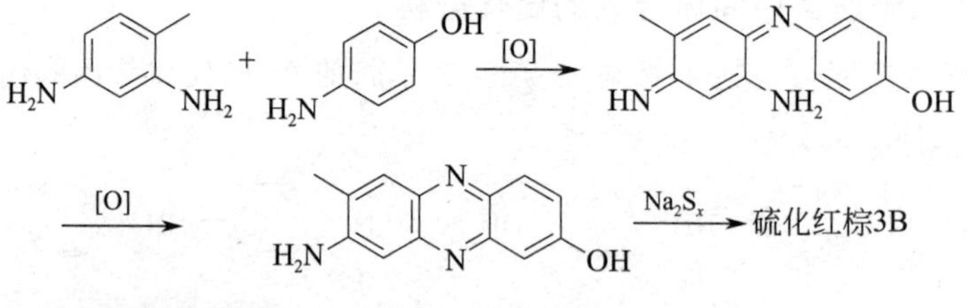

$\xrightarrow{[O]}$ $\xrightarrow{Na_2S_x}$ 硫化红棕3B

硫化红棕 3B 可能有如下结构：

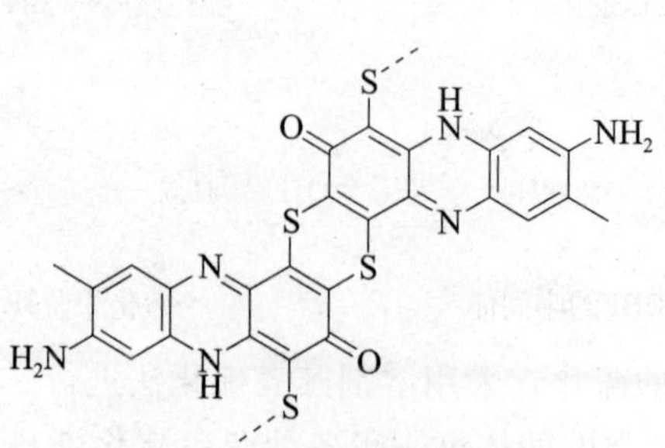

4. 由2,4-二硝基苯酚合成的硫化黑染料

硫化黑是用2,4-二硝基苯酚和多硫化钠在水溶液中沸煮而成。我国生产的硫化黑，根据色光和性能的不同有：硫化黑BN（青光）、硫化黑RN（红光）、硫化黑BRN（青红光）、硫化黑B2RN（青红光）。这类硫化黑染料是我国产量最大的染料。它们价格低廉，有较好的耐日晒和耐皂洗牢度，但一般都易产生储藏脆损。

由2,4-二硝基苯酚制得的硫化黑染料产量虽大，但它们的主要结构尚未能得到肯定。有人认为当硫化温度高于110℃时，所生成的染料含有下列结构：

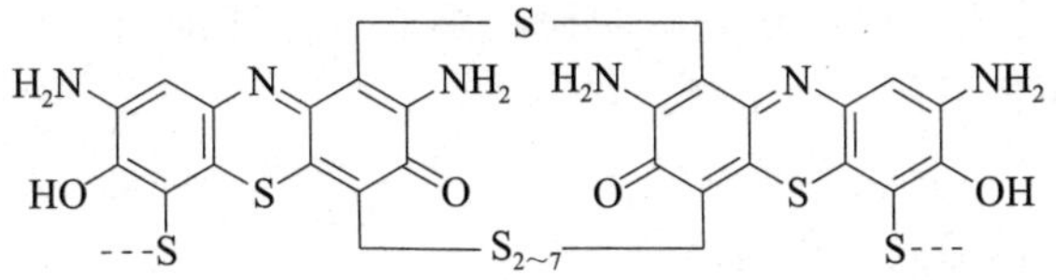

H_2N　NH_2　H_2N　NH_2　HO　O　O　OH　S　$S_{2\sim7}$　S

5. 硫化还原染料

硫化还原染料一般是用多硫化钠在丁醇溶液中经沸煮硫化制得。它在染色时需要在保险粉和氢氧化钠，或硫化钠和氢氧化钠而另加保险粉的染浴中还原、溶解。

硫化还原染料的品种少，蓝色和黑色两个品种较重要。

(1) 硫化还原蓝R

硫化还原蓝R又称为海昌蓝R、还原蓝RXN（还原蓝43），色光优异，耐晒及耐水洗牢度较高。

其合成路径是咔唑和对亚硝基苯酚（又名：对苯醌肟）合成咔唑对醌亚胺，然后在丁醇溶液中，经硫黄、硫化钠等硫化，然后蒸馏回收丁醇，氧化，过滤而制成的。

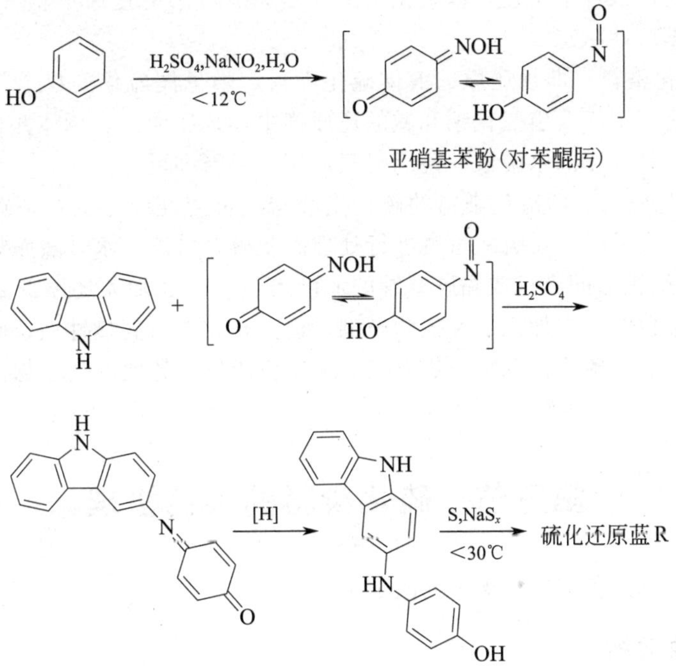

HO　H_2SO_4,$NaNO_2$,H_2O　<12℃　NOH　O　HO　N=O

亚硝基苯酚(对苯醌肟)

NH　+　NOH　O　HO　N=O　H_2SO_4

NH　N　O　[H]　NH　HN　OH　S,NaS_x　<30℃　硫化还原蓝R

硫化还原蓝R的结构式如下：

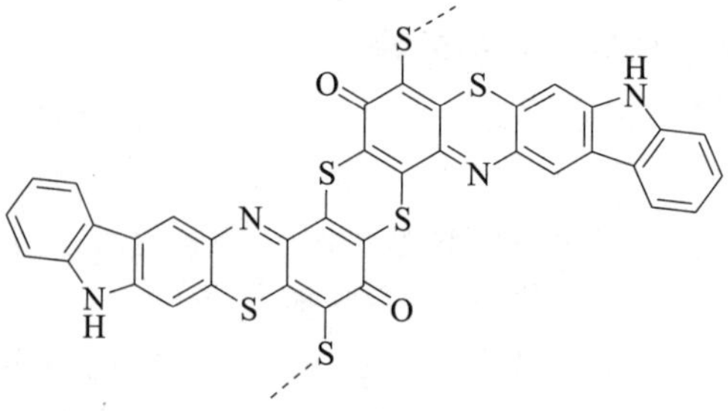

（2）硫化还原黑 CLN

硫化还原黑 CLN 的色泽比硫化黑鲜明而乌黑，对棉纤维无脆化作用，染色牢度较好，在印染工业中常用来代替黑色还原染料。

硫化还原黑 CLN 是对氨基苯酚和 2-萘酚的缩合产物，再加 2,4-二氨基甲苯、亚硝酸钠，在丁醇中用多硫化钠沸煮硫化制得。

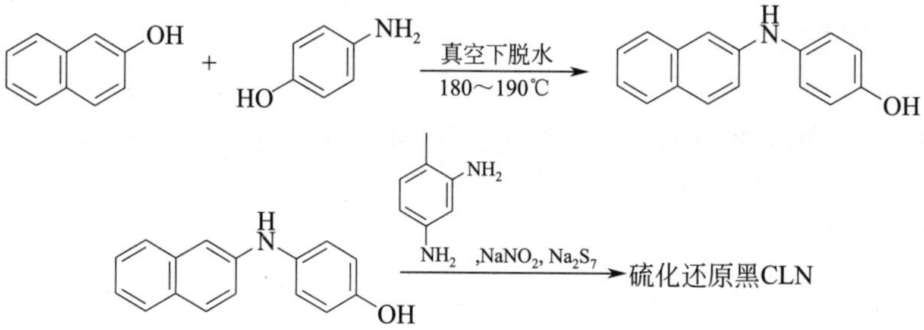

硫化染料还可以按照染料索引分为三类。

① 硫化染料　即普通的粉状硫化染料，它是水不溶性染料，所含的硫在发色团上或附在多硫链上。在碱性条件下染色，以硫化钠溶液还原成可溶的还原形态（隐色体），随后在纤维上被氧化成不溶性状态。

② 隐色体硫化染料　即预还原的液体硫化染料，隐色体硫化染料全部是液体剂型，是将硫化染料浆状物溶解于含硫氢化钠和碱的还原剂中，预还原成隐色体并含有助溶剂和微过量的还原剂。它们是真正的水溶液，使用时只需用水稀释即可。

③ 可溶性硫化染料　即硫化染料的硫代磺酸盐。可溶性硫化染料是硫化染料用焦亚硫酸钠（$Na_2S_2O_5$）或甲醛次亚硫酸氢钠进行处理而制得，可溶于水（然而却并非还原染料的隐色体），可用于棉织品的染色或黏胶纤维的原液着色。但在加入还原剂之前，它们对棉纤维没有直接性。染色时需先加入还原剂和碱剂，使其转化成有直接性的、碱可溶解的硫醇形式。如水溶性硫化蓝为硫化蓝 RN 与焦亚硫酸钠反应成硫代硫酸的衍生物，水溶性硫化黑为硫化黑 BN 的硫代硫酸衍生物。

第三节　硫化染料的染色机理

硫化染料的染色过程可以分为下列四个步骤。

一、染料的还原溶解

硫化染料还原时，一般认为染料分子中的二硫（或多硫）键、亚砜基及醌基等都可被还原：

$$D—S—S—D' \underset{[O]}{\overset{[H]}{\rightleftharpoons}} D—SH + HS—D'$$

$$D—\overset{\overset{O}{\|}}{S}—\overset{\overset{O}{\|}}{S}—D' \underset{[O]}{\overset{[H]}{\rightleftharpoons}} D—SH + HS—D' + H_2O$$

$$D—N=\langle\rangle=O \underset{[O]}{\overset{[H]}{\rightleftharpoons}} D—\overset{H}{N}—\langle\rangle—OH$$

还原产物一般含巯基（—SH），可溶于碱性溶液中，以钠盐形式存在，通常称为染料隐色体。

$$D—SH \xrightarrow{NaOH} D—SNa + H_2O$$

硫化染料的还原比较容易，常用价廉的硫化钠作为还原剂，它还起碱剂的作用。在染浴中可发生以下一些反应：

$$Na_2S + H_2O \longrightarrow NaSH + NaOH$$

$$2NaSH + 3H_2O \longrightarrow Na_2S_2O_3 + 8H^+ + 8e^-$$

为了防止隐色体被水解，可适当地加入纯碱等物质。染浴碱性不能过强，否则会减慢还原速率。从上述反应可以看出，碱性越强，生成的硫氢化钠就越少。同理，在染浴中加入适当的小苏打，既可提高电解质浓度，又可降低染浴 pH，使硫化钠水解加快，从而加快还原，提高上染速率，使硫化染料充分上染纤维。加纯碱还有利于抑制硫化氢气体的产生，一般染浴必须保证 pH 大于 9，在 pH 为 9 时开始有 H_2S 的恶臭产生，pH 低于 7 时会有大量的 H_2S 产生，必须防止。

二、染液中的染料隐色体被纤维吸附

硫化染料隐色体在染液中以阴离子状态存在，它对纤维素纤维具有直接性。除了蓝色硫化染料隐色体直接性较高外，一般硫化染料隐色体对纤维素纤维的直接性较低，因此可采用小浴比，加入适当的电解质，染色的温度高一些，以提高染料的上染速率，改善匀染和透染性。

三、氧化处理

上述隐色体染料在纤维上通过氧化工序生成不溶性的染料，并充分发色。硫化染料的整个还原氧化过程如下：

$$\underset{\text{硫化染料}}{D—S—S—D} \xrightarrow[NaOH]{NaSH} \underset{\text{隐色体}}{D—SNa} \xrightarrow{\text{氧化}} \underset{\text{硫化染料}}{D—S—S—D}$$

大多数硫化染料隐色体的氧化比较容易，染色后经水洗和透风就能被空气氧化，如硫化青；但一部分染料较难氧化，如硫化蓝、硫化黄棕、硫化红棕等，需用氧化剂氧化。最早采用红矾（重铬酸钠）为氧化剂，后因它会造成水质的严重污染，近年来已基本被淘汰。目前通常采用的氧化剂有过氧化氢、过硼酸钠、碘酸钾、溴酸钠、亚氯酸钠等。从上述反应式可看出，硫化染料还原成隐色体，使染料发生分裂，而在氧化时又缩合成分子量较大的染料分子。

四、后处理

后处理包括净洗、上油、防脆和固色等。

硫化染料染后一定要充分水洗，以减少纺织品上残留的硫使纺织品发生脆损。为了防脆损，可采用醋酸钠、磷酸三钠或尿素等微碱性药剂，以中和纺织品上残留的硫氧化生成的硫酸。

硫化青染后用红油处理，可以改善色泽和手感。

红棕色硫化染料染后用硫酸铜处理，可提高耐日晒牢度，但硫酸铜残留在织物上，对纤维的脆损有很强的催化作用，处理后要充分水洗。

第四节 缩聚染料

一、缩聚染料概述

硫化缩聚染料是20世纪60年代发展起来一大类新型结构染料。缩聚染料是以有硫代硫酸基（—SSO_3Na）为暂溶性基团的水溶性染料，这类染料在上染过程中或上染以后，染料本身分子间或与纤维以外的化合物能够发生共价键结合，将两个或多个染料用双硫键或多硫键连接在一起，缩合成分子量很大的非水溶性染料，并固着（沉积）在纤维内。缩聚染料分子中含的有硫代硫酸基，在硫化钠、多硫化钠等作用下，易于将亚硫酸根从硫代硫酸基上脱落下来，并在染料分子间形成—S—S—键，使两个或两个以上的染料分子结合成不溶状态而固着在纤维上。这类染料目前品种尚不多，可染棉、麻、黏胶纤维及涤棉混纺织物。

硫化缩聚染料的优点如下：

① 结构新颖，色泽艳亮，色相浓实，使用方便；

② 固色后生成大分子染料，具有较好的湿处理牢度；

③ 固色率高，达90%以上；

④ 具有优异的印染性能和良好的染色牢度；

⑤ 应用面广，可以印染多种纤维，如棉、麻、黏/涤、维纶、羊毛、丝和锦纶等纤维及涤/棉、棉/维混纺织物；

⑥ 可以单色使用，也可以与冰染、活性或分散染料拼色和同浆印染。

二、缩聚染料的结构

从硫代硫酸基在染料分子中的连接情况看，有的染料的硫代硫酸基直接连在发色体系的芳环上，有的则连在芳环的烷基或乙氨基等取代基的碳原子上。

烷基硫代硫酸盐（R-S-SO_3Na），又为本特盐、邦特盐（Bunte salts），是通过使卤代烷与硫代硫酸钠反应制备的。本特盐是生产缩聚染料的主要原料，其代表性结构有如下几种：

H_2N—CH_2CH_2—SSO_3Na　　H_2N—C_6H_4—SSO_3Na　　H_2N—C_6H_4—CH_2—SSO_3Na

H_2N—NH—C_6H_4—CH_2—SSO_3Na　　H_2N—C_6H_4—SO_2—NH—CH_2CH_2—SSO_3Na

前一种类型的染料以缩聚黄3R（硫化缩聚黄6）和缩聚嫩黄为例，缩聚黄3R是由对氨基苯硫代硫酸盐重氮化，与1-苯基-3-甲基吡唑酮偶合而制成的，它的结构式如下：

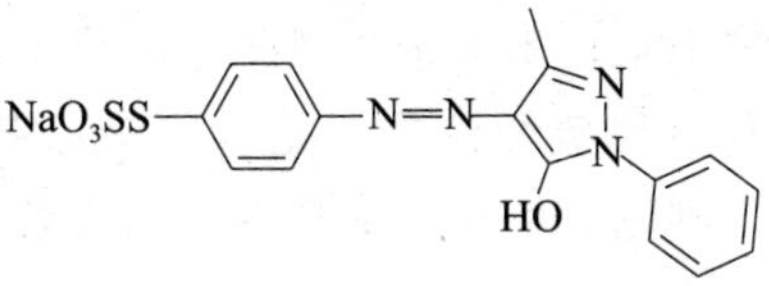

NaO_3SS—C₆H₄—N=N—(吡唑啉酮)

缩聚黄3R

缩聚嫩黄 6G 以本特盐为主要原料缩聚而成，结构式如下：

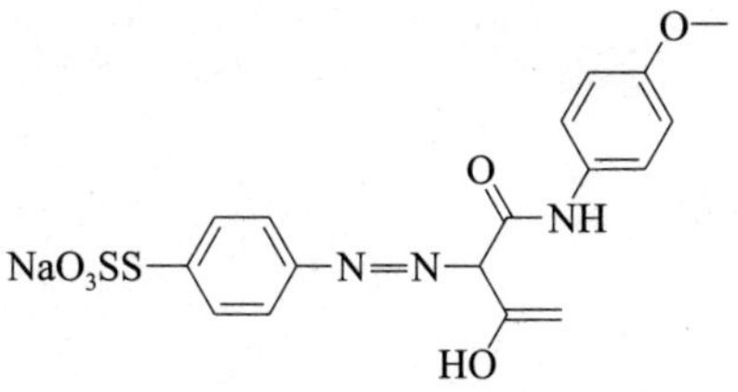

缩聚嫩黄6G

后一种类型的染料可以缩聚翠蓝 13G（硫化缩聚蓝 2）和缩聚黄棕为例，缩聚翠蓝 13G 是湖蓝色粉末，由铜酞菁经氯磺酸磺化，加氯化亚砜进行磺酰化后，和 2-氨基乙基硫代硫酸盐（$H_2NCH_2CH_2SSO_3Na$）缩合制成，它的结构式如下：

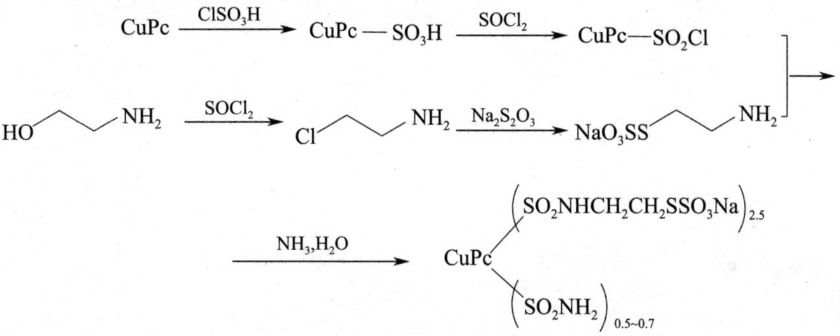

$$CuPc \xrightarrow{ClSO_3H} CuPc—SO_3H \xrightarrow{SOCl_2} CuPc—SO_2Cl$$

$$HOCH_2CH_2NH_2 \xrightarrow{SOCl_2} ClCH_2CH_2NH_2 \xrightarrow{Na_2S_2O_3} NaO_3SSCH_2CH_2NH_2$$

$$\xrightarrow{NH_3,H_2O} CuPc(SO_2NHCH_2CH_2SSO_3Na)_{2.5}(SO_2NH_2)_{0.5\sim0.7}$$

（式中，CuPc代表铜酞菁结构）

相似的结构还有缩聚（英锡洪）艳绿 IB（C. I. Condense Sulphur Green 1），其结构式如下：

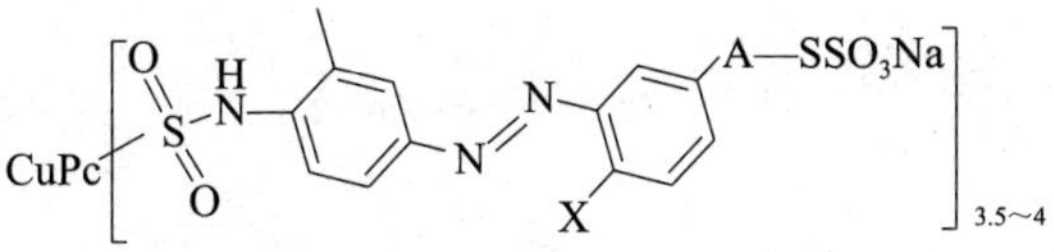

$$CuPc\left[SO_2NH—C_6H_3(CH_3)—N=N—C_6H_3(X)—A—SSO_3Na\right]_{3.5\sim4}$$

（式中，CuPc 代表铜酞菁；A= —CH_2—，或—$SO_2NHCH_2CH_2$—；X= H或—OCH_3）

缩聚艳橙的金属络合结构如下：

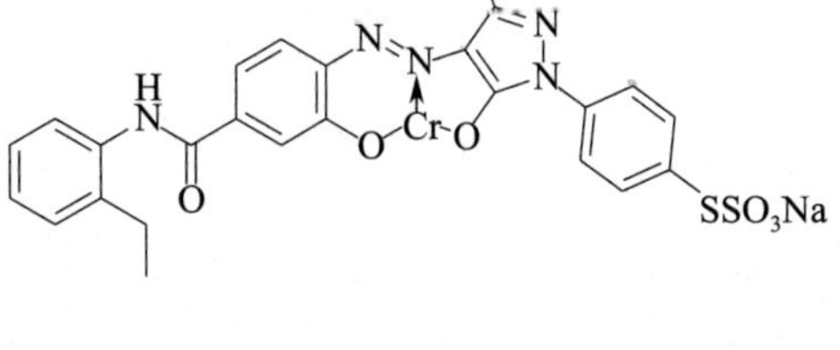

缩聚黑 GT 为黑色粉末，溶于水，不溶于二甲苯，微溶于乙醇、丙酮。在浓硫酸中呈蓝黑色，稀释后悬浮，对氨基苯基硫代硫酸钠重氮化后与 1-氨基-7-萘酚偶合而制得。主要用于棉、黏胶纤维、羊毛、丝绸、维纶、锦纶、涤棉混纺的染色。结构式如下：

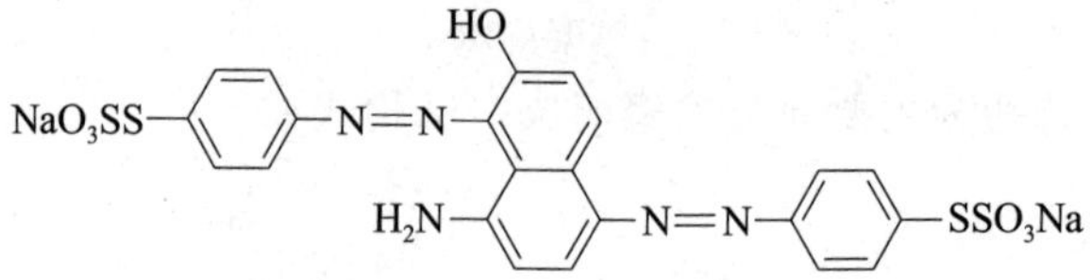

HO
NaO_3SS—C₆H₄—N=N—(萘环)
H_2N—(萘环)—N=N—C₆H₄—SSO_3Na

第十一章 荧光增白剂与荧光染料

第一节 引 言

一、荧光增白剂简介

织物经漂白后，为了进一步获得满意的白度，或某些浅色织物要增加鲜艳度，通常采用能发出荧光的有机化合物进行加工，这种化合物称为荧光增白剂（Fluorescent Whitening Agent 或 Fluorescent Brightener）。由于它利用光学作用，显著地提高了被作用物的白度和鲜艳度，所以又称为光学增白剂（Optical Whitening Agent）。目前，荧光增白剂在纺织、造纸、塑料及合成洗涤剂等工业中都有着广泛的应用。全世界生产的荧光增白剂种类现已有十五种以上，其商品已经超过一千种，年总产量达十万吨以上，占染料总产量的12%左右，而且其产量年增长率大于染料或颜料。

荧光增白剂在使用过程中，就像纤维染色所用的染料一样，可以上染到各类纤维上。在纤维素纤维上它如同直接染料可以上染纸张、棉、麻、黏胶纤维，在羊毛等蛋白质纤维上如同酸性染料上染纤维，在腈纶上如同阳离子染料上染纤维，在涤纶和醋酯纤维上如同分散染料上染纤维。荧光增白剂在1939年由I.G.公司正式供应市场至今已有八十多年的历史，早期合成的产品现已被淘汰，新开发的化学结构也只有一部分有实用价值，但荧光增白剂的发展还是十分迅速的。近年来，随着染整工业的飞速发展，荧光增白剂在应用过程中又被赋予更高的要求，如树脂整理与增白同浴进行可以简化染整工艺，减少废水，节约能源，这就要求荧光增白剂具有一定的耐酸碱性。同样，在造纸工业中，也要求增白与树脂涂层一浴进行，所以需生产出耐酸性且遇硫酸铝不产生沉淀的增白剂。

将荧光增白剂无定形产品转化为晶形产品以及尽可能提高纯度，是今后的发展方向之一。因为产品中的杂质或副产品会削弱和抵消荧光效果，所以通过转化与提纯，既能使产品外观有所改进，又能提高增白效果，同时还可以在一定程度上防止变黄。

用多组分荧光增白剂取代单组分荧光增白剂也是发展方向之一，因为多组分增白剂会产生荧光增白的协同作用，提高增白效果，故越来越受到人们的关注。

提高荧光增白剂的染色牢度，特别是耐日晒牢度已成为研究的重点，如何在合成纤维上提高耐升华牢度也将成为重要的研究方向。

二、荧光增白剂的发展

许多材料，如天然纤维（棉、毛、麻和丝等）和合成纤维（聚酰胺、聚酯和聚丙烯腈纤维等)，都不是完全的白色，随着时间的推移会泛黄或呈现更深的颜色。如何消除物体表面的黄色有多种方法，1852 年，杰出的物理学家 G. G. Stokes 详细地叙述了荧光定律，它是荧光增白新方法的理论基础。G. G. Stokes 证明，许多物质在吸收光线后，会发出强烈的辐射，而在分子内部却没有发生任何化学变化，这一现象称作荧光或光激发发光。1921 年，V. Lagorio 发现荧光染料可以传递比吸收的可见光还多的可见光，他认为这一现象是转化部分的紫外线成为可见光的结果。1929 年，德国科学家 P. Krais 第一个进行了荧光增白实验，用天然化合物增白亚麻织物，观察到被染色的亚麻织物在紫外线下产生强烈的荧光。Krais 通过萃取天然化合物，即马栗树皮苷，得到了可产生荧光的物质 6,7-二羟基香豆素的糖苷，但增白后的亚麻织物耐光性能很差，很快变成黄棕色，没有实用价值。

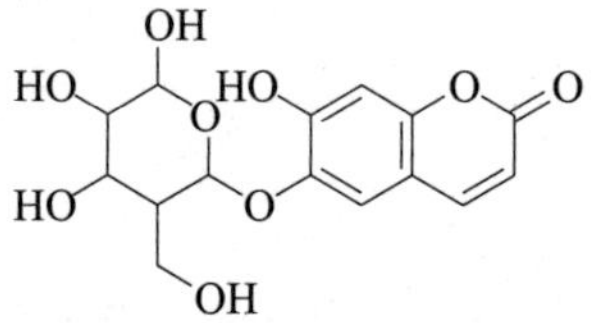

6,7-二羟基香豆素的糖苷

1930 年，人类首先用人工合成的方法得到香豆素结构的荧光增白剂，但应用性能仍不理想。

1934 年，英国 ICI 公司合成出第一只具有应用前景的荧光增白剂，4,4′-二氨基二苯乙烯-2,2′-二磺酸双酰基的衍生物，对纤维素织物和纸张可产生明显的增白效果，并申请了专利。尽管没有得到实际使用，但它揭示了荧光增白剂合成领域的开始。

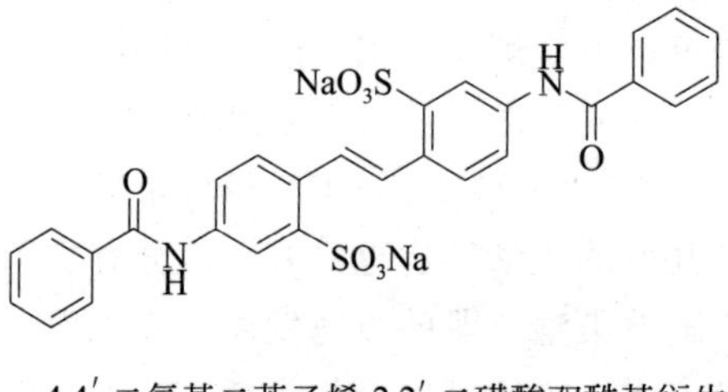

4,4′-二氨基二苯乙烯-2,2′-二磺酸双酰基衍生物

1935 年，合成了 7-羟基香豆素乙酸，进一步确认了基本的荧光体系，并在 1937 年将 7-羟基香豆素乙酸衍生物作为光过滤剂和保护剂用于食品工业。

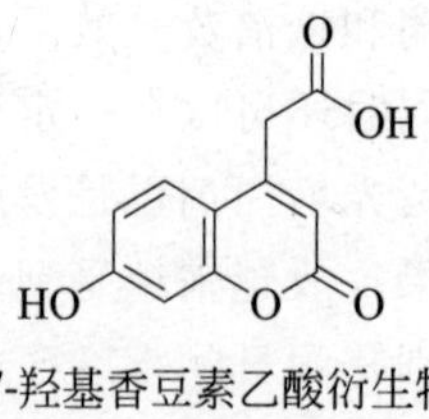

7-羟基香豆素乙酸衍生物

1940 年，德国科学家 B. Wendt 等发现了 DSD 酸双三嗪衍生物，将其作为荧光增白剂的基本结构，为荧光增白剂获得大规模的工业化生产奠定了良好的基础。

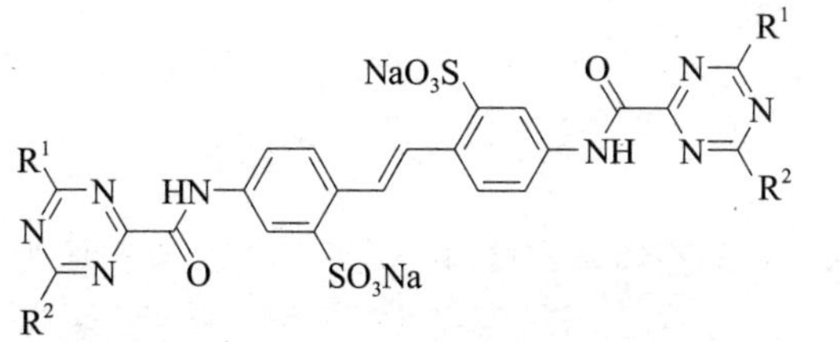

NaO_3S O N R^1 N R^1 N HN NH N N N R^2 N O SO_3Na R^2

DSD酸双三嗪衍生物

1941年，德国拜耳（Bayer）公司以商品牌号 Blankophor B 将 4,4′-双[(4-苯氨基-6-羟基-1,3,5-三嗪)氨基]二苯乙烯-2,2′-二磺酸钠盐推向市场。从此，实现了荧光增白剂的商品化工业生产，同时带动了荧光增白剂的研究与开发工作。

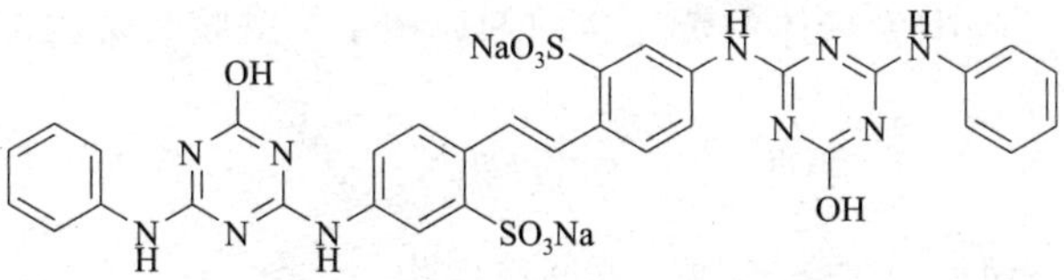

H H NaO_3S N N N OH N N N N N N N N OH H H SO_3Na

Blankophor B

1942年，Ciba公司推出以双苯并咪唑为母体的荧光增白剂，用于棉和聚酰胺纤维的增白。

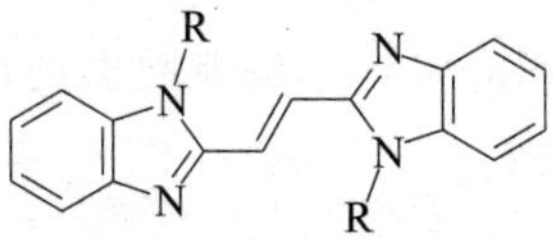

R N N N N R

1943年，Ciba公司对DSD酸三嗪类增白剂进行了深入的研究，由于其相对简便的合成及其产品良好的使用性能，推出了许多新型的荧光增白剂。

这类水溶性荧光增白剂对纤维，特别是对纤维素纤维有良好的亲和力和优良的增白性能，并且在化学漂白期间对碱性介质稳定，可用于纤维素纤维的增白和作为洗涤用品的添加剂。

1944年，IG公司生产了DSD酸衍生物，用于洗衣粉中。

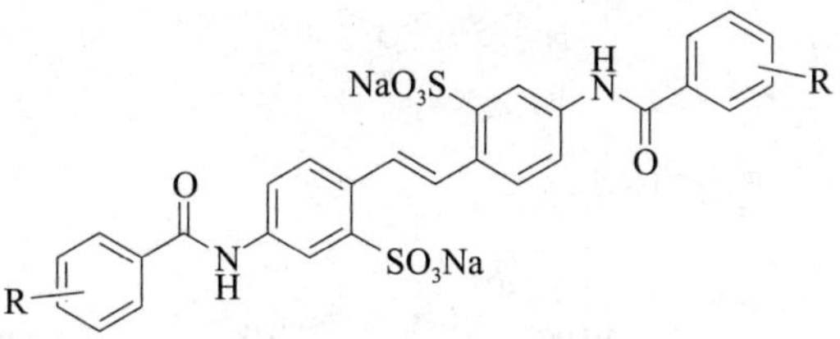

H NaO_3S N R O O R N H SO_3Na

1945年，Ciba公司开发出双苯并咪唑荧光增白剂衍生物，用于毛纺和尼龙制品增白。

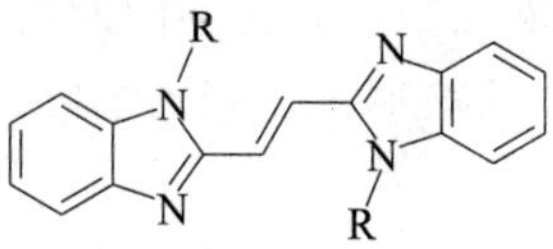

R N N N N R

1946年，又推出7-氨基香豆素的衍生物，用于羊毛和聚酰胺纤维的增白。

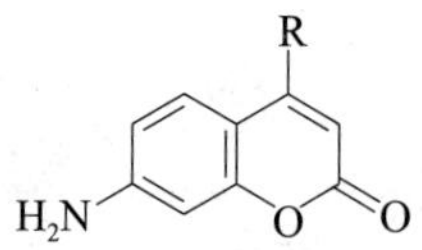

1948 年，开发出 1,4-双苯乙烯苯和 4,4′-双萘三唑二苯乙烯为母体的衍生物，用于棉、羊毛及合成纤维的增白。

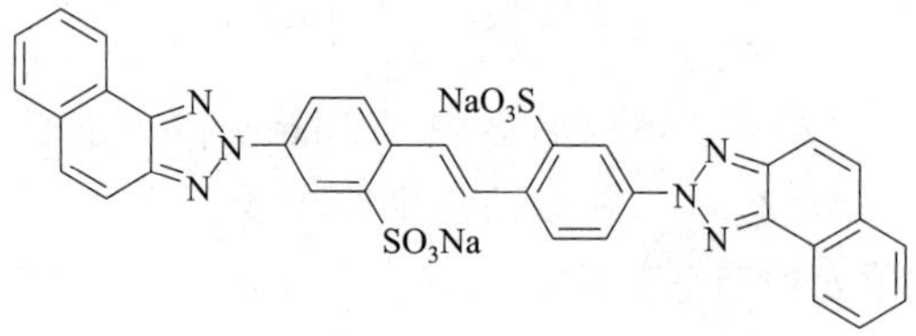

1949 年，发明了吡唑啉为母体的荧光增白剂，用于聚酰胺、聚丙烯腈纤维的增白。

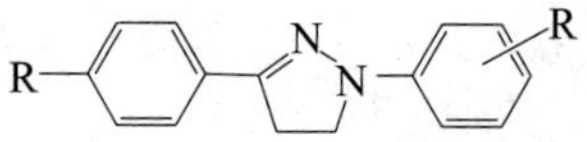

1951 年，Geigy 公司推出二苯乙烯三唑的衍生物。

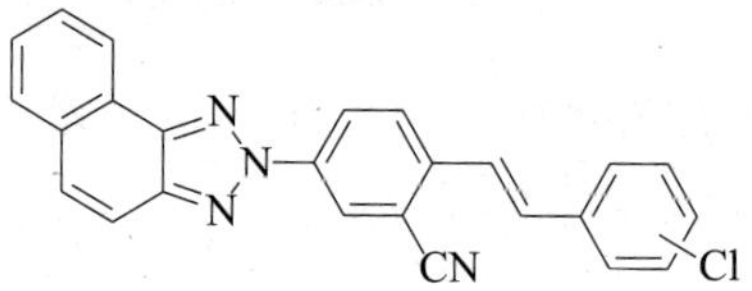

1954 年，巴斯夫（BASF）公司开发出萘酰亚胺类的衍生物。

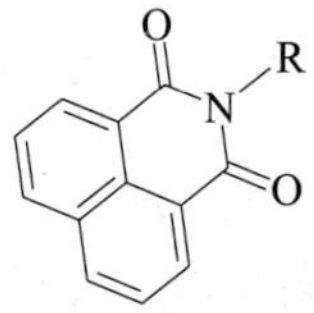

1954 年，Geigy 公司开发出 3-苯基-7-氨基香豆素的衍生物。

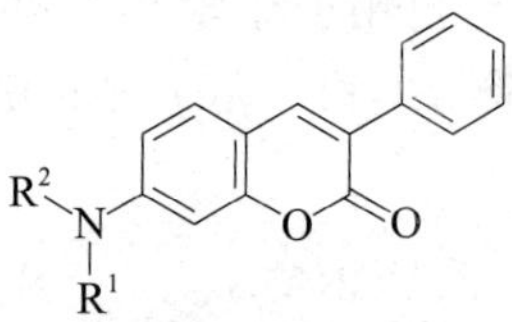

1957 年，又研究出吡嗪的衍生物。

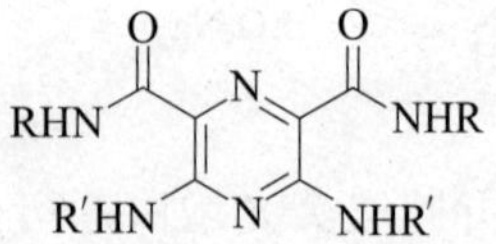

随后，荧光增白剂的衍生物不断出现，并在不同的应用领域进行了广泛的探索。但从母体结构上仍然以 DSD 酸、香豆素、吡唑啉、二苯乙烯唑、双苯乙烯苯、萘二酰亚胺和杂环的研究为主。

随着荧光增白剂的需求量稳定增长，应用范围不断拓宽，对质量和纯度的要求也越来越严格。我国荧光增白剂的生产始于 20 世纪 80 年代初，研究开发工作开始于 60 年代。在此之前无论从品种还是规模上与发达国家相比都有相当大的差距。随着科研院所、大专院校加大对荧光增白剂的研究力度，与生产企业的紧密配合，在十几年的过程中相继有多个具有较大影响的新品种投入工业化生产，填补了国内空白，提高了我国荧光增白剂研究水平和产品结构档次，缩小了与发达国家之间的差距。

1956 年，《染料索引》（第二版）正式将荧光增白剂列为染料的一个分类，《染料索引》（2000 年版）中收录荧光增白剂的化学结构或组成已近 40 个。世界市场流行的商品牌号大于 2500 个，归属不少于 15 个化学结构类型，300 种以上的化合物，有 30 多个国家生产荧光增白剂。

三、荧光增白剂的增白机理

为消除许多产品所不希望的黄色色调，改善产品的外观，通常采用三种方法，化学漂白、上蓝和荧光增白。化学漂白是通过氧化作用将黄色物质氧化，使其褪色，变为白色产物。化学漂白的缺点在于对漂白物质的基质有一定的损伤，如漂白后的纤维织物强度下降等。上蓝是通过加入对黄色物质有光学互补作用的蓝色或蓝紫色染料，来纠正织物上的黄色，使视觉有较白的感觉。它是通过吸收光谱中的黄色光，使织物上呈现蓝色光较多，而反射光中蓝色光较多可以引起人视觉上的错觉（蓝色光多于黄色光时，织物似乎白些）而提高了白度。实际上，这样只能使织物上的反射光总量减少，因而白度反而下降了，并造成灰度增加。所以，上蓝并不能增加白度，只是为了迎合人们视觉上的需要，现在在织物的漂白整理时仍经常使用这种方法。荧光增白剂对物体的增白虽也是一种光学效应，却能够使织物上反射光的总量增加，从而提高白度。

荧光增白剂是一类含有共轭双键，且具有良好平面型特殊结构的有机化合物。在日光照射下，它能够吸收光线中肉眼看不见的紫外线（波长为 300～400nm），使分子激发，再回复到基态时，紫外线能量便消失一部分，进而转化为能量较低的蓝紫光（波长为 420～480nm）发射出来。这样，被作用物上的蓝紫光的反射量便得以增加，从而抵消了原物体上因黄光反射量多而造成的黄色感，在视觉上产生洁白、耀目的效果。不过，荧光增白剂的增白只是一种光学上的增亮补色作用，并不能代替化学漂白给予织物真正的“白”。因此，含有色素或底色深暗的织物，若不经漂白而单用荧光增白剂处理，就不能获得满意的白度。

不同品种的荧光增白剂的耐日晒牢度各不相同，这是因为在紫外线作用下，增白剂的分子会被逐渐破坏。因此，用荧光增白剂处理过的产品，长期暴晒在日光下便容易使白度减退。一般来说，涤纶增白剂的耐日晒牢度较好，锦纶、腈纶为中等，羊毛、丝的较低。耐日晒牢度和荧光效果取决于荧光增白剂的分子结构以及取代基的性质和位置，如杂环化合物中的氮、氧以及羟基、氨基、烷基、烷氧基的引入，有助于提高荧光效果，而硝基、偶氮基则降低或消除荧光效果而提高耐日晒牢度。

各种商品荧光增白剂的荧光色光不同，这取决于其吸收紫外线的波长范围，吸收 335nm 以下的，则荧光偏红；吸收 365nm 以上的，则荧光偏绿。这也是取决于分子结构上取代基的性质，必要时可以加入染料校正。

第二节 荧光增白剂的分类与命名

荧光增白剂化学结构的基本特征是具有相对大的共轭体系、平面构型和反式结构。作为荧光增白剂应该具备以下四个基本条件：

① 其本身应接近无色或微黄色；

② 可发射蓝紫色荧光，而且要有较高的荧光量子产率；

③ 有较好的光、热化学稳定性；

④ 与被增白的物质有较好的亲和力等应用性能。

荧光增白剂可按化学结构或其用途来分类。

一、按化学结构分类

按照荧光增白剂的母体分类，大致可分为碳环类，三嗪基氨基二苯乙烯类，二苯乙烯三氮唑类，苯并噁唑类，呋喃、苯并呋喃和苯并咪唑类，1,3-二苯基吡唑啉类，香豆素类，萘酰亚胺类和其他类共九类。

1. 碳环类

碳环类荧光增白剂是指构成分子的母体中不含杂环，同时母体上的取代基也不含杂环的一类荧光增白剂。组成碳环类荧光增白剂的母体分子主要有以下三种。

① 1,4-二苯乙烯苯（1,4-Distyrylbenzene） 其结构如下：

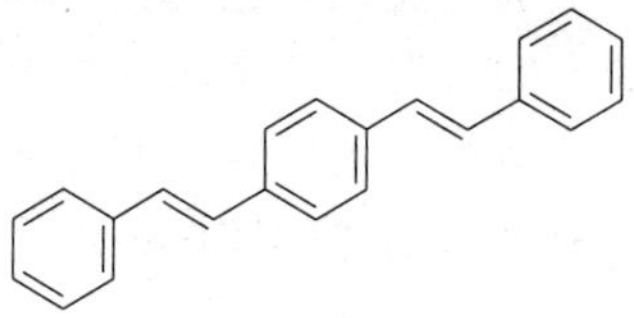

② 4,4′-二苯乙烯联苯（4,4′-Distyrylbiphenyl） 其结构如下：

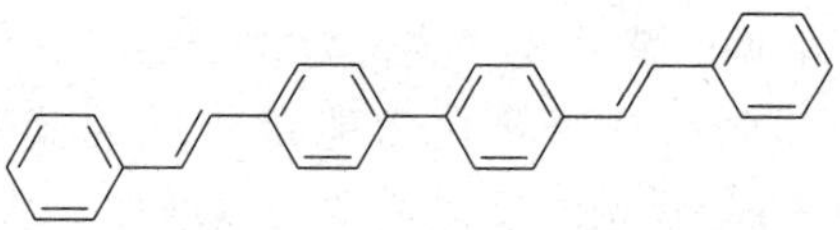

③ 4,4′-二乙烯基二苯乙烯（4,4′-Divinylstilbene） 其结构如下：

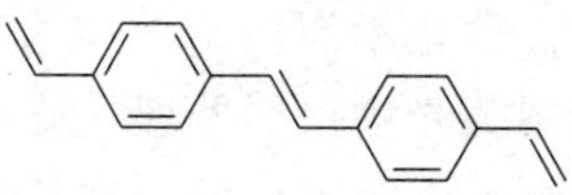

这三种分子中均含有二苯乙烯的结构，二苯乙烯也称为芪，其结构如下：

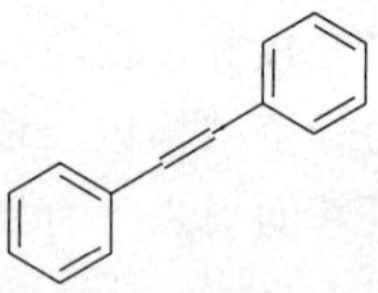

氰基取代的二苯乙烯苯具有相当高的荧光量子产率，对底物的增白效果很好，尤其适合于塑料和合成纤维树脂增白。典型的品种有 Palanil Brilliant White R，该品种在我国的商品名称为荧光增白剂 ER，常用于塑料、涤纶及树脂的增白，其结构如下：

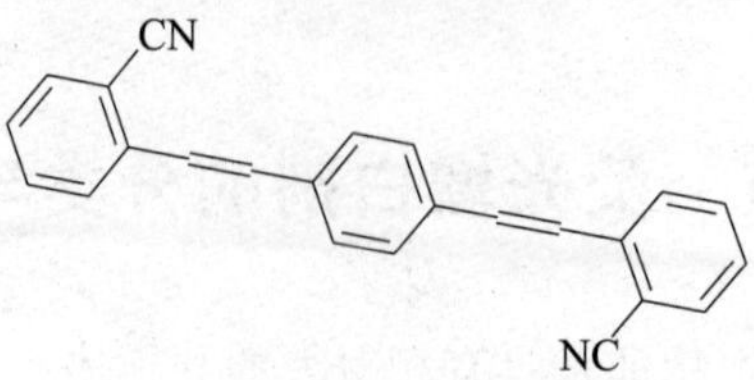

CN

NC

其合成方法如下：

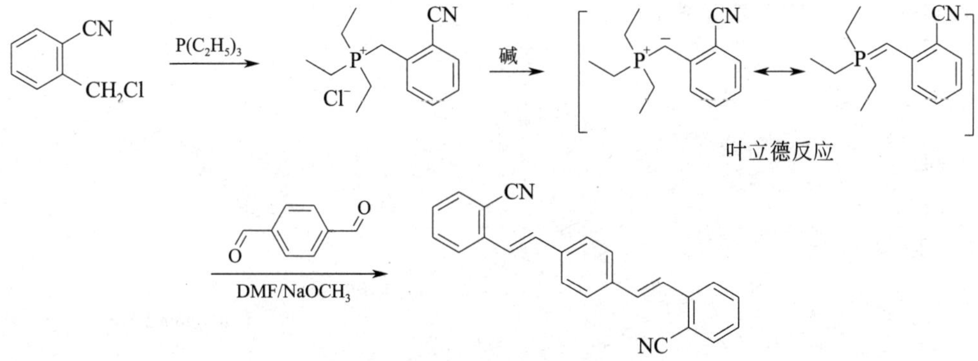

邻氰基苄氯与亚磷酸三乙酯发生 Wittig 反应，得到的 Wittig 试剂再与对苯二甲醛在 DMF 中，且在甲醇钠的存在下缩合成荧光增白剂 ER。

4,4′-二苯乙烯联苯类的荧光增白剂属于应用性能很好的一个品种，视其上的取代基性质，可用于对应用性能有较严格要求的场合。典型的品种为荧光增白剂 CBS，它是一种新型荧光增白剂，具有优良的耐氯漂、耐酸碱、耐日晒性能，是轻工、纺织及日化行业的理想添加剂，尤其是用于各种洗衣粉、洗衣膏、肥皂、香皂及液体洗涤剂，可改善产品的使用性能，提高产品内在质量和外观质量。

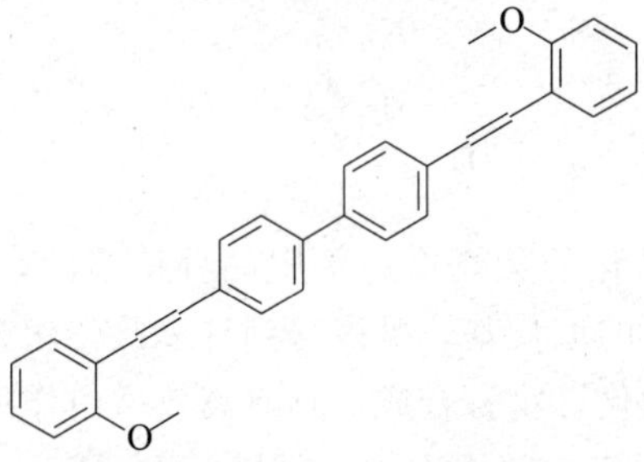

荧光增白剂CBS 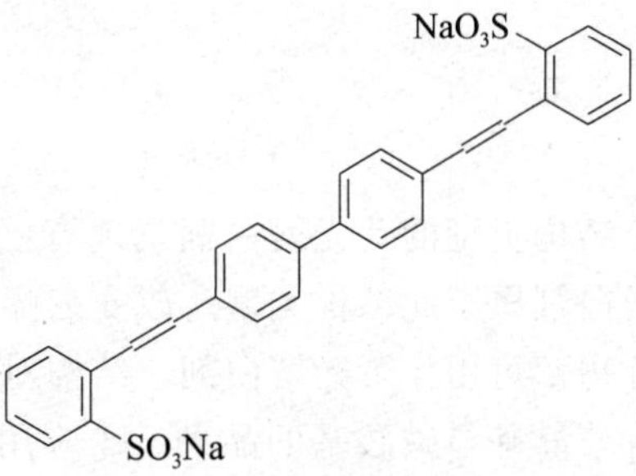　　荧光增白剂CBS-X

另一种相似结构的品种是荧光增白剂 CBS-X，又名 Tinopal CBS-X，其为荧光增白剂 CBS 中引入亲水性基团，增加产品的水溶性，常用于高档洗涤剂的添加剂。荧光增白剂 CBS-X 的合成方法如下：

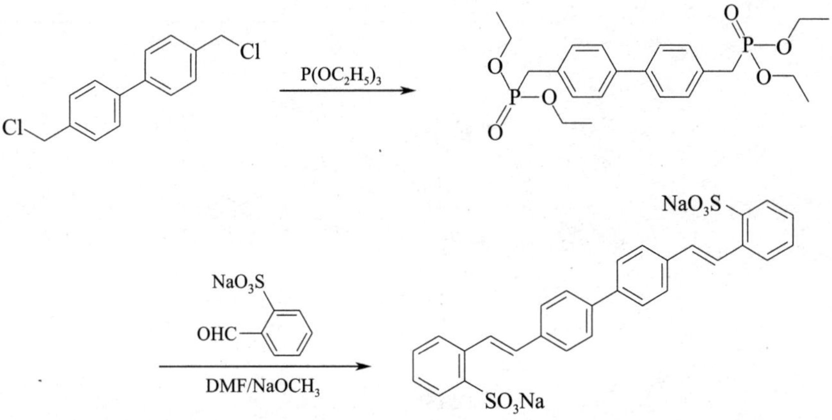

4,4′-二乙烯基二苯乙烯类具有极高的荧光量子产率。在我国未有生产。国外的典型品种有 Leukophor EHB，其合成方法如下：

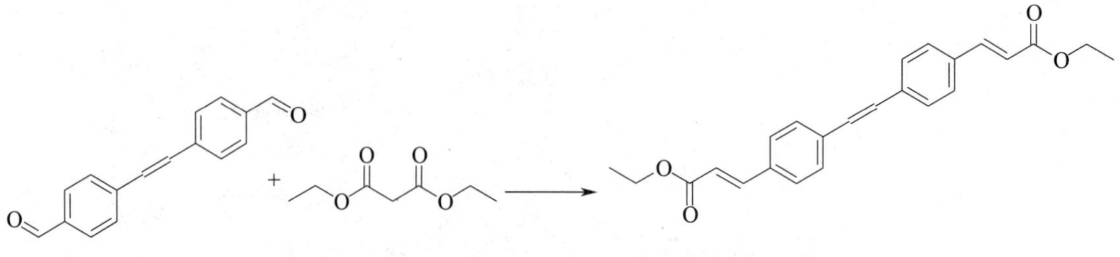

Leukophor EHB

2. 三嗪基氨基二苯乙烯类

三嗪基氨基二苯乙烯类增白剂是由 4,4′-二氨基二苯乙烯-2,2′-二磺酸（DSD 酸）与三聚氯氰的缩合物，其结构通式如下：

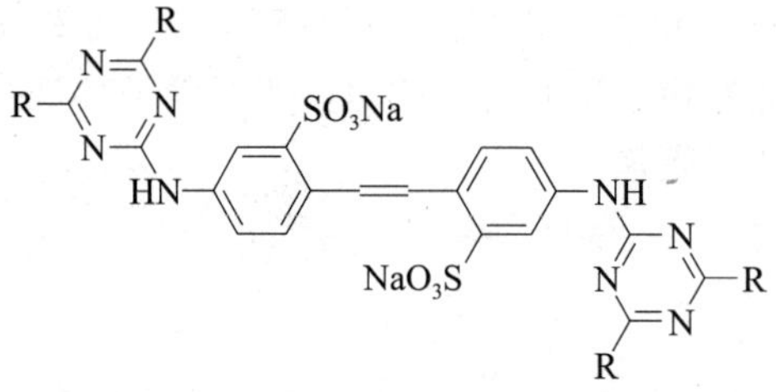

具有该结构类型的荧光增白剂是现有已商品化的荧光增白剂中品种最多的，约 80%以上的荧光增白剂属于此结构类型，改变三嗪环上的取代基，可以得到许多此类化合物，但并非所有化合物都可用作荧光增白剂。结构对称的化合物易合成，具有高效增白作用，耐光牢度好，带有苯氨基与磺酸基的品种 pH 应用范围广，常用于棉、黏胶、毛、麻、丝、锦纶，是纺织纤维荧光增白剂主要品种之一。典型的品种有荧光增白剂 DMS，其合成方法及结构如下：

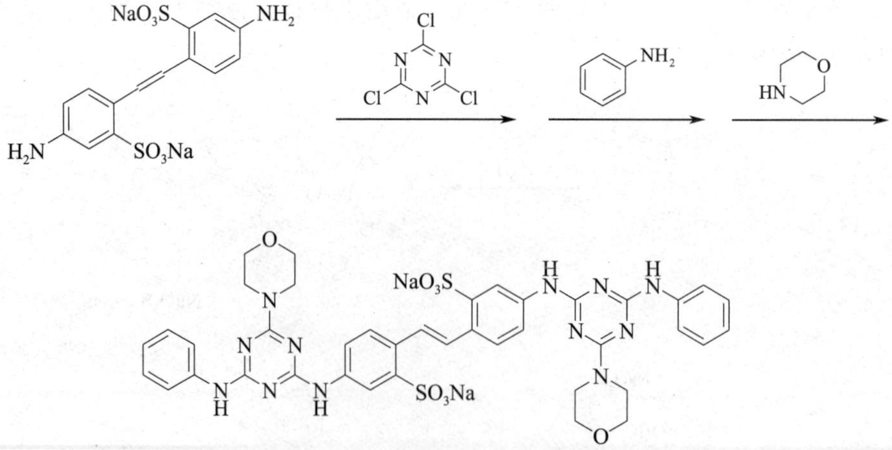

DMS

该品种在我国还被称为荧光增白剂挺进 33 号，常用于固体洗涤剂。

另一典型品种是荧光增白剂 VBL，化学名称为 4,4′-双[(4-羟乙氨基-2-苯氨基-1,3,5-三嗪)氨基]二苯乙烯-2,2′-二磺酸钠。其结构式为：

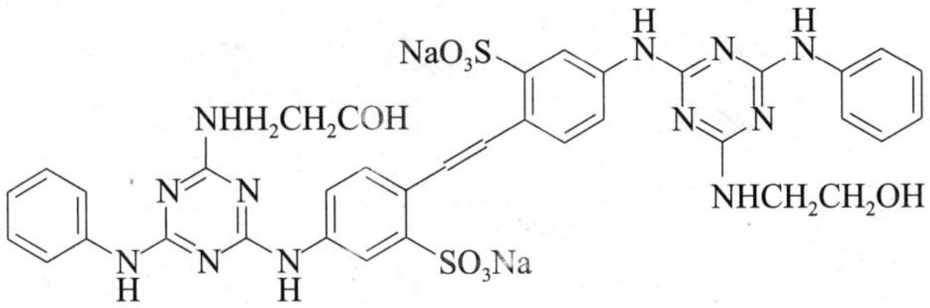

荧光增白剂VBL

相似结构的还有增白剂 BBH：

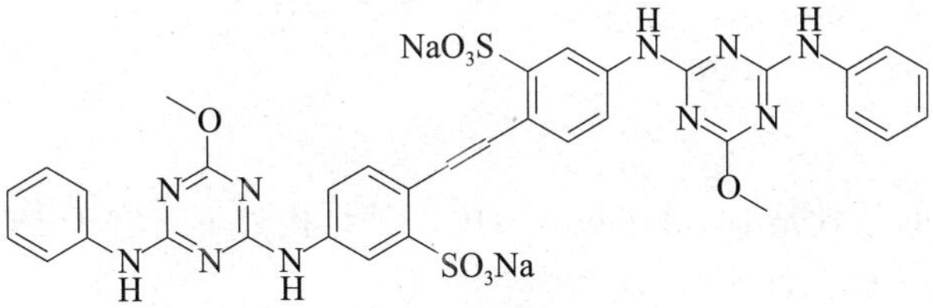

增白剂BBH

3. 二苯乙烯三氮唑类

该类荧光增白剂问世较早。它是由三氮唑环（或苯并三氮唑环、萘并三氮唑环）与二苯乙烯结合而产生的杂环类二苯乙烯类荧光增白剂，改善了三嗪环氨基二苯乙烯类荧光增白剂不耐氯的缺点，它们对次氯酸钠稳定，耐氯漂牢度很高，具有中等荧光增白性能，对棉和锦纶有很好的亲和力，常用于棉和锦纶的增白。其缺点是荧光色调偏绿，对纤维增白的白度不够高，现已退出市场。

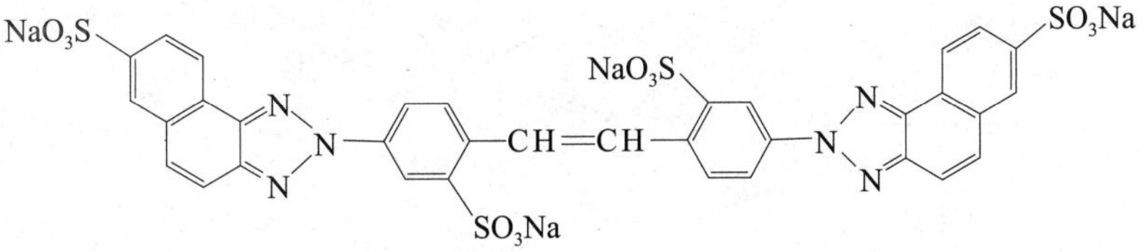

目前，仍在使用的此类荧光增白剂有两种结构类型，即对称结构和不对称结构。典型不对称结构的品种是 Tinopal PBS，其结构如下。它于 1953 年上市，主要用于棉纤维的增白。

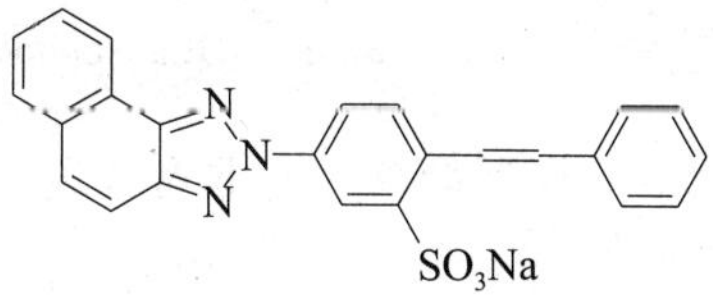

其合成方法如下：

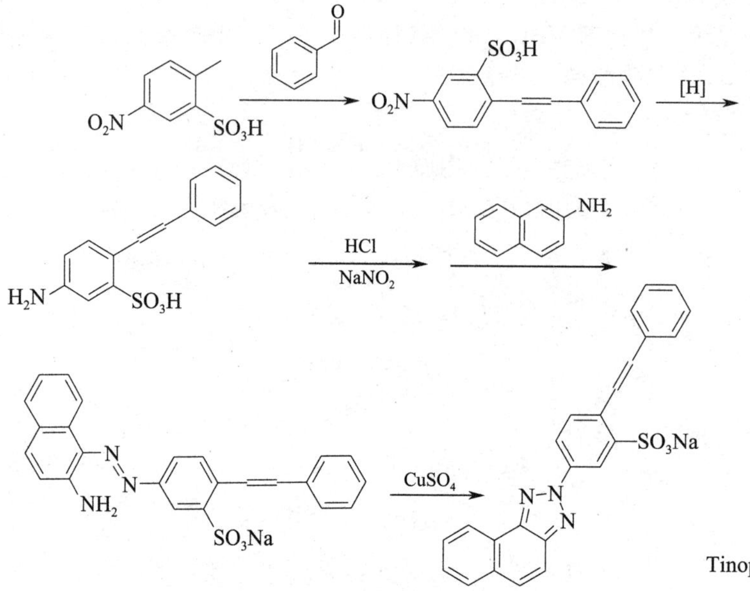

Tinopal PBS

典型的对称结构的品种是 Blankophor BHC，其结构如下。它于 1970 年上市，主要用于棉纤维的增白。其合成方法如下：

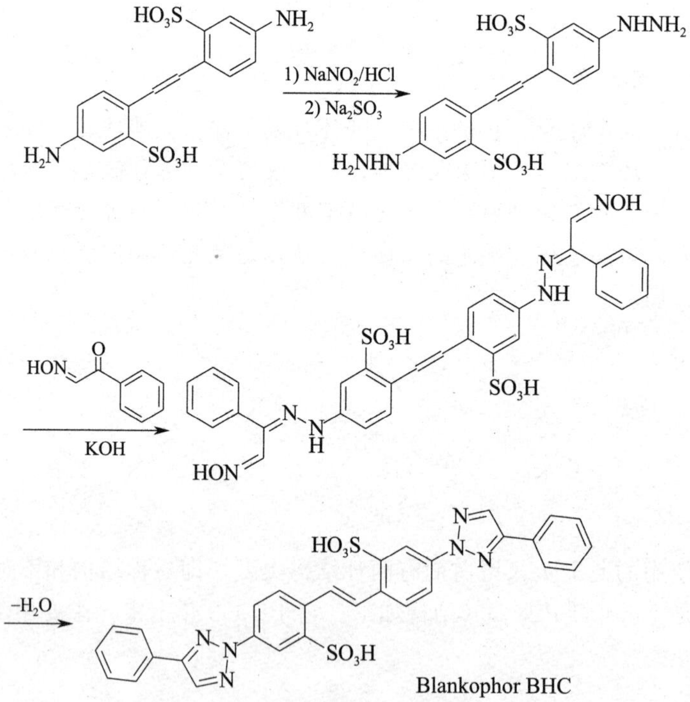

Blankophor BHC

它对合成纤维和塑料，特别对于聚酯纤维具有非常高的增白强度和良好的应用性能，但仅有中等的耐光牢度。

4. 苯并噁唑类

苯并噁唑类荧光增白剂是产量上仅次于三嗪基氨基二苯乙烯类的荧光增白剂，但是这一品种中的大多数是高性能的荧光增白剂，其价格远远高于三嗪基氨基二苯乙烯类的荧光增白剂。苯并噁唑类荧光增白剂具有良好的耐日晒、耐热、耐氯漂和耐迁移等性能，它们的分子中不含磺酸基等水溶性基团，用于聚酯、聚酰胺、醋酯纤维以及聚苯乙烯、聚烯烃、聚氯乙烯等塑料的增白。苯并噁唑基团非常容易引入分子中，它们在分子中参与电子的共轭，所以将它们引入分子后，延长了分子的共轭链。典型的品种有 Eastobrite OB-1，国内称为荧光增白剂 10B-1 的结构如下：

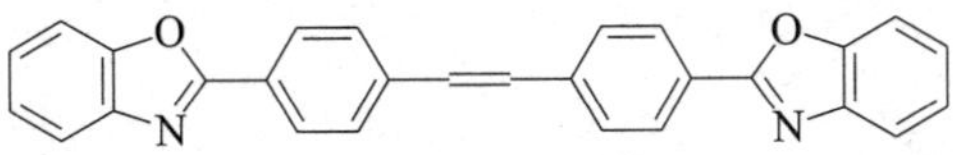

目前荧光增白剂 OB-1 的合成方法大致有 3 种路线：

① 硫黄法

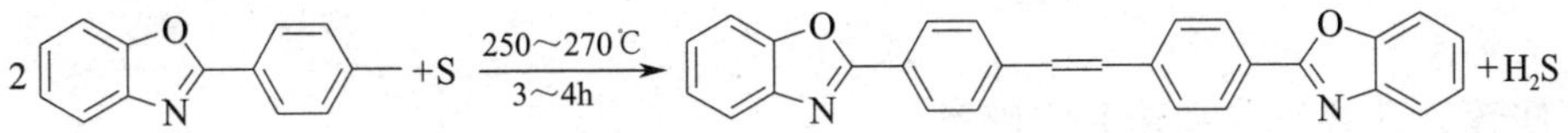

2 (O, N) + S —250～270℃, 3～4h→ (O, N, O, N) + H_2S

② 噁唑醛法

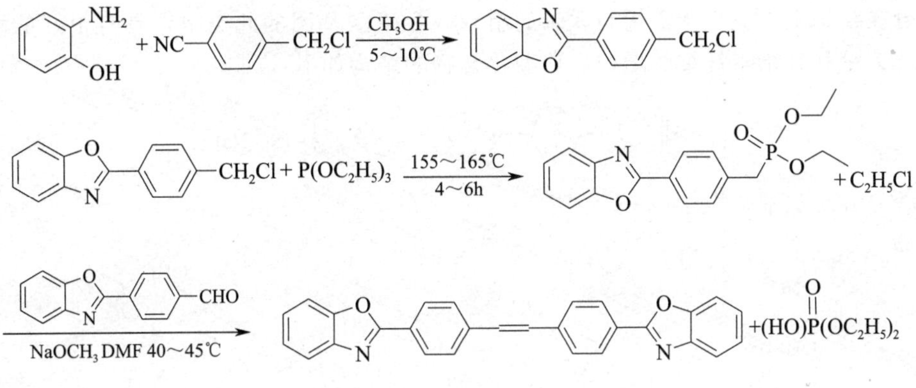

NH_2, OH + NC—(苯环)—CH_2Cl —CH_3OH, 5～10℃→ (N, O)—CH_2Cl

(O, N)—CH_2Cl + $P(OC_2H_5)_3$ —155～165℃, 4～6h→ (N, O, O, P, O) + C_2H_5Cl

(O, N)—CHO, NaOCH$_3$ DMF 40～45℃ → (O, N, O, N) + $(HO)\overset{O}{\|}P(OC_2H_5)_2$

③ 叔丁醇钠法

2 (O, N)—CH_2Cl —$NaOC_4H_9$, DMF, 10～20℃→ (O, N, O, N)

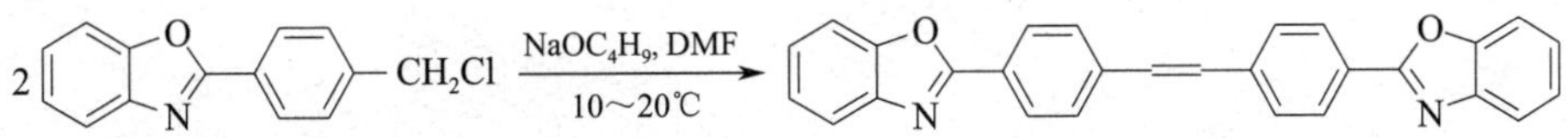

荧光增白剂 OB，又名荧光增白剂 184，化学名：2,5-双(5-叔丁基-2-苯并噁唑基) 噻吩，被广泛用于涤纶树脂的原液增白。

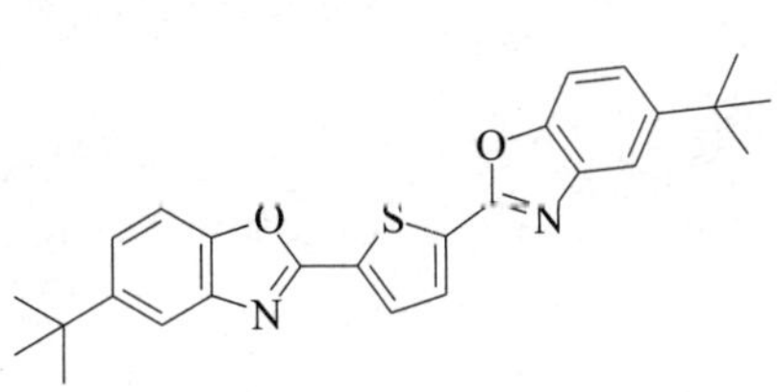

(O, N, S, O, N)

工业上用邻氨基对叔丁基苯酚和噻吩-2,5-二羧酸盐为原料制备荧光增白剂 OB，反应过程如下：

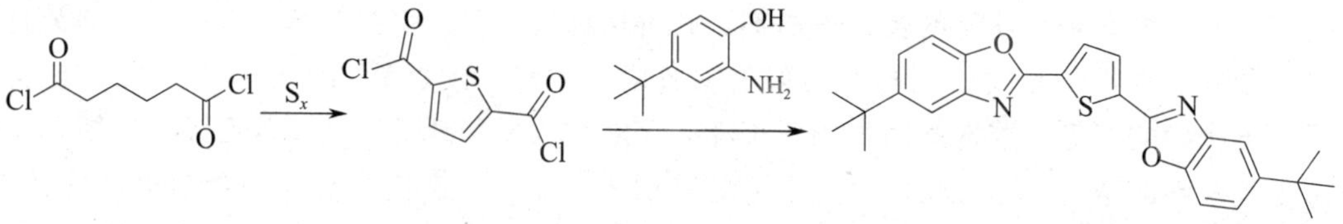

荧光增白剂OB

另有一类结构不对称的品种，典型品种的结构如下：

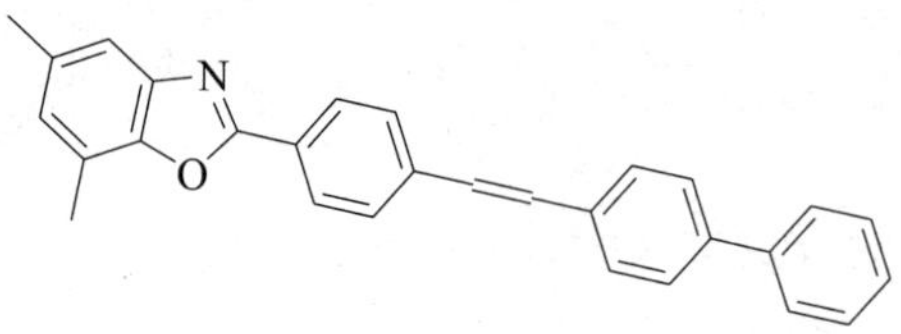

它不常以单一组分使用，而常与其他相似结构的荧光增白剂一起使用，构成混合型荧光增白剂。

5. 呋喃、苯并呋喃和苯并咪唑类

呋喃、苯并呋喃和苯并咪唑本身不是荧光增白剂的母体，但它们的分子共平面性好，可与其他结构单元（如联苯）形成共轭系统，从而一起组成性能良好的荧光增白剂。呋喃与联苯的组合在结构上类似于苯乙烯与联苯的组合。含磺酸基团的此类组合具有很好的水溶性，特别适合锦纶和纤维素纤维的增白。典型化合物的结构如下：

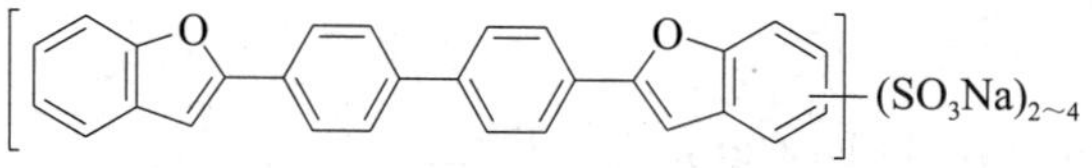

其合成方法如下：

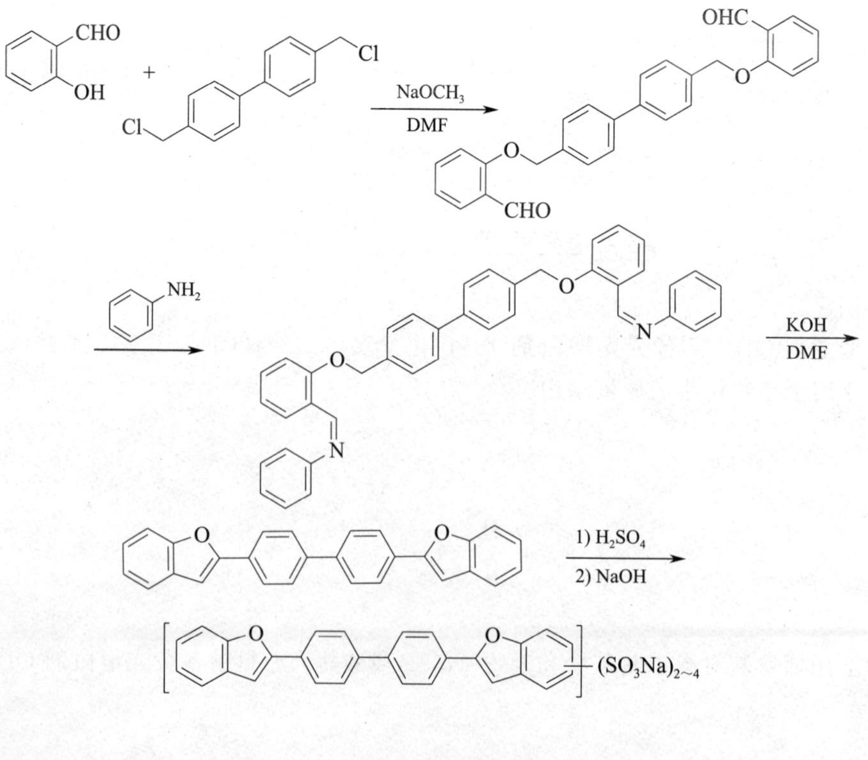

苯并咪唑基团与呋喃组合就是一类水不溶性的荧光增白剂，但它们极易生成盐，所以通常制成阳离子形式。Uvitex AT的季铵盐是第一个此类阳离子型荧光增白剂，结构如下：

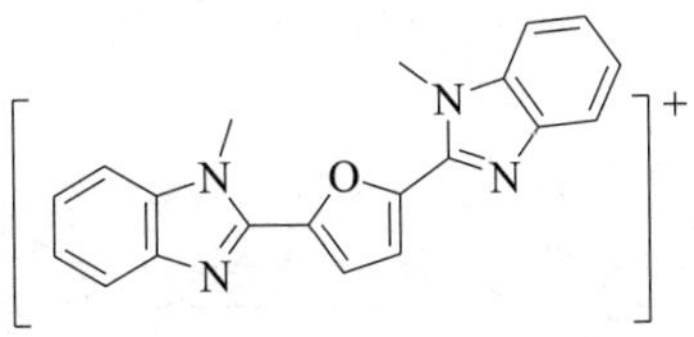

6. 1,3-二苯基吡唑啉类

1,3-二苯基吡唑啉类化合物具有强烈的蓝色荧光，其结构通式如下：

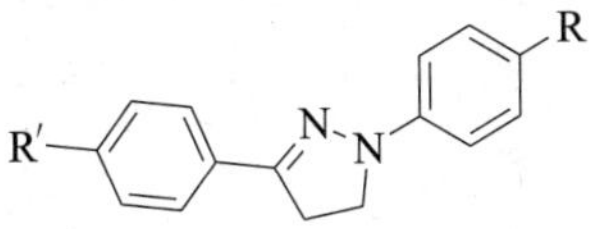

典型的品种有Blankophor DCB，结构如下：

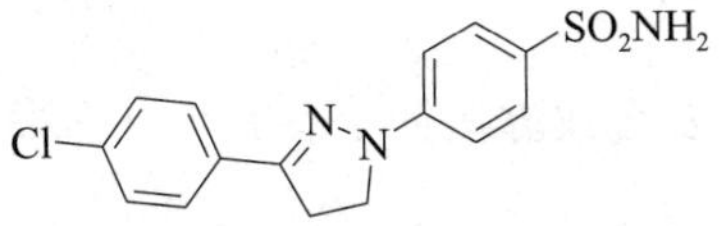

它在我国的商品名称为荧光增白剂DCB，大量用于腈纶的增白。

7. 香豆素类

香豆素类荧光增白剂是最早发现和使用的荧光增白剂。香豆素又称为香豆满酮，系统命名为α-苯并吡喃酮，其结构为：

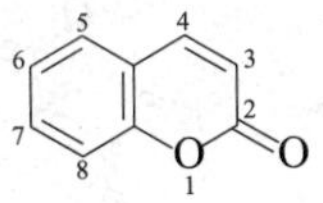

香豆素本身就具有非常强烈的荧光，在它的4位、7位上引入各种取代基团就可使其成为具有实用价值的荧光增白剂。香豆素类荧光增白剂用于蛋白质纤维、醋酯纤维、聚酰胺、聚酯、聚丙烯腈纤维等，具有良好的增白效果，由于它的毒性小，可用于化妆品（防晒保护剂）和食品的增白。典型的品种有Uvitex WGS，其结构如下：

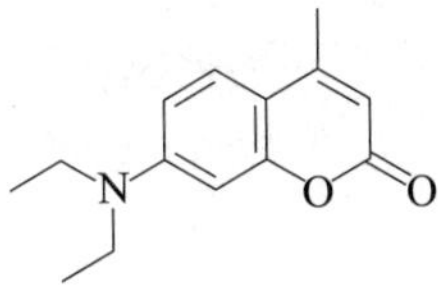

其合成方法如下：

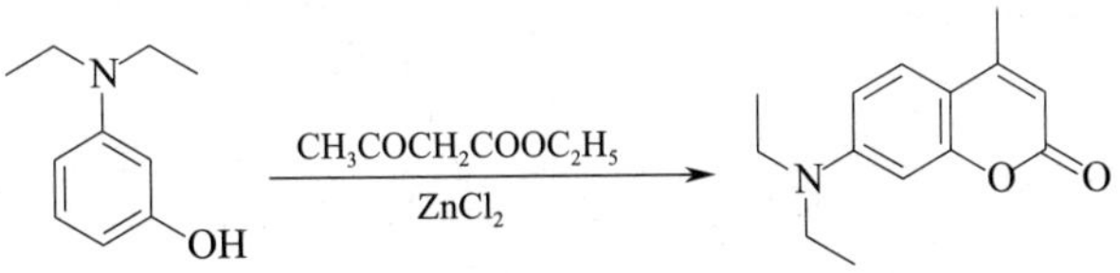

$$\xrightarrow[ZnCl_2]{CH_3COCH_2COOC_2H_5}$$

该品种在我国称为荧光增白剂SWN，尽管它的耐日晒牢度不好，但由于它的荧光十分强烈，故自1954年上市以来，一直用于羊毛纤维的增白。

荧光增白剂EGM是一个优秀的品种，商品牌号为Leukophor EGM。它由3-苯基-7-氨基香豆素重氮盐与2-萘胺或吐氏酸偶合、氧化而得，适合于聚酯和塑料的增白。其合成方法如下：

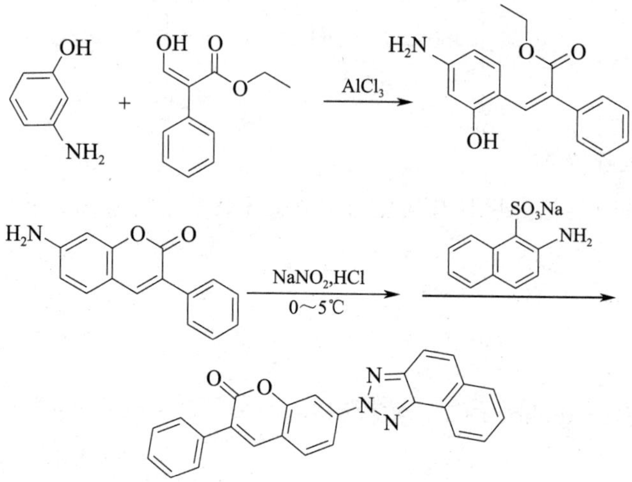

OH NH$_2$ + OH O O $\xrightarrow{AlCl_3}$ H$_2$N OH O O

H$_2$N O O $\xrightarrow[0\sim5℃]{NaNO_2,HCl}$ SO$_3$Na NH$_2$ $\longrightarrow$

O O N N N

荧光增白剂ACB的结构式及合成方法如下。其由3-苯基-7-肼基香豆素与乙酰基缩乙醛进行缩合反应制得。

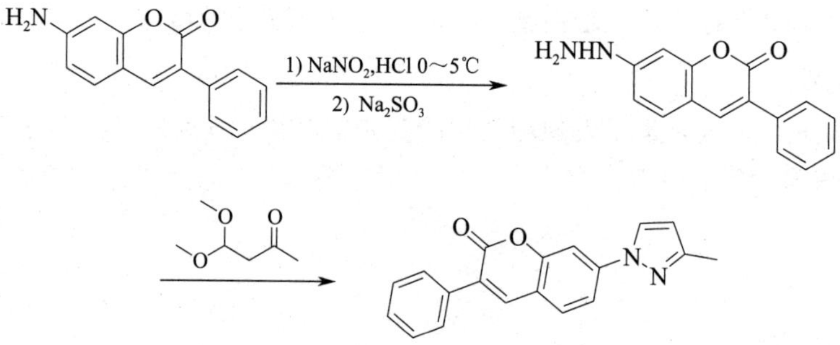

H$_2$N O O $\xrightarrow[2)\ Na_2SO_3]{1)\ NaNO_2,HCl\ 0\sim5℃}$ H$_2$NHN O O

O O O $\longrightarrow$ O O N N

荧光增白剂ACB

荧光增白剂OM，化学名3-苯基-5,6-苯并香豆素，其结构式如下：

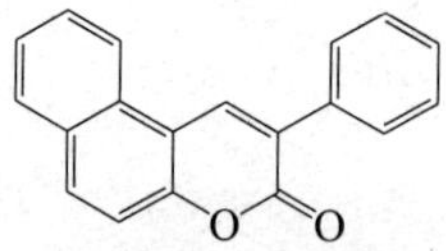

O O

荧光增白剂OM

8. 萘酰亚胺类

萘酰亚胺类荧光增白剂的基本结构为：

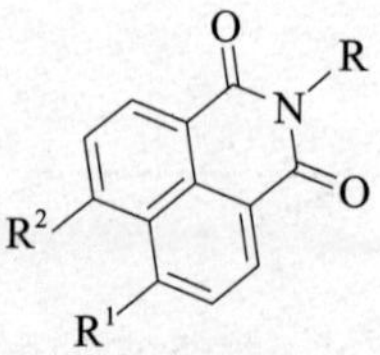

O N R O R^2 R^1

它的R、R^1 或（和）R^2 的取代衍生物具有工业化意义。

4-氨基-1,8-萘二甲酰亚胺以及它们的 *N*-衍生物本身就具有较强烈的绿光黄色荧光，所以一直被用作荧光染料。将4位上的氨基酰化，则这类化合物的最大荧光波长发生蓝移，适合作为荧光增白剂使用。第一个萘二甲酰亚胺类荧光增白剂的结构如下：

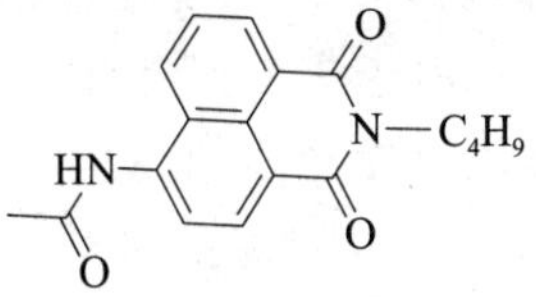

HN- N-C_4H_9 O O O

该增白剂的商品名为 Ultraphor APL。

目前使用的萘二甲酰亚胺类荧光增白剂主要是4位和5位上有烷氧基取代的衍生物，典型的品种有 Mikawhite AT，它在我国未见有生产。

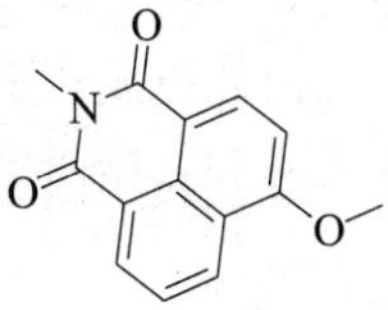

O N O O

9. 其他类

前面介绍的是荧光增白剂的主要结构类型，除此之外尚有一些其他品种，如以芘为母体的荧光增白剂 XMF（BASF 公司的商品牌号为 Fluolite XMF），于1963年上市，除了可用于纤维的增白外，还被大量用于制作办公用品，如荧光记号笔。

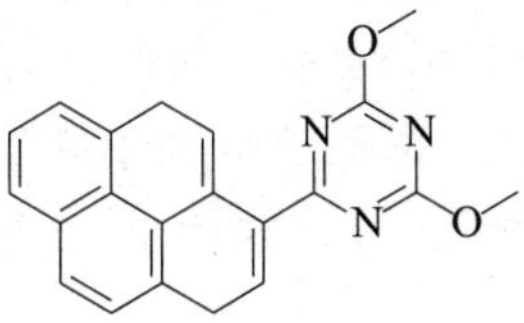

O N N N O

还有喹啉类化合物：

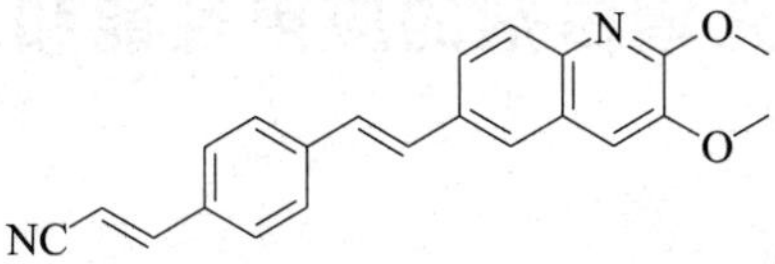

N O O NC

这类荧光增白剂的品种不多，而且真正实现商业化生产的更少，主要用于涤纶、锦纶、醋酯纤维的增白，也用于聚苯乙烯和聚氯乙烯的增白。

二、按用途分类

荧光增白剂也可根据其用途分类，如用于涤纶增白的称作涤纶增白剂，用于洗涤剂的称作洗涤用增白剂等。如此，经常有人把荧光增白剂DT称作涤纶增白剂，把荧光增白剂 DCB 称作腈纶增白剂，把荧光增白剂 VBL 称作棉用增白剂。然而这种分类法也有缺陷，或者说不够严格，因为有的增白剂可以有多种用途，并且可以用于不同的行业中。

如荧光增白剂 VBL 除被大量用于棉纤维的增白以外，还被大量用于洗涤剂，而粉状的荧光增白剂 DT（在商业上常称作荧光增白剂 PF）主要用于塑料的增白。在商业上有时还按荧光增白剂的离解性质分类，将它们分为阳离子型、阴离子型和非离子型，或者按其使用方式分为直染型、分散型等。直染型荧光增白剂是指一类水溶性的荧光增白剂，它对底物有亲和性，在水中可被织物纤维所吸附，故有直接增白的作用。这类增白剂对纤维具有优良的匀染性且使用方便，主要用于天然纤维的增白。分散型荧光增白剂是指一类不溶于水的荧光增白剂，在使用前必须先经过研磨等工序，同时借助于分散剂的作用将其制成均匀的分散液，用轧染-热熔法或高温浸染法对纤维进行增白，这类荧光增白剂主要用于合成纤维的增白。

三、荧光增白剂的命名与商品名

目前，商业上使用的荧光增白剂都是有机化合物，其化学结构可遵循国际有机化学的系统命名原则进行命名，以母体作为主体名称，用介词连缀上取代基和官能团的名称，并按编排码法注出取代基和官能团的位置次序，由此组成化学物质的名称。但是由于荧光增白剂分子结构往往很复杂，同时又含有多个取代基和官能团，化学名称很长，在应用时不方便，因此商品荧光增白剂大多使用商品名。

我国生产的荧光增白剂，其商品名称一般为“荧光增白剂×××”形式，如荧光增白剂 VBL。尾标上的英文字母有时是照搬国外同类产品中的尾标代号，如“荧光增白剂 DCB”就是沿用国外商品“Blankophor DCB”中的名称。进口的荧光增白剂，其商品名称一般由商标加英文字母组成，商标后的英文字母一般表示它的性能和应用对象，如“荧光增白剂 DT”表示涤纶用的增白剂。在我国市场上，较多见到的是汽巴（Ciba）、科莱恩（Clariant）、巴斯夫（BASF）和伊士曼（Eastman）这四家公司的产品。

我国生产的荧光增白剂品种主要有 16 个，而产量超过百吨的品种仅有 7 个，它们是：荧光增白剂 VBL、荧光增白剂 DT、荧光增白剂 BSL、荧光增白剂 31 号、荧光增白剂 BSC、荧光增白剂 BC 和荧光增白剂 33 号，其中又以荧光增白剂 VBL 和荧光增白剂 DT 产量最大。

第三节　荧光增白剂的应用性能和商品化加工

一、荧光增白剂的一般性能

荧光增白剂对织物的处理类似于染料，但是它却与一般染料的性质不同，主要差异如下。

① 染料对织物染色的给色量与染料的用量成正比，而荧光增白剂在低用量时，它的白度与用量成正比，但是超过一定极限，再增加用量不仅得不到提高白度的效果，而且会使织物带黄色，即泛黄。

② 染料染色越深，越能遮盖织物上的疵点，而荧光增白剂的增白效果越好，疵点却越明显。

③ 荧光增白剂本身及它的水溶液在日光下的荧光效果不明显，只有染在纤维上才呈现

强烈的增白作用。

荧光增白剂根据其性能不同，可以分为阳离子型、阴离子型和非离子型三种。阳离子型和阴离子型的荧光增白剂一般是淡黄色的固体粉末，易溶于水，在水中呈微黄色有荧光的溶液并能被纤维吸附。它们对纤维具有优良的直接性和匀染性，使用起来较为方便。离子型增白剂不能与离子型相反的染料或助剂同浴应用，否则会降低增白效果，甚至会完全失去增白作用。此外，介质的 pH 对离子型增白剂的增白效果影响也很大。非离子型的增白剂是一类不溶于水或微溶于水的化合物，它的商品剂型有分散悬浮体、有机溶液及超细粉三种。它不仅可以用于织物的增白，而且还可直接加入合成纤维的树脂原液中，成为一种“永久增白剂”。

荧光增白剂的应用范围极广，需求量也日益增加，已经渗透到各个工业部门，与人们的生活息息相关。它们的主要用途如下：

① 用于各种纺织制品的增白和增艳；

② 用于合成洗涤剂，增加洗涤剂的洗涤效果；

③ 用于纸张的增白，提高纸张的白度与商品价值；

④ 用于塑料的增白，增加它的美观性。

二、影响荧光增白剂性能的因素

荧光增白剂本身的性能好坏是影响增白效果的关键因素，但是如果使用不当，也会影响荧光增白剂性能的充分发挥。只有充分注意到影响荧光增白剂性能的各种因素，才能使荧光增白剂很好地发挥其效果。

1. 前处理

荧光增白剂不能代替化学漂白，在应用荧光增白剂之前，织物必须先经退浆、煮练、漂白等前处理，以除去织物上的杂质，并使织物的白度达到一定的要求。原材料的白度越高，则增白效果越好。漂白时，织物上残留的氯和酸必须充分洗净，否则将影响增白效果。

此外，如羊毛制品用漂白粉和增白剂及腈纶产品用亚硫酸钠和增白剂同浴处理，这种与增白同时进行的方法，在处理时需加强清洗工作。

2. 荧光增白剂的用量

荧光增白剂品种繁多，各种牌号的品种有效成分和最高增白效果各不相同。每种荧光增白剂的饱和浓度都有其特定的极限，超过某一固定的极限值，不但增白效果不会增加，反而还会出现泛黄现象，使得增白变成了“染黄”。泛黄点在使用荧光增白剂时应特别注意，不同的荧光增白剂有不同的泛黄点；同一增白剂在不同的织物上，泛黄点也不相同。荧光增白剂的浓度与增白效果的关系如图 11-1 所示。

从图中的曲线可以看出：荧光增白剂的增白效果在饱和值以下时，与它的浓度成正比；超过饱和值，其增白效果反而下降。为了知晓某一荧光增白剂的泛黄点，一是向生产厂商了解，二是在使用前做小样试验。

3. 酸碱度(pH)的影响

不同 pH 的染浴将直接影响到荧光增白剂的化学稳定性和溶解度。对纺织品的增白来说，要特别注意染浴的 pH 与纤维亲和力的关系。pH 对离子型荧光增白剂的吸光度影响较大。阳离子型荧光增白剂在 pH＞9 时，吸光度明显下降；而阴离子型荧光增白剂在酸性条

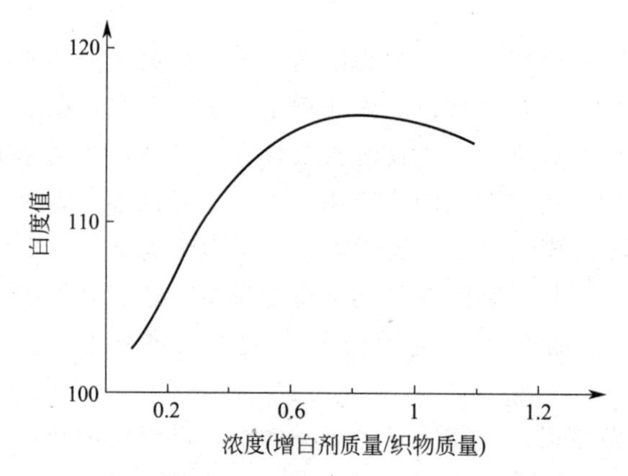

图 11-1　不同浓度的荧光增白剂 DT 对涤纶织物白度的影响

件下，吸光度急剧下降。

4. 无机添加物的影响

有些增白剂在使用时添加氯化钠（或硫酸钠），可以提高（或控制）其在纤维上的吸附率。增白剂在染浴与织物之间的分配随溶液中无机盐的浓度而变化，增加无机盐的浓度可以提高增白剂的上染率。在增白剂用量较低时，加入无机盐可提高其增白效果；在增白剂用量较高时，加入无机盐则会降低增白剂的泛黄值，对增白不利。一些需添加无机盐才能上染到纤维上的增白剂，不宜用在洗涤剂中。

5. 溶液配制

即使是水溶性的荧光增白剂，大多在水中的溶解度也较低，为 10g/L 左右。溶解时宜用室温或 30～40℃的温水，同时要求水中不含铁离子等。对一些不溶于水的分散型荧光增白剂，可酌情加入匀染剂、分散剂等以获得均匀的增白效果。配制好的增白剂溶液或分散液，不宜长时间暴露在强光下，最好是随配随用，并置于阴暗处。分散型荧光增白剂在加水稀释时，应先搅匀或摇匀后计量，因分散型荧光增白剂久置后易生成沉淀。

6. 表面活性剂的影响

在离子型的荧光增白剂溶液中加入表面活性剂，对荧光增白剂的增白效果有影响。加入带相反电荷的表面活性剂时，会降低溶液的吸光度，有时甚至会导致荧光的猝灭；加入同电荷的表面活性剂则无影响或影响极小。非离子型的荧光增白剂通常要配备表面活性剂后才能使用，它们在一定程度上起着防沉淀及匀染的作用。

7. 后处理

使用荧光增白剂增白后的织物，通常还有一道后处理工序。后处理的方法有物理方法、化学方法及热处理方法等。

非离子型荧光增白剂处理织物，后处理通常采用热处理，焙烘时间和温度对白度有一定的影响，如荧光增白剂 DT 对纯涤纶织物要获得较好的增白效果，其焙烘温度和时间以 180℃时不超过 50s，200℃时不超过 40s，220℃时不超过 30s 为宜。焙烘温度有时也叫作荧光增白剂的“发色”温度。不同的荧光增白剂具有不同的发色温度。后处理时没有达到发色温度和预定的时间，也就达不到理想的增白效果。

用亚硫酸氢钠和抗坏血酸钠处理用香豆素类增白剂增白过的羊毛织物，可提高该织物的耐日晒牢度1～2级，这是因为亚硫酸氢钠有还原作用，它可抑制引起羊毛发黄的氧化过程。用硫代硫酸钠溶液处理荧光增白剂增白过的棉纤维，能提高棉纤维的耐日晒牢度。

8. 色光调节

荧光增白剂与不同印染助剂同时应用时，其色调将随助剂的不同而稍有影响。为达到同一色调，必要时可加微量染料进行调节。如棉纤维增白时，加直接染料或活性染料；涤纶增白时用分散染料、涂料等。

9. 荧光增白剂的复配增效

近些年出现的新结构荧光增白剂很少，研究人员将开发的重点转向复配增效的研究。荧光增白剂在增白基质上主要以单分子状态固着，复配后的增白剂使阳光的吸收和辐射互不干扰。使它们各自存在的相对浓度下降，在荧光增白剂应用浓度范围内，这一浓度的降低，使各自组分的荧光量子产率增大，总的效果是荧光强度增强，产生比各自单一组分更高的荧光增白效果。因此，将它们两种或两种以上的组分混合后使用，在相同用量的情况下可以得到比使用单一化合物更好的白度，改善荧光色调，达到事半功倍的效果。

10. 荧光猝灭剂

某些物质，即使是极少量的存在也会使荧光强度明显降低以致使荧光完全消失，这些物质称为荧光猝灭剂，如卤素离子、重金属离子、单线态氧分子及硝基化合物等。因此要避免织物上有以上物质存在，降低荧光强度。

三、荧光增白剂的商品化加工

荧光增白剂根据本身的性质和应用对象的不同，可加工成不同物理形态及各种不同的商品形式。这些形式有粉状、液状、分散体及微胶囊状等数种形式。

粉状增白剂是用增白剂滤饼与氯化钠、元明粉、尿素配成所需要的强度，制成浆状，再喷雾干燥而成粉状。根据用途不同，可以加或不加添加剂。在合成材料中，如合成纤维、有机玻璃、塑料等，需要高纯度的增白剂，有的制成多孔的形式。可以将增白剂加入环己烷中，少加些水，将生成的0.3～3μm颗粒从二相体系中分离干燥，制成的粒子无粉尘，且润湿快，在冷水中即可溶解。另一种方法是将增白剂悬浮在四氯化碳中，与水一起研磨，然后从二相系统中分离干燥。前者适用于增白剂DT等不溶性增白剂，后者适用于可溶性荧光增白剂。

液状荧光增白剂是指一种与水能完全混合的荧光增白剂。常用的制备方法是：在增白剂盐析分离后，与添加剂混合，再用水调节浓度；也有将反应液浓缩，与乙二醇甲醚混合或加三乙醇胺和其他有机碱浓缩。在液状商品中，增白剂含量大约为15%，分散剂含量约为50%。

分散状荧光增白剂是指不溶于水的荧光增白剂以极细小的微粒高度分散在水中的悬浮体，此时具有活性的荧光物质并非溶解于水中，而是经过研磨后在分散剂的帮助下以固体状态存在于水中。因此，为了使荧光增白剂的分散体具有足够的稳定性，在研磨的同时需加入大量的分散剂、扩散剂和胶体保护剂，借助于它们的帮助才使得直径较大的颗粒能够稳定地分散在水中。目前，常用的添加剂有酰胺、亚胺、尿素及其衍生物、二甲基亚砜和有机酸等。

微胶囊荧光增白剂也是为了减少生产和使用中的粉尘污染而设计的一种商品形式。它的生产原理是：在适当的温度下，将油状或固体状的荧光增白剂分散加入到成膜材料溶液制成的乳液或分散液中，然后将这种物料用使之成形的方法处理或喷雾干燥，即可得到微胶囊化的产品。

第四节　荧光染料

相比普通染料，具有荧光性质的商品化染料品种有限。荧光染料主要集中在阳离子染料或碱性染料（用于腈纶染色）、分散染料（用于涤纶染色）、酸性染料（仅有少量几个品种）和溶剂染料。

一、阳离子和碱性类荧光染料

罗丹明类化合物是以氧杂蒽（xanthene）为母体的碱性咕吨染料，其结构通式如下：

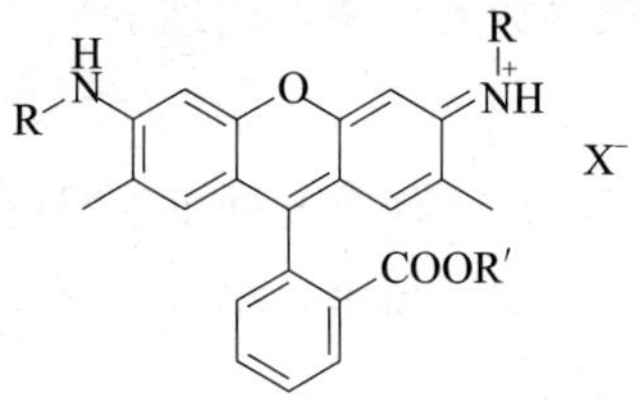

X^-　COOR′

（1）碱性红 1

碱性红 1（罗丹明 6G，Rhodamine 6G，Rhodamine 6GD，Rhodamine 6GDN）是具有高荧光性质的罗丹明染料之一，适用于染蚕丝织物，与磷钨钼酸作用生成色淀，用于制造高级油墨的颜料，也可用于腈纶、毛、丝的染色。

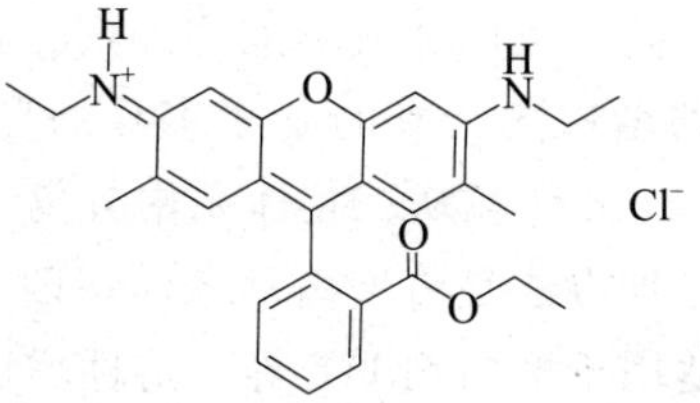

碱性红1

与碱性红 1 结构相似的阳离子荧光染料还有：碱性红 1∶1、碱性紫 10（碱性玫瑰精 B，罗丹明 BX，Rhodamine BX）、碱性紫 11 等，这些碱性荧光染料可用于腈纶染色以及荧光颜料的原料。

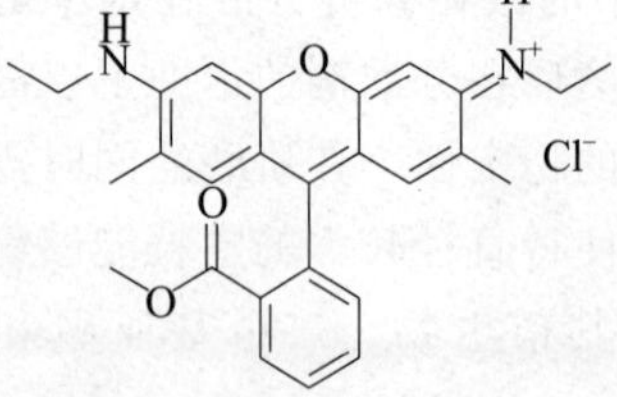

碱性红1:1 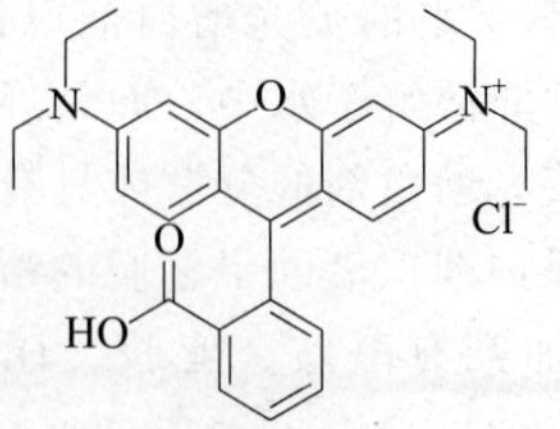　碱性紫10 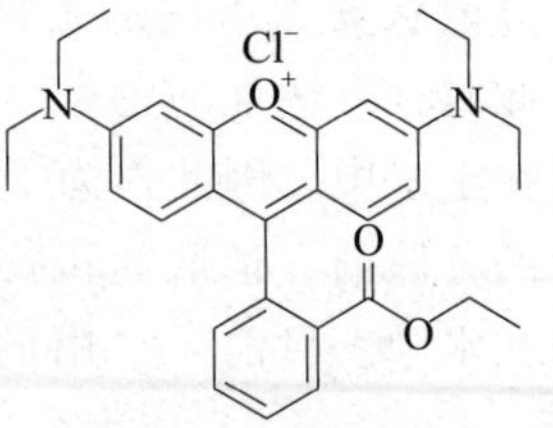　碱性紫11

（2）碱性红 2

碱性红 2（藏红 T，Safranine O，碱性桃红，碱性藏红，Safranine T）为吖嗪类（二氮杂蒽）结构的阳离子染料，化学名 3,7-二氨基-2,8-二甲基-5-苯基酚嗪鎓氯化物。红棕色粉末。易溶于水成红色溶液，溶于乙醇红色带黄色荧光的红色。对盐酸为蓝红色溶液，过多则呈紫色，大量过多则转为蓝色；对氢氧化钠则生成棕红色沉淀；对硫酸则为绿色溶液，稀释时先变成蓝色，渐变成紫色，最后变成红色。最大吸收波长 530nm。有刺激性。商品中常混杂有甲基藏红 T。主要用作微量分析亚硝酸的试剂、氧化还原指示剂、酸碱指示剂、生物染色剂。由 2,5-二氨基甲苯、邻甲基苯胺氧化缩合后，再与苯胺缩合，精制得到。

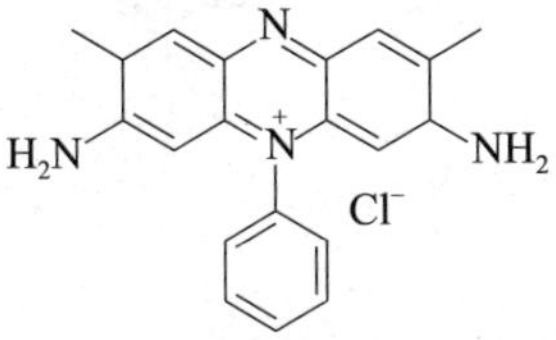

H_2N NH_2 N N^+ Cl^-

碱性红2

（3）碱性红 12（碱性桃红 FF）

红青莲带灰色粉末。极易溶于水、乙醇，也溶于乙二醇、乙醚。其水溶液为带荧光的桃红色，加入氢氧化钠转呈蓝光桃红色。染料于浓硫酸中呈黄光桃红色，稀释后转呈蓝光桃红色；于浓硝酸中呈杏黄色。主要用于腈纶纤维染色，也可用于皮革、纸张的着色及作为颜料。

碱性红 12 为对称结构的菁类荧光染料，有费舍尔碱（三贝司）与费舍尔醛（ω 醛）直接缩合得到。

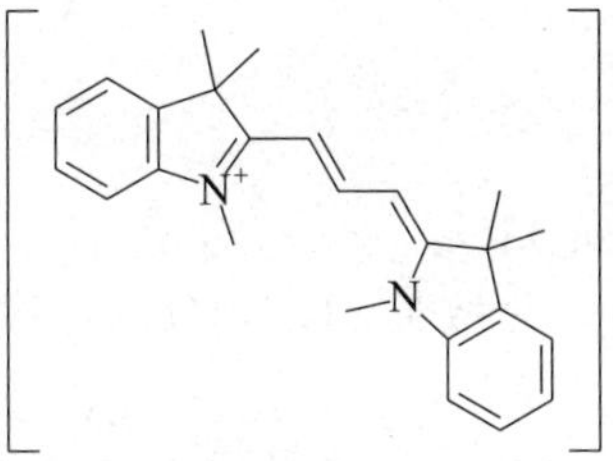

N^+ N Cl^-

碱性红12

（4）碱性红 13（阳离子荧光桃红 X-2B）

染腈纶为带荧光的桃红色，在钨丝灯光下较黄。染色时遇铜色泽微有变化，遇铁色光不变。

碱性红 13 为甲基结构的两端连接不同的含氮杂环，就叫作不对称菁染料。

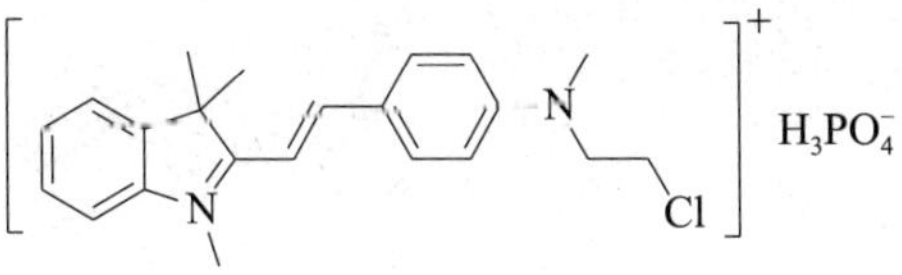

N N Cl $H_3PO_4^-$

碱性红13

其由费舍尔碱与苯甲醛衍生物缩合得到。

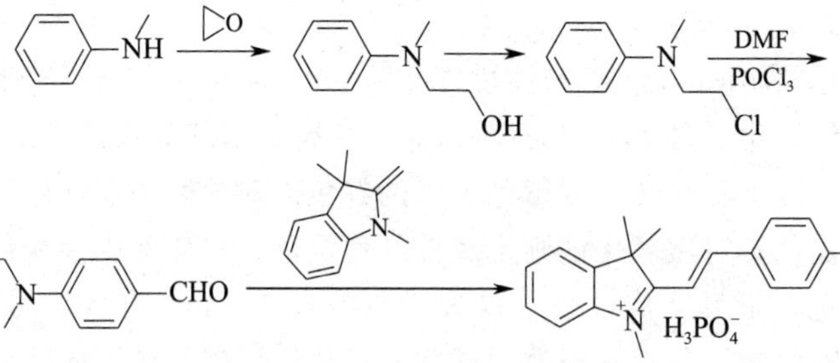

NH OH DMF $POCl_3$ Cl

Cl N CHO $H_3PO_4^-$ Cl

相似结构的还有碱性红 14、碱性红 27、碱性紫 7、碱性紫 16。

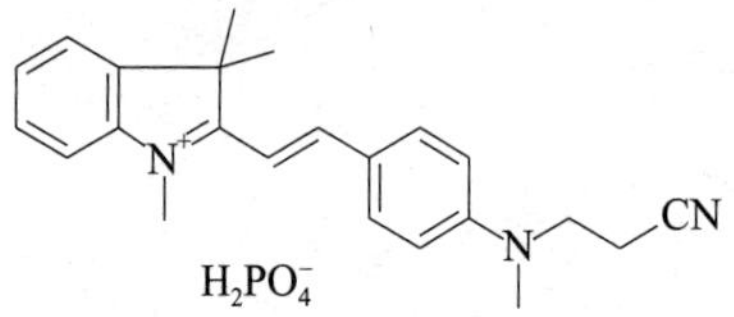

$H_2PO_4^-$ CN

碱性红14

Cl $H_2PO_4^-$ CN

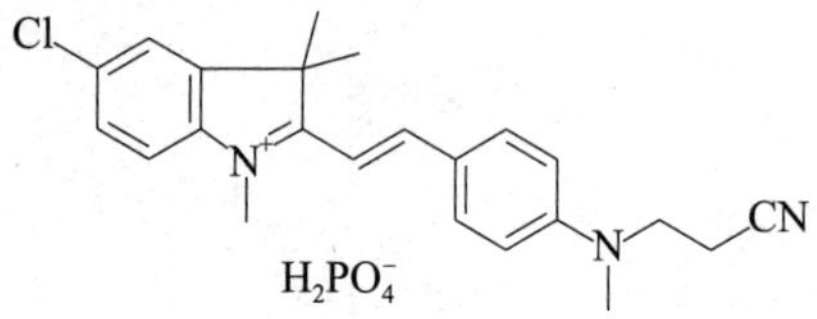

碱性红27

(5) 碱性黄 40 (阳离子荧光黄 SD-10GFF)

碱性黄 40 为具有香豆素结构的阳离子荧光染料，主要用于腈纶纤维着色，具有很强的绿色荧光黄。

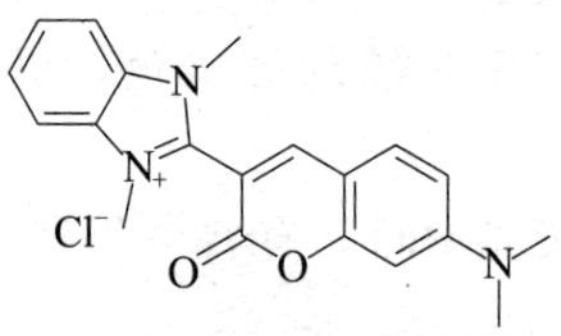

Cl^- O O N

碱性黄40

二、分散类荧光染料

(1) 分散荧光黄 1 和分散荧光黄 11

分散荧光黄 1 和分散荧光黄 11（分散黄 FGP，分散柠檬黄）的结构式如下：

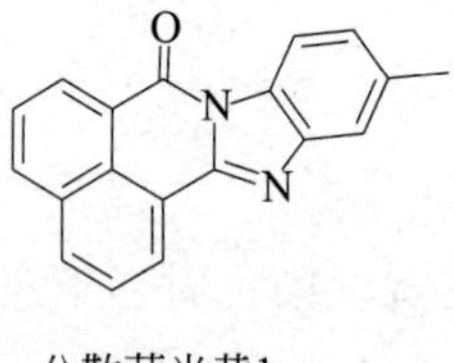

O N N

分散荧光黄1

O N O H_2N

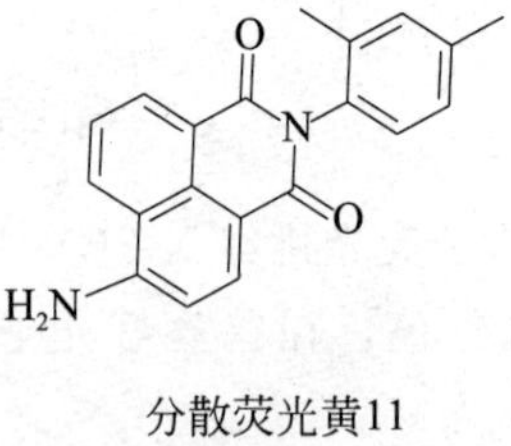

分散荧光黄11

具有荧光的绿光黄色，匀染性良好，由 4-氨基-1,8-萘酐与 2,4-二甲基苯胺缩合而成。

(2) 分散荧光黄 71（分散荧光黄Ⅱ）

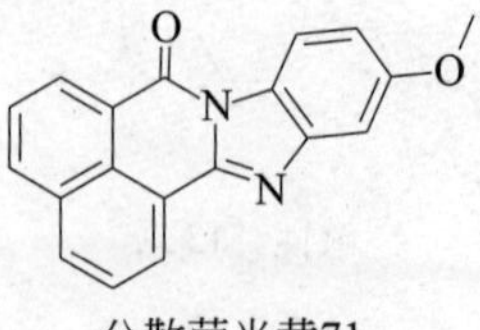

O N N O

分散荧光黄71

邻硝基对甲氧基苯胺经还原后与1,8-萘酐缩合、脱水闭环得到。可用于涤纶及混纺织物的染色与印花、塑胶制品着色，具有荧光色泽。

（3）分散荧光黄82（分散黄GL，分散荧光黄8GFF）

化学名称为3-(2-苯并咪唑基)-7-二乙基氨基香豆素，也简称香豆素7。

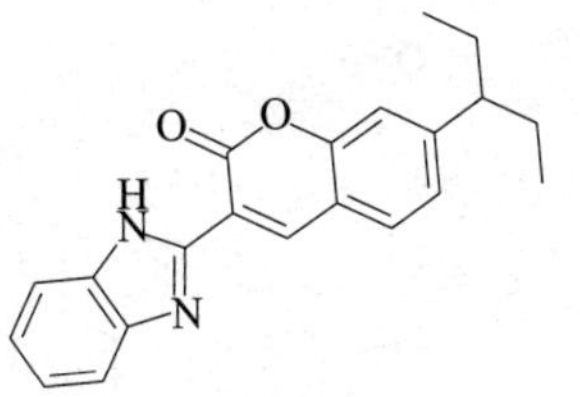

分散荧光黄82

（4）分散黄184（分散荧光黄10GN）

用于涤纶或涤/棉混纺染色。

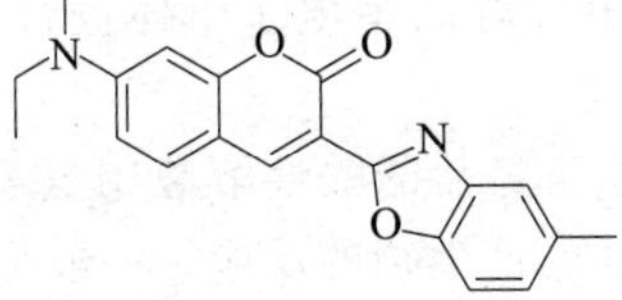

（5）分散荧光黄124（分散黄H8GL，分散荧光黄FFL，F8GL）

色光艳丽，有强烈荧光。匀染性好。由对苯二甲醛与马尿酸缩合，经过滤，研磨，干燥而得，收率高。用于涤纶着色。

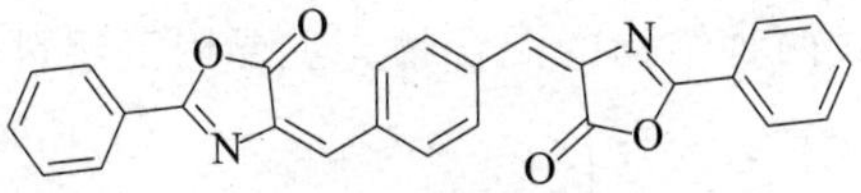

分散荧光黄124

（6）分散荧光黄H5GL

分散荧光黄H5GL的结构式如下：

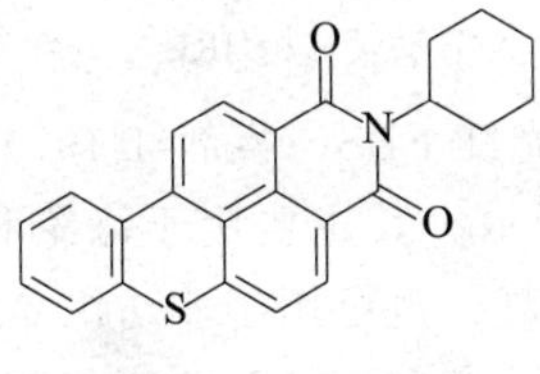

其可用于塑料着色、涤纶及混纺纤维的染色等。其合成由1,8-萘酐经溴代、与邻氨基苯硫酚缩合、重氮化、偶联闭环和环己胺缩合得到。其中重氮盐的偶联闭环为Pschorr环化反应。

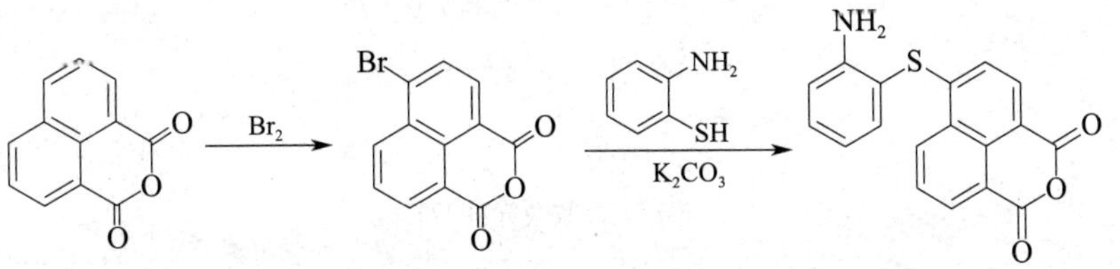

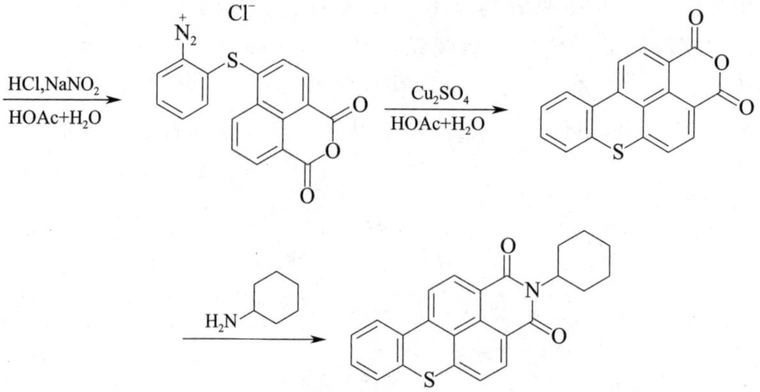

$\xrightarrow[HOAc+H_2O]{HCl,NaNO_2}$ N_2^+ Cl^- S O O O $\xrightarrow[HOAc+H_2O]{Cu_2SO_4}$ O O O S

$\xrightarrow{H_2N\text{-环己基}}$ O N O S

Pschorr 环化反应（Pschorr Reaction）是指分子内的芳香自由基对另外一个芳环进行自由基取代关环得到二芳基三环化合物的反应。通常情况下是通过重氮化、铜或铜盐催化形成自由基。此反应是分子内的 Gomberg-Bachmann 反应，机理同 Gatterman -Bachmann 反应，为自由基机理。另外也有其他溶解较好的单电子供体进行催化，可以提高产率并缩短反应时间。

Gomberg-Bachmann 反应是指重氮盐的酸性溶液用氢氧化钠或乙酸钠的水溶液处理时，发生芳基的偶联反应，生成联芳烃的衍生物的反应。一般采用芳香族重氮盐的酸性溶液与液态芳烃混合，滴入过量的氢氧化钠水溶液或乙酸钠的水溶液进行。Gomberg-Bachmann 反应是合成不对称芳烃偶联产物的重要方法，例如，对溴苯胺与苯偶联，得到对溴联苯。用于分子内的芳环偶联，收率更高。

（7）分散荧光橙 HRL

分散荧光橙 HRL 为下式两种结构的混合物。主要用于塑料着色和纯涤纶织物染色。

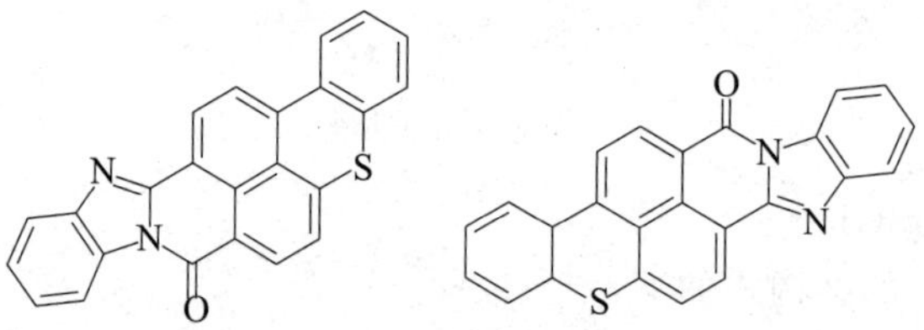

N N O S　　O N N S

分散荧光橙HRL

（8）分散荧光红 277（分散荧光红 FBS，溶剂红 197）

分散荧光红 FBS 结构式如下所示。其主要用于涤纶和涤纶混纺织物的染色和印花，使用高温高压染色时匀染性好，无色斑。也可用于非纺织品如塑料的着色，纽扣、像章的喷涂着色。其着色力高于一般分散染料，也高于其他杂环分散染料，颜色艳丽，有强烈的荧光。

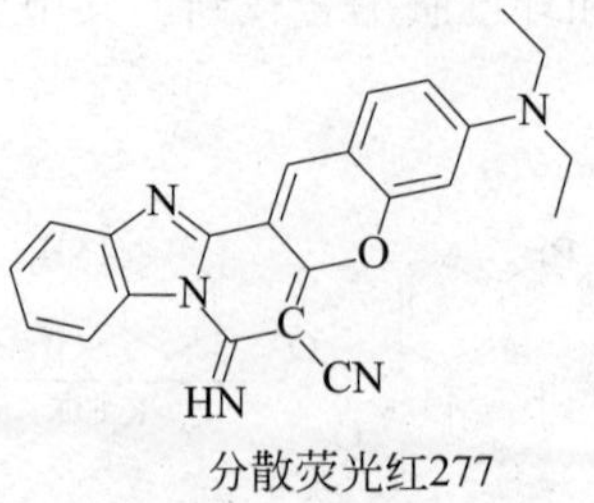

N N N O C CN HN

分散荧光红277

其合成路线如下：

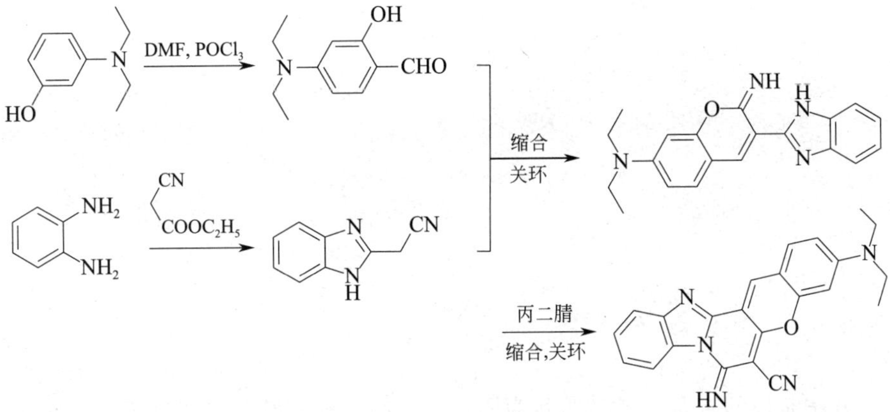

DMF, $POCl_3$

缩合 关环

丙二腈 缩合,关环

(9) 分散红 364

为硫靛结构荧光染料，结构式与还原红 41 相同，溶于乙醇为蓝光红色，溶于二甲苯为红色；在碱性保险粉中为红光黄色，在酸性溶液中为浅黄色。合成方法将重氮化的邻氨基苯甲酸转化为邻巯基苯甲酸，然后与氯乙酸钠反应得羧甲基巯基苯甲酸，再碱熔得 3(2*H*)-硫茚酮，然后用硫黄的水悬浮液沸腾氧化处理得到。

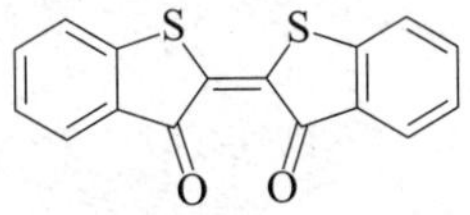

分散红364

三、酸性荧光染料

酸性荧光染料品种并不多，且极少用于纺织印染，多用于生物指示剂、医学检测显色剂等。几种常见的酸性荧光染料如下：

(1) 酸性黄 73（酸性荧光黄荧光橙红）

酸性黄 73，可以溶于水及乙醇，溶液带有强烈荧光，水溶性好。主要用作海上显示荧光目标、吸附指示剂、氧化还原指示剂、荧光光度分析硫离子、滴定氯、溴和碘，也可用于医药，化妆品着色，较少用于纺织印染。

酸性荧光黄由苯二酚与苯酐缩合后氧化制备。合成路线如下：

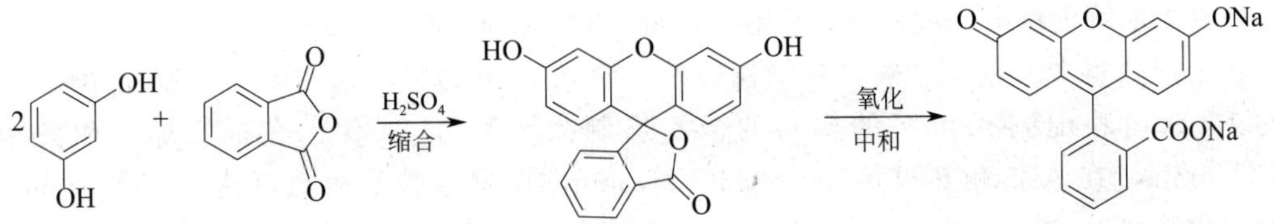

H_2SO_4 缩合

氧化 中和

酸性荧光黄

(2) 酸性红 52（酸性桃红 B）

酸性红 52，又名磺酰罗丹明 B（Sulforhodamine B sodium salt，SRB）通常用作膜不可

渗透的极性示踪剂或通过测定细胞蛋白用于细胞密度测定（细胞毒性测定）。也可用于羊毛织物的染色，如用于蚕丝、锦纶或蚕丝、锦纶混纺织物的染色及皮革的染色，同时可用于化妆品着色。

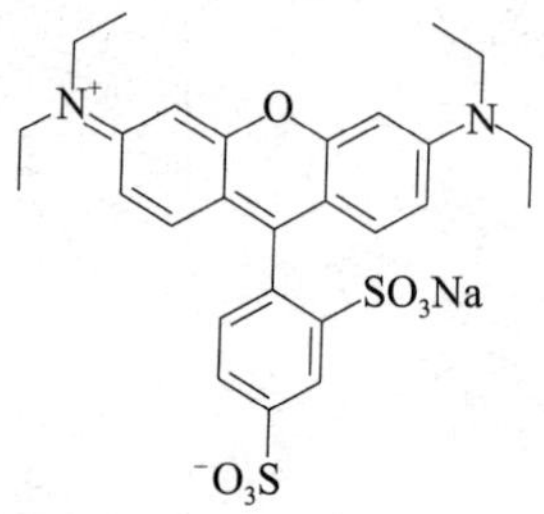

酸性红52

其合成方法是以间羟基二乙基苯胺为原料，与间二磺酸基苯甲醛进行缩合反应，然后经氧化、过滤、干燥、粉碎而得。

（3）酸性红 87（弱酸性红 A）

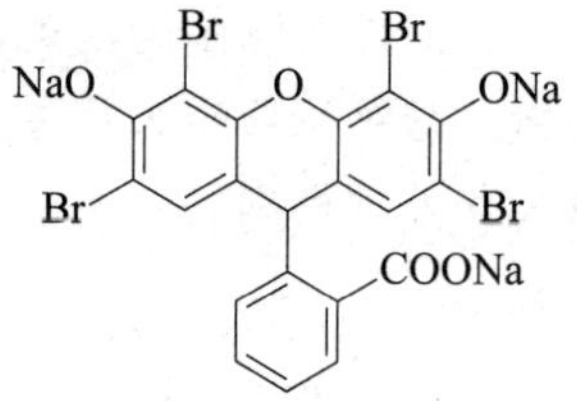

酸性红87

酸性红 87，又名四溴荧光素二钠，别名墨水红 A、弱酸性红 A、酸性曙红 A、酸性墨水曙红、酸性大红 P-R，是一只性能优异的酸性染料，外观为红色均匀粉末，溶于水和乙醇，呈带黄绿色荧光的蓝光红色溶液。

酸性红 87 遇浓硫酸呈黄色，将其稀释后生成黄光红色沉淀。酸性红 87 染色时遇铜离子色泽微蓝，遇铁离子色泽蓝暗，拔染性好。主要用于制红墨水和红铅笔，只适于地毯的染色，染其他纺织品牢度差。酸性红 87 精制后可用于药品和化妆品的着色，制红墨水和红铅笔，还可用于皮革、羊毛的染色，其铅盐可作为颜料。同时它也是一种生物染色剂，如用于碱性磷酸酶的染色。

四、溶剂型荧光染料

（1）溶剂黄 160：1（荧光黄 10GN）

外观为艳黄色粉末，色相为非常艳丽带荧光的绿光黄。

在工程塑料中着色力一般，耐晒性较差，含 0.05%颜料的透明苯乙烯制品耐晒 7 级，而与 1%钛白粉配制 0.05%的颜料的苯乙烯制品耐晒 3～4 级。在苯乙烯中耐热可达 300℃/5min，在 ABS 耐热可达 240～260℃/5min，在聚碳酸酯耐热可达 350℃/5min，在尼龙 6 耐热可达 300℃/5min。主要用于塑料的着色；可用于聚苯乙烯、ABS、SAN、聚甲基丙烯酸甲酯、聚碳酸酯、尼龙、硬质聚氯乙烯，也可有限制的用于聚醚塑料和 PBT 着色。

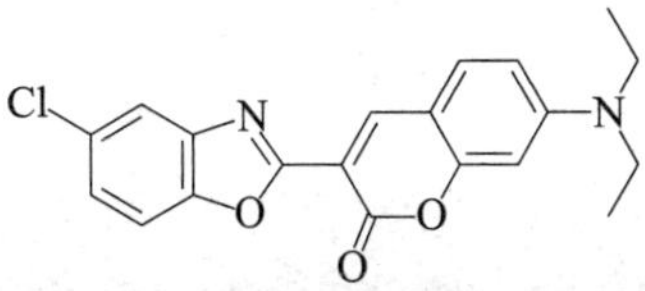

溶剂黄160:1

(2) 溶剂红 196（荧光红 BK）

溶剂红 196 为带荧光的红色粉末。不溶于水。耐晒牢度好，耐热稳定性优良，可达 300℃。用于聚苯乙烯、聚氯乙烯、聚碳酸酯塑料着色。

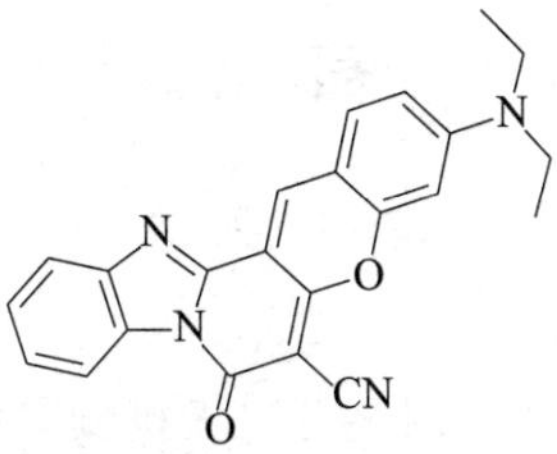

溶剂红196 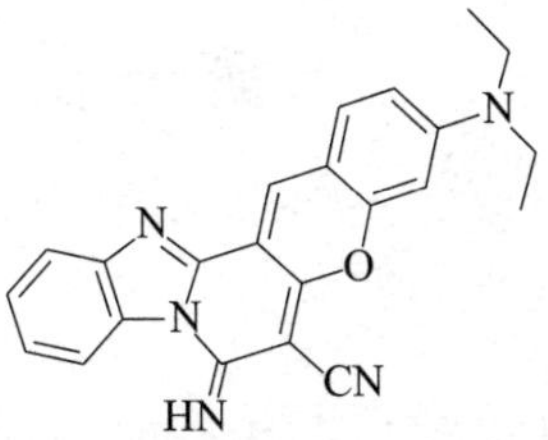　　溶剂红197

(3) 溶剂红 197（荧光红 GK）

结构式与分散红 362 相同。溶剂红 197 为亮红色粉末。不溶于水，是一种具有高热稳定性的苯并吡喃着色剂，可用于多种树脂和纤维着色。荧光红 197 主要用于聚苯乙烯、聚氯乙烯、聚碳酸酯等塑料的着色。特别适合于浅色透明色调。耐晒牢度好，耐热稳定性优良，可达 300℃。

第十二章 有机颜料

第一节 引 言

一、有机颜料简介

颜料是不溶性的有色物质，有无机颜料和有机颜料之分。无机颜料主要有钛白粉、氧化铁红、朱砂（HgS）、普鲁士蓝（$Fe_4[Fe(CN)_6]_3 \cdot xH_2O$）、铬黄（$PbCrO_4$）、镉红（硒硫化镉，CdS·CdSe）等，无机颜料耐晒，耐热，耐候，耐溶剂性好，遮盖力强，但色谱不十分齐全，着色力低，颜色鲜艳度差，部分金属盐和氧化物毒性大。

有机颜料主要是指不溶性的有色的有机物质。但是并非所有的有色物质都可作为有机颜料使用。有色物质要成为颜料，它们必须具备下列性能：

① 色彩鲜艳，能赋予被着色物（或底物）坚牢的色泽；

② 不溶于水、有机溶剂或应用介质；

③ 在应用介质中易于均匀分散，而且在整个分散过程中不受应用介质的物理和化学性质影响，保留它们自身固有的晶体构造；

④ 耐日晒、耐气候、耐热、耐酸碱和耐有机溶剂。

与染料相比，有机颜料在应用性能上存在一定的区别。染料的传统用途是对纺织品进行染色，而颜料的传统用途却是对非纺织品（如油墨、油漆、涂料、塑料、橡胶等）进行着色。这是因为染料对纺织品有亲和力（或称直接性），可以被纤维分子吸附、固着；而颜料对所有的着色对象均无亲和力，主要靠树脂、黏合剂等其他成膜物质与着色对象结合在一起。染料在使用过程中一般先溶于使用介质，即使是分散染料或还原染料，在染色时也经历了一个从晶体状态先溶于水成为分子状态后再上染到纤维上的过程。因此，染料自身的颜色并不代表它在织物上的颜色。颜料在使用过程中，由于不溶于使用介质，所以始终以原来的晶体状态存在。因此，颜料自身的颜色就代表了它在底物中的颜色。正因为如此，颜料的晶体状态对颜料而言十分重要，而染料的晶体状态就不那么重要，或者说染料自身的晶体状态与它的染色行为关系不密切。颜料与染料虽是不同的概念，但在特定的情况下，它们又可以通用。如某些蒽醌类还原染料，它们都是不溶性的染料，但经过颜料化后也可用作颜料。这类染料，称为颜料性染料，或染料性颜料。

近年来，有机颜料的发展极为迅速，这是因为与无机颜料相比，有机颜料有一系列的优点。有机颜料通过改变其分子结构，可以制备出繁多的品种，而且具有比无机颜料更鲜艳的色彩和更明亮的色调。大多数有机颜料品种的毒性较小，而大多数无机颜料含有重金属，如铬黄、红丹、朱红等均有一定的毒性。一些高档的有机颜料品种（如喹吖啶酮颜料、酞菁颜料等）不仅具有优异的耐日晒牢度、耐气候牢度、耐热性能和耐溶剂性能，而且在耐酸、碱性能方面要优于无机颜料。有机颜料的品种、类型、产量以及应用范围都在不断增长和扩大，已成为一类重要的精细化工产品。

二、有机颜料的发展

人类在距今三万年前就已经开始使用有色的无机物，如将赭石、赤铁矿等作为一种“色材”应用于绘画等，这可由古代的壁画、岩画得到证明。这种作为色材使用的赭石、赤铁矿，实际上就是最原始的无机颜料。

在远古时代，作为对无机色材的补充，人类使用了植物性的色材（如茜草、靛草）或动物性的色材（如泰尔紫，来自一种海螺）。茜草的有色成分主要为茜素（1,2-二羟基蒽醌），靛草的有色成分主要是靛蓝（Indigo）。这两种物质或者它们的衍生物至今仍然作为色素被使用着。它们是现代有机颜料的起源。

第一个用水溶性染料制备的颜料是在1899年合成的立索尔红，并且是以钠盐形式出售的。如果把水溶性染料从钠盐转变为水不溶性的钡盐或钙盐，可以明显提高其着色强度，因此自立索尔红颜料问世之后不久，许多水不溶性的钡盐及钙盐等色淀类红色颜料相继上市。自1903年，色淀红C（颜料红53：1）问世，这个颜料至今仍被大量生产与使用。

在以可溶性偶氮染料通过色淀化合成颜料的基础上，人们开始直接利用不含水溶性基团的原料合成不溶性的偶氮颜料，如1895年合成的邻硝基苯胺橙，1905年合成的C.I. 颜料橙5（二硝基苯胺橙）。1909年发表了许多有关黄、橙色单偶氮颜料的专利，其代表性的品种即为1910年投放市场的汉沙系颜料，如C.I. 颜料黄1。1911年，以3,3′-二氯联苯胺代替一元胺与乙酰乙酰苯胺偶合得到了重要的双偶氮黄色颜料C.I. 颜料黄12（联苯胺黄G），这类颜料的着色强度相当于汉沙系颜料的2倍，且较少发生颜色的迁移现象，至今仍为调制印刷油墨用主要的黄色着色剂。

1935年蓝色的酞菁颜料问世，这是颜料发展史上的一个里程碑。绿色酞菁颜料1938年问世，填补了性能优异的蓝、绿色有机颜料的空白。酞菁颜料的合成工艺非常简便且生产成本低，其色光鲜艳，着色强度高，还具有优异的耐日晒和耐气候牢度、耐热和耐化学试剂稳定性，因此产量不断增加。如今已研究开发出系列的、不同晶型的酞菁颜料产品。

从1950年起，在有机颜料的主要色谱基本齐全的基础上，又开始开发与蓝、绿色谱具有相近应用牢度的黄、橙、红和紫色的颜料。1954年，瑞士汽巴-嘉基（Ciba-Geigy）公司开发了耐热性能和耐迁移性能良好的黄色和红色偶氮缩合型颜料，商品牌号为Cromophtal。1955年，美国DuPont公司开发出喹吖啶酮类红、紫色颜料。20世纪60年代，德国赫斯特公司将黄、橙、红色苯并咪唑酮类颜料推向市场。70年代，瑞士汽巴-嘉基公司和德国巴斯夫公司共同开发出了黄色的异吲哚啉酮和异吲哚啉颜料。80年代，瑞士汽巴公司推出了新产品1,4-吡咯并吡咯二酮（即DPP类）红色颜料等。

有机颜料工业发展至今，随着应用领域和技术的发展，不断地对有机颜料产品提出更新、更高的要求，从而大幅度地促进相关技术向纵深发展。同时，为了适应某些应用领域对高性能有机颜料的需求，生产具有优异的耐久性能（如耐光、耐气候牢度、耐热稳定性、耐迁移性等）、高着色强度和良好的应用性能的有机颜料，从而研发出了一些新化学结构的有机颜料品种。

1. 苯并咪唑酮-二噁嗪类染料

C.I. 颜料蓝 80 属于此类颜料，其由 2,3,5,6-四氯对苯二醌作为原料，在与 2 分子的氨基苯并咪唑酮缩合而得到。其化学结构为：

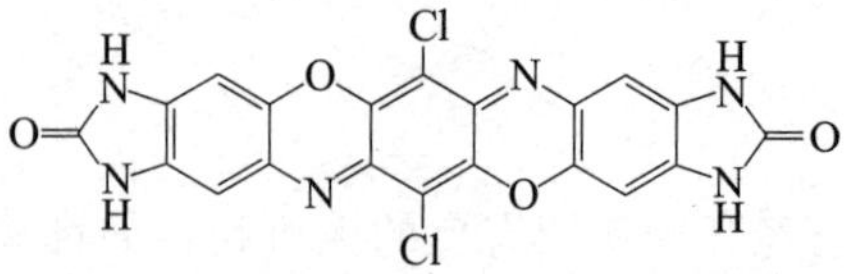

二噁嗪母体是一个平面型的稠环芳烃，分子中不含咔唑环，但引入了咪唑酮，含有环酰氨基，能形成分子内氢键，这种结构的化合物本身就有很好的热、光和化学稳定性，将它们制成颜料，则赋予了它们各项良好的耐热、耐日晒等应用牢度。不仅色光与 C.I. 颜料蓝 60（蒽醌结构）接近，而且着色力高于 C.I. 颜料紫 23，还具有优异的耐光性、耐候性和耐热稳定性等。此外，在现有的有机颜料品种中，二噁嗪颜料的着色力是最强的。另一方面，在分子中引入苯并咪唑酮的结构会增加分子间氢键，降低分子在有机溶剂中的溶解性，提高产品质量。

2. 噻嗪-靛蓝类颜料

噻嗪-靛蓝类颜料有顺式和反式两种结构：

反式　　　　顺式

其主要合成路径如下，产物以反式为主。

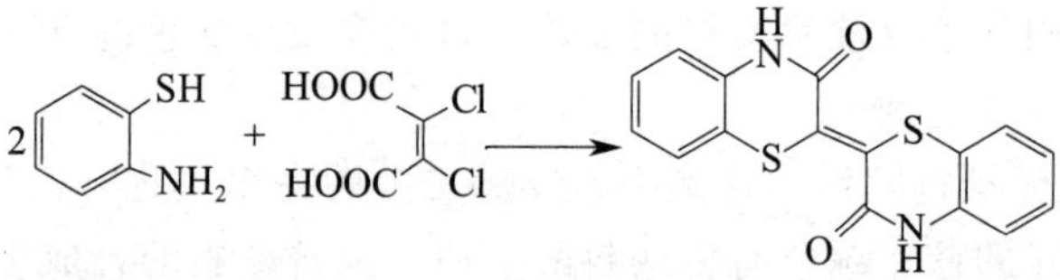

这类颜料的色光为黄光红，典型的品种是 C.I. 颜料红 279，它适用于塑料，尤其是电缆绝缘材料的着色，具有相当高的耐日晒牢度和耐热性能。

3. 喹噁啉二酮类颜料

喹噁啉二酮类颜料的母体结构及制备方法如下：

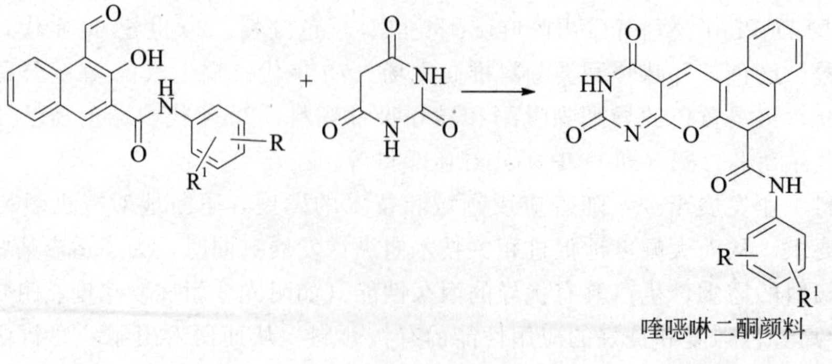

喹噁啉二酮颜料

其有紧密的分子内氢键作用（如下图）和分子间氢键作用，因此其耐温和耐溶剂性能优良。

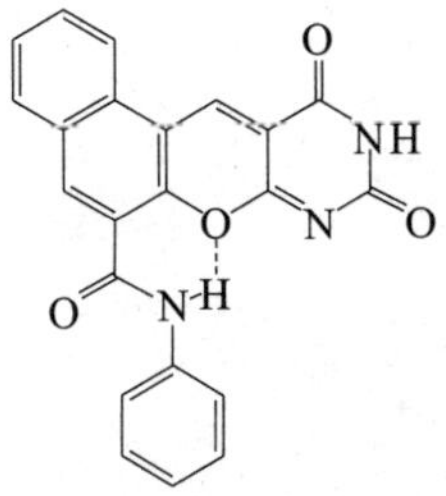

尽管该结构类型的化合物早在1977年就已在专利中出现，但近几年黄色有机颜料才开始商品化，典型的品种是C. I. 颜料黄213，它呈现强绿光黄色，主要应用领域为汽车原装漆和修补漆、卷钢涂料、工业漆、粉末涂料等。

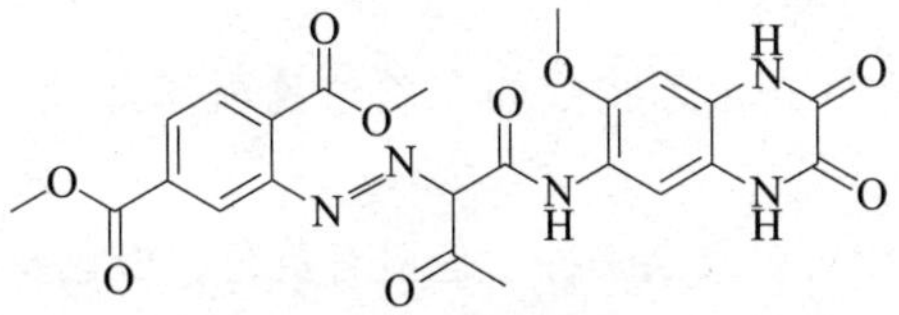

C.I.颜料黄213

第二节　有机颜料的分类

有机颜料品种繁多，有多种方法可对它们进行分类。较为常用的分类方法如下。

① 按色谱不同分类，可分为黄、橙、红、紫、棕、蓝、绿色颜料等。

② 功能性分类，可分为普通颜料、荧光颜料、珠光颜料、变色颜料等。

③ 按应用对象分类，可分为油漆和涂料专用颜料、油墨专用颜料、塑料和橡胶专用颜料、化妆品专用颜料等。

④ 按化学结构分类，可分为偶氮类、酞菁类、杂环类、三芳甲烷类和其他类颜料。按颜料分子的发色体可大致将颜料分为偶氮类和非偶氮类颜料两大类。

一、偶氮类颜料

偶氮类颜料的品种结构最多，产量最大，色谱丰富，主要为黄、橙、红色，依其结构所含有的偶氮基数目，或是重氮组分和偶合组分的结构特征可进一步进行分类。

1. 单偶氮黄色和橙色类颜料

单偶氮黄色和橙色颜料是指颜料分子中只含有一个偶氮基，而且它们的色谱为黄色和橙色，组成这类颜料的偶合组分主要为乙酰乙酰苯胺及其衍生物和吡唑啉酮及其衍生物。以前者为偶合组分的单偶氮颜料一般为绿光黄色，而以后者为偶合组分的单偶氮颜料一般为红光黄色和橙色。单偶氮黄色和橙色颜料的制造工艺相对较为简单，品种很多，大多具有较好的耐日晒牢度，但是由于分子量较小等原因，使其耐溶剂性能和耐迁移性能不太理想。单偶氮黄色和橙色颜料主要用于一般品质的气干漆、乳胶漆、印刷油墨及办公用品。典型的品种有汉沙黄10G（C. I. 颜料黄3）和汉沙艳黄5GX（C. I. 颜料黄74），其结构见下页。

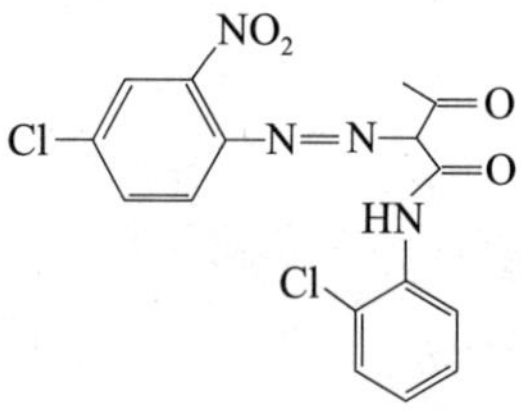

汉沙黄10G

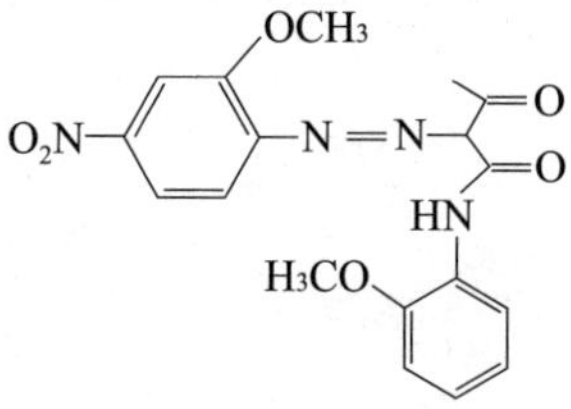

汉沙艳黄5GX

2. 双偶氮类颜料

双偶氮颜料是指颜料分子中含有两个偶氮基的颜料。在颜料分子中导入两个偶氮基一般有以下两种方法。

① 以二元芳胺的重氮盐（如3,3′-二氯联苯胺）与偶合组分（如乙酰乙酰苯胺及其衍生物或吡唑啉酮及其衍生物）偶合。

② 以一元芳胺的重氮盐与二元芳胺（如双乙酰乙酰苯胺及其衍生物或双吡唑啉酮及其衍生物）偶合。

双偶氮颜料的生产工艺相对要复杂一些，色谱有黄色、橙色及红色，其耐日晒牢度不太理想，但耐溶剂性能和耐迁移性能较好。主要应用于一般品质的印刷油墨和塑料，较少用于涂料。典型的品种有联苯胺黄（C. I. 颜料黄 12、13、14、17、55、83 等）和颜料红 37，其结构如下：

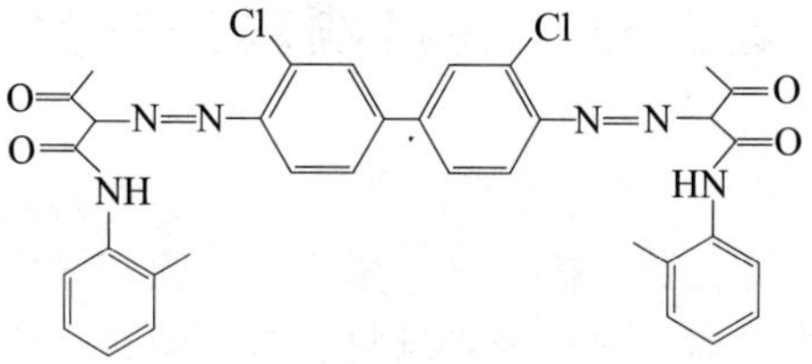

颜料黄13

制备方法：将3,3′-二氯联苯胺（DCB）低温下与盐酸、水一起打浆，加入亚硝酸钠水溶液，进行重氮化反应，活性炭脱色，过滤；重氮盐与邻甲基乙酰乙酰苯胺（AAOT）在pH=6下偶合，反应后，加热至90℃，搅拌30min，过滤，洗涤，干燥。

3. *β*-萘酚系列颜料

从化学结构上看，*β*-萘酚系列颜料也属于单偶氮颜料，只是其以*β*-萘酚为偶合组分，且色谱主要为橙色和红色，为将其与黄色、橙色的单偶氮颜料相区分，故将其归类为*β*-萘酚系列颜料。其耐日晒牢度、耐溶剂性能和耐迁移性能都较理想，但是不耐碱，生产工艺的难易程度同一般的单偶氮颜料，主要用于需要较高耐日晒牢度的油漆和涂料。典型的品种有甲苯胺红（C. I. 颜料红 3）、颜料红 4、颜料油紫，其结构举例如下：

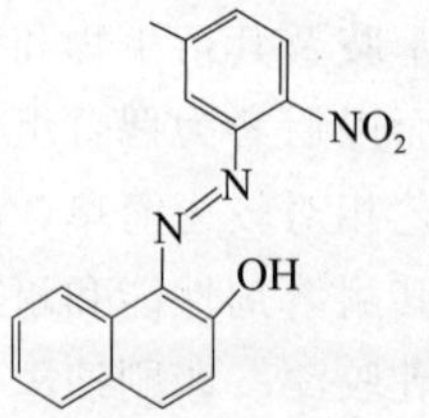

颜料红3

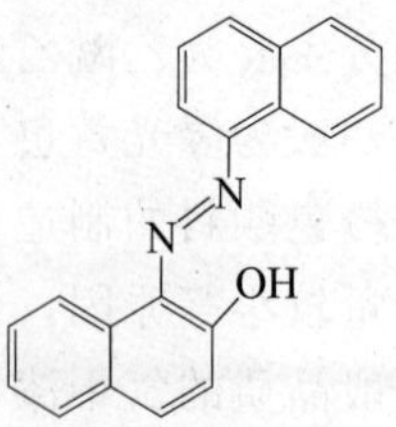

颜料油紫

4. 色酚AS系列颜料

色酚AS系列颜料是指颜料分子中以色酚AS及其衍生物为偶合组分的颜料。需要指出的是，以色酚AS及其衍生物为偶合组分的颜料既有单偶氮的，也有双偶氮的，习惯上将那些双偶氮的归类为偶氮缩合颜料，故色酚AS系列颜料一般指那些单偶氮的、以色酚AS及其衍生物为偶合组分的颜料。这类颜料的色谱有黄、橙、红、紫酱、洋红、棕和紫色。其耐日晒牢度、耐溶剂性能和耐迁移性能一般，主要用于印刷油墨和油漆。典型的品种有永固红FR（C.I. 颜料红2）和颜料红31、112、139、146、188等。

C.I. 颜料红31，也叫橡胶颜料枣红BF、橡胶枣红BF、坚固红VBR。主要用于橡胶制品的着色，也可用于油墨和涂料的着色。结构式如下：

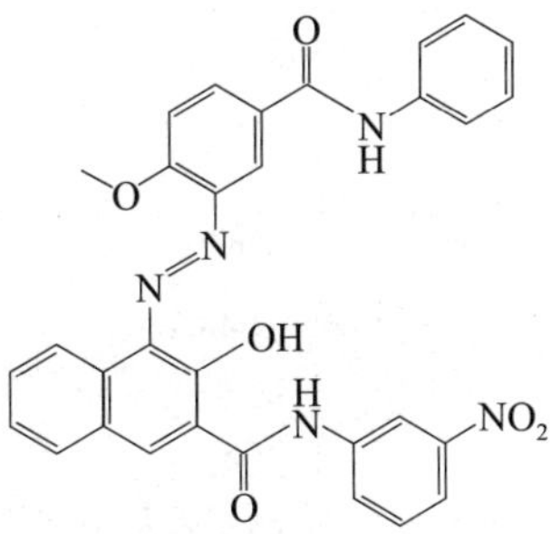

O N H O N N OH H N NO_2 O

颜料红31

5. 偶氮色淀类颜料（难溶性偶氮染料）

偶氮色淀类颜料的前体是水溶性的染料，分子中含有磺酸基和羧酸基，经与沉淀剂作用生成水不溶性颜料。所用的沉淀剂主要是无机酸、无机盐及载体。此类颜料的生产难易程度同一般的单偶氮颜料，色谱主要为黄色和红色，其耐日晒牢度、耐溶剂性能和耐迁移性能一般，主要用于印刷油墨。典型的品种有金光红C（C.I. 颜料红53），其结构如下：

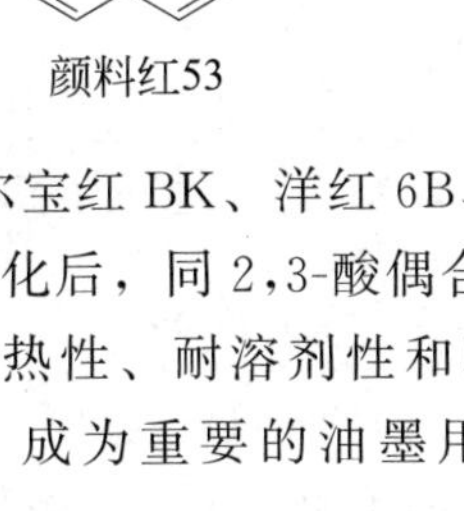

Cl SO_3M N N OH

颜料红53

C.I. 颜料红57∶1，又名立索尔宝红BK、洋红6B、颜料艳红6B、颜料红6B等。它是由4B酸（4-甲苯胺-2-磺酸）经重氮化后，同2,3-酸偶合，再以二价金属盐色淀化而得。由于它具有色泽鲜艳，着色力强，耐热性、耐溶剂性和印刷性能良好、制造方便以及成本低等优点，深受油墨行业的关注，成为重要的油墨用红色颜料，也是重要的红色有机颜料。

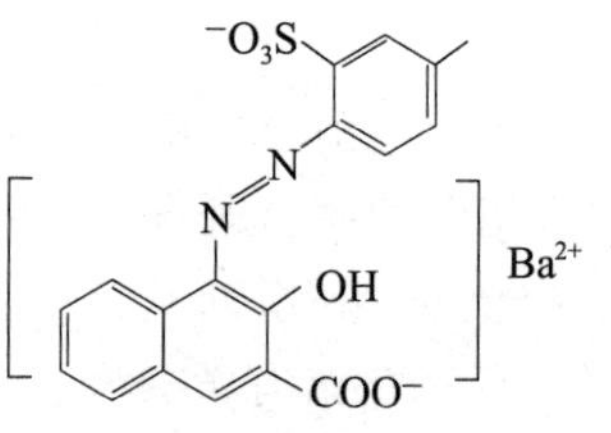

C.I.颜料红57:1

C. I. 颜料红 48∶1 其为 2B 酸与 2,3-酸重氮化偶合后的钡盐色淀。

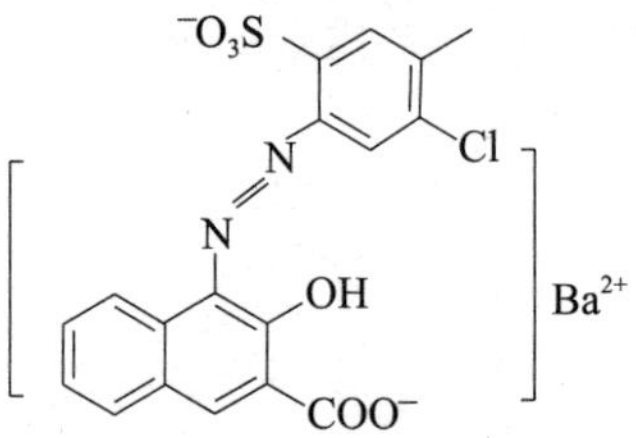

C.I.颜料红48:1

6. 苯并咪唑酮类颜料

苯并咪唑酮颜料得名于分子中所含的 5-酰氨基苯并咪唑酮（简称 BI）基团，其结构如下。用邻苯二胺与尿素在 150～250℃下固相反应脱氨环合制得苯并咪唑酮，再经硝化、还原即得。

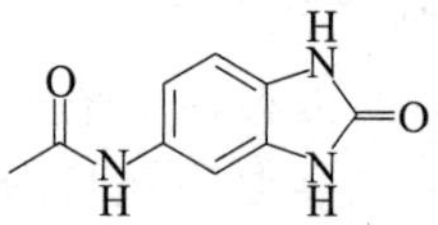

5-酰氨基苯并咪唑酮是重要的有机颜料原料，可用来合成 5-乙酰乙酰氨基苯并咪唑酮（AABI）和 *N*-(5-苯并咪唑酮基)-3-羟基-2-萘甲酰胺（ASBI）。AABI 作为偶合组分可以用来合成 P. Y. 120、151、154、156、175、180、181、194 和 P. O. 36、60、62。

将该类颜料命名为苯并咪唑酮偶氮颜料更为确切，但习惯上一直称其为苯并咪唑酮颜料。其色谱有黄、橙、红等品种，具有很高的光和热稳定性以及较高的耐溶剂牢度和耐迁移牢度。苯并咪唑酮类有机颜料是一类高性能有机颜料，但由于价格的原因，它们主要被应用于高档的场合，如轿车原始面漆和修补漆、高层建筑的外墙涂料以及高档塑料制品等。典型的品种有永固黄 S3G（C. I. 颜料黄 154），其结构如下：

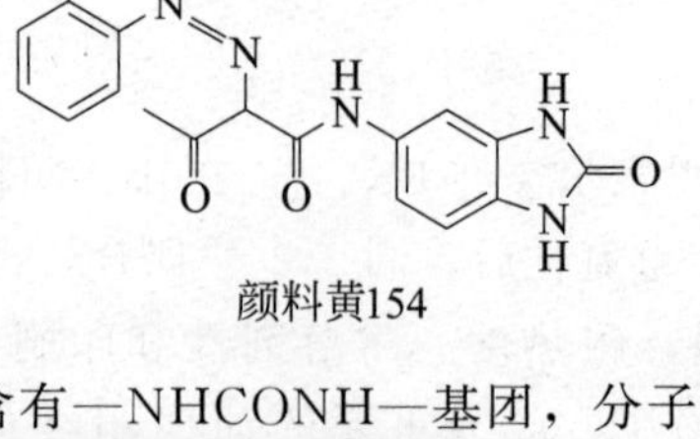

颜料黄154

苯并咪唑酮类颜料分子中含有—NHCONH—基团，分子中的亚氨基和羰基可分别与其他分子的羰基和亚氨基形成氢键，有助于耐光牢度、耐热稳定性等性能的改进，因而具有很多优异的性能，属于高档有机颜料品种，广泛用于塑料、油墨、涂料等行业。如颜料棕 25

和颜料红 2，化学结构非常相似，如下图：

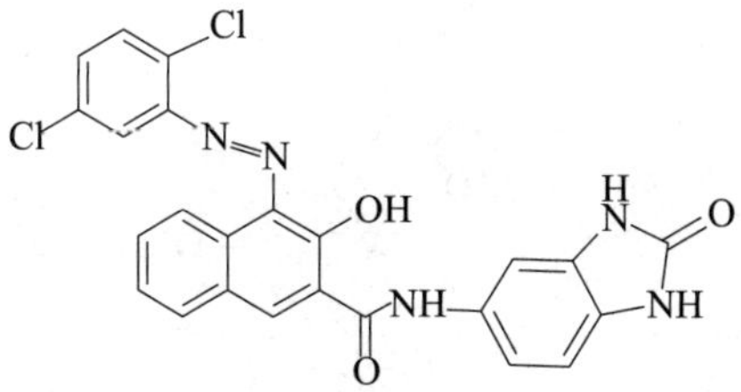

颜料棕25

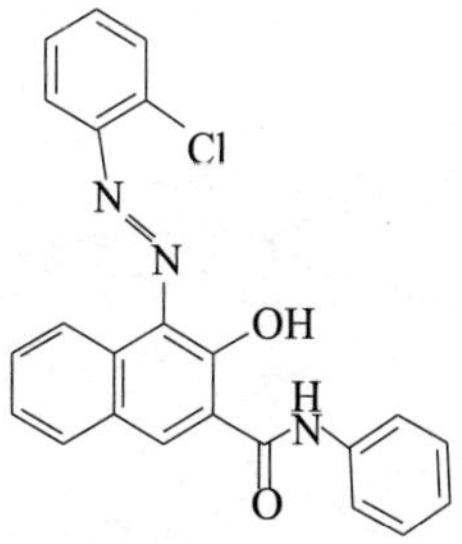

颜料红2

颜料棕 25 因为分子中的咪唑酮结构会形成大量氢键，其耐热稳定性和耐光牢度均好于颜料红 2。颜料棕 25 耐光牢度 7～8 级，而颜料红 2 只有 4～5 级，两者耐热温度分别为 240℃和不到 140℃。

7. 偶氮缩合类颜料

由于偶氮缩合类颜料的分子量比普通偶氮颜料大，且分子结构中都带有 2 个或 2 个以上酰氨基团，因此对颜料的各项物理性能有较好的改进。耐光牢度达到 7 级，并具有优异的耐热性和耐溶剂性，属高性能颜料品种。典型的品种有颜料黄 3GP（C. I. 颜料黄 93）和颜料黄 94，其结构如下：

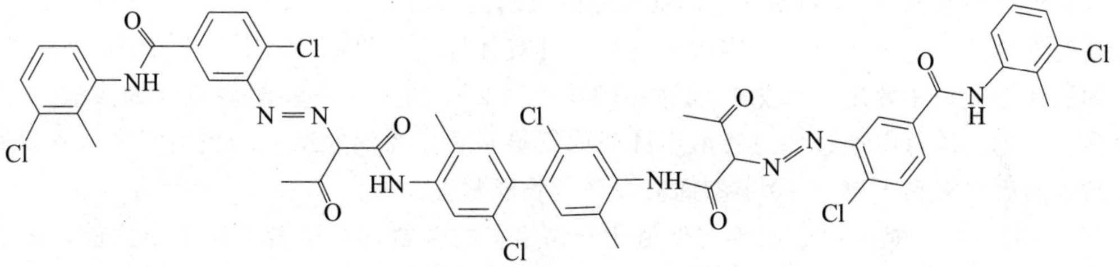

颜料黄 93

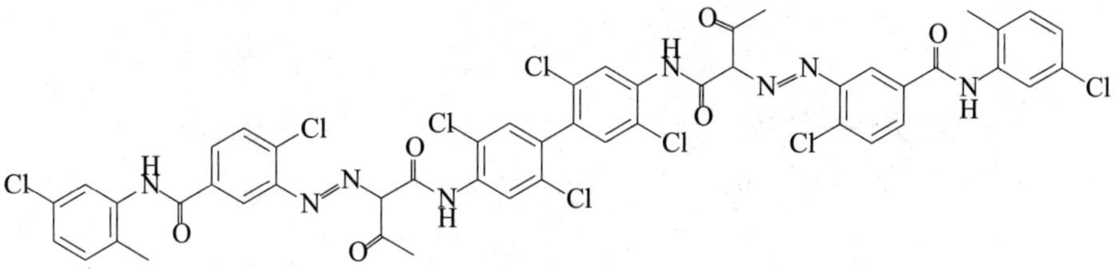

颜料黄 94

它们是利用双乙酰乙酰联苯胺及其衍生物作为偶合组分，与 2 倍物质的量的重氮盐偶合得到。还有一类是利用联苯胺作为重氮盐，然后与 2 倍物质的量的色酚偶合得到双偶氮颜料，如永固黄 HR（颜料黄 83）：

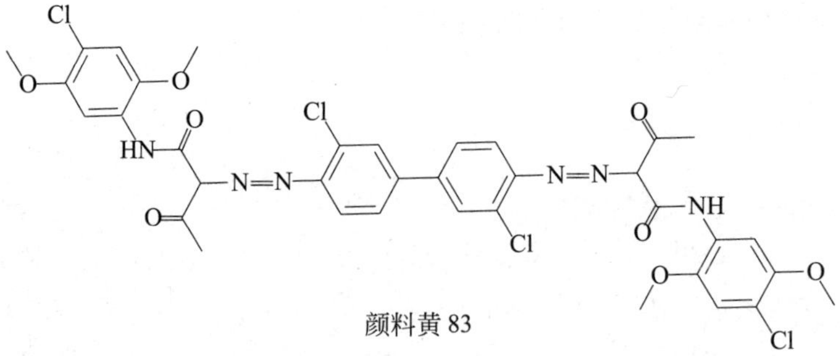

颜料黄 83

8. 金属络合类颜料

金属络合有机颜料是指以某些过渡金属为中心离子，与有机部分（为有色的染料离子或分子）配位体所形成的不溶性配位化合物，一般作为颜料的大多为螯合物。

配体中的杂原子至少含有一对未共用电子，所以在本质上倾向于与其他元素共用此对电子，以降低分子内能，从而使分子处于更加稳定状态。另一方面，作为络合离子的过渡金属元素的核外电子层含有未充满电子的空轨道，它们的特点是能够接纳外来电子以降低分子的内能，从而使分子处于更加稳定状态。

一般是偶氮类化合物及氮甲川类化合物与过渡金属的络合物，已商业化生产的品种数较少。络合的优点在于赋予偶氮类化合物及氮甲川类化合物很高的耐日晒牢度和耐气候牢度。现有的此类颜料所用的过渡金属主要是镍、钴、铜和铁，其色谱大多是黄色、橙色和绿色，主要用于需要较高耐日晒牢度和耐气候牢度的汽车漆和其他涂料。

典型的品种有 C.I. 颜料黄 150，是一种偶氮巴比妥酸镍络合颜料，绿光黄色，半透明，具有高的着色强度。因形成分子内镍络合物，具有优异的耐热稳定性、极佳的耐气候牢度和良好的流动性能。主要用于油墨、油漆、印花色浆、高档工业涂料的着色，如醇酸-三聚氰胺涂料的着色。其可以通过偶氮乙酸甲脒或偶氮氨基胍作为偶氮组分转换中间体制备偶氮巴比妥酸，然后与镍离子形成 1∶1 型偶氮镍络合物颜料黄 150。

C.I. 颜料绿 10 是一种金属镍与偶氮化合物络合的颜料，在酞菁颜料上市之前，该颜料是黄光绿颜料中耐晒牢度和耐气候牢度最高的品种。

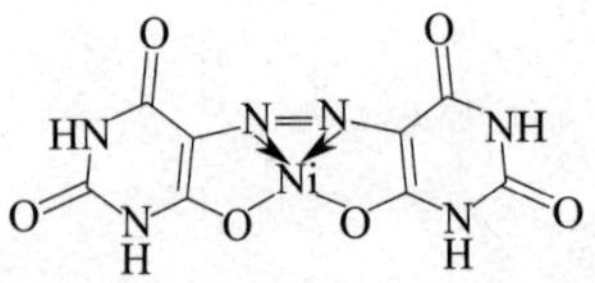

颜料黄150

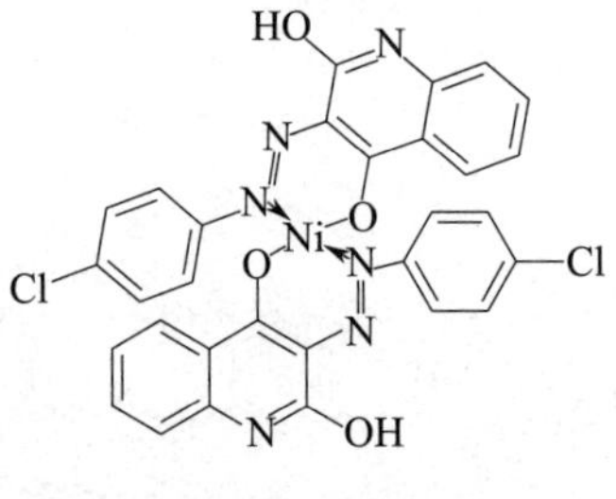

颜料绿10

其合成是对氯苯胺经重氮化后再与 2，4-二羟基喹啉偶合，得到偶氮分子再与镍离子络合得到。由于络合反应涉及配位体中脱质子化反应，所以在反应介质中加入碱性物质如醋酸钠有利于反应进行。

二、非偶氮类颜料

非偶氮类颜料一般指多环类或稠环类颜料。这类颜料一般为高级颜料，具有很高的各项应用牢度，主要用于高档场合。除了酞菁类颜料外，它们的制造工艺相当复杂，生产成本也很高。

1. 酞菁类颜料

酞菁类颜料是仅次于偶氮颜料的重要品种。酞菁分子结构与叶绿素、血红素等天然有色物质的结构非常相似，由四个吲哚啉组成封闭的十六元环，碳和氮在环上交替地排列，形成一个有十八个π电子的环状轮烯发色体系。苯环上的十六个氢原子可以被卤素、磺酸基、氨基、硝基等取代。中心的两个氢原子则可以被不同金属取代，并与氮原子形成共价键；另外，两个氮原子以配位键与金属结合成十分稳定的络合物（金属酞菁）。金属以共价键方式与酞菁结合，其中稳定性较好的有铜、钴、镍、锌等。金属酞菁几乎不溶于一般有机溶剂，但是可以通过取代反应或改变金属元素来改进溶解性。用稀无机酸处理，能脱除金属生成无金属酞菁。

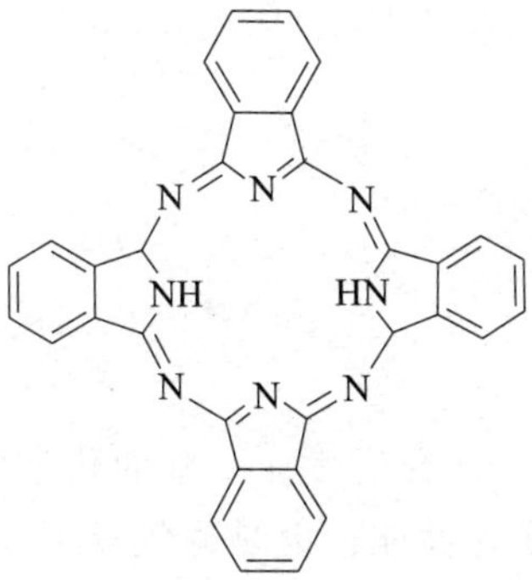

酞菁分子结构

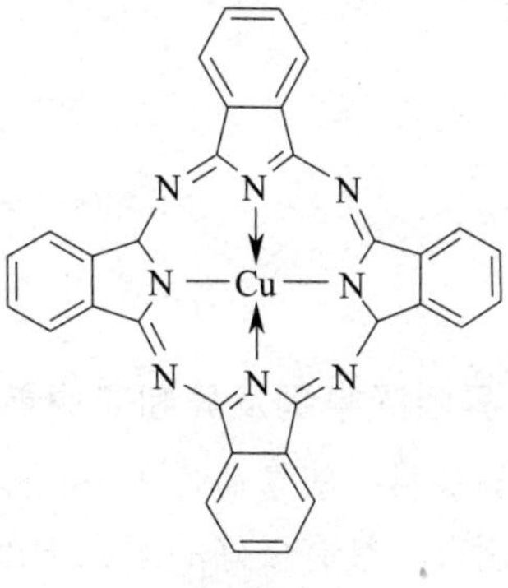

铜酞菁分子结构
铜酞蓝B

酞菁不溶于水，难溶于一般的有机溶剂，对化学试剂十分稳定。酞菁颜料的主要色谱是蓝色、绿色，色泽鲜艳，着色力强，成本低，具有优良的坚牢度。至今尚未有一种有机的蓝、绿色颜料可与其媲美。酞菁颜料主要用于油墨、印铁油墨、涂料、绘画水彩、油彩和涂料印花，以及橡胶、塑料制品着色。同时酞菁颜料也是制备酞菁活性染料、直接染料和酞菁缩聚染料的原料，在染料工业中占有重要地位。典型的品种有酞菁蓝B。

酞菁绿是重要的绿色有机颜料，有氯代酞菁和溴氯混合卤代酞菁两种，其中多氯代铜酞菁（酞菁绿G）是主要品种，结构如下：

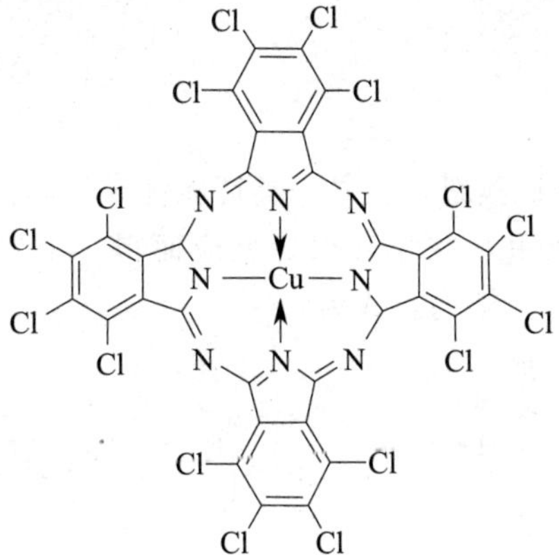

十六氯代铜酞菁（酞菁绿G）

从结构上看，酞菁分子中可以引入16个氯原子，但实际上很难做到。一般最多能引入

14～15 个氯原子。氯原子越多，产品的颜色越艳绿。酞菁绿颜色非常鲜艳，着色力很强，各项牢度都很好，应用性能优越，是最重要的绿色有机颜料，产量仅次于酞菁蓝。

颜料绿 36，可由粗品铜酞菁经液溴溴化和液氯氯化制得，结构如下：

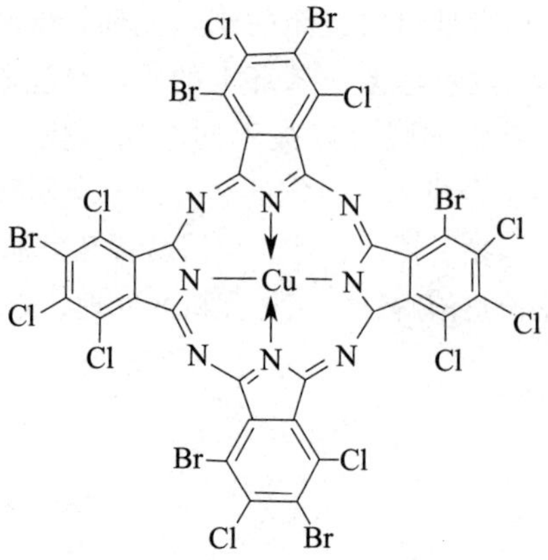

颜料绿 36

2. 异吲哚啉酮及异吲哚啉颜料

这类颜料一般是通过 1mol 的双亚氨基异吲哚啉和 2mol 具有活泼亚甲基的化合物缩合反应而制得。具有极好的耐光牢度、耐溶剂性能以及耐热稳定性能，但是耐气候牢度不高。颜料主要结构为：

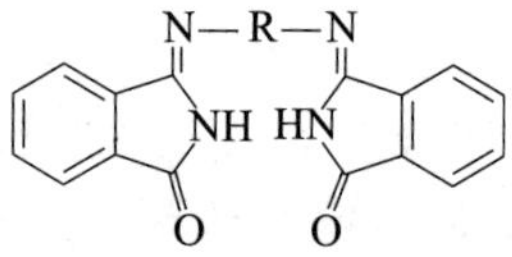

典型的品种有 C. I. 颜料黄 109、110。

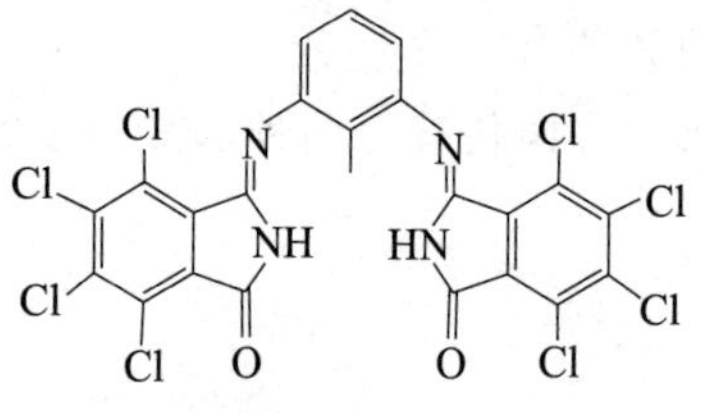

颜料黄109

颜料黄110

此外，还有异吲哚啉基有机颜料，它是一类性能优异的高档有机颜料。一般通过双亚胺异吲哚啉和 2 倍的具有活泼亚甲基的化合缩合反应而得。主要品种有颜料黄 139、颜料黄 185、颜料橙 66、颜料棕 38 等。结构通式为：

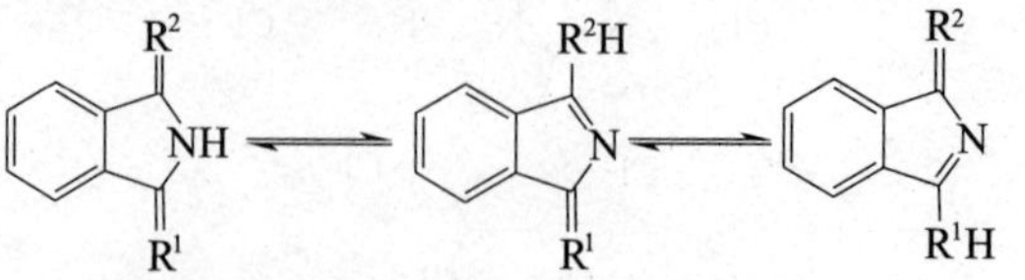

这一系列颜料共同的特征是异吲哚环系，依据取代基的不同而形成不同的颜色和商品

(见表 12-1)。

表 12-1 吲哚环系颜料取代基与商品对照表

R^1	R^2	商品名	色调
巴比妥酸	巴比妥酸	颜料黄 139	黄
巴比妥酸	氰乙酰甲胺	颜料黄 185	黄
氰乙酰对氯胺	氰乙酰-3,4-二氯苯胺	颜料橙 66	橙
1-(4′-氯苯基)-3-甲酰氨基-5-吡唑酮	1-(4′-氯苯基)-3-甲酰氨基-5-吡唑酮	颜料棕 38	棕

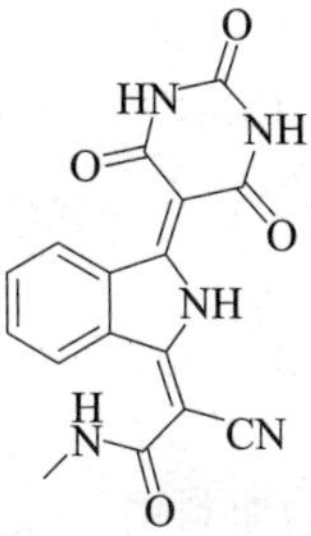

颜料黄185 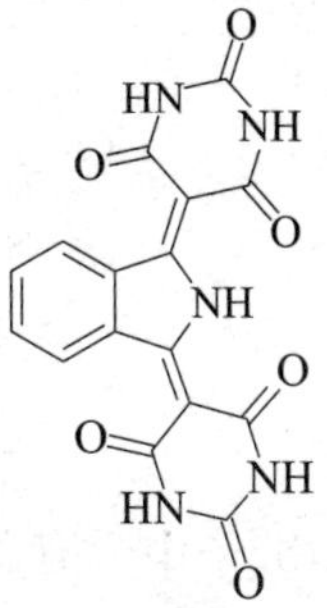　　颜料黄139

其中颜料 185 的合成路线如下：

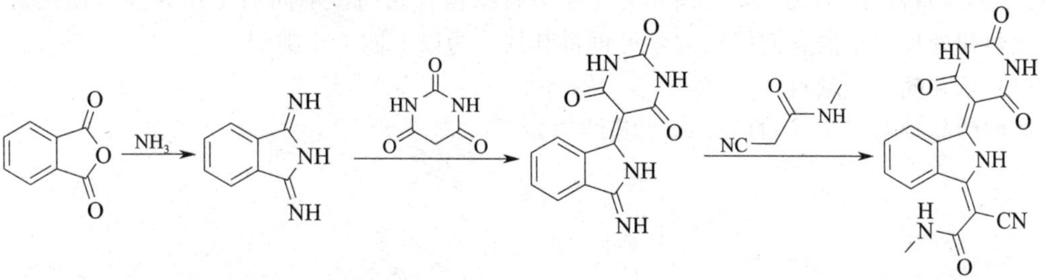

双亚胺异吲哚啉　　颜料黄185

3. 喹吖啶酮类颜料

喹吖啶酮（Quinacridone）颜料的化学结构是四氢喹啉二吖啶酮，但习惯上称其为喹吖啶酮。

喹吖啶酮颜料为一类高性能有机颜料，具有较佳的化学和光化学稳定性，非常低的溶解度，高遮盖力，良好的耐光和耐气候牢度，优异的耐溶剂性和耐热稳定性能。主要用于塑料、涂料、树脂、涂料印花、油墨、橡胶的着色，也适用于合成纤维的原浆着色。因它们的色谱主要是红紫色，所以商业上常称其为酞菁红。典型的品种有酞菁红（C. I. 颜料紫 19）、C. I. 颜料红 122、C. I. 颜料红 209，其结构如下：

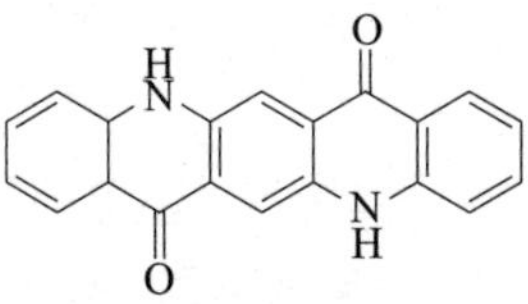

颜料紫19 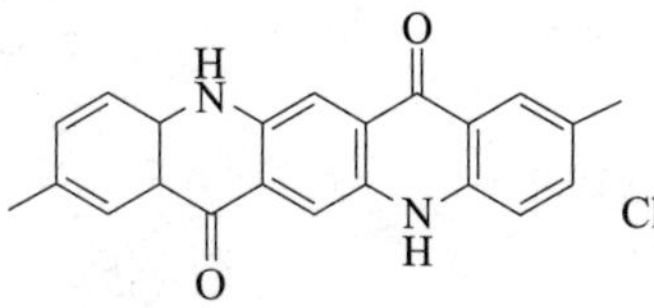　　颜料红122 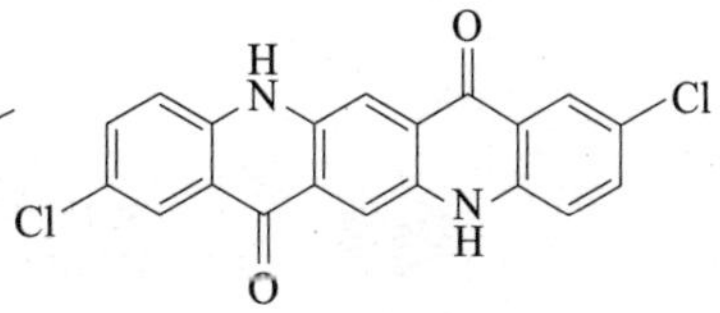　　颜料红209

此外，还有 C. I. 颜料红 206、207、209 和颜料橙 48 等，均为喹吖啶酮结构高档颜料。

4. 硫靛系颜料

硫靛、蒽醌和靛族颜料一般是还原染料经过颜料化处理而得到的。它们的合成方法与还原染料一样，不同的是颜料化处理过程。

硫靛是靛蓝的硫代衍生物，硫靛本身在工业上无多大价值，但它的氯代或甲基化的衍生物作为颜料使用较有价值，一度深受消费者欢迎。这类颜料具有很高的耐日晒牢度、耐气候牢度和耐热稳定性能，其生产工艺并不十分复杂，色谱主要是红色和紫色，常用于汽车漆和高档塑料制品。由于它们对人体的毒性较小，故又可作为食用色素使用。典型的品种有 C. I. 颜料红 181，其结构如下：

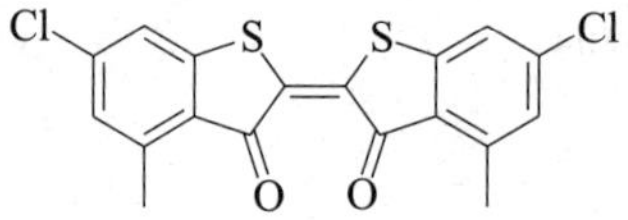

Cl S S Cl O O

颜料红181

5. 蒽醌类还原颜料

蒽醌类还原颜料是指分子中含有蒽醌结构或以蒽醌为原料的一类颜料，该类颜料具有优异的耐光牢度（至少 6～7 级）、耐气候牢度（经过 9 周的暴晒耐气候牢度仍能达到 4～5 级），光泽鲜亮，透明度高，化学性能稳定，易分散，耐热、耐酸碱以及耐有机溶剂等优良性能。这类颜料的结构式一般与稠环类还原染料结构式相同，不同的是作为颜料使用之前，需要颜料化处理。根据它们的结构，可再将其划分为以下四个小类别。

（1）蒽并嘧啶类颜料

典型的品种有 C. I. 颜料黄 108，其结构如下：

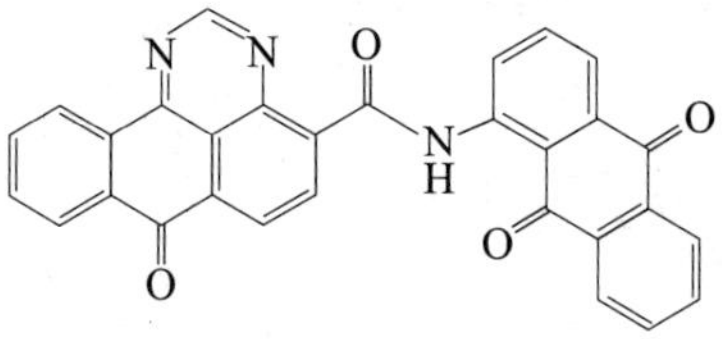

N N O N H O O O

蒽并嘧啶类衍生物的母体结构，本身在工业上无多大用途，但其衍生物却是工业上广泛应用的黄色颜料。合成路径为：①1-氨基蒽醌直接与甲酰胺合成蒽并嘧啶；②甲醛和氨水在氧化剂的存在下用 1-氨基蒽醌合成；③DMF 在二氯亚砜或者三氯氧磷作用下与 1-氨基蒽醌合成甲脒阳离子，然后在醋酸铵的作用下关环，此方法收率高。

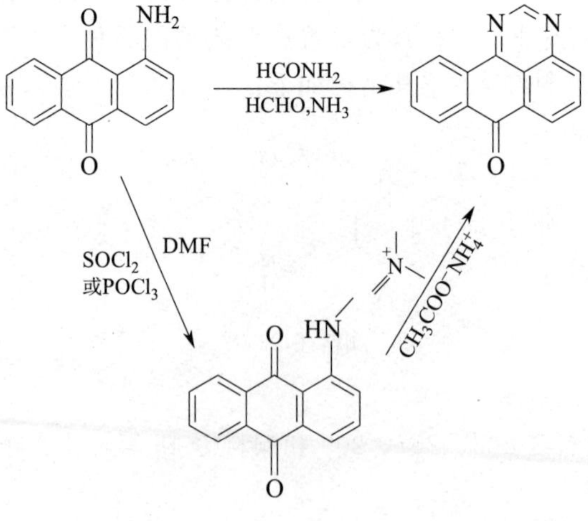

O NH_2 O $HCONH_2$ $HCHO,NH_3$ N N O DMF $SOCl_2$ 或$POCl_3$ O HN N^+ $CH_3COO^-NH_4^+$ O

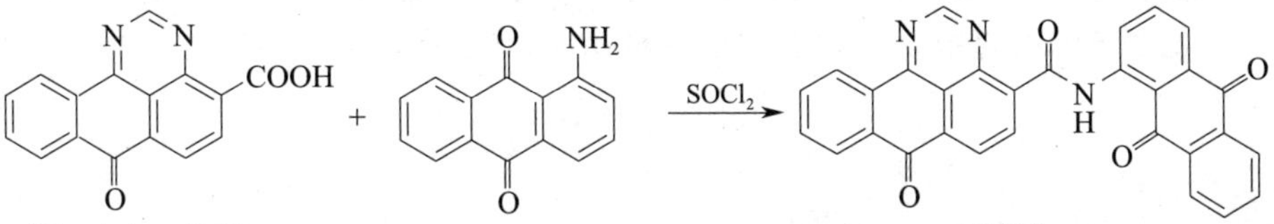

蒽并嘧啶-2-羧酸

颜料黄108

1-氨基蒽醌与蒽并嘧啶-2-羧酸、氯化亚砜一起在高沸点有机溶剂、邻二氯苯、硝基苯中于 140～160℃反应，得到固体产物经过滤、甲醇洗涤，再与次氯酸钠一起煮沸，产物经颜料化处理，即为颜料黄 108。如果是在偶极性的非质子溶剂（*N*-甲基吡咯烷酮）中于 70～110℃进行，得到的产物粒子较细。反应中添加三乙胺缚酸剂可中和反应中生成的 HCl，提高反应速率，也可先制备酰氯后进行缩合。

（2）阴丹酮颜料

典型的品种有 C. I. 颜料蓝 60，其结构同还原蓝 4，以及颜料蓝 60 的氯代衍生物颜料蓝 64。结构如下：

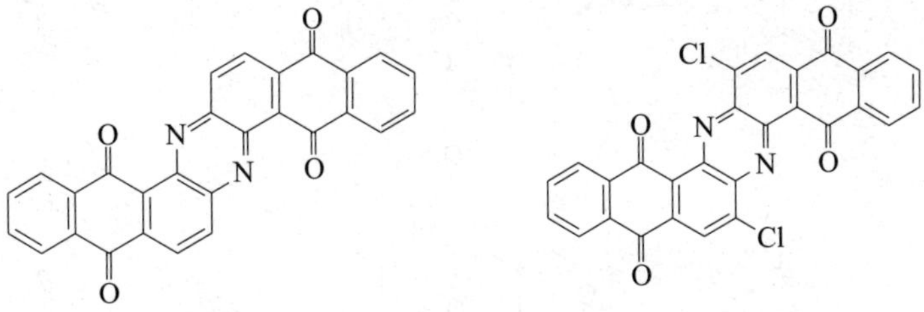

还原蓝4(颜料蓝60)

颜料蓝64

其合成是采用 2-氨基蒽醌在混合碱（NaOH/KOH）的熔体中，经聚合生成一个二聚体，它再经氧化得到阴丹酮。氧化剂常选硝酸钠，反应温度一般为 220～225℃。

（3）芘蒽酮颜料

典型的品种有 C. I. 颜料橙 40，其结构与合成路径如下：

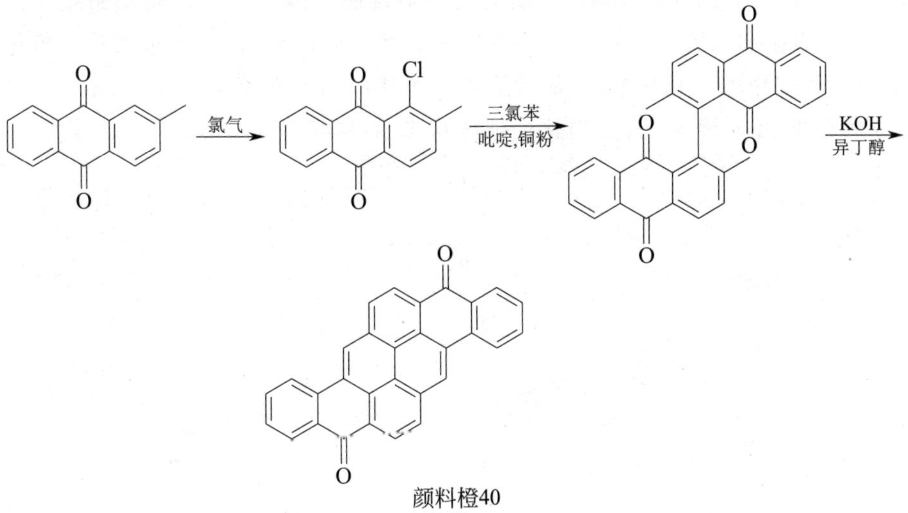

颜料橙40

芘蒽酮的卤代衍生物作为颜料使用比芘蒽酮更有价值。它们的制备方法很多，可以直接对未取代的芘蒽酮进行卤化，如颜料红 216，也可以使用 1-氯-2-甲基蒽醌的卤代衍生物作为合成 6,14-二氯芘蒽酮的起始原料。C. I. 颜料橙 40 继续溴代，得到颜料红 216（结构式同还原橙 4）：

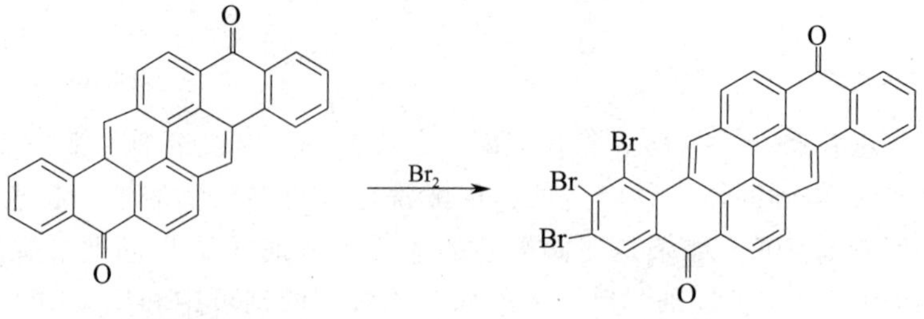

Br_2

C.I.颜料橙40　　C.I.颜料橙216

6,14-二氯芘蒽酮的合成：

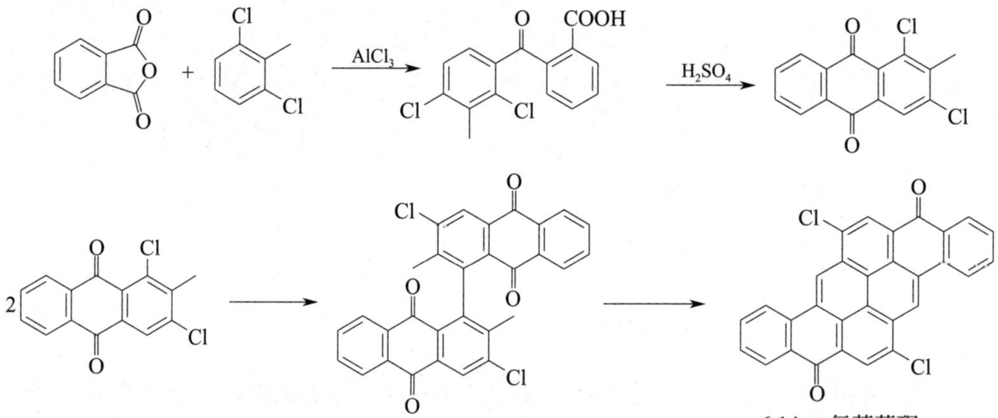

$AlCl_3$　　H_2SO_4

6,14-二氯芘蒽酮

（4）二苯并芘二酮颜料

典型的品种有 C. I. 颜料红 168，其结构式与染料还原橙 3 一样。制备路线为：由苊通过氧化、氨化、重排和水解反应合成 1-羧酸基-8-萘胺（周位酸），再经重氮化、芳化制备出 1，1′-联萘-8，8′-二甲酸（基那酸），最后脱水、闭环得到蒽缔蒽酮（Anthanthrone），再经溴代反应得到 C. I. 还原橙 3，经颜料化处理得 C. I. 颜料红 168。

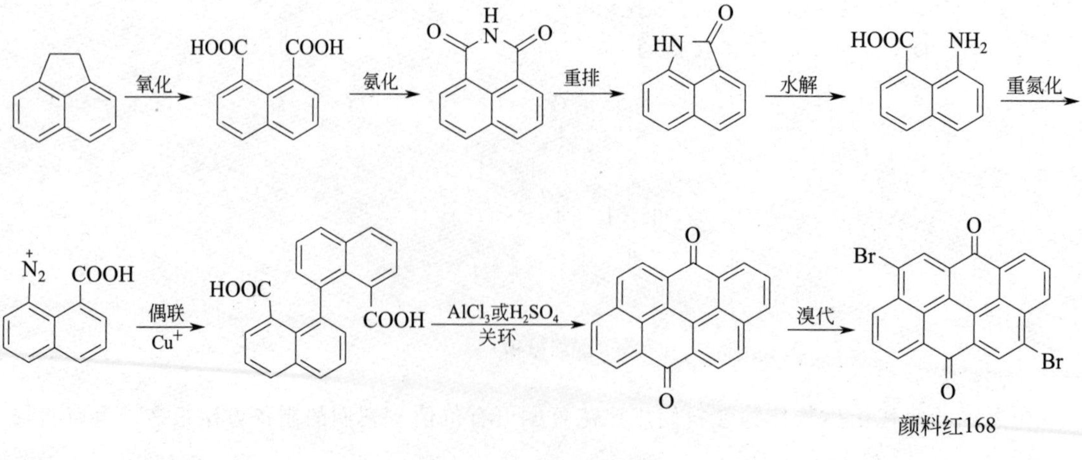

氧化　氨化　重排　水解　重氮化

偶联 Cu^+　　$AlCl_3$或H_2SO_4 关环　　溴代

颜料红168

蒽醌类颜料比较经典的品种有 C.I. 颜料红 177。化学名称为 4,4′-二氨基-1,1′-联蒽醌，是一种高档有机颜料，具有优良的耐候、耐溶剂、耐化学性。着色力高，同时具有良好的耐迁移性，耐塑料成型温度，是合成树脂和塑料着色的主要红色有机颜料品种，同时也广泛用于油漆、油墨、涂料、合成纤维、液晶显示用滤色片等方面。

传统的颜料红 177 的合成方法主要分为两步：Ullmann 缩合反应和脱磺酸基反应。前者工艺条件是以 1-氨基-4-溴蒽醌-2-磺酸（溴氨酸）为原料，在酸性介质中，以铜粉为催化剂进行 Ullmann 缩合反应得到 4,4′-二氨基-1,1′-联蒽醌-3,3′-二磺酸钠（DAS）。DAS 在 10 倍的 $w(H_2SO_4)=78\%\sim85\%$ 的硫酸水溶液中进行脱磺酸基反应，再加入硫酸量 4 倍的冰水混合物稀释，过滤沉淀后，滤饼需要用水洗涤至中性。

溴氨酸 —铜粉,硫酸 / Ullmann反应→ DAS —硫酸 / 脱磺酸基反应→ 颜料红177

6. 二噁嗪类颜料

二噁嗪颜料的母体为三苯二噁嗪，它本身是橙色的，没有作为颜料使用的价值。它的 9，10-二氯衍生物，经颜料化后可作为紫色的颜料使用。现有的二噁嗪颜料品种较少，工业化的仅有颜料紫 23、颜料紫 37 和颜料蓝 80。其中最典型的品种是永固紫 RL（C.I. 颜料紫 23），其结构如下。该颜料几乎耐所有的有机溶剂，所以在许多应用介质中都可使用，且各项牢度很好。该颜料的基本色调为红光紫，通过特殊的颜料化处理也可得到色光较蓝的品种。它的着色力在几乎所有的应用介质中都特别高，只要很少的量就可给出令人满意的颜色深度。

颜料紫23

咔唑 —溴乙烷 / NaOH→ *N*-乙基咔唑 —1,2-二氯乙烷 / HNO_3→ 3-硝基-*N*-乙基咔唑 —Na_2S_x→ 3-氨基-*N*-乙基咔唑

2 3-氨基-*N*-乙基咔唑 + 四氯苯醌 —苯磺酰氯 / 邻二氯苯→ 颜料紫23

7. 三芳甲烷类颜料

甲烷上的三个氢被三个芳香环取代后的产物称作三芳甲烷。作为颜料使用的三芳甲烷实际上是一种阳离子型的化合物，且在三个芳香环中至少有两个带有氨基（或取代氨基）。这类化合物也较为古老，有两种类型，一是内盐形式的，即分子中含有磺酸基团，与母体的阳离子形成内盐；二是母体的阳离子与复合阴离子如磷钨钼酸、单宁酸等形成的盐（色淀）。其特点是颜色非常艳丽，着色力非常强，但是各项牢度不太好，色谱为蓝、绿色，主要用于印刷油墨。典型的品种有 C. I. 颜料紫 1、射光青莲和耐晒青莲色淀（后二者均为颜料紫 3）。

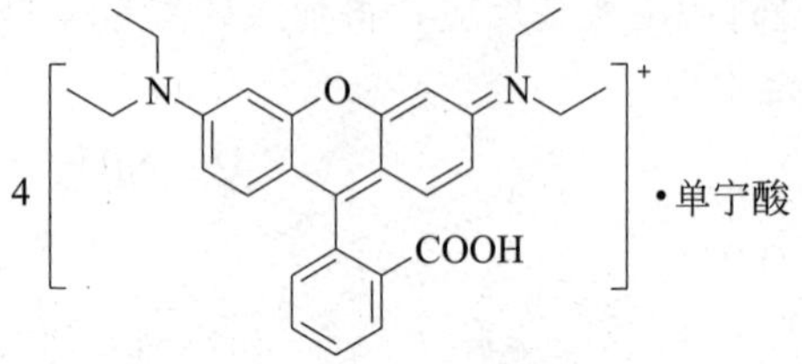

碱性玫瑰色淀(颜料紫1)

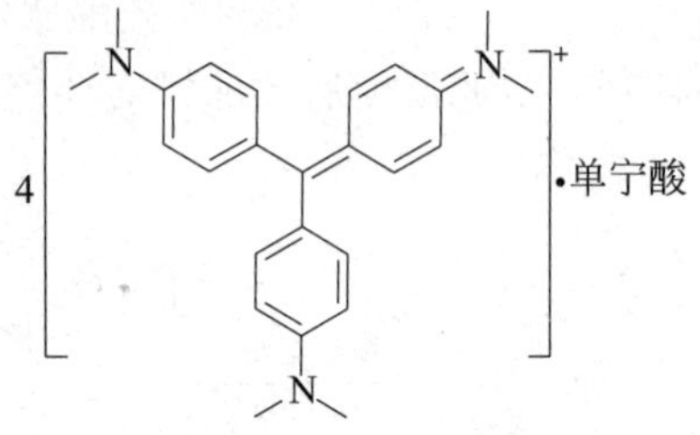

射光青莲(颜料紫3)

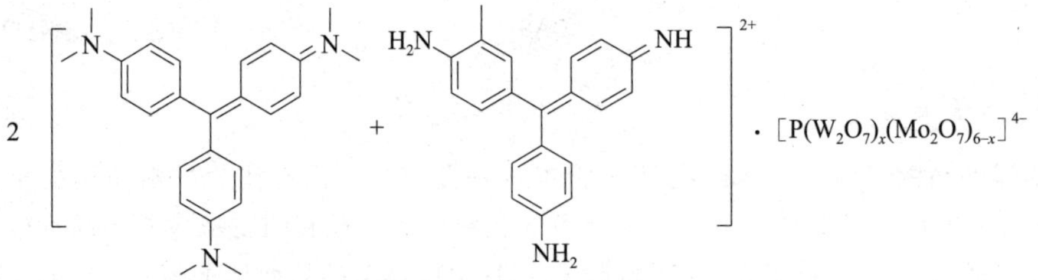

$\cdot\ [P(W_2O_7)_x(Mo_2O_7)_{6-x}]^{4-}$

耐晒青莲色淀(颜料紫3)

射光青莲主要用于油墨、彩色颜料和文教用品的着色；耐晒青莲主要用于胶印油墨、凹版油墨、印铁油墨、水彩和油彩颜料、室内涂料等。

8. 1,4-吡咯并吡咯二酮系颜料

1,4-吡咯并吡咯二酮系颜料（即 DPP 系颜料）是近年来最有影响的新发色体颜料，是由汽巴公司在 1983 年研制成功的一类具有全新结构的高性能有机颜料，生产难度较高。DPP 系颜料属交叉共轭型发色系，色谱主要为鲜艳的橙色和红色，具有很高的耐日晒牢度、耐气候牢度和耐热稳定性，但不耐碱。

吡咯并吡咯二酮系列颜料其分子中含有 1,4-二酮吡咯并吡咯结构，其结构通式如下所示：

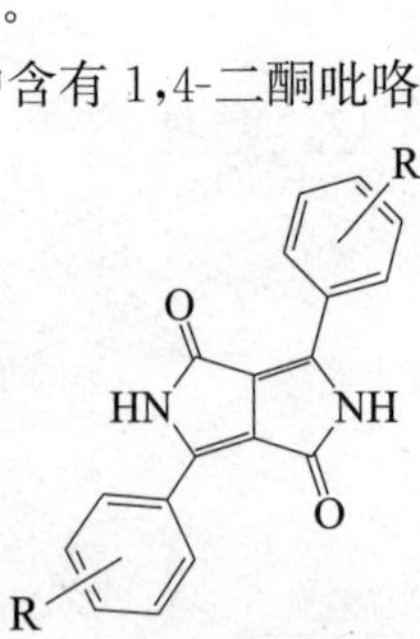

如果在 1,4-二酮吡咯并吡咯环羰基对位连有不同取代的苯基，则构成一系列 DPP 类颜料，颜色由橙色、红色到蓝光红色。DPP 系列颜料有颜料红 254、255、264、267、270、272 和颜料橙 71、73。常单独或与其他颜料拼混使用于调制汽车漆，典型的品种有 DPP 红

（C. I. 颜料红 255），其结构如下：

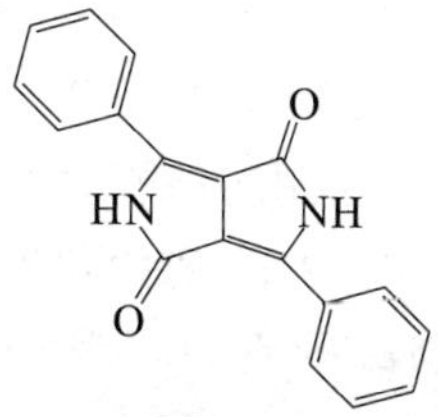

颜料红255

DPP 类颜料具有颜色鲜艳，耐久性优异，着色强度高，良好的流动性和化学稳定性。同时，由于存在较大的分子间氢键和共平面性，其耐溶剂性能、耐迁移性能和热稳定性优异。适用于汽车喷漆、滤色片着色、高档工业涂料和塑胶行业。

由于 DPP 分子共轭性以及羰基氧原子具有较强的电负性，使分子中亚氨基具有一定的酸性，因此可溶于强碱性介质，如甲醇钠的二甲基甲酰胺溶液中。如果将亚氨基上氢解离，转变为钠盐或钾盐，其最大吸收波长向长波方向移动 100nm。芳环上取代基的不同，该类颜料显示不同的颜色。

由于 DPP 类颜料的分子结构特征，虽然分子量较低，但具有优异的耐光、耐热、耐溶剂性能。颜料红 254 的耐热温度达 400～420℃，颜料红 255 的耐热温度高于 500℃。同时，经过颜料化处理后，分散性好、着色力高，色光鲜艳，尤其适用于高档汽车涂层和树脂着色，可与喹吖啶酮、苝系颜料相媲美。

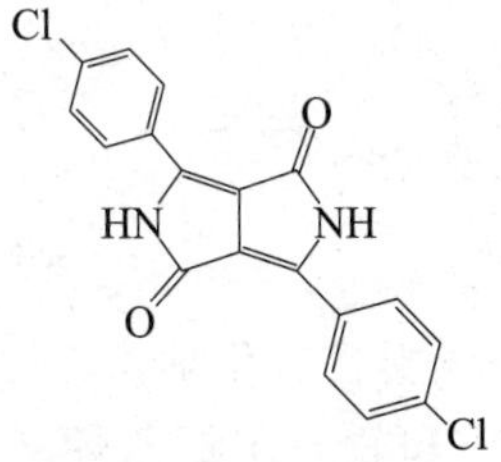

颜料红254 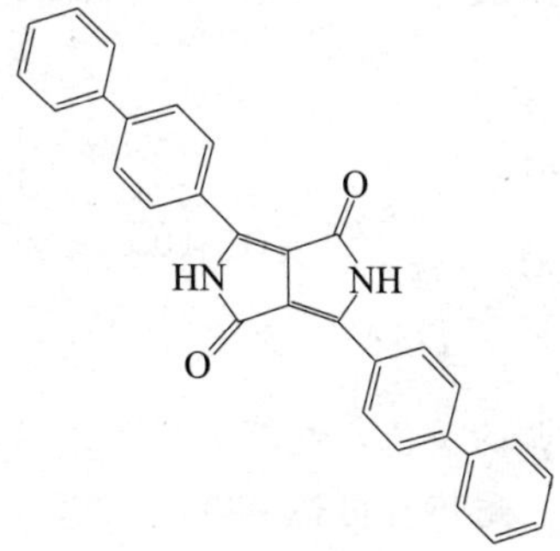　　　　颜料红264

合成方法为苯腈及其衍生物与丁二酸二酯，一般为丁二酸二甲酯在一定溶剂（甲苯、叔醇、仲醇）、强碱（叔醇钠、仲醇钠）中进行闭环、缩合反应制得。

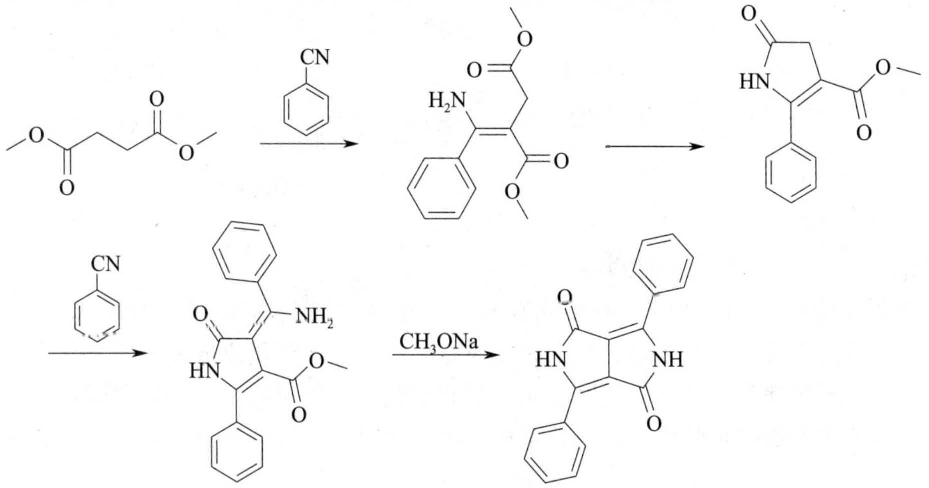

CH_3ONa

9. 喹酞酮类颜料

喹酞酮（Quinaphthalone）结构化合物可以用作分散染料，如 C.I. 分散黄 54 和 C.I. 分散黄 64。喹酞酮颜料于 20 世纪 70 年代由 BASF 公司开发出来。喹酞酮类颜料具有非常好的耐日晒牢度、耐气候牢度、耐热性、耐溶剂性和耐迁移性，色光主要为黄色，颜色非常鲜艳，主要用于调制汽车漆及塑料制品的着色，典型的品种有 C.I. 颜料黄 138，其结构如下：

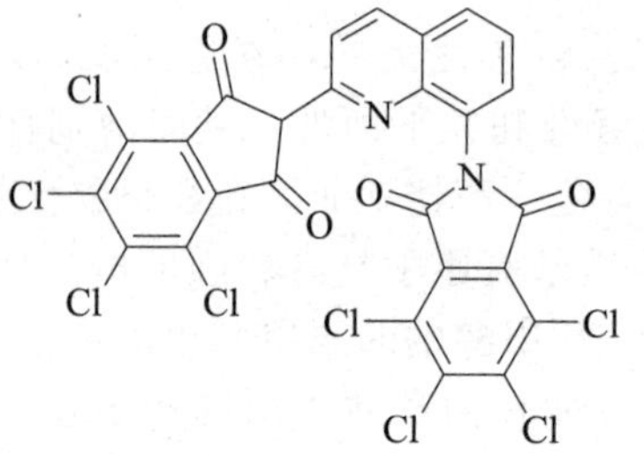

颜料黄138

制备方法是 1mol 8-氨基-2-甲基喹啉与 2mol 四氯邻苯二甲酸酐在惰性溶剂，如熔融的苯甲酸中，添加氯化锌作催化剂，于 140～160℃进行缩合反应，合成粗品再经过颜料化处理。8-氨基-2-甲基喹啉的合成方法很多，有 Skraup 反应、Friedlander 反应、Doebner-Miller 反应、Pfitzinger 反应等都可以制备喹啉化合物。一种 8-氨基-2-甲基喹啉合成路线如下：

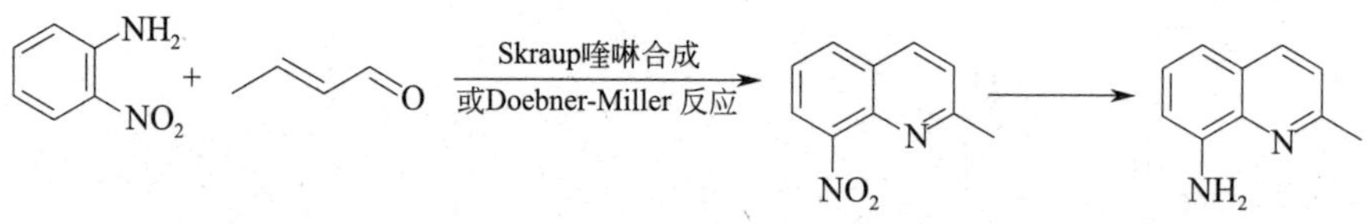

Skraup喹啉合成或Doebner-Miller 反应

色调为绿色调的黄色，性能上可与铬黄相比，该类颜料具有化学稳定性、耐溶剂性、光稳定性好的特点。耐热性可达 260～282℃，适用于硬质和软质聚氯乙烯、聚烯烃、聚苯乙烯树脂和丙烯酸树脂、聚氨酯的着色。

10. 苝系和芘酮系颜料

苝系颜料衍生于 3,4,9,10-苝四甲酸，芘酮系颜料衍生于 1,4,5,8-萘四甲酸，结构式如下：

3,4,9,10-苝四甲酸

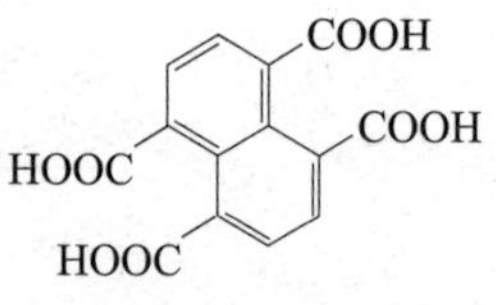

1,4,5,8-萘四甲酸

这两个酸经干燥，便以酸酐的形式存在，苝酐本身就是一种红色颜料（C.I. 颜料红 224)。苝酐的化学性质活泼，易于与伯胺反应。与一元伯胺作用生成酰亚胺类化合物，与邻苯二胺作用生成咪唑类化合物。这两类颜料都有很高的耐晒牢度、耐气候和耐热稳定性，生产工艺复杂，主要色谱是橙色、红色和紫色，用于需要高牢度的场合，如汽车金属漆、高档塑料和合成纤维原液着色等。典型品种有永固红 B2（C. I. 颜料红 149）和 Hostaperm 金橙 GR（C. I. 颜料橙 43，结构式同 C. I. 还原橙 7），结构式如下：

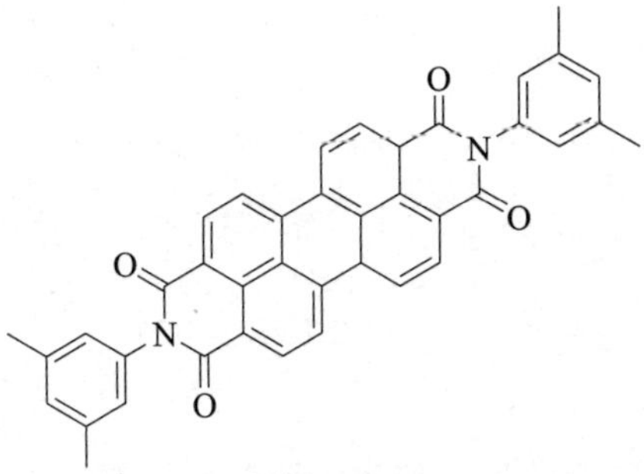

颜料红149

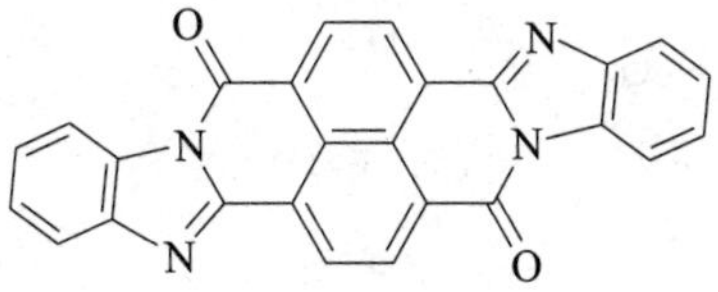

颜料橙43

邻苯二胺与萘四甲酸反应时，会有顺式和反式两种结构出现：

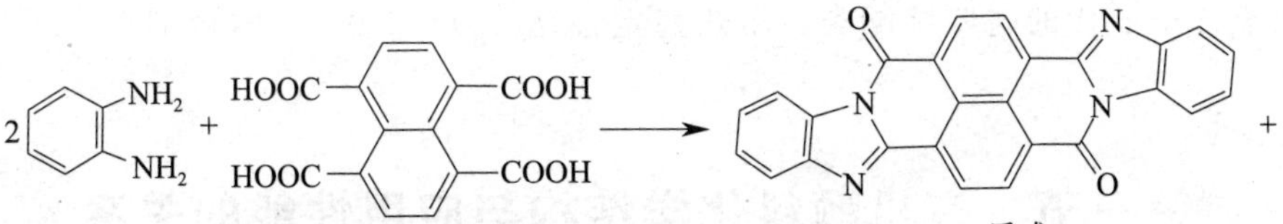

反式

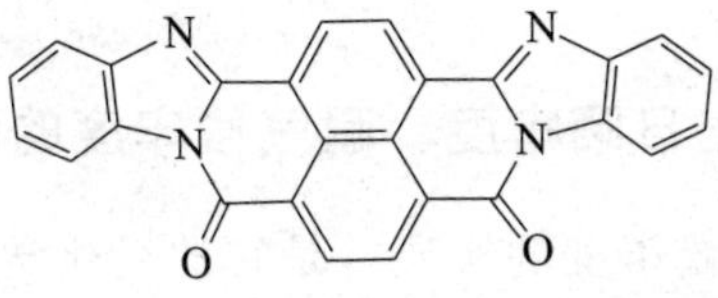

顺式

由 1,4,5,8-萘四甲酸在冰醋酸介质中，与邻苯二胺在 120℃下进行缩合反应，生成顺式（蓝光红色）和反式（黄光红色）的混合物。借助在氢氧化钾-乙醇溶液中溶解度的不同进行分离，在 70℃下加热 1h，反式异构体沉淀、过滤，经水解得粗品颜料，经颜料化处理制备 C. I. 颜料橙 43。

苝系颜料是一类高档有机颜料，是由 3,4,9,10-苝四甲酸酐和不同的胺类缩合反应制得，色谱以红色为主。苝系颜料具有优异的耐日晒、耐高温和耐溶剂性能，可用于耐高温塑料、合成纤维的原浆着色、高级汽车漆及涂料印花浆等。苝系颜料还具有荧光性能和光电转化性能，还可用作功能颜料。

苝系颜料结构通式如下：

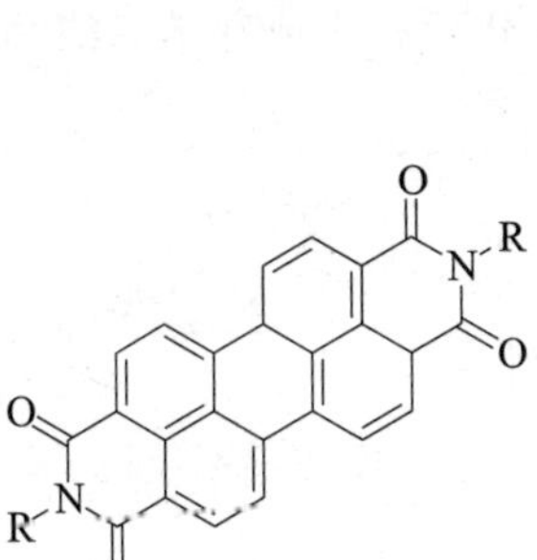

如 C. I. 颜料红 123 和颜料红 179 的结构式如下：

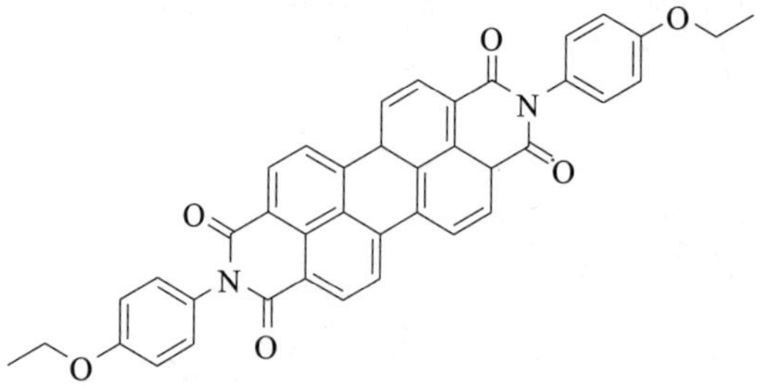

C.I.颜料红123

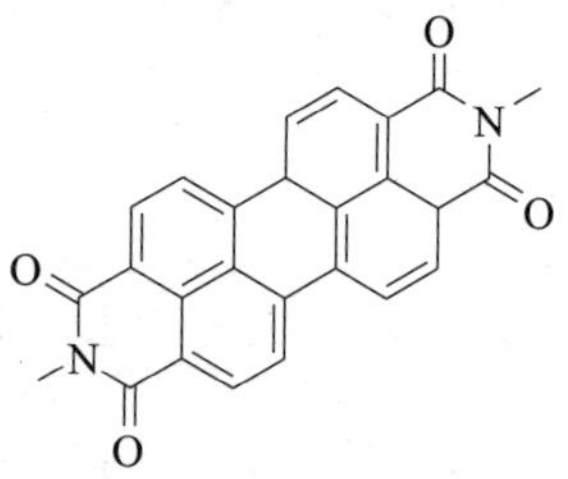

C.I.颜料红179

颜料红179用于工业建筑、汽车涂料、印刷油墨、聚氯乙烯塑料等着色，该颜料是苝红系列中最有工业价值的颜料品种，给出鲜艳红色，主要用于汽车底漆及修理漆，与其他无机/有机颜料拼色，将喹吖啶酮色调扩展到黄光红色区域。该颜料具有优异的耐光、耐气候牢度，甚至优于取代的喹吖啶酮类，耐热稳定性达180～200℃，耐溶剂性及罩光漆性能良好。

第三节　有机颜料化学结构与应用性能的关系

一、有机颜料的化学结构与耐日晒牢度、耐气候牢度的关系

有机颜料耐日晒牢度和耐气候牢度的实质，是它的光化学稳定性问题。与偶氮染料一样，对于偶氮类型的有机颜料，它的光褪色表现为光氧化反应。在光照射下，同时又在水和氧的存在下，偶氮化合物会生成氧化偶氮苯的衍生物。

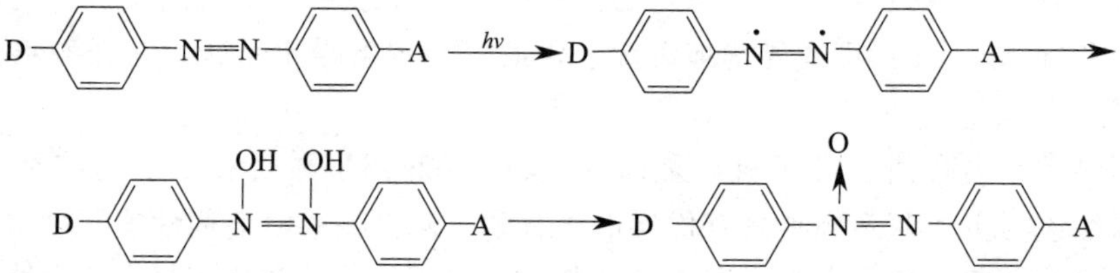

$$D-C_6H_4-N{=}N-C_6H_4-A \xrightarrow{h\nu} D-C_6H_4-\dot{N}{=}\dot{N}-C_6H_4-A \longrightarrow$$

$$D-C_6H_4-N(OH)-N(OH)-C_6H_4-A \longrightarrow D-C_6H_4-N(\rightarrow O){=}N-C_6H_4-A$$

氧化偶氮苯的衍生物在上述条件下，会进一步发生分子内的重排和水解反应，从而将分子中原有的偶氮键断裂，使原来的化合物生成邻苯二醌和苯肼的衍生物，由此使得有色化合物褪色。

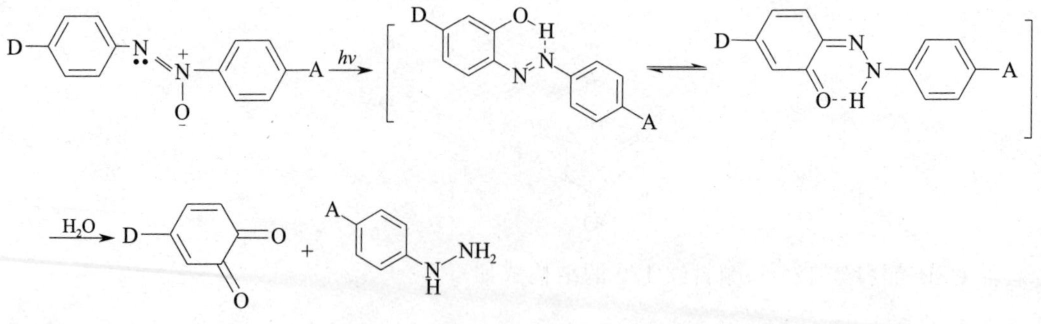

$$D-C_6H_4-\ddot{N}{=}\overset{+}{N}(O^-)-C_6H_4-A \xrightarrow{h\nu} [\text{D, O-H, N, N, A} \rightleftharpoons \text{D, N, N, A, O--H}]$$

$$\xrightarrow{H_2O} D-C_6H_3(=O)_2 + A-C_6H_4-NH-NH_2$$

多环类型有机颜料的光褪色较为复杂，且每一种类各不相同。对于蒽醌类型，分子中氨基与氧原子结合可生成羟氨基类化合物。氨基的碱性越大，电子云密度越高，光化学稳定性越差。如下列 4 位取代的氨基蒽醌的耐日晒牢度和耐气候牢度与取代基的性质密切相关，取代基的给电子性越强，衍生物的耐日晒牢度和耐气候牢度越低。

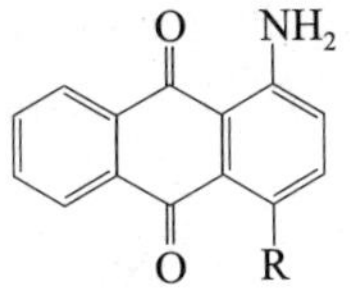

式中，R 为—$NHCH_3$、—NH_2、—NHC_6H_5、—$NHCOC_6H_5$。

在上述化合物中，耐日晒牢度和耐气候牢度的次序按—$NHCH_3$＜—NH_2＜—NHC_6H_5＜—$NHCOC_6H_5$ 逐渐升高。当取代基为羟基时，尽管它的给电子性较高，但是该衍生物的耐日晒牢度和耐气候牢度仍较高。这是因为羟基易于与其相邻的羰基形成氢键的缘故。

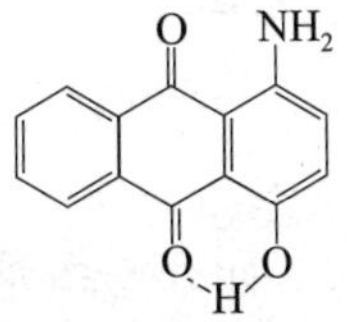

分子内氢键的形成对化合物的耐日晒牢度和耐气候牢度有影响，同样分子间的氢键对化合物的耐日晒牢度和耐气候牢度也有影响。如喹吖啶酮类颜料的耐日晒牢度和耐气候牢度与其分子间氢键的距离有关。

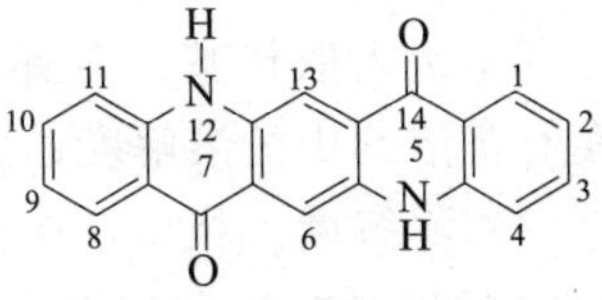

分别在分子的 2 位和 9 位、3 位和 10 位、4 位和 11 位引入相同的取代基，则衍生物的耐日晒牢度和耐气候牢度按此次序递减，这是因为取代基与亚氨基（—NH—）间的距离按此次序递减，它们的存在干扰了化合物间氢键的生成。尤其值得一提的是，若在 5,12 位上引入取代基，则衍生物的耐日晒牢度和耐气候牢度极差，很明显，在 5,12 位上引入取代基使得分子间不再可能形成氢键。

上面的讨论主要是从分子的角度展开的，需要注意的是，影响有机颜料的耐日晒牢度和耐气候牢度的因素不仅仅是化学结构，它的晶体构型以及它所处的环境都对其有重要的影响，有时甚至是决定性的影响。事实已经证明，颜料晶体的构型可受外界能量的影响而改变，如对颜料进行热处理或球磨时均可通过热能与机械能改变颜料的晶型。光也是一种能量，它照射到颜料晶体也会改变颜料的晶型。

二、有机颜料的化学结构与耐溶剂性能、耐迁移性能的关系

有机颜料的耐溶剂性能与耐迁移性能涉及它在有机溶剂或应用介质中的溶解度，颜料的物理性能也与它的化学结构密切相关。有机颜料的化学结构与耐溶剂性能和耐迁移性能的关系主要是为了提高有机颜料的耐溶剂性能和耐迁移性能。

1. 增加颜料的分子量

单偶氮黄色颜料和结构与其相近的双偶氮黄色颜料相比，前者的耐溶剂性能和耐迁移性能比后者要低很多，如单乙酰乙酰胺偶合组分的 C. I. 颜料黄 5 和联苯胺连接的双乙酰乙酰胺偶合组分 C. I. 颜料黄 81。

单偶氮红色色酚 AS 颜料和结构与其相近的红色缩合偶氮颜料相比，前者的耐溶剂性能和耐迁移性能比后者要低很多，如 C. I. 颜料红 18 和 C. I. 颜料红 144。

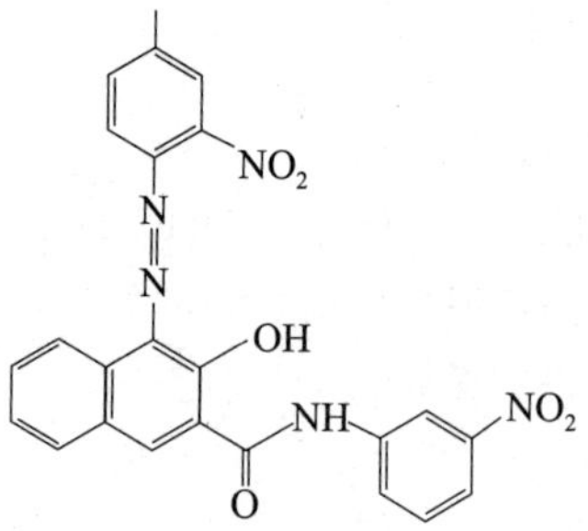

颜料红18

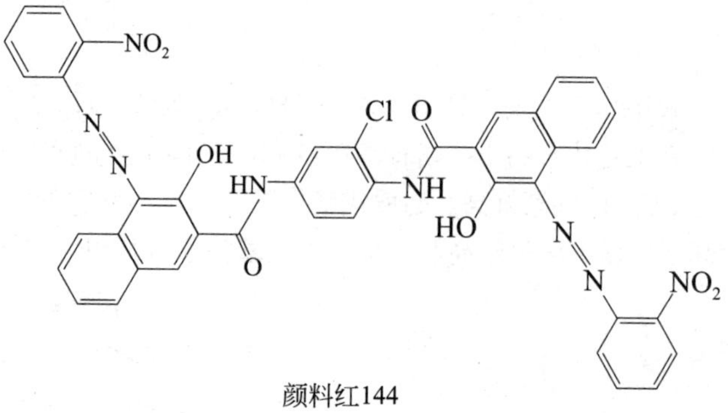

颜料红144

增大颜料的分子量能改进各项牢度，如在耐溶剂、耐迁移等性能上联苯胺黄比耐晒黄好。一般单偶氮颜料的分子量只有 300～500，而缩合型偶氮颜料的分子量为 800～1100，此耐溶剂性、耐迁移性有很大的改进。

2. 降低有机颜料在应用介质中的溶解度

对一个有机颜料分子进行化学修饰，既可提高也可降低衍生物在应用介质中的溶解度，最简单的化学修饰是在有机颜料分子中引入取代基。在有机颜料分子中引入长碳链的烷基、烷氧基及烷氨基，有助于提高它在有机溶剂中的溶解度；而在有机颜料分子中引入磺酸基或羧基的钠盐，则有助于提高它在水中的溶解度。相反，在有机颜料分子中引入酰氨基、硝基及卤素等极性基团，则会降低它在有机溶剂中的溶解度。如 C. I. 颜料红 3、C. I. 颜料红 13、C. I. 颜料红 170，它们在有机溶剂中的溶解度随分子中酰氨基团数目的增多而递减。

在有机颜料分子中引入酰氨基对降低它在有机溶剂中的溶解度有显著效应，一些杂环类构造的酰氨基团，被引入到偶合组分中，此结构对降低颜料在有机溶剂中的溶解度效果明显。杂环类构造的酰氨基团有苯并咪唑酮类、邻苯二甲酰亚胺类、苯并四氢哒嗪酮类、苯并四氢嘧啶酮类及苯并四氢吡嗪酮类。这些结构都是经硝化、还原氨化，以色酚的形式进入有机颜料结构中。

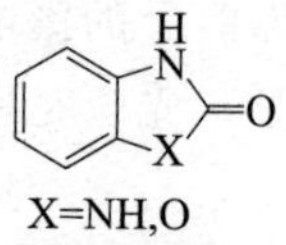

X=NH,O
苯并咪唑酮
苯并噁唑酮

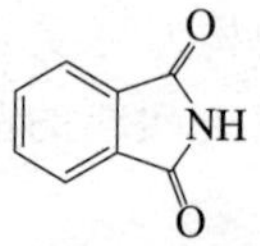

邻苯二甲酰亚胺

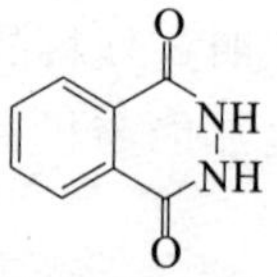

苯并四氢哒嗪酮

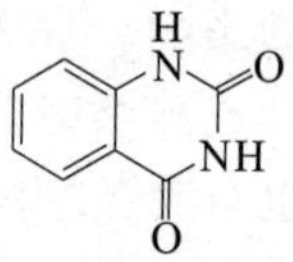

苯并四氢嘧啶酮

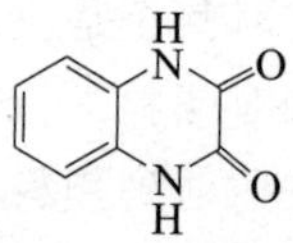

苯并四氢吡嗪酮

苯并咪唑酮可由邻苯二胺与尿素反应制得，或者邻二氯苯与尿素制备。苯并咪唑酮类有机颜料被《染料索引》登录的有 17 个品种，其中黄色的有 7 个品种，即 C. I. 颜料黄 120、151、154、175、180、181 和 194；橙色的有 3 个品种，即 C. I. 颜料橙 36、60、62；红色的有 5 个品种，即 C.I. 颜料红 171、175、176、185 和 208；紫色和棕色的各有 1 个品种，即 C.I. 颜料紫 32 和 C.I. 颜料棕 25。

尤其是以苯并咪唑酮类为偶合组分的颜料在有机溶剂中的溶解度最低，并具有非常优异的耐溶剂性能和耐迁移性能，如永固黄 HG（C.I. 颜料黄 180），又名苯并咪唑酮 HG、颜料黄 HG。

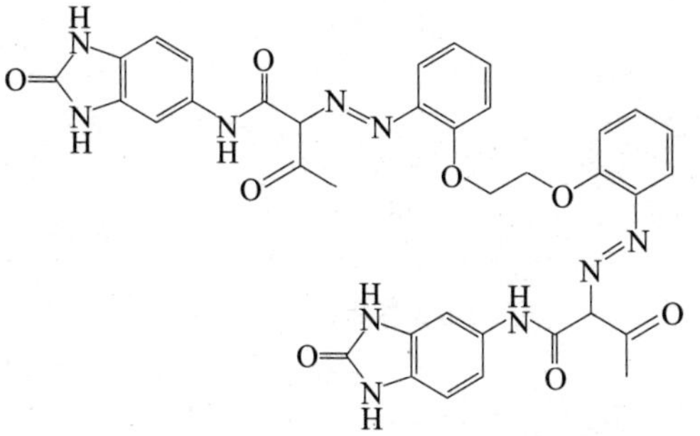

3. 生成金属盐或络合物

对分子中含有磺酸基或羧基钠盐的有机颜料，欲降低它们在水中的溶解度，可通过生成色淀的方法，即用钙、镁、钡、锰离子代替钠离子。这些离子与磺酸基或羧基生成的盐不仅在水中的溶解度相当低，而且在有机溶剂中的溶解度也相当低。

对分子中偶氮基两个邻位含有羟基或羧基的有机颜料，欲降低它们在水中的溶解度，可通过与过渡金属离子生成络合物的方法。这种金属络合物在有机溶剂中的溶解度非常低，从而使得所生成的颜料具有非常优异的耐溶剂性能和耐迁移性能。而颜料一旦与过渡金属离子生成络合物后，它的色光就会变得晦暗。

4. 在分子中引入特定的取代基

不同化学结构的颜料（不溶性偶氮、偶氮色淀、酞菁及杂环类），依据特定的发色体系、分子的刚性平面或近似于平面型的骨架结构，有利于 π 电子间的相互作用，并增强其共振稳定特性，使其显示不同的颜色光谱特性。由于分子中特定的取代基团存在，除了分子间存在范德华力外，还可导致形成分子内及分子间的氢键，改变分子间作用力强度与聚集方式，或形成金属络合物，直接影响其耐久性、耐溶剂性及耐迁移等性能。

例如，当在红色偶氮系列颜料分子中引入不同的特定取代基，—Cl、$—OCH_3$、$—OC_2H_5$、$—NO_2$、$—CONH_2$、—CONHR（Ar）、—CO—、—NH—、环状—CONH-CO—等，可以明显改进其耐久性、耐热稳定性及耐溶剂性能。

参考文献

[1] 钱国坻．染料化学［M］．上海:上海交通大学出版社，1987.

[2] 王菊生．染整工艺原理（第三册）［M］．北京:纺织工业出版社，1984.

[3] 何瑾馨．染料化学．2 版．［M］．北京:中国纺织出版社，2016.

[4] 沈永嘉．精细化学品化学［M］．北京:高等教育出版社，2007.

[5] 田禾,苏建华,孟凡顺，等．功能性色素在高新技术中的应用［M］．北京:化学工业出版社，2000.

[6] 唐培堃．中间体化学及工艺学［M］．北京:化学工业出版社， 1984.

[7] Hinks D，Freeman H S，Nakpathom M，et al. Synthesis and evaluation of organic pigments and intermediates，1. Nonmutagenic benzidine analogs［J］. Dyes and Pigments，2000（44）：199-207.

[8] Hinks D，Freeman H S，Ar. Y，et al. Synthesis and evaluation of organic pigments，2. Studies of bisazomethine pigments based on planar nonmutagenic benzidine analogs［J］. Dyes and Pigments，2001（48）：7-13.

[9] Peters R H. Textile Chemistry：Vol. Ⅲ，The Physical Chemistry of Dyeing［M］. Elsevier，1975.

[10] Holme I. Recent developments in colorants for textile applications［J］. Surface Coatings International Part B Coatings Transactions，2002，85（4）：243-264.

[11] Jin Seok Bae，Harold S. Freeman，Ahmed El Shafei. Metalization of non-genotoxic direct dyes［J］. Dyes and Pigments，2003（57）：121-129.

[12] 许捷，张红鸣．染料与颜料实用着色技术——纺织品的染色和印花［M］．北京:化学工业出版社，2006.

[13] 杨新玮．关于直接染料发展的思考［J］．上海染料，2005，33（3）：14-21.

[14] 周春隆．酸性染料及酸性媒染染料［M］．北京:化学工业出版社，1989.

[15] 黑木宣彦．染色理论化学［M］．陈水林译．北京:纺织工业出版社，1981.

[16] 杨新玮．国内外酸性染料的进展［J］．染料与染色，2006（2）：1-6.

[17] 张治国，尹红，陈志荣．酸性染料常用匀染剂研究进展［J］．纺织学报，2005（4）：134-136.

[18] 钱国坻．酸性和分散染料的染色性能与商品化［J］．染料工业，2001（2）：21-23.

[19] 肖刚，王景国．染料工业技术［M］．北京:化学工业出版社，2004.

[20] 高树珍．染料化学［M］．哈尔滨：哈尔滨工程大学出版社，2009.

[21] Wu C H. Adsorption of reactive dye onto carbon nanotubes：equilibrium，kinetics and thermodynamics［J］. Journal of Hazardous Materials，2007，144（1-2）：93-100.

[22] Soleimani Gorgani A，Taylor J A. Dyeing of nylon with reactive dyes. Part 1：the effect of changes in dye structure on the dyeing of nylon with reactive dyes［J］. Dyes and Pigments，2006，68（1-2）：109-117.

[23] Soleimani Gorgani A，Taylor J A. Dyeing of nylon with reactive dyes. Part 2：the effect of changes in level of dye sulphonation on the dyeing of nylon with reactive dyes［J］. Dyes and Pigments，2006，68（2-3）：119-127.

[24] 杨新玮．我国几类重要染料的发展现状［J］．化工商品科技情报， 1994，17（3）：3-8.

[25] 肖刚．活性染料的绿色化进程［J］．上海染料，2002，30（2）：33-42.

[26] 宋心远．活性染料染色的理论和实践［M］．北京:纺织工业出版社， 1991.

[27] Avad Mokhtari，Duncan A S Philips，Taylor J A. Synthesis and evaluation of a series of trisazo heterobifunctional reactive dyes for cotton［J］. Dyes and Pigments，2005，64（2）：163-170.

[28] Nahed S E Ahmed. The use of sodium edate in the dyeing of cotton with reactive dyes［J］. Dyes and Pigments，2005，65（3）：221-225.

[29] 上海市纺织工业局．染料应用手册（第五分册分散染料）［M］．北京:纺织工业出版社，1985.

[30] Cristiana Rădulescu, Hossu A M, I Ionit ă. Disperse dyes derivatives from compact condensed system 2-aminothia zolo pyridine: synthesis and characterization [J]. Dyes and Pigments, 2006, 71 (2): 123-129.

[31] 赵雅琴，魏玉娟．染料化学基础 [M]．北京:中国纺织出版社，2006.

[32] 王建平．纺织品致敏性分散染料检测方法的德国标准草案 [J]．印染，2004 (8): 31-34.

[33] 杨新玮，张澎声．分散染料 [M]．北京:化学工业出版社， 1989.

[34] Lewis D M , Lei X. Reactive Fibres: An Alternative to Reactive Dyes [C]. 1992.

[35] Anna Ujhelyiova, Eva Bolhova, Janka Oravkinova, et al. Kinetics of dyeing process of blend polypropylene/polyester fibers with disperse dye [J]. Dyes and Pigments, 2007, 72 (2): 212-216.

[36] Yangfeng Sun, Defeng Zhao, Harold S. Freeman. Synthesis and properties of disperse dyes containing a built-in triazine stabilizer [J]. Dyes and Pigments, 2007, 74 (3): 608-614.

[37] Sawada K, Ueda M. Chemical fixation of disperse dyes on protein fibers [J]. Dyes and Pigments, 2006, 75 (3): 580-584.

[38] Christie R M Colour Chemistry [M]. Royal Society of Chemistry, Cambridge 2001.

[39] 鹏博．分散染料新发展前景 [J]．上海染料， 2005, 33 (2): 17-22.

[40] 董良军，李宗石，乔卫红，等．还原染料的近期发展 [J]．染料与染色， 2005, 42 (2): 9-12.

[41] 杨新玮．分散和还原染料的发展概况 [J]．化工商品科技情报， 1993 (1): 3-11.

[42] Hunter A, Renfrew M. Reactive dyes for textile fibres Society of Dyers and Colourists, 1999.

[43] Hihara Toshio, Okada Yasuyo. Photo-oxidation and reduction of vat dye on water: swollen cellulose and their lightfastness on dry cellulose [J]. Dyes and Pigments, 2002, 53 (2): 153.

[44] 游哲铭．不溶性偶氮染料亲和力对染色的影响 [J]．印染， 1997 (11): 25-27.

[45] 何岩彬，杨新玮．国内冰染染料发展概况 [J]．上海染料，2000 (2): 8-13.

[46] 上海市纺织工业局．染料应用手册（第四分册阳离子染料）[M]．北京:纺织工业出版社，1984.

[47] 杨新玮．近两年我国染料新品种的发展 [J]．染料与染色，2004, 41 (1): 51-57.

[48] 路艳华，张峰．染料化学 [M]．北京：中国纺织出版社，2005.

[49] Soleimani Gorgani A, Taylor J A. Dyeing of nylon with reactive dyes. Part 3: cationic reactive dyes for Nylon [J]. Dyes and Pigments, 2006 (11): 10.

[50] Domingo M J. Dry leuco sulfur dyes in particulate form [P]. USP 5611818, 1997.

[51] 王梅，杨锦宗．含葡萄糖基水溶性硫化黑的研究 [J]．大连理工大学学报，2002, 42 (4): 428.

[52] 林诗钦．不含溶剂、硫化物的生态型硫化染料 [J]．上海染料，2001, 29 (4): 40-41.

[53] 沈永嘉，李红斌，路炜．荧光增白剂 [M]．北京:化学工业出版社，2004.

[54] 陈荣圻．纺织纤维用荧光增白剂的现状和发展 [J]．印染助剂，2005, 22 (7): 1-11.

[55] 王景国，荣建明．国内外荧光增白剂的状况与展望 [J]．染料工业，2002, 39 (1): 10-11.

[56] Dieter R, Hanspeter S. Mixture of fluorescent whitening agent for synthetic fibers [P]. Swits: WO01311113, 2001-05-03.

[57] Hans T R, Helena D. Liquid fluorescent whitening agent foumulation [P]. Swits: WO0112771, 2001-02-22.

[58] Jhon Shore. Colorants and auxiliaries: organic chemistry and application properties (Second Edition) [M]. London: Society of Dyers and Colourists, 2002.

[59] Hans Eduard Fierz-David, Louis Blangey. Fundamental processes of dye chemistry [M]. New York: Interscience Publishers Inc, 1949.